普通高等院校高等数学系列规划教材

Probability Theory and Mathematical Statistics

(Science and Engineering)

概率论 与 数理统计

（理工类）

秦永松　李英华　主　编

黎玉芳　苏　又　副主编

GUANGXI NORMAL UNIVERSITY PRESS
广西师范大学出版社
·桂林·

概率论与数理统计（理工类）
GAILÜLUN YU SHULITONGJI（LIGONGLEI）

图书在版编目（CIP）数据

概率论与数理统计：理工类 / 秦永松，李英华主编 ； 黎玉芳，苏又副主编. -- 桂林 ：广西师范大学出版社，2025.8. --（普通高等院校高等数学系列规划教材）. -- ISBN 978-7-5598-8270-7

Ⅰ. O21

中国国家版本馆 CIP 数据核字第 20250JJ646 号

广西师范大学出版社出版发行

（ 广西桂林市五里店路 9 号　邮政编码：541004 ）
　网址：http://www.bbtpress.com

出版人：黄轩庄

全国新华书店经销

广西广大印务有限责任公司印刷

（桂林市临桂区秧塘工业园西城大道北侧广西师范大学出版社
集团有限公司创意产业园内　邮政编码：541199）

开本：787 mm × 1 092 mm　1/16

印张：21　　字数：498 千

2025 年 8 月第 1 版　　2025 年 8 月第 1 次印刷

定价：69.00 元

如发现印装质量问题，影响阅读，请与出版社发行部门联系调换。

前　言

　　"概率论与数理统计"是高等学校理、工、农、经等类本科专业的一门重要基础课程，本书在知识体系安排上按照教育部高等学校大学数学课程教学指导委员会制定的基本要求执行. 本书内容分 8 章，前 4 章为概率论，后 4 章为数理统计.

　　本书在编写上注重打牢基础和提升能力两方面. 以实例分析讲解为主线，穿插解题注意点，以及解题方法和知识点总结. 精选基本习题并将近年的研究生入学考试题汇编成章总习题，在书后给出了基本习题和总习题的参考答案和提示，读者通过完成基本习题巩固基础知识和能力，通过完成总习题提升解题能力，这样安排习题是希望培养读者的兴趣与能力，提高读者学好这门课程的信心. 另外，本书对随机事件和随机变量采用直观的定义，为后续学习严格定义打下基础.

　　读者可利用人工智能 (artificial intelligence, AI) 技术辅助本书的学习，如通过 AI 快速了解概率论与数理统计中的基本概念并得到分布的分位数等. 以 DeepSeek 为例的操作方法如下：①基本概念 (以卡方分布为例)，在 DeepSeek 的输入框中给出提示词"卡方分布的基本概念"，即可获取卡方分布的定义与背景、核心特性 (概率密度函数、分布形态、可加性)、主要应用等；②分布的分位数 (以正态分布的上侧分位数为例)，在 DeepSeek 的输入框中给出提示词"正态分布的上侧 0.05 分位数"，即可获得结果 1.644854. 值得注意的是，AI 输出的结果也可能出错，读者在利用 AI 辅助学习时，需仔细辨别 AI 输出的内容.

　　本书第 1 章、第 8 章由秦永松编写，第 2 章、第 5 章由李英华编写，第 3 章、第 7 章由黎玉芳编写，第 4 章、第 6 章由苏又编写. 全书由秦永松统稿，唐文静等研究生参与了编辑和校对工作.

　　本书编者参考了众多教材和专著，在此谨向有关作者表示衷心的感谢！还要感谢广西师范大学数学与统计学院的领导和教师，他 (她) 们的关心、支持和鼓励使我们能以充沛的精力完成此书的编写. 特别感谢广西师范大学出版社对本书的支持和编辑.

　　由于编者水平有限，疏漏之处在所难免，请广大读者提出宝贵意见，以便我们做进一步改进.

秦永松　李英华　黎玉芳　苏　又

2025 年 2 月

目　录

第 1 章　随机事件与概率

【本章学习目标】

1. 掌握随机事件的概念、随机事件之间的关系及其运算.

2. 掌握概率的公理化定义、古典概率的定义及几何概率的定义, 熟悉概率的基本性质并会计算一些常见的概率.

3. 掌握条件概率的定义, 掌握乘法公式、全概率公式和贝叶斯公式, 并会在概率的计算中灵活应用.

4. 掌握事件独立的定义并用于解决相关的概率计算问题.

【课前导读】

本章主要学习随机事件的概念和随机事件的概率的计算, 在计算概率时涉及集合的计数问题, 需要具备排列组合的基本知识.

排列与组合公式的推导都基于如下两个计数原理.

1. 乘法原理: 如果某件事经 k 个步骤才能完成, 完成第一步有 m_1 种方法, 完成第二步有 m_2 种方法, $\cdots$, 完成第 k 步有 m_k 种方法. 那么完成这件事共有 $m_1 \times m_2 \times \cdots \times m_k$ 种方法.

例如, 网络节点 A 到节点 B 有 2 条线路, 节点 B 到节点 C 有 3 条线路, 那么从节点 A 到节点 C 共有 $2 \times 3 = 6$ 条线路.

2. 加法原理: 如果某件事可由 k 类不同途径之一去完成, 在第一类途径中有 m_1 种完成方法, 在第二类途径中有 m_2 种完成方法, $\cdots$, 在第 k 类途径中有 m_k 种完成方法, 那么完成这件事共有 $m_1 + m_2 + \cdots + m_k$ 种方法.

例如, 由甲地到乙地有 2 种出行方式: 动车和飞机. 动车有 3 个班次, 飞机有 2 个班次, 那么从甲地到乙地共有 $3 + 2 = 5$ 个班次供选择.

排列与组合的定义及其计算公式如下.

1. 排列: 从 n 个不同元素中任取 $r(r \leqslant n)$ 个元素排成一列 (考虑元素先后出现次序), 称此为一个排列, 此种排列的总数记作 A_n^r, 按乘法原理, 取出第一个元素有 n 种取法, 取出第二个元素有 $n-1$ 种取法, $\cdots$, 取出第 r 个元素有 $n-r+1$ 种取法, 所以有

$$A_n^r = n \times (n-1) \times \cdots \times (n-r+1) = \frac{n!}{(n-r)!}.$$

若 $r = n$, 则称为全排列, 全排列的总数记作 A_n. 规定 $0! = 1$, 显然, $A_n = n!$.

2. 组合: 从 n 个不同元素中任取 $r(r \leqslant n)$ 个元素并成一组 (不考虑元素间的先后次序), 称此为一个组合, 此种组合的总数记作 C_n^r,

$$C_n^r = \frac{A_n^r}{r!} = \frac{n(n-1)\cdots(n-r+1)}{r!} = \frac{n!}{r!(n-r)!}.$$

规定 $0! = 1$, 显然, $C_n^n = 1$.

概率论与数理统计是定量研究现实世界中不确定现象的一门科学, 包含概率论和数理统计两部分内容. 概率论主要研究随机现象的规律性, 它通过数学模型描述随机现象内在的数量规律, 数理统计是以概率论为基础, 通过对随机现象的观察并收集数据, 通过科学整理和分析数据, 从而确定随机现象的统计规律, 进而进行推断和决策. 本章介绍概率论中的随机事件、概率、条件概率、独立性等基本概念和性质.

1.1　随机事件及其运算

1.1.1　随机现象与随机试验

自然界中遇到的各种现象 (日常生活中常说的情况、事实、惊喜、自然灾害等) 可分为**随机现象** (或称不确定性现象) 和**必然现象** (或称确定性现象) 两类. 只有一个结果的现象称为确定性现象. 例如, 水在标准大气压下加热到 $100\,^\circ\mathrm{C}$ 就沸腾; 水往低处流; 寒冬之后春天将来临等. 随机现象的结果不止一个且人们事先并不知道哪一个结果出现. 例如, 抛一枚硬币, 有可能正面朝上或者反面朝上; 某电脑的寿命; 某网络或者无人驾驶汽车发生故障的时间等. 概率论与数理统计研究的对象是随机现象.

人们为了研究随机现象的规律性而进行的试验称为**随机试验**, 随机试验有 3 个特点:

(1) 试验可以在相同的条件下重复进行;

(2) 试验的可能结果不止一个, 试验前一般知道试验的所有可能结果;

(3) 每次试验出现哪一个结果在试验前不能确定.

随机试验的结果为随机现象, 但也有很多随机现象不是随机试验的结果, 如天气变化情况、自然灾害发生的情况等, 概率论与数理统计除了研究能通过随机试验产生的大量重复的随机现象, 也研究不能重复的随机现象.

例 1.1.1　随机试验的例子:

(1) 抛一枚硬币, 观察出现正面和反面的情况;

(2) 抛一枚硬币 2 次, 观察正面和反面同时出现的情况;

(3) 掷一颗骰子, 观察出现的点数;

(4) 在装有 3 个红球和 2 个白球的盒子中不放回地摸 2 个球, 观察取到红球的个数;

(5) 观察一天内进入某旅游景点的人数;

(6) 测量物品的长度, 观察测量误差.

1.1.2　样本空间

随机试验的一切可能基本结果组成的集合称为**样本空间**, 记作 Ω, Ω 中的元素称为**样本点**, 通常用 ω 记 Ω 中的元素, 样本空间是研究随机现象的起点.

例 1.1.2　下面给出一些随机试验的样本空间.

(1) 抛一枚硬币的样本空间为 $\Omega_1 = \{\omega_1, \omega_2\}$, 其中 ω_1 表示正面朝上, ω_2 表示反面朝上;

(2) 抛一枚硬币 2 次的样本空间为 $\Omega_2 = \{(\omega_1, \omega_1), (\omega_1, \omega_2), (\omega_2, \omega_1), (\omega_2, \omega_2)\}$, 其中 ω_1 表示正面朝上, ω_2 表示反面朝上;

(3) 掷一颗骰子的样本空间为 $\Omega_3 = \{\omega_1, \omega_2, \cdots, \omega_6\}$, 其中 ω_i 表示出现 i 点, $i = 1, 2, \cdots, 6$. 或者记此样本空间为 $\Omega_3 = \{1, 2, \cdots, 6\}$;

(4) 观察一天内进入某旅游景点的人数的样本空间为

$$\Omega_4 = \{0, 1, 2, \cdots\};$$

(5) 测量误差的样本空间可以设置为 $\Omega_5 = \{x \mid -0.5 < x < 0.5\}$.

需要注意的是, 样本空间中的元素可以是数也可以不是数. 下面给出一个稍微复杂些的试验的样本空间.

例 1.1.3　写出抛一枚硬币 3 次的样本空间.

解　抛 3 次硬币可以分解为 3 个步骤, 第 1 步 (第 1 次抛) 出现 2 个结果 H, T (分别表示正面 head 朝上和反面 tail 朝上), 对应第 1 次抛的每个结果, 第 2 步出现 2 个结果 H, T, 对应前面两次的每一个结果, 第 3 步出现 2 个结果 H, T, 将 3 次抛的结果放在一起得到样本空间为 {HHH, HHT, HTH, HTT, THH, THT, TTH, TTT}.

1.1.3　随机事件

样本空间的某些样本点组成的集合称为**随机事件**, 简称**事件**, 也就是说任一事件是样本空间的一个子集, 常用大写字母 $A, B, C, \cdots$ 表示事件. 如在掷一颗骰子的试验中, $A =$ "出现大于 1 的奇数点" 是一个事件, 即 $A = \{3, 5\}$.

由样本空间 Ω 中的单个元素组成的子集称为**基本事件**, 包含一个元素的事件又称为简单事件, 包含 2 个或者 2 个以上元素的事件称为复合事件, 故基本事件为简单事件. 样本空间 Ω 的最大子集 (即 Ω 本身) 称为**必然事件**, 样本空间 Ω 的最小子集 (即空集 $\varnothing$) 称为不可能事件.

在随机试验中, 当子集 A 中某个样本点出现了, 就说事件 A 发生了, 或者说事件 A 发生当且仅当 A 中某个样本点出现了. 例如, 在掷一颗骰子时, 事件 $A = \{3, 5\}$ 发生的充分必要条件是出现 3 或者 5.

在概率论中常用一个长方形表示样本空间 Ω, 而用圆或其他几何图形表示事件 A, 如图 1.1.1 所示, 这类图形称为**维恩 (Venn) 图**.

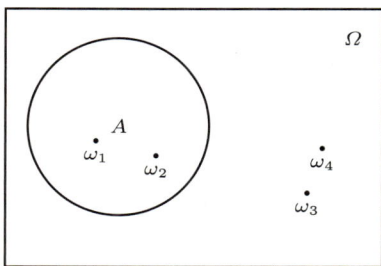

图 1.1.1　维恩图

1.1.4　事件间的关系与运算

在事件的关系和运算的讨论中, 我们假定在同一个样本空间 Ω 中进行, 由于所有事件都是 Ω 的子集, 故事件间的关系等同于集合之间的关系, 事件的运算也是集合的运算. 需要注意的是, 事件表示的是有实际背景的集合, 因而事件间的关系和运算也赋予了实际含义, 如在掷一颗骰子的试验中, $A =$ "出现奇数点" 这个事件就有实际意义, 而从数学的角度讲 $A = \{1, 3, 5\}$ 是 3 个元素 $1, 3, 5$ 组成的集合.

1. 事件间的关系

事件间的关系与集合间的关系一样, 常见的有以下几种.

1) 包含关系

如果 A 的任意一元素一定在 B 中, 则称 A 被包含在 B 中 (图 1.1.2), 或称 B 包含 A, 记作 $A \subset B$, 或 $B \supset A$. 结合实际背景, 用概率论的语言表述为: 如果事件 A 发生, 则事件 B 发生.

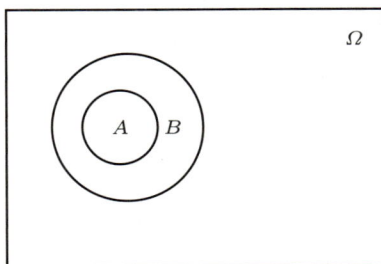

图 1.1.2　$A \subset B$

例如, 在掷一颗骰子试验中, 事件 $A =$ "出现不大于 4 的奇数点", 事件 $B =$ "出现奇数点", 则 $A \subset B$.

2) 相等关系

如果 A 和 B 的所有元素都相同, 则称事件 A 与事件 B 相等, 即 $A \subset B$ 且 $B \subset A$, 记作 $A = B$.

3) 互不相容

如果 A 与 B 没有公共元素 (图 1.1.3), 则称 A 与 B **互不相容**, 又称 A 与 B **互斥**, 事件 A 与事件 B 互不相容表示事件 A 与事件 B 不可能同时发生, 即 $AB = \varnothing$ (这里 AB 表示事件 A 与事件 B 的交), 类似于日常语言中的一山容不了二虎.

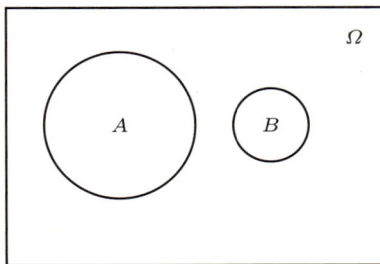

图 1.1.3　A 与 B 互不相容

如在掷一颗骰子的试验中, 事件 $A =$ "出现不大于 4 的奇数点", 事件 $B =$ "出现偶数点", 则事件 A 与事件 B 互不相容.

2. 事件的运算

事件的运算就是集合的运算, 主要有并、交、差和逆四种运算.

1) 事件 A 与事件 B 的并

由事件 A 与事件 B 中所有的样本点 (相同的只计入一次) 组成的事件称为事件 A 与事件 B 的并, 记为 $A \cup B$(图 1.1.4). 用概率论的语言表述为: $A \cup B =$ "事件 A 与事件 B 中至少有一个发生".

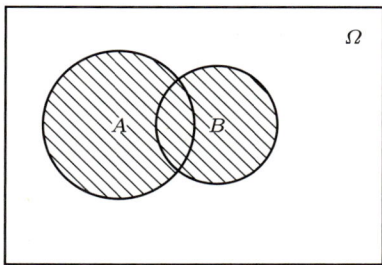

图 1.1.4　A 与 B 的并

在掷一颗骰子的试验中, 记事件 $A =$ "出现偶数点" $= \{2, 4, 6\}$, 事件 $B =$ "出现的点数不超过 4" $= \{1, 2, 3, 4\}$, 则 A 与 B 的并为 $A \cup B = \{1, 2, 3, 4, 6\}$.

注意: 凡语言中出现 "至少" "或" 的地方, 一般有并运算 $\cup$.

2) 事件 A 与事件 B 的交

由事件 A 与事件 B 公共的样本点组成的事件称为事件 A 与事件 B 的交, 记为 $A \cap B$, 或简记为 AB(图 1.1.5). 用概率论的语言表述为: $A \cap B =$ "事件 A 与事件 B 同时发生", 或 $A \cap B =$ "事件 A 发生且事件 B 也发生".

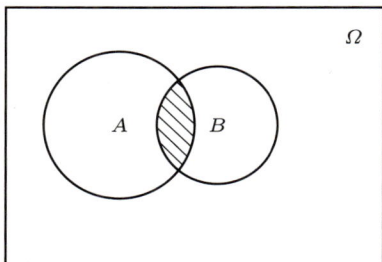

图 1.1.5　A 与 B 的交

在掷一颗骰子的试验中, 记事件 $A =$ "出现偶数点" $= \{2, 4, 6\}$, 记事件 $B =$ "出现的点数不超过 4" $= \{1, 2, 3, 4\}$, 则 A 与 B 的交为 $A \cap B = \{2, 4\}$.

注意以下一些有关事件交的拓展知识:

(1) 凡语言中出现 "同时" "都" "且" 的地方, 一般有交运算 $\cap$;

(2) 如事件是用数学表达式表示的范围, 概率论中常用两个表达式之间加上逗号表示两个事件的交, 用 T 表示物体的寿命, 事件 $A = \{T \leqslant 20\}$, 事件 $B = \{T > 10\}$, 则

$\{T \leqslant 20, T > 10\} = AB$;

(3) 事件 A 与 B 互不相容等价于 $AB = \varnothing$;

(4) 事件的并与交运算可推广到有限个或可列个事件, 如有事件 A_1, A_2, $\cdots$, 则 $\bigcup\limits_{i=1}^{n} A_i$ 称为有限并; $\bigcup\limits_{i=1}^{+\infty} A_i$ 称为可列并; $\bigcap\limits_{i=1}^{n} A_i$ 称为有限交; $\bigcap\limits_{i=1}^{+\infty} A_i$ 称为可列交;

(5) 我们约定交运算的级别优于并运算, 例如 $A \cup BC$ 表示 A 与 B、C 的交的并, 即 $A \cup BC = A \cup (BC)$.

3) 事件 A 对 B 的差

由事件 A 中但不在事件 B 中的样本点组成的事件称为事件 A 对事件 B 的差, 记为 $A - B$(图 1.1.6). 用概率论的语言表述为: "事件 A 发生但事件 B 不发生".

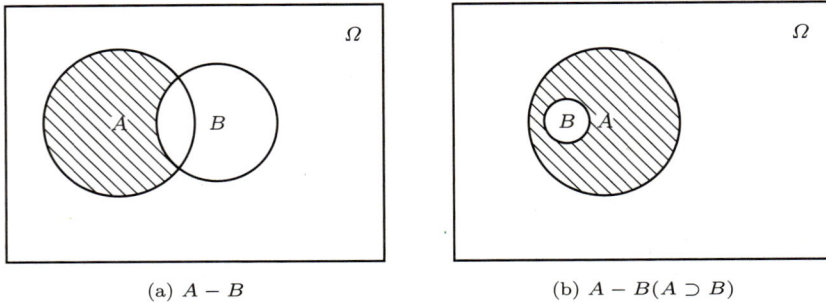

(a) $A - B$　　　　　　　　　　(b) $A - B(A \supset B)$

图 1.1.6　$A - B$ 的维恩图

在掷一颗骰子的试验中, 记事件 $A =$ "出现偶数点" $= \{2, 4, 6\}$, 事件 $B =$ "出现的点数不超过 4" $= \{1, 2, 3, 4\}$, 则 $A - B = \{6\}$.

4) 对立事件

由在 Ω 中而不在 A 中的样本点组成的事件称为事件 A 的对立事件 (或逆事件), 记为 $\overline{A}$ (图 1.1.7), 即 $\overline{A} = \Omega - A$. 用概率论的语言表述为: $\overline{A} =$ "事件 A 不发生". A 与 B 互为对立事件的充要条件是: $AB = \varnothing$, 且 $A \cup B = \Omega$, 这也可作为对立事件的另一种定义.

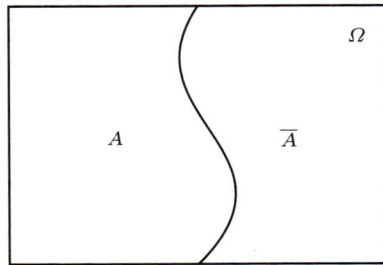

图 1.1.7　A 的对立事件 $\overline{A}$

在掷一颗骰子的试验中, 记事件 $A =$ "出现偶数点" $= \{2, 4, 6\}$, 事件 $B =$ "出现的点数不超过 4" $= \{1, 2, 3, 4\}$, 事件 A 的对立事件是 $\overline{A} = \{1, 3, 5\}$, 事件 B 的对立事件是

$\overline{B} = \{5, 6\}$.

注意以下一些有关对立事件的拓展知识:

(1) 对立事件是相互的, 即 A 的对立事件是 $\overline{A}$, 而 $\overline{A}$ 的对立事件是 A, 即 $\overline{\overline{A}} = A$. 必然事件 Ω 与不可能事件 $\varnothing$ 互为对立事件, 即 $\overline{\Omega} = \varnothing$, $\overline{\varnothing} = \Omega$;

(2) 可以用对立事件与事件的交表示事件的差: $A - B = A\overline{B}$, 另外, 概率论中常用一个事件分割另一个事件:

$$A = AB \cup A\overline{B}.$$

这两个公式在概率论中常常用到.

例 1.1.4 设 A、B、C 是某随机试验的三个事件, 则

(1) 事件 "A 与 B 发生, C 不发生" 可表示为: $AB\overline{C}$;

(2) 事件 "A、B、C 中至少有一个发生" 可表示为: $A \cup B \cup C$;

(3) 事件 "A、B、C 中至少有两个发生" 可表示为: $AB \cup AC \cup BC$;

(4) 事件 "A、B、C 中恰好有两个发生" 可表示为: $AB\overline{C} \cup A\overline{B}C \cup \overline{A}BC$;

(5) 事件 "A、B、C 都不发生" 可表示为: $\overline{A}\,\overline{B}\,\overline{C}$.

3. 事件的运算性质

事件就是一种集合, 故事件的运算也满足常用的集合的运算性质, 这些性质不难用集合论的语言证明.

1) 交换律

$$A \cup B = B \cup A, \quad AB = BA. \tag{1.1.1}$$

2) 结合律

$$(A \cup B) \cup C = A \cup (B \cup C), \tag{1.1.2}$$

$$(AB)C = A(BC). \tag{1.1.3}$$

3) 分配律

$$(A \cup B) \cap C = AC \cup BC, \tag{1.1.4}$$

$$(A \cap B) \cup C = (A \cup C) \cap (B \cup C). \tag{1.1.5}$$

4) 对偶律 (德摩根公式)

事件并的对立等于对立的交: $\overline{A \cup B} = \overline{A} \cap \overline{B}$, $\qquad$ (1.1.6)

事件交的对立等于对立的并: $\overline{A \cap B} = \overline{A} \cup \overline{B}$. $\qquad$ (1.1.7)

德摩根公式可推广到多个事件及可列个事件场合:

$$\overline{\bigcup_{i=1}^{n} A_i} = \bigcap_{i=1}^{n} \overline{A_i}; \quad \overline{\bigcup_{i=1}^{+\infty} A_i} = \bigcap_{i=1}^{+\infty} \overline{A_i}; \tag{1.1.8}$$

$$\overline{\bigcap_{i=1}^{n} A_i} = \bigcup_{i=1}^{n} \overline{A}_i; \qquad \overline{\bigcap_{i=1}^{+\infty} A_i} = \bigcup_{i=1}^{+\infty} \overline{A}_i. \tag{1.1.9}$$

如果把集合的交和并分别看成集合的乘积和相加, 运算律 (1.1.1)~(1.1.4) 与数的乘法和加法的运算律完全一样, 但集合的减法不满足数的减法那样的运算律, 这个时候通常需要用公式 $A - B = A\overline{B}$ 之后再运用上面的运算律. 这些集合的运算律在概率论中很有用, 需要熟练掌握. 需要注意的是, 集合的交运算级优先于并运算, 这与数的乘法的运算级优于加法一致. 常见应用如下:

(1) 对于任意事件 A, B 有 $A = A\Omega = A(B \cup \overline{B}) = AB \cup A\overline{B}$, 故得公式 $A = AB \cup A\overline{B}$, 显然 AB 与 $A\overline{B}$ 互斥, 此公式又称将事件分解为两个互斥事件的并;

(2) 上面的结果进一步推广如下: 设事件 $B_1, B_2, \cdots, B_n$ 两两互斥且 $\bigcup_{i=1}^{n} B_i = \Omega$, 则

$$A = A\Omega = A\left(\bigcup_{i=1}^{n} B_i\right) = \bigcup_{i=1}^{n} AB_i, \text{ 故得公式 } A = \bigcup_{i=1}^{n} AB_i, \text{ 显然 } AB_1, AB_2, \cdots, AB_n \text{ 两两}$$

互斥, 此公式又称将事件分解为多个两两互斥事件的并.

小 节 要 点

1. 掌握随机事件的概念、随机事件之间的关系及其运算.

2. 注意用字母表示事件, 这样方便数学推理. 注意日常用语中的 "或" 和 "至少" 对应事件的并, "且" "均" "都" "同时" 对应事件的交.

3. 事件的运算律在交和并的情况下与数在乘积与求和情形的运算律对应, 比较好记住, 所以要重点记住对偶律. 注意事件的差没有像数的差类似的运算性质.

4. 作为技能提升的一个要求, 需要掌握将一个事件被其他事件分割成两两互斥事件的技巧, 例如, $A = AB \cup A\overline{B}$, 这个技巧在概率论中常常用到.

应 记 应 背

1. A 与 B 互斥: $AB = \varnothing$, A 与 B 对立: $AB = \varnothing$ 且 $A \cup B = \Omega$.

2. $A - B = A\overline{B} = A - AB$, $A = AB \cup A\overline{B}$.

3. $\overline{A \cup B} = \overline{A} \cap \overline{B}$, $\overline{A \cap B} = \overline{A} \cup \overline{B}$.

✎ 习 题 1.1

1. 写出下列随机试验的样本空间.

(1) 抛三枚硬币;

(2) 同时抛一枚硬币和一颗骰子;

(3) 在某十字路口, 一小时内通过的机动车辆数;

(4) 某城市一天内的用电量.

2. 设 A、B、C 为三事件, 试表示下列事件.

(1) A、B、C 都发生或都不发生;

(2) A、B、C 中不多于一个发生;

(3) A、B、C 中不多于两个发生;

(4) A、B、C 中至少有两个发生.

进阶练习

3. 叙述下列事件的对立事件.

(1) $A = $ "掷两枚硬币, 皆为正面";

(2) $B = $ "射击三次, 皆命中目标";

(3) $C = $ "加工四个零件, 至少有一个合格品".

4. 下列命题是否成立?

(1) $A - (B - C) = (A - B) \cup C$;

(2) 若 $AB = \varnothing$ 且 $C \subset A$, 则 $BC = \varnothing$;

(3) $(A \cup B) - B = A$;

(4) $(A - B) \cup B = A$.

1.2 概率的定义

我们日常生活中所说的长度是对物体大小的一种度量, 概率则是随机事件发生的可能性大小的度量, 一种定义概率的可能方法是频率方法, 即在 n 次重复试验中, 记 $n(A)$ 为事件 A 出现的次数, 又称 $n(A)$ 为事件 A 的**频数**, 称

$$f_n(A) = \frac{n(A)}{n} \tag{1.2.1}$$

为事件 A 出现的**频率**. 随着试验重复次数 n 的增加, 频率 $f_n(A)$ 会稳定在某一常数附近, 称这个常数为频率的稳定值, 并将此稳定值称为事件 A 发生的概率.

但此定义有个缺陷, 因为试验次数不可能无限增加. 1933 年柯尔莫哥洛夫提出了概率的公理化定义, 这是概率论发展史上的一个里程碑.

1.2.1 概率的公理化定义

定义 1.2.1 设 Ω 为一个样本空间, $\mathscr{F}$ 为 Ω 的某些子集组成的一个事件域 (其定义稍后介绍). 如果对任一事件 $A \in \mathscr{F}$, 定义在 $\mathscr{F}$ 上的一个实值函数 $P(A)$ 满足:

(1) 非负性公理: 若 $A \in \mathscr{F}$, 则 $P(A) \geqslant 0$;

(2) 正则性公理: $P(\Omega) = 1$;

(3) 可列可加性公理: 若 $A_1, A_2, \cdots, A_n, \cdots$, 互不相容, 有

$$P\left(\bigcup_{i=1}^{+\infty} A_i\right) = \sum_{i=1}^{+\infty} P(A_i), \tag{1.2.2}$$

则称 $P(A)$ 为事件 A 的概率 (或称事件 A 发生的概率), 称 $(\Omega, \mathscr{F}, P)$ 为概率空间.

通俗地说, 概率的公理化定义就是大家公认的概率的定义. 概率是事件集到 $[0,1]$ 上的一个映射, 当这个映射满足上述三条公理, 就被称为概率. 容易验证, 当 n 固定时, 式 (1.2.1) 中的频率 $f_n(A)$ 可以作为事件 A 的概率的定义, 此定义称为用频率确定的概率. 这个定义很少用, 主要问题是, 这个概率随着 n 的变化而改变, 但在统计学中常用频率作为概率的估计值.

此公理化定义没有告诉确定概率的方法, 但告诉了确定概率的法则, 这些法则也是常识. 我们知道概率是事件发生的可能性大小, 如 "明天下雨" 这一事件的可能性大小, 又如 "某高三学生明年考上重点大学统计专业" 的可能性大小, 按照常识, 这个可能性大小不能为负数, 并且最大的可能性为 1(即 100%). 另外, 如果两个事件的交集为空集, 那它们作为一个整体并起来的事件发生的可能性大小应该是两个单独事件发生的可能性大小的和.

概率的公理化定义中用到了事件域的概念, 我们列出它的定义和有关概念, 初学概率论的读者只需要了解就可以了.

事件域 $\mathscr{F}$ 从直观上讲就是一个样本空间中某些子集 (事件) 组成的集合类, 它的元素为事件.

定义 1.2.2　设 Ω 为一样本空间, $\mathscr{F}$ 为 Ω 的某些子集所组成的集合类, 如果 $\mathscr{F}$ 满足:

(1) $\Omega \in \mathscr{F}$;

(2) 若 $A \in \mathscr{F}$, 则对立事件 $\overline{A} \in \mathscr{F}$;

(3) 若 $A_n \in \mathscr{F}, n = 1, 2, \cdots$, 则可列并 $\bigcup_{n=1}^{+\infty} A_n \in \mathscr{F}$.

则称 $\mathscr{F}$ 为一个事件域, 又称为 σ 代数.

在概率论中, 又称 $(\Omega, \mathscr{F})$ 为**可测空间**, "可测" 是指 $\mathscr{F}$ 中的元素都是有概率的事件.

下面将介绍常用的确定概率的两种方法: 在古典概率模型和几何概率模型下确定概率.

1.2.2　古典概率

古典概率是建立在以下的古典概率模型上的.

(1) 古典概率模型: ① 样本空间 Ω 只有有限个样本点, 设为 n 个; ② 每个样本点发生的可能性相等 (称为等可能性).

例如, 抛一枚均匀硬币, "出现正面" 与 "出现反面" 的可能性相等; 抛一枚均匀骰子, 出现各点 (1~6) 的可能性相等; 从袋子中摸出 2 个球, 每个球被摸到的可能性相等.

(2) 在上述古典概率模型下, 若事件 A 含有 k 个样本点, 则定义事件 A 发生的概率为

$$P(A) = \frac{\text{事件} A \text{ 所含样本点的个数}}{\Omega \text{ 中所有样本点的个数}} = \frac{k}{n}. \tag{1.2.3}$$

这个概率是概率论发展初期确定概率的常用方法, 并一直沿用至今, 又称古典概率, 容易验证, 古典概率满足公理化定义. 在古典概率模型中, 求事件 A 的概率关键是计算 A 中含有的样本点的个数和 Ω 中含有的样本点的个数, 所以在计算中经常用到排列组合工具. 我们通常用 $n(A)$ 表示集合 A 中元素的个数.

例 1.2.1　掷 2 枚均匀的硬币, 求出现正面的概率.

解　设样本空间为 Ω, 则 $\Omega = \{(\text{正},\text{正}),(\text{正},\text{反}),(\text{反},\text{正}),(\text{反},\text{反})\}$. 所以 Ω 中含有样本点的个数为 4, 事件"出现正面"含有的样本点的个数为 3 个: (正, 正), (正, 反), (反, 正), 因此所求概率为 $\dfrac{3}{4}$.

例 1.2.2　盒子中有 10 件产品, 其中有 4 件不合格品, 6 件合格品. 试求

(1) 从盒子中任取 1 件产品, 该产品为不合格品的概率;

(2) 从盒子中任取 3 件产品, 3 件产品均为不合格品的概率;

(3) 从盒子中任取 3 件产品, 3 件产品中恰有 1 件不合格品的概率.

解　(1) 为求产品为不合格品的概率, 故设 $A =$ "取到不合格品". 从 10 件产品中取出 1 件, 总的取法数为 C_{10}^1, 10 件产品中有 4 件不合格品, 故取到不合格品的取法数为 C_4^1, 由古典概率的定义知

$$P(A) = \frac{C_4^1}{C_{10}^1} = \frac{2}{5}.$$

(2) 为求 3 件产品均为不合格品的概率, 故设 $B =$ "取到 3 件不合格品". 从 10 件产品中取出 3 件, 总的取法数为 C_{10}^3, 10 件产品中有 4 件不合格品, 故取到 3 件不合格品的取法数为 C_4^3, 由古典概率的定义知

$$P(B) = \frac{C_4^3}{C_{10}^3} = \frac{1}{30}.$$

(3) 为求 3 件产品中恰有 1 件不合格品的概率, 故设 $C =$ "取到的产品中恰有 1 件不合格品" = "取到的产品中有 1 件不合格品和 2 件合格品". 从 10 件产品中取出 3 件, 总的取法数为 C_{10}^3, 10 件产品中有 4 件不合格品和 6 件合格品, 要使 C 发生需要经过两个步骤, 第 1 步: 从 4 件不合格品中抽 1 件, 第 2 步: 从 6 件合格品中抽 2 件, 故由乘法原理知, 取到 1 件不合格品和 2 件合格品的取法数为 $C_4^1 C_6^2$, 由古典概率的定义知

$$P(C) = \frac{C_4^1 C_6^2}{C_{10}^3} = \frac{1}{2}.$$

注意记住计算公式: ① $C_n^m = \dfrac{n!}{m!(n-m)!}$, $C_n^1 = n$, $C_n^0 = 1$; ② 在解答中用 A, B, C 表示事件, 这样假设的理由比较直接, 就是题目要求什么事件的概率就用字母表示这些事件, 这样方便利用公式等后续数学推理.

例 1.2.3　10 封信随机投入 5 个邮箱, 试求

(1) 前两个邮箱是空的概率;

(2) 第 1 个邮箱只有 1 封信的概率.

解　记 $A =$ "前两个邮箱为空", $B =$ "第 1 个邮箱只有 1 封信", 且 Ω 为样本空间. 由于每封信都有 5 种投递选择, 故 $n(\Omega) = 5^{10}$. 前两个邮箱为空表示每封信只投到后 3 个邮箱, 故 $n(A) = 3^{10}$, 于是 $P(A) = \dfrac{3^{10}}{5^{10}}$. 另外, 第 1 个邮箱有 1 封信即第 1 个邮箱有 1 封信 (从 10 封信中选取 1 封) 且其他邮箱共有 9 封信 (将另外 9 封信投到另外 4 个邮箱), 故由乘法原理知 $n(B) = C_{10}^1 \times 4^9$, 从而 $P(B) = \dfrac{C_{10}^1 \times 4^9}{5^{10}} = \dfrac{2 \times 4^9}{5^9}$.

在计算古典概率时, 一般不用把样本空间详细写出, 但要保证样本点为等可能. 古典概率模型在实际中比较常见, 而且种类繁多, 将上述两个例子推广分别得到下面两例中著名的抽样模型和信件投递模型.

(1) 抽样模型的应用范围较广, 如可以将产品换成球, 不合格品和合格品换成黑球和白球, 还可以将产品换成人群, 不合格品和合格品分别换成两类不同属性 (如男和女、不健康和健康等) 的人群等;

(2) 应用中较常见的是不放回抽样模型, 没有特别说明抽样方式的情况下, 通常可以依据实际背景判断为不放回抽样, 如摸彩票等;

(3) 信件投递模型适用房客选择房间、食客选择餐馆、顾客选择购物点、乘客选择下车站及罪犯逃逸等有关的概率计算问题.

下面的两个例子为延伸阅读材料.

例 1.2.4 (抽样模型) N 件产品种有 M 件不合格品, 其余 $N-M$ 合格品. 从中随机取出 n 件 $(n \leqslant N)$, 试求

(1) 不放回抽样, 取出的 n 件产品中有 m 件不合格品的概率 $(m \leqslant M, n-m \leqslant N-M)$;

(2) 有放回抽样, 取出的 n 件产品中有 m 件不合格品的概率 $(m \leqslant M)$.

解 不放回抽样是取出一件不放回, 继续取下一件, 直到取出 n 件, 如此重复. 有放回抽样是每次取出一件后放回, 再取下一件, 直到取出 n 件. 抽样方法不同, 得到的样本空间也不同, 下面分别求题中所述概率.

(1) 设不放回抽样的样本空间 Ω_1, $A_m =$ 事件 "取出的 n 个产品中有 m 个不合格品". 先计算 Ω_1 中样本点 (元素) 的个数: 从 N 个产品中任取 n 个, 因为没有次序, 所以样本点的总数为 C_N^n. 又因为是随机抽取的, 所以这 C_N^n 个样本点是等可能的.

然后计算事件 A_m 中含有的样本点个数. 要使 A_m 发生需要经过两个步骤, 第 1 步: 从 M 个不合格品中抽 m 个; 第 2 步: 从 $N-M$ 个合格品中抽 $n-m$ 个. 根据乘法原理, A_m 含有 $C_M^m C_{N-M}^{n-m}$ 个样本点, 由此得到 A_m 的概率为

$$P(A_m) = \frac{C_M^m C_{N-M}^{n-m}}{C_N^n}, \quad m = 0, 1, 2, \cdots, r, \quad r = \min\{n, M\}. \tag{1.2.4}$$

(2) 设有放回抽样的样本空间 Ω_2, $B_m =$ 事件 "取出的 n 个产品中有 m 个不合格品". 先计算样本空间 Ω_2 中样本点的个数: 第一次抽取时, 可从 N 个中任取一个, 有 N 种取法. 因为是放回抽取, 所以第二次抽取时, 仍有 N 种取法, 如此重复取, 每一次都有 N 种取法, 一共抽取了 n 次, 所以共有 N^n 个等可能的样本点.

事件 B_m 发生必须从 $N-M$ 个合格品中有放回地抽取 $n-m$ 次, 从 M 个不合格品中有放回地抽取 m 次, 这样就有 $M^m \cdot (N-M)^{n-m}$ 种取法. 再考虑到这 m 个不合格品可能在 n 次中的任何 m 次抽取中得到, 总共有 C_n^m 种可能. 所以事件 B_m 含有 $C_n^m M_m (N-M)^{n-m}$ 个样本点, 故 B_m 的概率为

$$P(B_m) = C_n^m \frac{M^m (N-M)^{n-m}}{N^n} = C_n^m \left(\frac{M}{N}\right)^m \left(1 - \frac{M}{N}\right)^{n-m}, \quad m = 0, 1, 2, \cdots, n. \tag{1.2.5}$$

例 1.2.5 (信件投递模型) N 封信随机投入 m 个邮箱, 设每个信箱可以装 N 封信. 试求

(1) 前两个邮箱是空的概率;

(2) 第 1 个邮箱只有 1 封信的概率.

解 记 $A=$ "前两个邮箱为空", $B=$ "第 1 个邮箱只有 1 封信", 且 Ω 为样本空间. 由于每封信都有 m 种投递选择, 故 $n(\Omega)=m^N$. 前两个邮箱为空表示每封信只投到后 $m-2$ 个邮箱, 故 $n(A)=(m-2)^N$, 于是 $P(A)=\dfrac{(m-2)^N}{m^N}$. 另外, 第 1 个邮箱有 1 封信, 即第 1 个邮箱有 1 封信且其他邮箱共有 $N-1$ 封信, 故由乘法原理得 $n(B)=N(m-1)^{N-1}$, 从而 $P(B)=\dfrac{N(m-1)^{N-1}}{m^N}$.

1.2.3 几何概率

几何概率是建立在以下的几何概率模型上的.

几何概率模型: ① 如果一个随机现象的样本空间 Ω 充满某个区域, 其度量 (长度、面积或体积等) 大小可用 S_Ω 表示; ② 任意一点 (样本点) 落在度量相同的 Ω 的子区域内是等可能的.

在几何概率模型下, 若事件 A 为 Ω 中的某个子区域 (图 1.2.1), 且其度量大小可用 S_A 表示, 则事件 A 的概率定义为

$$P(A)=\frac{S_A}{S_\Omega}. \tag{1.2.6}$$

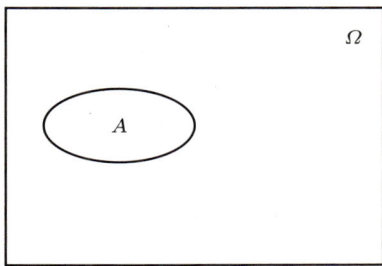

图 1.2.1 几何概率

这个概率又称几何概率, 它满足概率的公理化定义.

求几何概率的关键是对样本空间 Ω 和所求事件 A 用图形描述清楚 (一般用平面或空间图形), 然后计算出相关图形的度量 (一般为面积或体积). 几何概率模型的应用场景较多, 下面举一个常见的例子.

例 1.2.6 在区间 $(0,1)$ 中随机地取两个数, 求事件 "两数之差的绝对值不超过 $\dfrac{1}{2}$" 的概率.

解 用 x 和 y 分别表示两个数, 则 (x,y) 为平面 xOy 直角坐标系中的点 (图 1.2.2).

由于 x 和 y 均匀地分布在 $(0,1)$ 中, 故 (x,y) 的所有可能取值是边长为 1 的正方形, 其面积为 $S_\Omega=1$. 而事件 $A=$ "两数之差的绝对值不超过 $\dfrac{1}{2}$" 相当于:

$$0 < x < 1, 0 < y < 1, |x - y| \leqslant \frac{1}{2},$$

即图中的阴影部分, 其面积为 $S_A = 1^2 - 0.5^2$, 由几何概率的定义可知

$$P(A) = \frac{S_A}{S_\Omega} = \frac{1^2 - 0.5^2}{1} = \frac{3}{4}.$$

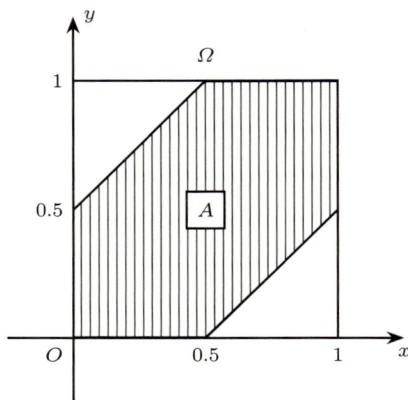

图 1.2.2　例 1.2.6 中的 Ω 与 A

注意, 这里涉及确定集合 A 在直角坐标系中的区域, 关键是找到满足 $|x - y| \leqslant \frac{1}{2}$ 的点 (x, y) 所在的区域, 方法如下: $|x - y| \leqslant \frac{1}{2}$ 等价于 $-\frac{1}{2} \leqslant x - y \leqslant \frac{1}{2}$, 它是两个集合 $-\frac{1}{2} \leqslant x - y$ 及 $x - y \leqslant \frac{1}{2}$ 的交集, 而 $-\frac{1}{2} \leqslant x - y$ $\left(\text{即 } y \leqslant x + \frac{1}{2}\right)$ 表示直线 $y = x + \frac{1}{2}$ 的右下方部分 (注: "$y \leqslant$" 对应右下方), $x - y \leqslant \frac{1}{2}$ $\left(\text{即 } y \geqslant x - \frac{1}{2}\right)$ 表示直线 $y = x - \frac{1}{2}$ 的左上方部分 (注: "$y \geqslant$" 对应左上方).

上面的例子中, 把 x 和 y 看成甲和乙为到达指定地方的时刻, 且当甲和乙到达一定时间后会离开 (或者消失), 求事件 $A =$ "甲乙相遇" 的概率, 这是有名的会面问题. 会面问题常应用在生育管理、灾害预防 (如自然灾害与人员相遇)、传染病预防 (如病毒与人员相遇) 及国防军工 (如导弹与目标相遇及拦截导弹与导弹相遇) 等研究领域.

小 节 要 点

1. 概率的公理化定义是概率论发展的基础, 是所有概率 (含古典概率、几何概率及第 2 章开始介绍的其他概率) 必须满足的性质. 可以这样理解和记忆概率: 概率是对随机事件发生可能性大小的一个度量, 要求非负, 必然事件的概率为 1(正则性); 另外一个重要的性质就是两两互斥事件的并的概率等于每个事件概率的和 (可加性), 类比日常生活中对身高、体重等的度量, 非负性和可加性很自然, 唯一的区别是身高和体重没有正则性.

2. 注意将要求的事件的概率中的事件用字母 A, B, C 等表示出来, 同时将与之关联的事件用字母表示出来, 方便利用公式等后续数学推理.

应 记 应 背

1. 在古典概率模型下, $P(A) = \dfrac{n(A)}{n(\Omega)}$, 在几何概率模型下, $P(A) = \dfrac{S_A}{S_\Omega}$.

2. 摸球模型和会面问题中概率的计算方法.

3. 概率的非负性、正则性和对互不相容事件并的可加性.

✍ 习 题 1.2

1. 从一副 52 张的扑克牌中任取 4 张, 求下列事件的概率.

(1) 全是黑桃;

(2) 同色.

2. 口袋有 5 个白球、3 个黑球, 从口袋中各任取 2 球, 求取到的两个球颜色相同的概率.

3. 在长度为 60 min 的时间段内有两个不同的信号随机进入接收机, 甲信号的持续时间是 2 min, 乙信号的持续时间是 3 min, 试求这两个信号互不干扰的概率.

进阶练习

4. 考虑一元二次方程 $x^2 + Bx + C = 0$, 其中 B, C 分别是将一枚骰子接连掷两次先后出现的点数, 求该方程有实根的概率 p 和有重根的概率 q.

5. 掷两颗骰子, 求下列事件的概率.

(1) 点数之和为 7;

(2) 点数之和不超过 5;

(3) 两个点数中一个恰是另一个的两倍.

6. 将 12 只球随意地放入 3 个盒子中, 试求第一个盒子中恰有 3 个球的概率.

1.3 概率的性质

除了利用概率的定义求概率外, 还可以利用概率的性质求概率, 掌握了概率的性质相当于掌握了求概率的另一个工具, 它在求解复杂的概率问题时价值凸显. 利用概率的公理化定义 (非负性、正则性和可列可加性), 可以导出概率的一系列性质, 下面介绍概率的重要基本性质.

性质 1.3.1 不可能事件的概率为 0, 即 $P(\varnothing) = 0$.

证明 显然有

$$\Omega = \Omega \cup \varnothing \cup \varnothing \cdots \cup \varnothing \cup \cdots.$$

因为不可能事件与任何事件是互不相容的, 故由可列可加性公理得

$$P(\Omega) = P(\Omega) + P(\varnothing) + \cdots + P(\varnothing) + \cdots.$$

从而由 $P(\Omega) = 1$ 得

$$P(\varnothing) + P(\varnothing) + \cdots = 0.$$

再由非负性公理知

$$P(\varnothing) = 0.$$

注意: 不可能事件的概率为 0, 但概率为 0 的事件不一定是不可能事件. 例如, 在例 1.2.6 中, 记 $B =$ "两数之差等于 $\frac{1}{2}$", 则 $P(B) = 0$, 但 $B \neq \varnothing$.

1.3.1　概率的有限可加性

性质 1.3.2 (有限可加性)　若有限个事件 $A_1, A_2, \cdots, A_n$ 互不相容, 则有

$$P\left(\bigcup_{i=1}^{n} A_i\right) = \sum_{i=1}^{n} P(A_i). \tag{1.3.1}$$

证明　对 $A_1, A_2, \cdots, A_n, \varnothing, \varnothing, \cdots$, 由可列可加性得

$$\begin{aligned}
P(A_1 \cup A_2 \cup \cdots \cup A_n) &= (A_1 \cup A_2 \cup \cdots \cup A_n \cup \varnothing \cup \varnothing \cup \cdots) \\
&= P(A_1) + \cdots + P(A_n) + P(\varnothing) + P(\varnothing) + \cdots \\
&= P(A_1) + \cdots + P(A_n).
\end{aligned}$$

结论得证.

由有限可加性, 得到以下求对立事件概率的公式.

性质 1.3.3　对任一事件 A, 有

$$P(\overline{A}) = 1 - P(A). \tag{1.3.2}$$

证明　因为 A 与 $\overline{A}$ 互不相容, 且 $\Omega = A \cup \overline{A}$. 所以由概率的正则性和有限可加性得 $1 = P(A) + P(\overline{A})$. 由此得 $P(A) = 1 - P(\overline{A})$.

1.3.2　概率的减法公式

以下性质 1.3.4 给出求任意两个事件差的概率减法公式.

性质 1.3.4 (减法公式)　对任意两个事件 A, B, 有

$$P(A - B) = P(A) - P(AB). \tag{1.3.3}$$

证明　由于 $A = AB \cup A\overline{B}$, 由概率的可加性知 $P(A) = P(AB) + P(A\overline{B})$, 又 $A - B = A\overline{B}$, 故 $P(A) = P(AB) + P(A - B)$, 即

$$P(A - B) = P(A) - P(AB).$$

特别地, 如果 $B \subset A$, 则 $AB = B$, 故 $P(A - B) = P(A) - P(B)$, 由于任意事件的概率非负, 所以 $P(B) \leqslant P(A)$, 这个结果又称概率的保序性.

1.3.3 概率的加法公式

当事件之间互不相容时, 概率的有限可加性或可列可加性给出了求事件并的概率的公式. 以下性质 1.3.5 给出求任意两个事件并的概率加法公式, 以及任意 n 个事件并的概率加法公式. 这些性质在计算概率时常用.

性质 1.3.5 (加法公式) 对任意两个事件 A, B, 有

$$P(A \cup B) = P(A) + P(B) - P(AB). \tag{1.3.4}$$

对任意 n 个事件 A_1, A_2, $\cdots$, A_n, $n \geqslant 2$, 有

$$P\left(\bigcup_{i=1}^{n} A_i\right) = \sum_{i=1}^{n} P(A_i) - \sum_{1 \leqslant i < j \leqslant n} P(A_i A_j) + \sum_{1 \leqslant i < j < k \leqslant n} P(A_i A_j A_k)$$
$$+ \cdots + (-1)^{n-1} P(A_1 A_2 \cdots A_n). \tag{1.3.5}$$

在古典概率模型中容易证明式(1.3.4): 由于 $n(A \cup B) = n(A) + n(B) - n(AB)$, 两边除以 $n(\Omega)$ 得

$$\frac{n(A \cup B)}{n(\Omega)} = \frac{n(A) + n(B) - n(AB)}{n(\Omega)},$$

即

$$P(A \cup B) = P(A) + P(B) - P(AB).$$

这个特殊情况下的证明有助于帮助我们记忆或者纠正记忆偏差, 一般情形下的严格证明如下:

证明 我们仅证明式 (1.3.4), 证明中用到了概率的减法公式, 式(1.3.5) 可用归纳法证明. 因为

$$A \cup B = A \cup (B - A),$$

且 A 与 $B - A$ 互不相容, 所以由有限可加性和性质 1.3.4得

$$P(A \cup B) = P(A) + P(B - A) = P(A) + P(B) - P(AB).$$

由概率的加法公式可以导出概率的次可加性.

性质 1.3.6 (次可加性) 对任意两个事件 A, B, 有

$$P(A \cup B) \leqslant P(A) + P(B). \tag{1.3.6}$$

对任意 n 个事件 A_1, A_2, $\cdots$, A_n, $n \geqslant 2$, 有

$$P\left(\bigcup_{i=1}^{n} A_i\right) \leqslant \sum_{i=1}^{n} P(A_i). \tag{1.3.7}$$

注意：① 上面的性质要熟记, 空集 (又称不可能事件) 的概率为 0 及概率的有限可加性是比较显然的, 而且容易记住, 但要注意有限可加性的适用条件: 事件互不相容. ② 记住任意事件的概率的加法公式, 特别是两个事件和三个事件概率的加法公式.

下面举例说明概率性质的应用.

例 1.3.1　某工厂一个班组共有员工 8 人、女工 4 人, 现随机挑选 3 个代表, 问选的 3 个代表中至少有 1 个女工的概率是多少?

解　记 $A=$ "选的 3 个代表中至少有 1 个女工", 则 $\overline{A}=$ "选的 3 个代表中均为男工", 于是 (提示: 可用摸球模型求 $\overline{A}$ 的概率)

$$P(\overline{A})=\frac{C_4^3}{C_8^3}=\frac{1}{14},$$

故 $P(A)=1-P(\overline{A})=1-\frac{1}{14}=\frac{13}{14}$.

例 1.3.2　从 0, 1, 2, $\cdots$,9 等十个数字中任意选出三个不同的数字, 试求下列事件的概率:

(1) $A_1=\{$三个数字中不含 0 和 5$\}$;

(2) $A_2=\{$三个数字中不含 0 或 5$\}$;

(3) $A_3=\{$三个数字中含 0 但不含 5$\}$.

解　记 $A=\{$三个数字中不含 0$\}$,$B=\{$三个数字中不含 5$\}$, 则 $A_1=AB$, 用摸球模型求事件 A,B 发生的概率

$$P(A)=\frac{C_9^3}{C_{10}^3}=\frac{7}{10},P(B)=\frac{C_9^3}{C_{10}^3}=\frac{7}{10},P(AB)=\frac{C_8^3}{C_{10}^3}=\frac{7}{15}.$$

注意到 $A_2=A\cup B,A_3=\overline{A}B$, 结合 $A_1=AB$ 得

(1) $P(A_1)=P(AB)=\frac{7}{15}$;

(2) $P(A_2)=P(A\cup B)=P(A)+P(B)-P(AB)=\frac{7}{10}+\frac{7}{10}-\frac{7}{15}=\frac{14}{15}$;

(3) $P(A_3)=P(\overline{A}B)=P(B)-P(AB)=\frac{7}{10}-\frac{7}{15}=\frac{7}{30}$.

注意: ① 解答过程中用字母 A 和 B 表示事件, 原因是 $P(A),P(B)$ 容易求出, 且与所求事件的概率中的事件紧密关联; ② 将 A_1,A_2,A_3 用 A,B 表示出来.

例 1.3.3　设 A,B,C 为 3 个事件, 已知 $P(A)=P(B)=\frac{1}{4},P(C)=\frac{1}{3},P(AB)=P(BC)=0,P(AC)=\frac{1}{6}$, 求 A,B,C 中至少有一个事件发生的概率.

解　记 $D=$ "A,B,C 中至少有一个事件发生", 则 $D=A\cup B\cup C$, 于是由概率的加法公式可知

$$P(D)=P(A\cup B\cup C)=P(A)+P(B)+P(C)-P(AB)-P(BC)-P(AC)+P(ABC).$$

上式右边仅 $P(ABC)$ 未知, 由概率的非负性、保序性及题目的条件知 $0 \leqslant P(ABC) \leqslant P(AB) = 0$, 所以 $P(ABC) = 0$, 结合题目条件可知

$$P(D) = \frac{1}{4} + \frac{1}{4} + \frac{1}{3} - \frac{1}{6} = \frac{2}{3}.$$

例 1.3.4   已知 $P(A) = 0.7$, $P(A - B) = 0.3$, 试求 $P(\overline{AB})$.

解 $P(A - B) = 0.3$, 即 $P(A\overline{B}) = 0.3$, 又 $P(A) = P(AB) + P(A\overline{B})$, 故 $P(A\overline{B}) = P(A) - P(AB) = 0.3$, 结合 $P(A) = 0.7$ 知, $P(AB) = 0.7 - 0.3 = 0.4$, 故 $P(\overline{AB}) = 1 - P(AB) = 1 - 0.4 = 0.6$.

小 节 要 点

1. 注意将要求的事件的概率中的事件用字母表示出来, 同时将与之关联的事件用字母表示出来, 方便利用公式等后续数学推理.

2. 如果 $P(A)$ 不好求, 可尝试求 $P(\overline{A})$, 然后利用公式 $P(A) = 1 - P(\overline{A})$.

3. 将"复杂"事件 (如事件的并, 事件的差) 的概率化成"简单"事件 (单独的事件或者事件的交) 的概率, 将含 $\overline{A}, \overline{B}, \cdots$ 的事件的概率转化成含 $A, B, \cdots$ 的事件的概率, 达到化繁为简的目的.

应 记 应 背

1. 概率的加法公式: $P(A \cup B) = P(A) + P(B) - P(AB), P(A \cup B \cup C) = P(A) + P(B) + P(C) - P(AB) - P(BC) - P(AC) + P(ABC)$.

2. 概率分割的公式: $P(A) = 1 - P(\overline{A}), P(A) = P(A\overline{B}) + P(AB)$.

3. 概率的减法公式: $P(A - B) = P(A\overline{B}) = P(A) - P(AB)$.

✍ 习 题 1.3

1. 某城市中共发行 3 种报纸 A, B, C. 在这城市的居民中有 45% 订阅 A 报、30% 订阅 B 报、25% 订阅 C 报, 10% 同时订阅 A 报 B 报、8% 同时订阅 A 报 C 报、5% 同时订阅 B 报 C 报、3% 同时订阅 A, B, C 报. 从中任取 1 人, 求此人只订阅 A 报的概率.

2. 某工厂一个班组共有男工 7 人、女工 4 人, 现要选出 3 个代表, 问选的 3 个代表中至少有 1 个女工的概率是多少?

3. 一间宿舍内住有 6 位同学, 求他们之中至少有 2 个人的生日在同一个月份的概率.

4. 已知 $P(\overline{A}) = 0.3$, $P(A - B) = 0.3$, 试求 $P(\overline{AB})$.

5. 已知 $P(A) = P(B) = p_0, P(AB) = p_1$, 试求 $P(A\overline{B}), P(B\overline{A}), P(\overline{A}\,\overline{B})$.

进阶练习

6. 掷三颗骰子, 求以下事件的概率.

(1) 所得的最大点数小于等于 3;

(2) 所得的最大点数等于 3.

7. 设 $P(A) = 0.6, P(B) = 0.8$, 则 $P(AB)$ 在什么条件下取得最小值? 最小值是多少?

1.4　条 件 概 率

条件概率是概率论中的一个既重要又应用广泛的概念.

1.4.1　条件概率的定义

条件概率是指在某事件 B 发生的条件下另一事件 A 的概率, 记为 $P(A|B)$, 它是与无条件概率不同的一类概率, 但可以通过无条件概率来定义条件概率, 下面通过一个例子说明.

例 1.4.1　掷一颗均匀骰子, 其样本空间为 $\Omega = \{1, 2, 3, 4, 5, 6\}$.

(1) 事件 $A =$ "出现的点数不小于 2" 发生的概率为

$$P(A) = \frac{5}{6}.$$

(2) 若已知事件 $B =$ "出现的点数为奇数" 发生, 再求事件 A 发生的概率: 因为事件 B 的发生, 排除了 $2, 4, 6$ 发生的可能性, 这时样本空间 Ω 也随之变为 $\Omega_B = \{1, 3, 5\}$, 而在 Ω_B 中事件 A 只含 2 个样本点, 故

$$P(A|B) = \frac{2}{3}.$$

(3) 为了说明条件概率与无条件概率之间的关系, 将上述条件概率的分子分母都除以 6, 则

$$P(A|B) = \frac{\frac{2}{6}}{\frac{3}{6}} = \frac{P(AB)}{P(B)}.$$

这个例子启发我们定义条件概率 $P(A|B)$ 为 $P(AB)$ 除以 $P(B)$.

定义 1.4.1　设 A 与 B 是样本空间 Ω 中的两事件, 若 $P(B) > 0$, 则称

$$P(A|B) = \frac{P(AB)}{P(B)} \tag{1.4.1}$$

为 "在 B 发生下 A 的条件概率", 简称条件概率.

条件概率的计算有两种方法: 一是利用上面的定义计算; 二是按照条件概率的含义计算, 即把 B 作为新的样本空间来计算.

条件概率 $P(A|B)$ 是在给定事件 B 下事件 A 的概率, 它也是一种概率, 即满足概率的三条公理.

性质 1.4.1　条件概率是概率, 即若设 $P(B) > 0$, 则

(1) $P(A|B) \geqslant 0, A \in \mathscr{F}$;

(2) $P(\Omega|B) = 1$;

(3) 若 $\mathscr{F}$ 中的 $A_1, A_2, \cdots, A_n, \cdots$ 互不相容, 则

$$P\left(\bigcup_{n=1}^{+\infty} A_n \Big| B\right) = \sum_{n=1}^{+\infty} P(A_n|B).$$

证明 由条件概率的定义知 $P(A|B) = \dfrac{P(AB)}{P(B)} \geqslant 0$, $P(\Omega|B) = \dfrac{P(\Omega B)}{P(B)} = \dfrac{P(B)}{P(B)} = 1$. 进一步, 因为 $A_1, A_2, \cdots, A_n, \cdots$ 互不相容, 所以 $A_1B, A_2B, \cdots, A_nB, \cdots$ 也互不相容, 故

$$P\left(\bigcup_{n=1}^{+\infty} A_n \Big| B\right) = \frac{P\left(\left(\bigcup_{n=1}^{+\infty} A_n\right)B\right)}{P(B)} = \frac{P\left(\bigcup_{n=1}^{+\infty}(A_nB)\right)}{P(B)}$$

$$= \sum_{n=1}^{+\infty} \frac{P(A_nB)}{P(B)} = \sum_{n=1}^{+\infty} P(A_n|B).$$

这个证明启发我们, 在处理有关条件概率的问题时, 可以利用条件概率的定义将条件概率转化为两个无条件概率的比, 然后利用无条件概率的性质来进行推导.

例 1.4.2 一个装有 12 块芯片的盒子中有 8 件合格品、4 件不合格品. 从中不返回地一件一件取出.

(1) 已知第 1 次取出的是合格品, 试求第 2 次取出合格品的概率;

(2) 已知第 2 次取出的是合格品, 试求第 1 次取出合格品的概率.

解 记 $A_i =$ "第 i 次取到合格品" $(i = 1, 2)$.

(1) 解法 1: 利用条件概率的含义, 在缩减的样本空间中用古典概率方法求解. 在已知 A_1 发生, 即在第 1 次取到合格品的条件下, 第 2 次取件时样本空间缩减为 11 块芯片 (其中 7 件合格品, 4 件不合格品), 故第 2 次取件的总取法数为 11, 第 2 次取到合格品的取法数为 7, 由古典概率的定义可知 $P(A_2|A_1) = \dfrac{7}{11}$.

解法 2: 用条件概率的定义 $P(A_2|A_1) = \dfrac{P(A_1A_2)}{P(A_1)}$ 求解. 利用摸球模型可得 $P(A_1) = \dfrac{8}{12} = \dfrac{2}{3}$, $P(A_1A_2) = \dfrac{C_8^2}{C_{12}^2} = \dfrac{14}{33}$, 故 $P(A_2|A_1) = \dfrac{P(A_1A_2)}{P(A_1)} = \dfrac{7}{11}$.

(2) 由条件概率的定义和概率的性质可知 $P(A_1|A_2) = \dfrac{P(A_2A_1)}{P(A_2)} = \dfrac{P(A_1A_2)}{P(A_1A_2) + P(\overline{A_1}A_2)}$, 而 $P(\overline{A_1}A_2) = P(\overline{A_1})P(A_2|\overline{A_1}) = \dfrac{1}{3} \times \dfrac{8}{11}$, 结合 $P(A_1A_2) = \dfrac{14}{33}$ 可知 $P(A_1|A_2) = \dfrac{7}{11}$.

注意: 在上例第 1 问中我们学习了求条件概率的两种方法, 解题实践中需要灵活选择最简的方法. 本例中所求的概率涉及前两次分别取到合格品的情况, 故在解答中用 A_i 表示第 i 次取到合格品 $(i = 1, 2)$.

例 1.4.3 设一批产品中一、二、三等品各占 70%, 20%, 10%. 从中任意取出一件, 结果不是三等品, 求取到的是一等品的概率.

解 记 $A_i =$ "取到 i 等品" $(i = 1, 2, 3)$, 设产品总数为 n, 则一、二、三等品个数分别为 $70\% \times n$, $20\% \times n$, $10\% \times n$, 故 $P(A_1) = \dfrac{70\% \times n}{n} = 0.7$, $P(A_2) = 0.2$, $P(A_3) = 0.1$.

解法 1: 利用条件概率的意义, 在缩减的样本空间中用古典概率方法求解. 在已知 $\overline{A_3} = A_1 \cup A_2$ 发生, 即取到一等品或者二等品的条件下, 取件的样本空间缩减为一等品和二等品

集合, 总取法数为 $(70\% + 20\%) \times n = 0.9n$, 取到一等品的取法数为 $0.7n$, 由古典概率的定义可知 $P(A_1|\overline{A_3}) = \dfrac{0.7n}{0.9n} = \dfrac{7}{9}$.

解法 2: 用条件概率的定义 $P(A_1|\overline{A_3}) = \dfrac{P(A_1\overline{A_3})}{P(\overline{A_3})}$ 求解. 由于 $\overline{A_3} = A_1 \cup A_2$, 故 $A_1\overline{A_3} = A_1(A_1 \cup A_2) = A_1$, 故 $P(A_1|\overline{A_3}) = \dfrac{P(A_1)}{P(A_1 \cup A_2)}$. 由概率的可加性知 $P(A_1 \cup A_2) = P(A_1) + P(A_2) = 0.7 + 0.2 = 0.9$, 因此 $P(A_1|\overline{A_3}) = \dfrac{P(A_1)}{P(A_1 \cup A_2)} = \dfrac{0.7}{0.9} = \dfrac{7}{9}$.

注意: 解答过程中用 $A_i, i = 1, 2, 3$ 表示事件, 理由是所求事件的概率中的事件与它们密切相关.

例 1.4.4　已知 $P(A) = \dfrac{1}{4}, P(B|A) = \dfrac{1}{3}, P(A|B) = \dfrac{1}{2}$, 求 $P(A \cup B)$.

解　由条件概率的定义可知, 由 $P(B|A) = \dfrac{1}{3}, P(A|B) = \dfrac{1}{2}$ 可得 $\dfrac{P(AB)}{P(A)} = \dfrac{1}{3}, \dfrac{P(AB)}{P(B)} = \dfrac{1}{2}$, 结合 $P(A) = \dfrac{1}{4}$ 可知, $P(AB) = \dfrac{1}{3} \times P(A) = \dfrac{1}{12}$, 且 $P(B) = 2P(AB) = \dfrac{1}{6}$, 结合概率的加法公式可知 $P(A \cup B) = P(A) + P(B) - P(AB) = \dfrac{1}{4} + \dfrac{1}{6} - \dfrac{1}{12} = \dfrac{1}{3}$.

注意: 上题的解题思路就是利用条件概率的定义将条件概率转化为无条件概率, 从而求出概率的加法公式中的 $P(A), P(B), P(AB)$. 条件概率向无条件概率的转化是一种常用的解题思路, 总的思路是化繁为简.

由条件概率可导出三个非常实用的公式: 乘法公式、全概率公式和贝叶斯公式. 这些公式可以帮助我们计算一些复杂事件的概率.

1.4.2　乘法公式

乘法公式是条件概率的变形, 由条件概率的定义 $P(A|B) = \dfrac{P(AB)}{P(B)}$, 将等式两边同乘以 $P(B)$ 得

性质 1.4.2（乘法公式）　若 $P(B) > 0$, 则

$$P(AB) = P(B)P(A|B). \tag{1.4.2}$$

将两个事件的交称为两个事件的乘积, 这样乘法公式左边就是两个事件的乘积的概率. 可以将乘法公式推广到多个事件情形.

性质 1.4.3（乘法公式的推广形式）　若 $P(A_1A_2 \cdots A_{n-1}) > 0, n \geqslant 2$, 则

$$P(A_1 \cdots A_n) = P(A_1)P(A_2|A_1)P(A_3|A_2A_1) \cdots P(A_n|A_1 \cdots A_{n-1}), \tag{1.4.3}$$

特别地, 如果 $P(A_1A_2) > 0$, 则

$$P(A_1A_2A_3) = P(A_1)P(A_2|A_1)P(A_3|A_2A_1).$$

证明　因为

$$P(A_1) \geqslant P(A_1A_2) \geqslant \cdots \geqslant P(A_1 \cdots A_{n-1}) > 0,$$

所以式 (1.4.3) 中的条件概率均有意义, 由条件概率的定义, 式(1.4.3) 的右边等于

$$P(A_1) \cdot \frac{P(A_1A_2)}{P(A_1)} \cdot \frac{P(A_1A_2A_3)}{P(A_1A_2)} \cdots \frac{P(A_1 \cdots A_n)}{P(A_1 \cdots A_{n-1})} = P(A_1 \cdots A_n).$$

从而式 (1.4.3) 成立.

这个证明再次启发我们, 在处理有关条件概率的问题时, 可以利用条件概率的定义将条件概率转化为两个无条件概率的比, 然后再来处理这些比值.

注意: (1) 从数学的角度讲, 概率的乘法公式与条件概率公式是同一个公式, 即在 $a = bc$ 中, 已知 a, b, c 中的 2 个量求第 3 个量的问题;

(2) 乘法公式与条件概率公式在实际应用中却显示出不同的作用, 主要是目标上面的差异, 条件概率公式 $P(A|B) = P(AB)/P(B)$ 的目标是求条件概率 $P(A|B)$, 乘法公式 $P(AB) = P(B)P(A|B)$ 的目标是求事件交的概率 $P(AB)$, 除了求两个事件交的概率外, 乘法公式还进一步推广到求 $P(ABC)$ 等多个事件交的概率;

(3) 特别注意, $P(AB)$ 也可以写成 $P(A)P(B|A)$. 这些公式应用的条件就是作为条件的事件的概率要大于 0.

例 1.4.5 一个装有 12 块芯片的盒子中有 8 件合格品、4 件不合格品, 从中不放回地一件一件取出, 连续取两次, 求两次均取到合格品的概率.

解 记 $A_i =$ "第 i 次取到合格品" $(i = 1, 2)$, 则需要求概率 $P(A_1A_2)$.

解法 1: 由乘法公式知 $P(A_1A_2) = P(A_1)P(A_2|A_1)$, 易知 $P(A_1) = \dfrac{8}{12} = \dfrac{2}{3}$, 由例 1.4.2 可知 $P(A_2|A_1) = \dfrac{7}{11}$, 故 $P(A_1A_2) = \dfrac{2}{3} \times \dfrac{7}{11} = \dfrac{14}{33}$.

解法 2: 利用摸球模型可得 $P(A_1A_2) = \dfrac{C_8^2}{C_{12}^2} = \dfrac{14}{33}$.

注意: 因为题目要求两次均取到合格品的概率, 我们可以分别用 A_1 和 A_2 表示第 1 次和第 2 次取到合格品, 这样, 两次均取到合格品就是 A_1A_2.

1.4.3 全概率公式

全概率公式是概率论中的一个重要公式, 它提供了计算复杂事件概率的一条有效途径, 使一个复杂事件的概率计算问题化繁为简. 在介绍这个公式前, 我们先给出一个定义: 如果事件 $B_1, B_2, \cdots, B_n$ 互不相容 $(n \geqslant 2)$, 且 $\bigcup_{i=1}^{n} B_i = \Omega$, 则称 $B_1, B_2, \cdots, B_n$ 是样本空间 Ω 的一个分割 (又称划分), 我们称 $B_1, B_2, \cdots, B_n$ 为一个完备事件组 (图 1.4.1), 这个概念与行政版图的划分异曲同工.

性质 1.4.4 (全概率公式) 设 $B_1, B_2, \cdots, B_n$ 为样本空间 Ω 的一个分割, $P(B_i) > 0$, $i = 1, \cdots, n$, 则对任一事件 A 有

$$P(A) = \sum_{i=1}^{n} P(B_i)P(A|B_i). \tag{1.4.4}$$

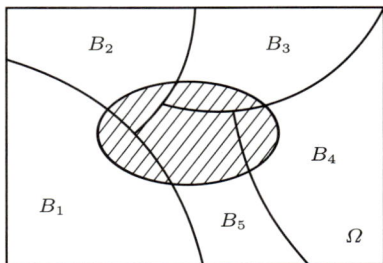

图 1.4.1　样本空间的一个分割 $(n = 5)$

证明　因为

$$A = A\Omega = A\left(\bigcup_{i=1}^{n} B_i\right) = \bigcup_{i=1}^{n}(AB_i),$$

且 $AB_1, AB_2, \cdots, AB_n$ 互不相容, 所以由可加性得

$$P(A) = P\left(\bigcup_{i=1}^{n}(AB_i)\right) = \sum_{i=1}^{n} P(AB_i),$$

再将 $P(AB_i) = P(B_i)P(A|B_i), i = 1, 2, \cdots, n$, 代入上式即得式(1.4.4).

在全概率公式中, 可以将 n 取为 $+\infty$.

最简单的全概率公式就是用一个事件和它的对立事件对样本空间进行分割得到的: 假如 $0 < P(B) < 1$, 则

$$P(A) = P(B)P(A|B) + P(\overline{B})P(A|\overline{B}). \tag{1.4.5}$$

另外, 在全概率公式中, 可将条件 "$B_1, B_2, \cdots, B_n$ 为样本空间的一个分割", 改成 "$B_1, B_2, \cdots, B_n$ 互不相容, 且 $A \subset \bigcup_{i=1}^{n} B_i$", 性质 1.4.4 仍然成立, 证明只要注意到此时 $A = A\left(\bigcup_{i=1}^{n} B_i\right) = \bigcup_{i=1}^{n}(AB_i)$ 即可.

全概率公式的应用很广泛, 它可以有效地将复杂事件的概率转化为简单事件的概率.

例 1.4.6　某科技公司正在评估两个潜在的研发项目: 项目 A(代表新型环保材料研发) 和项目 B(代表传统材料优化升级). 根据以往经验和市场调研估计, 项目 A 成功的概率为 0.4, 项目 B 成功的概率为 0.6, 如果项目 A 成功, 将对社会可持续发展产生重大积极影响, 预计能获得政府绿色科技补贴的概率为 0.8; 而若项目 B 成功, 获得该补贴的概率为 0.3. 试求公司获得政府绿色科技补贴的概率.

解　设事件 A 表示 "项目 A 成功", 事件 B 表示 "项目 B 成功", 事件 C 表示 "公司获得政府绿色科技补贴", 则 $P(A) = 0.4, P(B) = 0.6, P(C|A) = 0.8, P(C|B) = 0.3$, 由全概率公式知

$$P(C) = P(A)P(C|A) + P(B)P(C|B) = 0.4 \times 0.8 + 0.6 \times 0.3 = 0.5.$$

故公司获得政府绿色科技补贴的概率为 0.5.

例 1.4.7 一个装有 12 块芯片的盒子中有 8 件合格品、4 件不合格品, 从中不放回地一件一件取出, 连续取两次, 求第 2 次取到合格品的概率.

解 记 $A_i =$ "第 i 次取到合格品"$(i = 1, 2)$, 则需要求概率 $P(A_2)$. 易知 $P(A_1) = \dfrac{8}{12} = \dfrac{2}{3}$, 但求 $P(A_2)$ 就没有这么简单, 原因是第 2 次取产品的结果受到第 1 次结果的影响, 这个时候我们可以利用事件 A_1 来搭桥, 利用常用的分割 $\Omega = A_1 \cup \overline{A_1}$, 由全概率公式得

$$P(A_2) = P(A_1)P(A_2|A_1) + P(\overline{A_1})P(A_2|\overline{A_1}).$$

用例 1.4.2 中求条件概率的方法可得 $P(A_2|A_1) = \dfrac{7}{11}, P(A_2|\overline{A_1}) = \dfrac{8}{11}$, 故

$$P(A_2) = \frac{2}{3} \times \frac{7}{11} + \left(1 - \frac{2}{3}\right) \times \frac{8}{11} = \frac{2}{3}.$$

例 1.4.8 甲口袋有 10 只黑球、6 只白球, 乙口袋有 4 只黑球、3 只白球, 丙口袋有 5 只黑球、3 只白球.

(1) 从甲口袋任取 2 只球放入乙口袋, 然后再从乙口袋任取 1 只球. 试求最后从乙口袋取出的是黑球的概率;

(2) 先任取一个口袋, 再从选取的口袋中摸球. 试求取出的是黑球的概率.

解 (1) 要求最后从乙口袋取出的是黑球的概率, 故设 $A =$ "从乙口袋取出的是黑球", 由于 A 与从甲袋中摸到黑球的个数直接相关, 故设 $B_i =$ "从甲口袋中取到 $i(i = 0, 1, 2)$ 个黑球". 由摸球模型易知 $P(B_i) = \dfrac{C_{10}^i \times C_6^{2-i}}{C_{16}^2}, i = 0, 1, 2$, 即 $P(B_0) = \dfrac{1}{8}, P(B_1) = \dfrac{1}{2}, P(B_2) = \dfrac{3}{8}$. 另外, 由于 A 与 $B_i, i = 0, 1, 2$ 相关联, 且 $\Omega = B_1 \cup B_2 \cup B_3$, 故由全概率公式可知:

$$P(A) = P(B_0)P(A|B_0) + P(B_1)P(A|B_1) + P(B_2)P(A|B_2).$$

当 2 只球 (其中有 i 个黑球) 从甲袋放入乙袋后, 乙袋中球的总数为 9, 其中黑球数为 $4 + i$, 故 $P(A|B_i) = \dfrac{4+i}{9}$, 从而

$$P(A) = \sum_{i=0}^2 \frac{C_{10}^i \times C_6^{2-i}}{C_{16}^2} \times \frac{4+i}{9} = \frac{1}{8} \times \frac{4}{9} + \frac{1}{2} \times \frac{5}{9} + \frac{3}{8} \times \frac{6}{9} = \frac{7}{12}.$$

(2) 由于这是两步抽样问题, 第 1 次是抽取口袋, 故设 B_1, B_2, B_3 分别为 "抽取甲、乙、丙口袋", 设 $A =$ "取到黑球", 则 $P(B_1) = P(B_2) = P(B_3) = \dfrac{1}{3}, P(A|B_1) = \dfrac{10}{16} = \dfrac{5}{8}, P(A|B_2) = \dfrac{4}{7}, P(A|B_3) = \dfrac{5}{8}$. 易知 $\Omega = B_1 \cup B_2 \cup B_3$, 由全概率公式可知

$$P(A) = P(B_1)P(A|B_1) + P(B_2)P(A|B_2) + P(B_3)P(A|B_3)$$

$$= \frac{1}{3} \times \left(\frac{5}{8} + \frac{4}{7} + \frac{5}{8}\right) = \frac{17}{28}.$$

注意: 全概率公式中, A 和 B_i 的确定很重要, 通常需要解决的问题中有提示, 如求给定某个事件的概率, 把所求概率中的事件用字母表示, 同时将关联事件用字母表示. 全概率公式的应用中一般涉及两次抽样过程, 关联事件一般为第一次抽样的结果, 利用这些结果构成样本空间的一个分割.

1.4.4　贝叶斯公式

在乘法公式和全概率公式的基础上立即得到著名的贝叶斯公式.

性质 1.4.5(贝叶斯公式)　设 $B_1, B_2, \cdots, B_n$ 是样本空间 Ω 的一个分割, 如果 $P(A) > 0$, $P(B_i) > 0$, $i = 1, 2, \cdots, n$, 则

$$P(B_i|A) = \frac{P(B_i)P(A|B_i)}{\sum\limits_{j=1}^{n} P(B_j)P(A|B_j)}, i = 1, 2, \cdots, n. \tag{1.4.6}$$

证明　由条件概率的定义

$$P(B_i|A) = \frac{P(AB_i)}{P(A)}.$$

对上式的分子用乘法公式, 分母用全概率公式,

$$P(AB_i) = P(B_i)P(A|B_i),$$

$$P(A) = \sum_{j=1}^{n} P(B_j)P(A|B_j),$$

即得

$$P(B_i|A) = \frac{P(B_i)P(A|B_i)}{\sum\limits_{j=1}^{n} P(B_j)P(A|B_j)}.$$

结论得证.

注意: (1) 在贝叶斯公式中, 如果称 $P(B_i)$ 为 B_i 的先验概率, 称 $P(B_i|A)$ 为 B_i 的后验概率, 则贝叶斯公式是专门用于计算后验概率的, 也就是通过 A 的发生这个新信息, 来对 B_i 的概率作出修正;

(2) 乘法公式、全概率公式和贝叶斯公式都是在条件概率的基础上导出来的. 最基本的乘法公式实际上是条件概率的变形; 全概率公式是通过空间的一个分割 $B_1, B_2, \cdots$ 将 "全事件" A 分为几个 "部分事件" $AB_1, AB_2, \cdots$, 全概率 $P(A)$ 等于部分事件概率的和, 再利用条件概率分别求 "部分事件" 的概率 $P(AB_i) = P(B_i)P(A|B_i)$, 再利用概率的可加性得到 "全事件" A 的概率 $P(A) = P\left(\bigcup\limits_{i=1}^{n}(AB_i)\right) = \sum\limits_{i=1}^{n} P(AB_i) = \sum\limits_{i=1}^{n} P(B_i)P(A|B_i)$; 而贝叶斯公式则用来求条件概率 $P(B_i|A)(i = 1, 2, \cdots)$.

(3) 从全概率公式和贝叶斯公式的对比中发现, 它们的应用问题是同一个问题, 只是两个公式的关注点或者目标不同, 全概率公式的目标是求 "全概率" $P(A)$, 贝叶斯公式则是在给定 A 的条件下求 B_i 发生的条件概率 $P(B_i|A)$. 由条件概率的公式和乘法公式可知

$$P(B_i|A) = \frac{P(AB_i)}{P(A)} = \frac{P(B_i)P(A|B_i)}{P(A)},$$

再利用全概率公式即可求出 $P(A)$, 在全概率公式的应用过程中需要求 $P(A|B_i)$. 需要注意的是, 在应用贝叶斯公式的时候离不开应用全概率公式, 可以认为全概率公式是贝叶斯公式的桥梁或者前锋.

将例 1.4.6、例 1.4.7 和例 1.4.8 中所求的概率问题变换后就需要应用贝叶斯公式求解, 如在例 1.4.7增加一个问题: 已知第 2 次取到合格品, 试求第 1 次取到合格品的概率, 由例 1.4.7 的求解过程可知, 此问题即为求 $P(A_1|A_2)$, 由贝叶斯公式和例 1.4.7 的求解过程可知

$$P(A_1|A_2) = \frac{P(A_1)P(A_2|A_1)}{P(A_2)} = \frac{\frac{2}{3} \times \frac{7}{11}}{\frac{2}{3}} = \frac{7}{11}.$$

贝叶斯公式应用非常广泛, 下面举例说明贝叶斯公式在医学中的应用.

例 1.4.9 人群中患某疾病的患病率为 5%, 某检测试剂对患者进行检测为阳性的概率为 99%, 而对未患该疾病人员进行检测为阳性率为 2%, 现随机抽取一人进行检测, 结果为阳性, 求此人患病的概率.

分析: 题目要求的概率中涉及两个事件, 需要将这两个事件用字母表示, 设 $A =$ "此人患病", $B =$ "此人检测结果为阳性", 所求概率为 $P(A|B)$. 再看题目条件中是否与这两个事件的概率有关联: 人群中患某疾病的患病率为 5% 意味着 $P(A) = 5\%$, 测试剂对患者进行检测为阳性的概率为 99% 意味着 $P(B|A) = 99\%$, 对未患该疾病人员进行检测为阳性率为 2% 意味着 $P(B|\overline{A}) = 2\%$. 这样, 自然想到用 A 和 $\overline{A}$ 对事件 B 进行分割, 并应用贝叶斯公式求解. 所以, 解决这类问题的关键是: ① 用字母表示事件; ② 将题目中的条件转化为数学表达式.

解 设 $A =$ "此人患病", $B =$ "此人检测结果为阳性", 则由条件易知

$$P(A) = 0.05, P(B|A) = 0.99, P(B|\overline{A}) = 0.02,$$

由贝叶斯公式可知, 所求概率为

$$P(A|B) = \frac{P(A)P(B|A)}{P(A)P(B|A) + P(\overline{A})P(B|\overline{A})} = \frac{0.05 \times 0.99}{0.05 \times 0.99 + 0.95 \times 0.02} = \frac{99}{137} \approx 72.26\%.$$

小 节 要 点

1. 注意将要求的事件的概率中的事件用字母表示出来, 同时将与之关联的事件用字母表示出来.

2. 条件概率的定义 $P(A|B) = \dfrac{P(AB)}{P(B)}$ 是核心, 要求记住定义, 会用这个定义求条件概率, 同时会用条件概率的含义在缩小的样本空间上求条件概率, 会用这个公式将条件概率转化为无条件概率.

3. 会推导乘法公式、全概率公式和贝叶斯公式.

4. 掌握这些公式在解决实际问题中的应用.

应 记 应 背

1. 条件概率和乘法公式: $P(A|B) = \dfrac{P(AB)}{P(B)}, P(AB) = P(A)P(B|A) = P(B)P(A|B)$. 这些公式的适用条件是作为条件的事件的概率大于 0.

2. 全概率公式: $B_1, B_2, \cdots, B_n$ 是样本空间 Ω 的一个分割, 如果 $P(B_i) > 0, i = 1, 2, \cdots, n$, 则 $P(A) = \displaystyle\sum_{j=1}^{n} P(B_j)P(A|B_j)$.

3. 贝叶斯公式: $B_1, B_2, \cdots, B_n$ 是样本空间 Ω 的一个分割, 如果 $P(A) > 0, P(B_i) > 0$, $i = 1, 2, \cdots, n$, 则 $P(B_i|A) = \dfrac{P(B_i)P(A|B_i)}{\displaystyle\sum_{j=1}^{n} P(B_j)P(A|B_j)}, i = 1, 2, \cdots, n$.

✐习　题　1.4

1. 某班级学生的考试成绩中, 高等数学不及格的占 20%, 原子物理不及格的占 10%, 这两门都不及格的占 5%.

(1) 已知一学生高等数学不及格, 他原子物理也不及格的概率是多少?

(2) 已知一学生原子物理不及格, 他高等数学也不及格的概率是多少?

2. 设 100 件产品中有 4 件不合格品, 从中任取两件, 已知其中一件是不合格品, 求另一件也是不合格品的概率.

3. 已知 $P(A) = \dfrac{1}{5}, P(B|\overline{A}) = \dfrac{1}{6}, P(A|B) = \dfrac{1}{2}$, 求 $P(A \cup \overline{B})$.

4. 钥匙掉了, 掉在宿舍里、掉在教室里、掉在路上的概率分别是 40%, 30%, 20%, 而掉在上述三处地方被找到的概率分别是 0.8, 0.3, 0.1. 试求找到钥匙的概率.

5. 某地区人口中, 男性占比 45%, 男性中有 5% 是色盲患者, 女性中有 0.25% 是色盲患者, 从该地区人群中随机挑选一人, 试求

(1) 该人是色盲患者的概率是多少?

(2) 如果已知该人是色盲患者, 他是男性的概率是多少?

进阶练习

6. 口袋中有 100 张彩票, 其中一等奖、二等奖和三等奖彩票的个数分别是 10, 20, 70, 现从口袋中一个一个不返回地摸奖. 试求

(1) 第 1 次摸到一等奖的概率;

(2) 第 2 次才摸到一等奖的概率.

7. 口袋中有一只球, 不知它的颜色是黑的还是白的. 现再往口袋中放入一只白球, 然后从口袋中任意取出一只, 发现取出的是白球, 试问口袋中原来那只球是白球的可能性为多少?

8. 设罐中有 b 个黑球、r 个红球, 每次随机取出一个球, 取出后将原球放回, 再加入 $c(>0)$ 个同色的球. 试证: 第 k 次取到黑球的概率为 $\dfrac{b}{b+r}$, $k = 1, 2, \cdots$.

9. 若事件 A 与 B 互不相容, 且 $P(\overline{B}) \neq 0$, 证明

$$P(A|\overline{B}) = \frac{P(A)}{1 - P(B)}.$$

1.5 独 立 性

独立性是概率论中的一个重要概念, 独立性在概率论中比较常见, 利用独立性可以使事件的交的概率的计算大大简化. 本节先介绍两个事件的独立性, 然后讨论多个事件的独立性, 最后讨论试验的独立性.

1.5.1 两个事件的独立性

假设 $P(A) > 0, P(B) > 0$, 由前面的知识知道, 条件概率 $P(A|B)$ 不一定等于无条件概率 $P(A)$, 即事件 B 的发生可能改变了事件 A 发生的概率, 也即事件 B 对事件 A 可能有 "影响", 如果事件 B 的发生对事件 A 的发生毫无影响, 即有 $P(A|B) = P(A)$, 即 $P(AB) = P(A)P(B)$, 这个时候我们就说事件 A 与事件 B 是独立的, 由此又可推出 $P(B|A) = P(B)$, 即事件 A 发生对事件 B 也无影响, 可见独立性是相互的. 下面给出事件 A 与事件 B 相互独立的定义.

定义 1.5.1 如果事件 A 和事件 B 满足:

$$P(AB) = P(A)P(B), \tag{1.5.1}$$

则称事件 A 与事件 B 相互独立, 简称 A 与 B 独立, 否则称 A 与 B 不独立或相依.

注意到, 当 $P(B) = 0$, 或 $P(A) = 0$ 时, 式(1.5.1) 仍然成立, 即概率为 0 的事件与任何事件相互独立. 两个事件独立用概率语言表述就是, 两个事件同时发生的概率等于每个事件单独发生的概率的乘积, 也可以说, 两个事件独立是指一个事件是否发生与另一个事件是否发生互不影响. 由条件概率和独立性的定义知, 在条件 $P(A) > 0, P(B) > 0$ 下, 事件 A 与事件 B 相互独立等价于 $P(A|B) = P(A)$, 也等价于 $P(B|A) = P(B)$.

(1) 在许多实际问题中, 两个事件相互独立大多是根据经验 (相互有无影响) 来判断的. 如两个人分别打靶, 一个人中靶与另一个人中靶这两个事件就被认为相互独立; 摸球模型, 假设有放回摸球, 第一次摸到红球和第二次摸到红球两个事件就相互独立, 但如果是不放回摸球, 两个事件就不独立; 电路各个元器件是否失效相互独立; 等等.

(2) 如果直观上难以判断独立性, 就需要用式 (1.5.1) 来判断两个事件间的独立性.

(3) 独立和不相容是两个概念, 两者有本质区别. A 与 B 不相容, 即 $AB = \varnothing$, 推出 $P(AB) = 0$, 如果假设 $P(A) = 0$ 或者 $P(B) = 0$, 此时 A 与 B 相互独立, 即要不相容和独立同时成立, 必须要求至少有一个事件发生的概率为 0.

下面是独立性应用的一个例子.

例 1.5.1　两射手同时独立地向同一目标射击, 设甲射中目标的概率为 0.8, 乙射中目标的概率为 0.6, 求目标被击中的概率是多少?

分析: 题目中要求目标被击中的概率, 我们知道甲或者乙击中目标都意味着目标被击中, 所以可以设 $A =$ "甲射中目标", $B =$ "乙射中目标", 则 $A \cup B =$ "目标被击中", 可以用加法公式求解此问题.

解　记 A 为事件 "甲射中目标", B 为事件 "乙射中目标". 则 "目标被击中" $= A \cup B$, 故

$$P(A \cup B) = P(A) + P(B) - P(AB).$$

又由题目条件可知 $P(A) = 0.8, P(B) = 0.6$, 且可以认为 A 和 B 相互独立, 即有 $P(AB) = P(A)P(B) = 0.8 \times 0.6 = 0.48$, 故

$$P(A \cup B) = 0.8 + 0.6 - 0.48 = 0.92.$$

性质 1.5.1　若事件 A 与事件 B 独立, 则 A 与 $\overline{B}$ 独立; $\overline{A}$ 与 B 独立; $\overline{A}$ 与 $\overline{B}$ 独立.

证明　由概率的性质可知

$$P(A\overline{B}) = P(A) - P(AB).$$

又由 A 与 B 独立可知

$$P(AB) = P(A)P(B),$$

所以

$$P(A\overline{B}) = P(A) - P(A)P(B) = P(A)[1 - P(B)] = P(A)P(\overline{B}).$$

这表明 A 与 $\overline{B}$ 独立. 类似可证 $\overline{A}$ 与 $\overline{B}$ 独立, $\overline{A}$ 与 B 独立.

1.5.2　多个事件的独立性

首先定义 3 个事件的独立性.

定义 1.5.2　设 A, B, C 是三个事件, 如果有

$$\begin{cases} P(AB) = P(A)P(B), \\ P(AC) = P(A)P(C), \\ P(BC) = P(B)P(C), \\ P(ABC) = P(A)P(B)P(C), \end{cases} \tag{1.5.2}$$

则称 A, B, C 相互独立.

3 个事件独立用概率语言表述就是, 其中任意 2 个事件同时发生的概率等于这 2 个事件单独发生的概率的乘积, 同时, 3 个事件同时发生的概率等于这 3 个事件单独发生的概率的乘积. 注意, 在上述定义中, 如果只有前面 3 个式子成立, 只能说明 A, B, C **两两独立**, 并不能断定 A, B, C 相互独立.

进一步定义 3 个以上事件的独立性.

定义 1.5.3 设有 n 个事件 $A_1, A_2, \cdots, A_n$，对任意的 $1 \leqslant i < j < k < \cdots \leqslant n$，如果以下等式均成立

$$\begin{cases} P(A_i A_j) = P(A_i) P(A_j), \\ P(A_i A_j A_k) = P(A_i) P(A_j) P(A_k), \\ \qquad\qquad \vdots \\ P(A_1 A_2 \cdots A_n) = P(A_1) P(A_2) \cdots P(A_n), \end{cases} \tag{1.5.3}$$

则称此 n 个事件 $A_1, A_2, \cdots, A_n$ 相互独立.

从上述定义可以看出，n 个相互独立的事件中的任意一部分事件仍是相互独立的. 与性质 1.5.1 类似，可以证明：将相互独立事件中的任意一部分换为对立事件，所得的诸事件仍为相互独立的.

例 1.5.2 设 A, B, C 事件相互独立，试证 $A \cup B$ 与 C 相互独立.

证明 因为

$$\begin{aligned} P\big((A \cup B)C\big) &= P(AC \cup BC) = P(AC) + P(BC) - P(ABC) \\ &= P(A)P(C) + P(B)P(C) - P(A)P(B)P(C) \\ &= [P(A) + P(B) - P(A)P(B)]P(C) = P(A \cup B)P(C), \end{aligned}$$

所以 $A \cup B$ 与 C 相互独立.

上述证明用到概率的加法公式和事件独立性的定义，仿此可证：AB 与 C 独立；$A - B$ 与 C 独立.

例 1.5.3 系统由多个元件组成，且所有元件都独立地工作. 设标号为 i 的元件正常工作的概率都为 $p_i = \dfrac{100 - i}{100}$，试求以下系统正常工作的概率.

(1) 串联系统 S_1：

(2) 并联系统 S_2：

分析：因为要求 2 个系统正常工作的概率，所以先用字母表示各个系统正常工作这些事件，另外，系统正常与各个元件正常工作相关联，故需要将各个元件正常工作这些事件用字母表示，然后找出系统正常工作与元件正常工作之间的关系. 对于串联系统，系统正常工作等价于每个元件正常工作，对于并联系统，系统正常工作等价于至少有一个元件正常工作.

解 设 $S_i = $ "第 i 个系统正常工作"，$A_i = $ "第 i 个元件正常工作"，$i = 1, 2$.

(1) 对串联系统，"系统正常工作" 相当于 "所有元件正常工作"，即 $S_1 = A_1 A_2$，且 A_1 与 A_2 相互独立，所以

$$P(S_1) = P(A_1 A_2) = P(A_1)P(A_2) = p_1 p_2 = 0.99 \times 0.98 = 0.9702.$$

(2) 对并联系统,"系统正常工作"相当于"至少一个元件正常工作",即 $S_2 = A_1 \cup A_2$,且 A_1 与 A_2 相互独立, 所以

$$P(S_2) = P(A_1 \cup A_2) = P(A_1) + P(A_2) - P(A_1A_2)$$
$$= p_1 + p_2 - p_1p_2 = 0.9998.$$

注意: 系统正常工作的概率是衡量系统可靠性的一个重要指标, 并联系统可以提高系统的可靠性, 串联系统则降低系统的可靠性, 两种系统在系统设计中被普遍应用.

1.5.3　试验的独立性

利用事件的独立性可以定义两个和多个试验的独立性.

定义 1.5.4　设有两个试验 E_1 和 E_2, 假如试验 E_1 的任意一结果 (事件) 与试验 E_2 的任意一结果 (事件) 都是相互独立的事件, 则称这两个试验相互独立.

例如, 掷一枚硬币 (试验 E_1) 与掷一颗骰子 (试验 E_2) 是相互独立的试验.

类似地可以定义 n 个试验 $E_1, E_2, \cdots, E_n$ 的相互独立性: 如果试验 E_1 的任意一结果、试验 E_2 的任意一结果 $\cdots\cdots$ 试验 E_n 的任意一结果都是相互独立的事件, 则称**试验 $E_1, E_2, \cdots, E_n$ 相互独立**. 如果这 n 个独立试验还是相同的, 则称其为 n **重独立重复试验**. 如果在 n 重独立重复试验中, 每次试验的可能结果为两个: A 或 $\overline{A}$, 则称这种试验为 n **重伯努利试验**, 简称伯努利概型.

例如, 掷 n 枚硬币、掷 n 颗骰子、进行 n 次打靶, 有放回地检查 n 个产品等, 都是 n 重独立重复试验. 掷 n 枚硬币为 n 重伯努利试验; 如果只关心产品是否合格, 则有放回地检查 n 个产品为 n 重伯努利试验.

例 1.5.4　某彩票每周开奖一次, 每次提供十万分之一的中奖机会, 且各周开奖是相互独立的. 某人每周买一张彩票, 且坚持十年 (每年 52 周) 之久, 此人从未中奖的可能性是多少?

解　由于每次中奖的可能性是 10^{-5}, 故每次不中奖的可能性是 $1 - 10^{-5}$. 另外, 十年中此人共购买彩票 520 次, 每次开奖都是相互独立的, 相当于进行了 520 次独立重复试验. 记 A_i 为"第 i 次开奖不中奖", $i = 1, 2, \cdots, 520$, 则 $A_1, A_2, \cdots, A_{520}$ 相互独立, 由此得十年中此人从未中奖的可能性是

$$P(A_1A_2 \cdots A_{520}) = P(A_1)P(A_2) \cdots P(A_{520}) = (1 - 10^{-5})^{520} \approx 0.9948.$$

这个结果表明十年中从未中奖是大概率事件.

小 节 要 点

1. 注意独立性的判定方法, 一是根据实际场景判定, 二是依据事件交的概率是否为各个事件的概率的乘积判定.

2. 独立性的主要作用是计算事件交的概率, 在事件相互独立的条件下, 事件交的概率为各个事件的概率的乘积.

应 记 应 背

1. 两个事件 A, B 相互独立: $P(AB) = P(A)P(B)$.

2. 三个事件相互独立: 其中任意两个事件相互独立, 同时 $P(ABC) = P(A)P(B)P(C)$.

✍习 题 1.5

1. 有甲乙两批种子, 发芽率分别为 0.9 和 0.8, 在两批种子中各任取一粒, 求

(1) 两粒种子都能发芽的概率;

(2) 至少有一粒种子能发芽的概率;

(3) 恰好有一粒种子能发芽的概率.

2. 设电路由 A, B, C 三个元件组成, 若元件 A, B, C 发生故障的概率分别是 0.2, 0.1, 0.15, 且各元件独立工作, 试在以下情况下, 求此电路发生故障的概率:

(1) A, B, C 三个元件串联;

(2) A, B, C 三个元件并联;

(3) 元件 A 与两个并联的元件 B 及 C 串联而成.

进阶练习

3. 甲、乙两人独立地对同一目标射击一次, 其命中率分别为 0.6 和 0.7, 现已知目标被击中, 求目标是被甲射中的概率.

4. 若事件 A 与事件 B 相互独立且互不相容, 试求 $\min\{P(A), P(B)\}$.

5. 假设 $P(A) = 0.4, P(A \cup B) = 0.7$, 在以下情况下求 $P(B)$:

(1) A, B 互不相容;

(2) A, B 独立;

(3) $A \subset B$.

6. 甲、乙两选手进行乒乓球单打比赛, 已知在每局中甲胜的概率为 0.6, 乙胜的概率为 0.4. 比赛可采用三局二胜制或五局三胜制, 问哪一种比赛制度对甲更有利?

7. 设 $0 < P(B) < 1$, 试证事件 A 与事件 B 独立的充要条件是

$$P(A|B) = P(A|\overline{B}).$$

8. 设 $0 < P(A) < 1, 0 < P(B) < 1, P(A|B) + P(\overline{A}|\overline{B}) = 1$, 试证 A 与 B 独立.

本 章 总 结

1. 本章围绕求事件的概率展开, 求事件的概率是概率论的一个核心内容, 所以本章开始是事件的定义、关系及其运算;

2. 下一步解决事件的概率的求法, 如果是等可能模型 (主要指古典概率模型和几何概率模型) 常常按照定义求概率;

3. 除了古典概率和几何概率可用来求概率外, 其他复杂事件 (主要指事件的并、交和差) 的概率怎么求? 下面逐步解决:

(1) 求事件并的概率 $P(A \cup B)$, 分两个事件是否互斥两种情况讨论:

I. $AB = \varnothing$ 时, 利用概率的可加性得 $P(A \cup B) = P(A) + P(B)$.

II. 对任意 A, B, 利用加法公式得 $P(A \cup B) = P(A) + P(B) - P(AB)$, 互斥情形的公式是此公式的特殊情形 (因为不可能事件的概率为 0).

(2) 求事件交的概率 $P(AB)$, 分两个事件是否独立两种情况讨论:

I. A, B 相互独立时, 利用独立性的定义得 $P(AB) = P(A)P(B)$.

II. 对任意 A, B, 只要它们的概率都大于 0, 利用乘法公式得 $P(AB) = P(A)P(B|A) = P(B)P(A|B)$, 在 $P(A) > 0, P(B) > 0$ 的条件下独立情形的公式是此公式的特殊情形 (因为相互独立推出 $P(B|A) = P(B), P(A|B) = P(A)$).

III. 条件概率 $P(B|A) = \dfrac{P(AB)}{P(A)}$ 起到核心桥梁作用, 既可以按照条件概率的含义求条件概率, 又可以按照定义的公式求条件概率.

(3) 求事件差的概率 $P(A - B) = P(A\overline{B}) = P(A) - P(AB)$.

4. 还有一个求概率的方法: 运用全概率公式和贝叶斯公式求概率.

(1) 如果事件 A 的概率不好求, 但与之关联的 Ω 的一个分割 $B_1, B_2, \cdots, B_n$ 中每个事件的概率好求, 且条件概率 $P(A|B_i), i = 1, 2, \cdots, n$ 容易求得, 则用全概率公式求 $P(A) = \sum_{i=1}^{n} P(B_i)P(A|B_i)$; 结合条件概率的公式, 可以得到贝叶斯公式 $P(B_i|A) = \dfrac{P(AB_i)}{P(A)} = \dfrac{P(B_i)P(A|B_i)}{\sum_{i=1}^{n} P(B_i)P(A|B_i)}$;

(2) 全概率公式和贝叶斯公式中, A 和 B_i 的确定很重要, 通常需要解决的问题中有提示, 如求某个事件的概率, 又如在已知某个结果出现的条件下, 求另一个事件的概率, 把所求概率中的事件用字母表示, 同时将关联事件用字母表示, 方便利用公式等后续数学推理. 全概率公式和贝叶斯公式的应用中一般涉及两次抽样过程, 关联事件一般为第一次抽样的结果.

✍ 总 习 题 1

一、填空题

1. (1999, 数一) 设两两相互独立的三事件 A, B 和 C 满足条件: $ABC = \varnothing, P(A) = P(B) = P(C) < \dfrac{1}{2}$, 且已知 $P(A \cup B \cup C) = \dfrac{9}{16}$, 则 $P(A) = ($ $)$.

2. (2000, 数一) 设两个相互独立的事件 A 和 B 都不发生的概率为 $\dfrac{1}{9}$, A 发生 B 不发生的概率与 B 发生 A 不发生的概率相等, 则 $P(A) = ($ $)$.

3. (2007, 数一、三、四) 在区间 $(0, 1)$ 中随机地取两个数, 则这两个数之差的绝对值小于 $\dfrac{1}{2}$ 的概率为 (   ).

4. (2012, 数一、三) 设 A, B, C 是随机事件, A 与 C 互不相容, $P(AB) = \dfrac{1}{2}, P(C) = \dfrac{1}{3}$,

则 $P(AB \mid \overline{C}) =($).

5. (2016, 数三) 设袋中有红、白、黑球各一个, 从中有放回地取球, 每次取一个, 直到三种颜色的球都取到时停止, 则取球次数恰好为 4 的概率为 (   ).

6. (2018, 数一) 设随机事件 A 与 B 相互独立, A 与 C 相互独立, $BC = \varnothing$, 若 $P(A) = P(B) = \frac{1}{2}$, $P(AC \mid AB \cup C) = \frac{1}{4}$, 则 $P(C) =($).

7. (2018, 数三) 随机事件 A, B, C 相互独立, 且 $P(A) = P(B) = P(C) = \frac{1}{2}$, 则 $P(AC \mid A \cup B) =($).

8. (2022, 数一、三) 设 A, B, C 为三个随机事件, A 与 B 互不相容, A 与 C 互不相容, B 与 C 相互独立, 且 $P(A) = P(B) = P(C) = \frac{1}{3}$, 则 $P(B \cup C \mid A \cup B \cup C) =($).

9. (2025, 数一) 设 A, B 为两个随机事件, 且 A 与 B 相互独立, 已知 $P(A) = 2P(B)$, $P(A \cup B) = \frac{5}{8}$, 则在事件 A, B 至少有一个发生的条件下, A, B 中恰有一个发生的概率为 (   ).

10. (2025, 数三) 设 A, B, C 为三个随机事件, 且 A 与 B 相互独立, B 与 C 相互独立, A 与 C 互不相容, 已知 $P(A) = P(C) = \frac{1}{4}$, $P(B) = \frac{1}{2}$, 则在 A, B, C 中至少有一个发生的条件下, A, B, C 中恰有一个发生的概率为 (   ).

二、选择题

11. (2003, 数四) 对于任意两事件 A 和 B, 下面的说法正确的是 (   ).

(A) $AB \neq \varnothing$, 则 A, B 一定独立;   (B) $AB \neq \varnothing$, 则 A, B 有可能独立;

(C) $AB = \varnothing$, 则 A, B 一定独立;   (D) $AB = \varnothing$, 则 A, B 一定不独立.

12. (2006, 数一) 设 A, B 为随机事件, 且 $P(B) > 0$ $P(A \mid B) = 1$, 则必有 (   ).

(A) $P(A \cup B) > P(A)$;   (B) $P(A \cup B) > P(B)$;

(C) $P(A \cup B) = P(A)$;   (D) $P(A \cup B) = P(B)$.

13. (2007, 数一、三、四) 某人向同一目标独立重复射击, 每次射击命中目标的概率为 $p(0 < p < 1)$, 则此人第 4 次射击恰好第 2 次命中目标的概率为 (   ).

(A) $3p(1-p)^2$;   (B) $6p(1-p)^2$;   (C) $3p^2(1-p)^2$;   (D) $6p^2(1-p)^2$.

14. (2009, 数三) 设事件 A 与事件 B 互不相容, 则 (   ).

(A) $P(\overline{A}\,\overline{B}) = 0$;   (B) $P(AB) = P(A)P(B)$;

(C) $P(A) = 1 - P(B)$;   (D) $P(\overline{A} \cup \overline{B}) = 1$.

15. (2014, 数一、三) 设随机事件 A 与 B 相互独立, $P(A) = 0.5$, $P(B) = 0.5$, $P(A - B) = 0.3$, 则 $P(B - A) = ($).

(A) 0.1;   (B) 0.2;   (C) 0.3;   (D) 0.4.

16. (2015, 数一、三) 若 A, B 为任意两个随机事件, 则 (   ).

(A) $P(AB) \leqslant P(A)P(B)$;   (B) $P(AB) \geqslant P(A)P(B)$;

(C) $P(AB) \leqslant \dfrac{P(A) + P(B)}{2}$;   (D) $P(AB) \geqslant \dfrac{P(A) + P(B)}{2}$.

17. (2016, 数三) 设 A, B 为两个随机事件, 且 $0 < P(A) < 1, 0 < P(B) < 1$, 如果

$P(A \mid B) = 1$, 则 (　　).

(A) $P(\overline{B} \mid \overline{A}) = 1$;　　　　　　　　(B) $P(A \mid \overline{B}) = 0$;

(C) $P(A \cup B) = 1$;　　　　　　　　(D) $P(B \mid A) = 1$.

18. (2017, 数一) 设 A, B 为随机事件. $0 < P(A) < 1, 0 < P(B) < 1$, 则 $P(A \mid B) > P(A \mid \overline{B})$ 的充分必要条件是 (　　).

(A) $P(B \mid A) > P(B \mid \overline{A})$;　　　　　　(B) $P(B \mid A) < P(B \mid \overline{A})$;

(C) $P(\overline{B} \mid A) > P(B \mid \overline{A})$;　　　　　　(D) $P(\overline{B} \mid A) < P(B \mid \overline{A})$.

19. (2017, 数三) 设 A, B, C 为三个随机事件, 且 A 与 C 相互独立, B 与 C 相互独立, 则 $A \cup B$ 与 C 相互独立的充分必要条件是 (　　).

(A) A 与 B 相互独立;　　　　　　(B) A 与 B 互不相容;

(C) AB 与 C 相互独立;　　　　　　(D) AB 与 C 互不相容.

20. (2019, 数一、三) 设 A, B 为随机事件, 则 $P(A) = P(B)$ 的充分必要条件是 (　　).

(A) $P(A \cup B) = P(A) + P(B)$;　　　　(B) $P(AB) = P(A)P(B)$;

(C) $P(A\overline{B}) = P(B\overline{A})$;　　　　　　　(D) $P(AB) = P(\overline{A}\,\overline{B})$.

21. (2020, 数一、三) 设 A, B, C 为三个随机事件, 且 $P(A) = P(B) = P(C) = \dfrac{1}{4}, P(AB) = 0, P(AC) = P(BC) = \dfrac{1}{12}$, 则 A, B, C 中恰有一个事件发生的概率为 (　　).

(A) $\dfrac{3}{4}$;　　　　(B) $\dfrac{2}{3}$;　　　　(C) $\dfrac{1}{2}$;　　　　(D) $\dfrac{5}{12}$.

22. (2021, 数一、三) 设 A, B 为随机事件, 且 $0 < P(B) < 1$, 则下列命题中为假命题的是 (　　).

(A) 若 $P(A \mid B) > P(A)$, 则 $P(A \mid \overline{B}) = P(A)$;

(B) 若 $P(A \mid B) > P(A)$, 则 $P(\overline{A} \mid \overline{B}) > P(\overline{A})$;

(C) 若 $P(A \mid B) > P(A \mid \overline{B})$, 则 $P(A \mid B) > P(A)$;

(D) 若 $P(A \mid A \cup B) > P(\overline{A} \mid A \cup B)$, 则 $P(A) > P(B)$.

23. (2000, 数四) 设 A, B, C 三个事件两两独立, 则 A, B, C 相互独立的充分必要条件是 (　　).

(A) A 与 BC 独立;　　　　　　　(B) AB 与 $A \cup C$ 独立;

(C) AB 与 AC 独立;　　　　　　　(D) $A \cup B$ 与 $A \cup C$ 独立.

24. (2001, 数四) 对于任意两事件 A 和 B, 与 $A \cup B = B$ 不等价的是 (　　).

(A) $A \subset B$;　　　(B) $\overline{B} \subset \overline{A}$;　　　(C) $A\overline{B} = \varnothing$;　　　(D) $\overline{A}B = \varnothing$.

25. (2003, 数三) 将一枚硬币独立地掷两次, 引进事件 $A_1 = \{$掷第一次出现正面$\}$, $A_2 = \{$掷第二次出现正面$\}$, $A_3 = \{$正反面各出现一次$\}$, $A_4 = \{$正面出现两次$\}$, 则下面的结论正确的是 (　　).

(A) A_1, A_2, A_3 相互独立;　　　　　(B) A_2, A_3, A_4 相互独立;

(C) A_1, A_2, A_3 两两独立;　　　　　(D) A_2, A_3, A_4 两两独立.

三、证明题

26. (2002, 数四) 设 A, B 是任意两事件, 其中 A 的概率不等于 0 和 1, 证明: $P(B \mid A) = P(B \mid \overline{A})$ 是事件 A 与 B 独立的充分必要条件.

第 2 章　一维随机变量及其分布

【本章学习目标】

1. 理解随机变量的定义, 熟练掌握随机变量分布函数的定义、性质及计算方法.

2. 掌握离散型随机变量分布律的概念及性质, 并能熟练掌握由分布函数确定分布律及由分布律求出分布函数.

3. 掌握连续型随机变量密度函数的概念及性质, 掌握密度函数与分布函数的关系及求法, 并会利用密度函数或分布函数解决相关概率计算问题.

4. 熟练掌握三大离散型分布 (0-1 分布、二项分布及泊松分布) 的分布律并理解它们之间的联系, 熟练掌握三大连续型分布 (均匀分布、指数分布及正态分布) 的密度函数及其相关概率计算.

5. 掌握离散型随机变量函数的分布律和连续型随机变量函数的密度函数求法.

【课前导读】

本章我们主要讨论一维随机变量的定义、分布函数、离散型随机变量、连续型随机变量及随机变量函数的分布. 在讨论分布函数的性质、求连续型随机变量函数的密度函数及利用连续型随机变量的密度函数求随机变量落在某个区间的概率时, 需要具备高等数学中连续、求导及求定积分的相关知识.

1. 左 (右) 连续的定义: 若 $\lim\limits_{x \to x_0^-} f(x) = f(x_0 - 0)\left(\lim\limits_{x \to x_0^+} f(x) = f(x_0 + 0)\right)$ 存在且等于 $f(x_0)$, 即 $f(x_0 - 0) = f(x_0)\big(f(x_0 + 0) = f(x_0)\big)$, 则称函数 $f(x)$ 在点 x_0 左 (右) 连续.

2. 复合函数的求导法则: 设 $y = f(u)$, 而 $u = g(x)$ 且 $f(u)$ 及 $g(x)$ 都可导, 则复合函数 $y = f[g(x)]$ 的导数为 $\dfrac{\mathrm{d}y}{\mathrm{d}x} = \dfrac{\mathrm{d}y}{\mathrm{d}u} \cdot \dfrac{\mathrm{d}u}{\mathrm{d}x}$ 或 $y'(x) = f'(u) \cdot g'(x)$.

3. 定积分的换元积分法: 假设函数 $f(x)$ 在区间 $[a, b]$ 上连续, 函数 $x = \varphi(t)$ 满足: ① $\varphi(\alpha) = a$, $\varphi(\beta) = b$; ② $\varphi(t)$ 在 $[\alpha, \beta]$ 或 $([\beta, \alpha])$ 上具有连续导数, 且其值域 $R_\varphi = [a, b]$, 则 $\displaystyle\int_a^b f(x)\mathrm{d}x = \int_\alpha^\beta f[\varphi(t)]\varphi'(t)\mathrm{d}t$.

在第 1 章中, 我们主要基于集合的思想讨论了随机事件及其概率等基本概念, 但注意到随机试验的样本空间不一定是数集, 此时无法通过数学的方法来进行分析. 而概率论与数理统计是从数量上来研究随机现象内在规律性的一门应用数学学科, 因此, 本章通过引入随机变量, 将任意的随机事件数量化, 进而利用高等数学的方法来研究随机现象.

2.1　随机变量及其分布

2.1.1　随机变量的定义

在实际问题中, 有很多随机试验的样本空间是数集. 例如, 抛掷一颗骰子, 观察出现的点数, 则样本空间为 $\Omega_1 = \{1, 2, 3, 4, 5, 6\}$; 某一城市一天内发生交通事故的次数, 此时样本空间为 $\Omega_2 = \{0, 1, 2, \cdots\}$. 另外, 在随机试验中还有很多试验结果本身不是数, 例如, 抽查一个产品, 考查是否为合格品, 则其样本空间为 $\Omega_3 = \{$合格品, 不合格品$\}$. 此时, 试验结果看起来与数值无关, 但可以引入一个变量来表示试验的各种结果, 在这里引入变量 X:

样本点		X 的取值
合格品	$\longrightarrow$	1
不合格品	$\longrightarrow$	0

即可以定义这样一个实值函数:

$$X(\omega) = \begin{cases} 1, & \omega = \text{合格品}, \\ 0, & \omega = \text{不合格品}, \end{cases}$$

从而将试验结果数值化.

上述例子表明, 随机试验的结果都可以用一个实数来表示, 它是样本点的函数, 这个函数就称为随机变量.

定义 2.1.1　设随机试验的样本空间为 Ω. 如果对于 Ω 中的每一个样本点 ω, 都有唯一一个实数 $X(\omega)$ 与其对应, 那么就称这个定义在 Ω 上的单值实值函数 $X = X(\omega)$ 为 (一维) **随机变量**.

样本点 ω 与随机变量 $X(\omega)$ 的对应关系如图 2.1.1 所示.

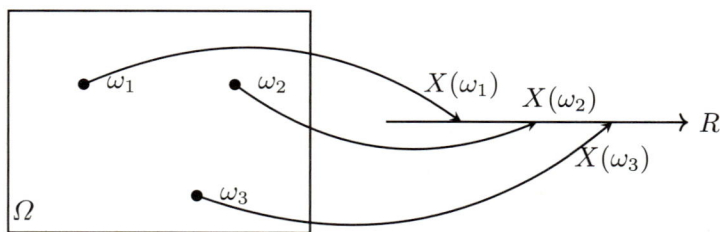

图 2.1.1　样本点与随机变量的对应关系示意图

注意: (1) 随机变量和普通函数的值域均为实数区域, 不同之处在于随机变量的定义域为样本空间, 不一定为实数区域, 而普通函数的定义域为实数区域;

(2) 引入随机变量后, 随机事件可以通过随机变量的取值范围来表达. 例如, 上述抛掷一颗骰子出现的点数 X 是一个随机变量. 事件 {出现 3 点} 可以用 $\{X = 3\}$ 来表示, 事件 {出现的点数不超过 6} 可以用 $\{X \leqslant 6\}$ 来表示.

随机变量一般用大写字母 X, Y, Z 或希腊字母 ξ, η, ζ 等来表示, 而其取值用小写字母 x, y, z 等表示. 随机变量根据其取值方式不同, 通常分为离散型和非离散型两种类型. 如果一个随机变量仅取有限个或可列个值, 则称其为**离散型随机变量**. 除了离散型随机变量外的随机变量称为非离散型随机变量, 而非离散型随机变量中最重要的一类是连续型随机变量. 如果一个随机变量的可能取值充满数轴上的一个区间, 则称其为**连续型随机变量**. 例如, "取到次品的个数""收到电话的呼叫次数"等为离散型随机变量, "电视机的寿命""测量的随机误差"等为连续型随机变量.

随机变量概念的引入是概率论发展走向成熟的一个重要标志, 从此对随机现象统计规律的研究, 就由对事件及事件概率的研究扩大到对随机变量及其取值规律的研究, 从而可以利用高等数学中的微积分方法对随机变量的分布进行深入研究.

对于随机变量, 我们不仅需要知道它取哪些值, 而且还要知道它取这些值的概率, 也就是掌握其分布规律. 这就需要分布函数的概念.

2.1.2 随机变量的分布函数

为了掌握 X 的分布规律, 我们需要掌握 X 取某个值或落在某个区间的概率. 由于

$$\{a < X \leqslant b\} = \{X \leqslant b\} - \{X \leqslant a\},$$

$$\{X > c\} = \Omega - \{X \leqslant c\}.$$

因此, 对于任意实数 x, 若知道事件 $\{X \leqslant x\}$ 的概率就可以求出 X 落在其他区间的概率, 这个概率与 x 有关, 不同的 x 对应概率的值也不同, 这就是我们下面要引入的分布函数的定义.

定义 2.1.2 设 X 是一个随机变量, 对任意实数 x, 称函数

$$F(x) = P(X \leqslant x), \quad -\infty < x < +\infty$$

为随机变量 X 的**分布函数**. 记作 $X \sim F(x)$ 或 $X \sim F_X(x)$.

注意: (1) 分布函数本质上是一个普通的实函数, 其定义域为 $(-\infty, +\infty)$, 值域为 $[0,1]$;

(2) 分布函数的几何意义: 若把 X 看作数轴上随机点的坐标, 则分布函数 $F(x)$ 的值就表示 X 落在区间 $(-\infty, x]$ 上的概率, 如图 2.1.2 所示.

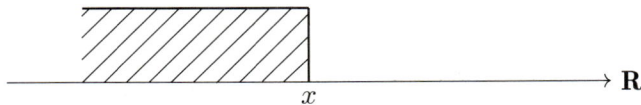

图 2.1.2 X 落入区间 $(-\infty, x]$ 的示意图

(3) 对于任意实数 $a, b(a < b)$,

$$P(a < X \leqslant b) = P(X \leqslant b) - P(X \leqslant a) = F(b) - F(a).$$

因此, 若已知随机变量 X 的分布函数, 则可以求出 X 落在区间 $(a, b]$ 内的概率.

下面通过一个实例来说明如何求分布函数.

例 **2.1.1**　对一个人进行某种疾病的检测, 结果为阳性 (疑患病) 或阴性 (疑未患病). 设随机变量 X 表示检测的结果, 即

$$X(\omega) = \begin{cases} 1, & \omega = \text{阳性}, \\ 0, & \omega = \text{阴性}. \end{cases}$$

求随机变量 X 的分布函数.

解　当 $x < 0$ 时, $\{X \leqslant x\}$ 是不可能事件, 从而

$$F(x) = P(X \leqslant x) = 0.$$

当 $0 \leqslant x < 1$ 时,

$$F(x) = P(X \leqslant x) = P(X = 0) = \frac{1}{2}.$$

当 $x \geqslant 1$ 时,

$$F(x) = P(X \leqslant x) = P(X = 0) + P(X = 1) = 1.$$

综上可得 X 的分布函数为

$$F(x) = \begin{cases} 0, & x < 0, \\ \dfrac{1}{2}, & 0 \leqslant x < 1, \\ 1, & x \geqslant 1. \end{cases}$$

由分布函数的定义, 我们还可以进一步获得分布函数的性质.

分布函数的性质

(1) **单调非减性:**　对任意的两个实数 $x_1 < x_2$, 有 $F(x_1) \leqslant F(x_2)$.

证明　因为

$$F(x_2) - F(x_1) = P(X \leqslant x_2) - P(X \leqslant x_1) = P(x_1 < X \leqslant x_2) \geqslant 0,$$

故 $F(x_1) \leqslant F(x_2)$.

(2) **有界性:**　对任意的 x, 有 $0 \leqslant F(x) \leqslant 1$, 且

$$F(-\infty) = \lim_{x \to -\infty} F(x) = 0,$$
$$F(+\infty) = \lim_{x \to +\infty} F(x) = 1.$$

证明　由于 $F(x)$ 是事件 $\{X \leqslant x\}$ 的概率, 所以 $0 \leqslant F(x) \leqslant 1$. 另外, 由 $F(x)$ 的单调性可知, 对任意整数 m 和 n, 有

$$\lim_{x \to -\infty} F(x) = \lim_{m \to -\infty} F(m), \quad \lim_{x \to +\infty} F(x) = \lim_{n \to +\infty} F(n)$$

都存在. 又由概率的可列可加性得

$$1 = P(-\infty < X < +\infty) = P\Big(\bigcup_{i=-\infty}^{+\infty} \{i - 1 < X \leqslant i\} \Big)$$

$$= \sum_{i=-\infty}^{+\infty} P(i-1 < X \leqslant i) = \lim_{\substack{n \to +\infty \\ m \to -\infty}} \sum_{i=m}^{n} P(i-1 < X \leqslant i)$$

$$= \lim_{n \to +\infty} F(n) - \lim_{m \to -\infty} F(m).$$

再结合 $0 \leqslant F(x) \leqslant 1$ 及 $F(x)$ 的单调性, 有 $\lim\limits_{n \to +\infty} F(n) = 1$, $\lim\limits_{m \to -\infty} F(m) = 0$.

(3) **右连续性:** 对任意的 x_0, 有

$$F(x_0 + 0) = \lim_{x \to x_0^+} F(x) = F(x_0).$$

证明　因为 $F(x)$ 是单调有界非降函数, 所以其任一点 x_0 的右极限 $F(x_0 + 0)$ 必存在. 为证明右连续性, 只要对单调下降的数列 $x_1 > x_2 > \cdots > x_n > \cdots > x_0$, 当 $x_n \to x_0(n \to +\infty)$ 时, 证明 $\lim\limits_{n \to +\infty} F(x_n) = F(x_0)$ 成立即可. 因为

$$F(x_1) - F(x_0) = P(x_0 < X \leqslant x_1) = P\left(\bigcup_{i=1}^{+\infty} \{x_{i+1} < X \leqslant x_i\} \right)$$

$$= \sum_{i=1}^{+\infty} P(x_{i+1} < X \leqslant x_i) = \sum_{i=1}^{+\infty} [F(x_i) - F(x_{i+1})]$$

$$= \lim_{n \to +\infty} [F(x_1) - F(x_n)] = F(x_1) - \lim_{n \to +\infty} F(x_n),$$

由此得

$$F(x_0) = \lim_{n \to +\infty} F(x_n) = F(x_0 + 0).$$

注意: 若一个函数满足上述三个性质, 则它一定是某个随机变量的分布函数. 这三个性质是判别某个函数是否为分布函数的充要条件.

有了随机变量 X 的分布函数, 那么 X 取某个值或落在某个区间的概率都能用分布函数来表示. 例如, 对任意的实数 $a, b (a < b)$, 有

$$P(a < X \leqslant b) = F(b) - F(a),$$

$$P(X > b) = 1 - P(X \leqslant b) = 1 - F(b),$$

$$P(X = a) = P(X \leqslant a) - P(X < a) = F(a) - F(a - 0),$$

$$P(X \geqslant b) = P(X > b) + P(X = b) = 1 - F(b - 0),$$

$$P(a < X < b) = P(a < X \leqslant b) - P(X = b) = F(b - 0) - F(a),$$

$$P(a \leqslant X \leqslant b) = P(a < X \leqslant b) + P(X = a) = F(b) - F(a - 0),$$

$$P(a \leqslant X < b) = P(a \leqslant X \leqslant b) - P(X = b) = F(b - 0) - F(a - 0).$$

特别当 $F(x)$ 在 a 与 b 处连续时, 有

$$F(a - 0) = F(a), \quad F(b - 0) = F(b).$$

因此, 分布函数完整地描述了随机变量的分布规律.

下面通过两个例子说明分布函数性质的应用.

例 2.1.2 设随机变量 X 的分布函数为

$$F(x) = \begin{cases} 0, & x \leqslant -\dfrac{\pi}{2}, \\ B\cos x + C, & -\dfrac{\pi}{2} < x \leqslant 0, \\ A, & x > 0. \end{cases}$$

试确定常数 A, B 和 C 的值.

解 由分布函数的性质 $F(+\infty) = 1$, 有

$$\lim_{x \to +\infty} F(x) = A = 1.$$

又由分布函数的右连续性, 在 $x = -\dfrac{\pi}{2}$ 及 $x = 0$ 处, 有

$$F\left(-\frac{\pi}{2}\right) = F\left(-\frac{\pi}{2} + 0\right), F(0) = F(0 + 0),$$

即

$$0 = \lim_{x \to (-\frac{\pi}{2})^+} F(x) = \lim_{x \to (-\frac{\pi}{2})^+} (B\cos x + C) = C,$$

且

$$B + C = \lim_{x \to 0^+} F(x) = \lim_{x \to 0^+} A = A,$$

综上可得, $A = 1, B = 1, C = 0$.

例 2.1.3 设 X 的分布函数为

$$F(x) = \begin{cases} 0, & x < 0, \\ 2x, & 0 \leqslant x < 0.2, \\ x + 0.2, & 0.2 \leqslant x < 0.8, \\ 1, & x \geqslant 0.8. \end{cases}$$

求 $P(0.1 < X \leqslant 0.5), P(X > 0.3), P(1 < X \leqslant 2)$.

解 $\quad P(0.1 < X \leqslant 0.5) = F(0.5) - F(0.1) = 0.7 - 2 \times 0.1 = 0.5,$

$$P(X > 0.3) = 1 - P(X \leqslant 0.3) = 1 - F(0.3) = 1 - 0.5 = 0.5,$$

$$P(1 < X \leqslant 2) = F(2) - F(1) = 1 - 1 = 0.$$

小 节 要 点

1. 理解随机变量的定义及分类.

2. 掌握随机变量分布函数的定义、性质及计算, 熟悉利用分布函数的性质求解分布函数中的待定系数.

3. 掌握利用分布函数及其性质计算随机变量的取值落在某个区间的概率.

应 记 应 背

1. 分布函数的定义 $F(x) = P(X \leqslant x), \; -\infty < x < +\infty$.

2. 分布函数的性质 (单调非减性、有界性和右连续性).

3. 对于任意实数 $a, b(a < b), \; P(a < X \leqslant b) = F(b) - F(a)$.

✍习 题　2.1

1. 验证

$$F(x) = \begin{cases} 1 - \mathrm{e}^{-x}, & x \geqslant 0, \\ 0, & x < 0 \end{cases}$$

是某随机变量的分布函数.

2. 设随机变量 X 的分布函数为

$$F(x) = \begin{cases} 0, & x < 1, \\ 2\left(x + \dfrac{1}{x} - 2\right), & 1 \leqslant x < 2, \\ 1, & x \geqslant 2. \end{cases}$$

求 $P(X > 1.5), P(1.5 < X \leqslant 3), P(0.5 < X \leqslant 4)$.

3. 设随机变量 X 的分布函数为

$$F(x) = \begin{cases} A + B\mathrm{e}^{-2x}, & x > 0, \\ 0, & x \leqslant 0. \end{cases}$$

试求

(1) A, B 的值;

(2) X 落在 $(-1, 1]$ 内的概率.

进阶练习

4. 设随机变量 X 的分布函数为

$$F(x) = \begin{cases} 0, & x < -1, \\ a, & -1 \leqslant x < 1, \\ \dfrac{2}{3} - a, & 1 \leqslant x < 2, \\ a + b, & x \geqslant 2 \end{cases}$$

且 $P(X = 2) = \dfrac{1}{2}$，求

(1) a, b 的值；

(2) $P(|X| \leqslant 1)$.

5. 设 G 为曲线 $y = 4x - x^2$ 与 x 轴所围成平面区域. 在 G 中任取一点，该点到 y 轴的距离为 ξ，求 ξ 的分布函数.

6. 若 $F_1(x)$, $F_2(x)$ 为分布函数，

(1) 判断 $F_1(x) + F_2(x)$ 是不是分布函数，为什么？

(2) 若 a_1, a_2 是正常数，且 $a_1 + a_2 = 1$. 证明：$a_1 F_1(x) + a_2 F_2(x)$ 是分布函数.

2.2 离散型随机变量及其分布

2.2.1 离散型随机变量的分布律

上一节我们已经给出了离散型随机变量的定义，要描述一个离散型随机变量 X，不仅需要知道 X 的所有可能取值，还需要知道每个取值点处相应的概率. 这就是我们接下来介绍的离散型随机变量 X 的分布律.

定义 2.2.1 设离散型随机变量 X 的所有可能取值为 $x_i(i = 1, 2, \cdots)$，则称

$$P(X = x_i) = p_i, \quad i = 1, 2, \cdots$$

为离散型随机变量 X 的分布律 (或分布列, 概率分布, 概率函数).

由概率的定义易知，分布律满足如下两条性质：

(1) **非负性：** $p_i \geqslant 0, i = 1, 2, \cdots$；

(2) **正则性：** $\displaystyle\sum_{i=1}^{+\infty} p_i = 1$.

若一个数列满足如上两条性质，则可作为某个离散型随机变量的分布律，因此这两条性质也是判断一个数列能否成为分布律的充要条件. 分布律除了用定义中的方式表达外，还可以通过列表法、图示法等直观的方式表达，其中列表法是常用的表达方式，具体形式如下：

X	x_1	x_2	$\cdots$	x_i	$\cdots$
P	p_1	p_2	$\cdots$	p_i	$\cdots$

下面通过一个实例来说明如何求离散型随机变量的分布律.

例 2.2.1 一袋中装有 5 个球, 编号为 1, 2, 3, 4, 5. 在袋中同时取 3 个球, 以 X 表示取出的 3 个球中的最大号码, 求随机变量 X 的分布律.

解 因为随机变量 X 的所有可能取值为 3, 4, 5, 且取每个值的概率分别为

$$P(X = 3) = \frac{C_2^2 \cdot 1}{C_5^3} = \frac{1}{10},$$

$$P(X = 4) = \frac{C_3^2 \cdot 1}{C_5^3} = \frac{3}{10},$$

$$P(X = 5) = \frac{C_4^2 \cdot 1}{C_5^3} = \frac{6}{10}.$$

所以 X 的分布律可以表示为

X	3	4	5
P	$\frac{1}{10}$	$\frac{3}{10}$	$\frac{6}{10}$

注意: 求离散型随机变量的分布律, 关键是求出其所有可能取值点及每个取值点处相应的概率.

若已知一个离散型随机变量的分布律, 还可以获得随机变量的取值落在某个区间的概率.

例 2.2.2 设随机变量 X 的分布律为

$$P(X = k) = \frac{k+1}{10}, k = -1, 0, 1, 2, 3,$$

试求 (1) $P\left(-\frac{1}{2} < X < \frac{3}{2}\right)$; (2) $P(0 \leqslant X \leqslant 3)$; (3) $P(X > 2)$.

解 (1) $P\left(-\frac{1}{2} < X < \frac{3}{2}\right) = P(X = 0) + P(X = 1) = \frac{1}{10} + \frac{2}{10} = \frac{3}{10}.$

(2) 易知

$$P(0 \leqslant X \leqslant 3) = P(X = 0) + P(X = 1) + P(X = 2) + P(X = 3)$$

$$= \frac{1}{10} + \frac{2}{10} + \frac{3}{10} + \frac{4}{10} = 1.$$

或 $P(0 \leqslant X \leqslant 3) = 1 - P(X = -1) = 1 - 0 = 1.$

(3) $P(X > 2) = P(X = 3) = \frac{2}{5}.$

注意: 若已知一个离散型随机变量 X 的分布律, 则 X 的取值落在某个区间的概率等于 X 在这个区间的所有可能取值点的概率之和.

2.2.2 分布律与分布函数的关系

若已知离散型随机变量 X 的分布律如下

X	x_1	x_2	$\cdots$	x_i	$\cdots$
P	p_1	p_2	$\cdots$	p_i	$\cdots$

由分布函数的定义可知, X 的分布函数为

$$F(x) = P(X \leqslant x) = \sum_{x_i \leqslant x} P(X = x_i) = \sum_{x_i \leqslant x} p_i.$$

$F(x)$ 的值取决于 x, 关于 x 的取值我们需要进行讨论: 先利用 X 的所有可能取值点将整个数轴划分为有限个 (若取值点为 k 个, 则划分为 $k+1$ 个区间) 或可列个区间, 然后分别对 x 落在各个区间上求出相应的 $F(x)$. 具体如下:

(1) 当 $x < x_1$ 时, $F(x)=0$;

(2) 当 $x_1 \leqslant x < x_2$ 时, $F(x) = P(X \leqslant x) = P(X = x_1) = p_1$;

(3) 当 $x_2 \leqslant x < x_3$ 时, $F(x) = P(X = x_1) + P(X = x_2) = p_1 + p_2$;

$$\vdots$$

(n) 当 $x_{n-1} \leqslant x < x_n$ 时, $F(x) = p_1 + p_2 + \cdots + p_{n-1}$.

$$\vdots$$

综上可得离散型随机变量 X 的分布函数为

$$F(x) = \begin{cases} 0, & x < x_1, \\ p_1, & x_1 \leqslant x < x_2, \\ p_1 + p_2, & x_2 \leqslant x < x_3, \\ \vdots \\ p_1 + p_2 + \cdots + p_{n-1}, & x_{n-1} \leqslant x < x_n, \\ \vdots \end{cases}$$

进一步地, 画出 $F(x)$ 的函数图像, 如图 2.2.1 所示. 从图像上可以看出 $F(x)$ 呈右连续、阶梯形, 且在 X 的可能取值点 $x_i(i = 1, 2, \cdots)$ 处有跳跃, 其跳跃度恰为 $p_i = P(X = x_i)$. 这表明, 若一个随机变量 X 的分布函数图像为阶梯形, 则可判定此随机变量 X 一定是离散型, 且其分布律可由分布函数唯一确定, 即由分布函数的跳跃点可获得 X 的所有可能取值点, 同时每个取值点处的概率为相应的跳跃度.

由上述讨论可知, 已知一个离散型随机变量的分布律, 可以求出其分布函数; 反之, 若已知一个离散型随机变量的分布函数亦可获得其分布律. 分布函数和分布律对离散型随机变量取值规律性的描述是等价的. 但在离散情形, 常用分布律来描述其分布, 因为分布律比分布函数更直观、方便.

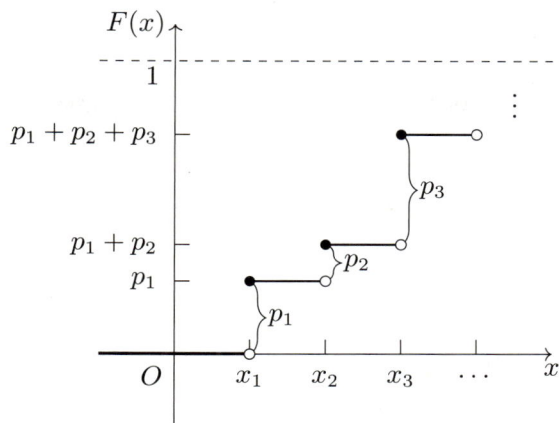

图 2.2.1 离散型随机变量分布函数 $F(x)$ 的图像

下面是两个具体的例子.

例 2.2.3 设 X 为一离散型随机变量, 其分布律为

X	-1	0	1
P	0.5	q	0.25

试求 (1) 常数 q;

(2) X 的分布函数.

解 (1) 由分布律的正则性, 有

$$0.5 + q + 0.25 = 1,$$

故 $q = 0.25$.

(2) 首先利用 X 的所有可能取值点 $-1, 0, 1$ 将整个数轴划分为 4 个区间, 然后分别对 x 落在各个区间上求出相应的 $F(x)$, 即

当 $x < -1$ 时, $F(x) = P(X \leqslant x) = P(\varnothing) = 0$;

当 $-1 \leqslant x < 0$ 时, $F(x) = P(X \leqslant x) = P(X = -1) = 0.5$;

当 $0 \leqslant x < 1$ 时, $F(x) = P(X \leqslant x) = P(X = -1) + P(X = 0) = 0.5 + 0.25 = 0.75$;

当 $x \geqslant 1$ 时,

$$F(x) = P(X \leqslant x) = P(X = -1) + P(X = 0) + P(X = 1)$$

$$= 0.5 + 0.25 + 0.25 = 1.$$

综上可得 X 的分布函数为

$$F(x) = \begin{cases} 0, & x < -1, \\ 0.5, & -1 \leqslant x < 0, \\ 0.75, & 0 \leqslant x < 1, \\ 1, & x \geqslant 1. \end{cases}$$

例 **2.2.4**　设离散型随机变量 X 的分布函数为

$$F(x) = \begin{cases} 0, & x < -1, \\ 0.4, & -1 \leqslant x < 1, \\ 0.8, & 1 \leqslant x < 3, \\ 1, & x \geqslant 3. \end{cases}$$

求 X 的分布律.

解　由 $F(x)$ 的表达式可知, $F(x)$ 是一个阶梯形函数, 且在 $x = -1, 1, 3$ 处有跳跃, 对应的跳跃度分别为 $0.4, 0.4, 0.2$, 故 X 的分布律为

X	-1	1	3
P	0.4	0.4	0.2

注意: 已知离散型随机变量的分布函数, 只需要找出其跳跃点和相应的跳跃度, 即可确定对应的随机变量的分布律.

2.2.3　常见的离散型随机变量的分布

每个随机变量都存在一个分布, 下面介绍三种常见的离散型分布: 两点分布、二项分布和泊松分布.

1. 两点分布

随机试验背景: 在抛掷一枚均匀硬币的随机试验中, 如果用 X 表示正面出现的次数, 则 X 是一个离散型随机变量, 其取值只有 0 和 1 两个值. 我们把这一类随机变量的分布称为两点分布.

定义 2.2.2　若一个随机变量 X 只有两个可能取值, 记作 x_1, x_2, 且

$$P(X = x_1) = p, \quad P(X = x_2) = 1 - p,$$

其中 $0 < p < 1$, 则称 X 服从参数为 p 的两点分布.

实际中为了简化, 我们通常令 $x_1 = 1, x_2 = 0$, 此时称 X 服从参数为 p 的 **0-1 分布**, 且分布律为

X	0	1
P	$1 - p$	p

两点分布是最简单又常见的分布, 实际中任何只有两种可能结果的随机现象都可以用两点分布来刻画, 如产品检测中是否为合格品, 做试验成功与否, 市场调研中问题回答是否同意等. 但是我们注意到, 有些随机试验的结果可能不止两种, 但我们可以重新定义随机变量, 此时也可通过两点分布来描述, 例如, 在投掷骰子的随机试验中, 试验的结果有 6 个, 但如果我们用 X 表示是否出现 6 点, 此时随机变量 X 服从两点分布.

下面是 0-1 分布应用的一个例子.

例 2.2.5 某餐馆为了提升服务质量, 准备了 30 个同型号的充电宝方便顾客使用, 现有 27 个为满电, 3 个为无电, 从中随机抽取一个, 若规定随机变量

$$X = \begin{cases} 1, & 取到满电, \\ 0, & 取到无电. \end{cases}$$

试确定 X 服从的概率分布.

解 因为

$$P(X=0) = \frac{3}{30} = 0.1, \quad P(X=1) = \frac{27}{30} = 0.9.$$

故 X 服从参数为 0.9 的 0-1 分布.

注意: 0-1 分布一般以取值为 1 的概率作为其参数.

2. 二项分布

随机试验背景: 第 1 章中我们介绍了 n 重伯努利试验, 设 X 表示 n 重伯努利试验中事件 A 发生的次数, 则 X 所有可能取值为 $0, 1, \cdots, n$, 故 X 为离散型随机变量, 且

$$P(X=k) = P(n次试验中事件A恰好发生k次) = C_n^k p^k (1-p)^{n-k}, \quad k = 0, 1, \cdots, n,$$

其中 p 为每次试验中事件 A 发生的概率. 我们把表示 n 重伯努利试验中事件 A 发生次数的随机变量的分布称为**二项分布**.

定义 2.2.3 若一个随机变量 X 的分布律为

$$P(X=k) = C_n^k p^k (1-p)^{n-k}, \quad k = 0, 1, \cdots, n, \tag{2.2.1}$$

其中 $0 < p < 1$, 则称 X 服从参数为 n, p 的二项分布. 记作 $X \sim b(n,p)$ (或 $X \sim B(n,p)$).

容易验证式 (2.2.1) 满足分布律的两条性质:

(1) 由 $0 < p < 1$, 有 $P(X=k) \geqslant 0$;

(2) 由二项式展开定理, 有

$$\sum_{k=0}^{n} P(X=k) = \sum_{k=0}^{n} C_n^k p^k (1-p)^{n-k} = [p + (1-p)]^n = 1.$$

由 (2) 可知, 事件 $\{X=k\}$ 的概率 $C_n^k p^k (1-p)^{n-k}$ 恰好是二项式 $[p + (1-p)]^n$ 的展开式中的第 $k+1$ 项, 这正是二项分布名称的由来.

注意: (1) 由定义可知, 设 X 表示 n 重伯努利试验中事件 A 发生的次数, 则 $X \sim b(n,p)$. 这表明二项分布可用于描述 n 重伯努利试验中事件发生 ("成功") 次数的概率分布.

(2) 由注意 (1) 可知, 若 X_i 表示第 i 次 (一次) 伯努利试验中事件 A 发生的次数, 则 $X_i \sim b(1,p)$, $i = 1, 2, \cdots, n$. 注意到此时 X_i 可能取值为 0 和 1, 故 X_i 也是服从参数为 p 的 0-1 分布. 这表明 $n=1$ 的二项分布 $b(1,p)$ 是 0-1 分布, 即 0-1 分布是二项分布的特殊情形. 0-1 分布的分布律还可以通过式 (2.2.1)($n=1$ 的情形) 来表达:

$$P(X_i = k) = p^k (1-p)^{1-k}, \quad k = 0, 1.$$

另外, 由 n 重伯努利试验的定义可知, $X_1, X_2, \cdots, X_n$ 相互独立 (随机变量的独立性概念见第 3 章). 结合注意 (1) 中 X 的定义, 有

$$X = X_1 + X_2 + \cdots + X_n.$$

这表明服从二项分布的随机变量可以分解为 n 个独立同分布的 0-1 分布的随机变量之和.

二项分布的概率分布特点:　表 2.2.1 给出了当 $n = 10$, p 分别取 0.2, 0.5, 0.8 的二项分布的概率值, 相应的线条图如图 2.2.2 所示. 通过表和图观察相同的 n 不同的 p 值下, 其二项分布 $b(n, p)$ 的概率分布变化情况.

表 2.2.1　三个同 n 不同 p 的二项分布的概率值

k	0	1	2	3	4	5	6	7	8	9	10
$b(10, 0.2)$	0.107	0.268	0.302	0.201	0.088	0.026	0.006	0.001			
$b(10, 0.5)$	0.001	0.010	0.044	0.117	0.205	0.246	0.205	0.117	0.044	0.010	0.001
$b(10, 0.8)$				0.001	0.006	0.026	0.088	0.201	0.302	0.268	0.107

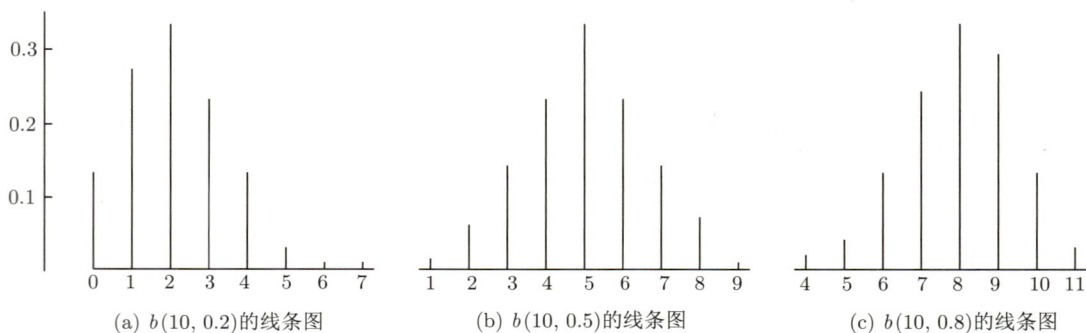

(a) $b(10, 0.2)$ 的线条图　　(b) $b(10, 0.5)$ 的线条图　　(c) $b(10, 0.8)$ 的线条图

图 2.2.2　二项分布 $b(n, p)$ 的线条图

从表 2.2.1 和图 2.2.2可以看出:

(1) 同一 $b(n, p)$, 随着 k 的增加, 相应的概率值 $P(X = k)$ 先增加达到峰值, 然后单调减少;

(2) k 位于 np 附近时概率较大;

(3) 随着 p 的增加, 分布的峰逐渐右移.

二项分布是一种常见的离散型分布. 例如, 产品质量检测中抽查 n 个产品中合格品的个数、重复抛掷一枚均匀硬币 n 次正面出现的次数、医学临床试验中某种新药给 n 个病人服用后治愈的人数等都服从二项分布.

下面是二项分布应用的两个例子.

例 2.2.6　设有产品 200 件, 其中有 10 件次品, 现从中随机地抽取 5 件产品, 若:

(1) 每次抽取后放回;

(2) 每次抽取后不放回.

分别求所取的 5 件产品中恰有 3 件次品的概率.

解 设随机变量 X 为所取的 5 件产品中的次品数.

(1) 若每次抽取后放回, 则这 5 次抽取可以看成 5 重伯努利试验, 且每次取到次品的概率为 0.05, 故 $X \sim b(5, 0.05)$. 此时, 所求概率为

$$P(X = 3) = C_5^3 (0.05)^3 (0.95)^2 \approx 0.0011.$$

(2) 若每次抽取后不放回, 则此时各次试验之间不独立, 从而不再是伯努利概型. 故所求概率不能通过二项分布来计算, 只能通过古典概型求解, 即

$$P(X = 3) = \frac{C_{190}^2 C_{10}^3}{C_{200}^5} \approx 0.0008.$$

注意: "有放回"抽样下各次试验间是独立的, 可构成伯努利概型, 此时可以通过二项分布来计算事件概率; 而 "不放回"抽样下, 每一次试验会受上一次试验结果的影响, 故不再是伯努利概型, 此时可以通过古典概型来计算事件概率.

例 2.2.7 若一张试卷中有 5 道选择题, 每道选择题有 4 个选项, 其中只有 1 项是正确的. 假设某位同学在做每道题时都是随机选择的, 求

(1) 该同学全部答错的概率;

(2) 该同学至少答对 4 道题的概率.

解 依题意, 每道题正确的概率为 $\frac{1}{4}$, 设随机变量 X 为该同学答对的题数, 则 $X \sim b\left(5, \frac{1}{4}\right)$.

(1) 该同学全部答错的概率为

$$P(X = 0) = C_5^0 \left(\frac{1}{4}\right)^0 \left(\frac{3}{4}\right)^5 \approx 0.2373.$$

(2) 该同学至少答对 4 道题的概率为

$$P(X \geqslant 4) = C_5^4 \left(\frac{1}{4}\right)^4 \left(\frac{3}{4}\right)^1 + C_5^5 \left(\frac{1}{4}\right)^5 \left(\frac{3}{4}\right)^0 \approx 0.0156.$$

3. 泊松分布

背景: 泊松分布是概率论中最重要的分布之一, 主要用于描述在特定时间或空间区域内随机事件发生次数的概率分布, 是由法国数学家泊松 (Poisson S.D., 1781~1840 年) 于 1837 年首次提出的.

定义 2.2.4 若一个随机变量 X 的分布律为

$$P(X = k) = \frac{\lambda^k}{k!} \mathrm{e}^{-\lambda}, \quad k = 0, 1, 2, \cdots, \tag{2.2.2}$$

其中, $\lambda > 0$, 则称 X 服从参数为 λ 的**泊松分布**, 记为 $X \sim P(\lambda)$.

不难验证式 (2.2.2) 满足分布律的两条性质:

(1) 由 $\lambda > 0$，有 $P(X=k) \geqslant 0$;

(2) 由幂级数的收敛性，有

$$\sum_{k=0}^{+\infty} P(X=k) = \sum_{k=0}^{+\infty} \frac{\lambda^k}{k!} \mathrm{e}^{-\lambda} = \mathrm{e}^{-\lambda} \sum_{k=0}^{+\infty} \frac{\lambda^k}{k!} = \mathrm{e}^{-\lambda} \mathrm{e}^{\lambda} = 1.$$

实际中许多随机现象都服从或近似服从泊松分布. 例如, 一小时内电话总机接到的呼叫次数、某一时间段内某短视频的点赞数等都服从泊松分布.

下面是泊松分布应用的两个例子.

例 2.2.8 一电话交换台每分钟被呼唤次数 X 服从参数为 5 的泊松分布, 求每分钟被呼唤次数不超过 3 次的概率.

解 因为 $X \sim P(5)$, 故其分布律为

$$P(X=k) = \frac{5^k}{k!} \mathrm{e}^{-5}, \quad k = 0, 1, 2, \cdots.$$

于是, 所求概率为

$$P(X \leqslant 3) = \sum_{k=0}^{3} P(X=k) = \sum_{k=0}^{3} \frac{5^k}{k!} \mathrm{e}^{-5} = 0.265.$$

例 2.2.9 为了保证设备正常工作, 需要配备适当数量的维修工人. 现已知同一时刻发生故障的设备台数服从参数为 3 的泊松分布. 如果一个工人同时只能修理一台发生故障的设备, 问至少需要配备多少工人, 才能保证当设备发生故障而不能及时修理的概率不大于 0.01?

解 设需要配备 N 个工人, 同一时刻发生故障的设备台数为随机变量 X, 则 $X \sim P(3)$, 设备发生故障而不能及时修理的事件为 $\{X > N\}$. 求满足 $P(X > N) \leqslant 0.01$ 的最小的 N, 即

$$P(X > N) = \sum_{k=N+1}^{+\infty} \frac{3^k}{k!} \mathrm{e}^{-3} \leqslant 0.01.$$

由性质 (2) 可得

$$P(X \leqslant N) = \sum_{k=0}^{N} \frac{3^k}{k!} \mathrm{e}^{-3} \geqslant 0.99.$$

查泊松分布表可知最小的 $N = 8$, 故需要配备 8 个修理工就能达到要求.

注意: 例 2.2.9 关键是理解题意, 把实际问题转化为所要求的事件, 最后结合泊松分布表 (附表 1) 估算而得.

为了观察泊松分布 $P(\lambda)$ 随参数 λ 取值不同的变化情况, 表 2.2.2 给出了 $\lambda = 0.8, 2.0, 4.0$ 时, 泊松分布的概率值. 相应的线条图如图 2.2.3 所示.

表 2.2.2 一些泊松分布的概率值

k	0	1	2	3	4	5	6	7	8	9	10
$P(0.8)$	0.449	0.360	0.144	0.038	0.008	0.001					
$P(2.0)$	0.135	0.271	0.271	0.180	0.090	0.036	0.012	0.003	0.001		
$P(4.0)$	0.018	0.073	0.147	0.195	0.195	0.156	0.104	0.060	0.030	0.013	0.005

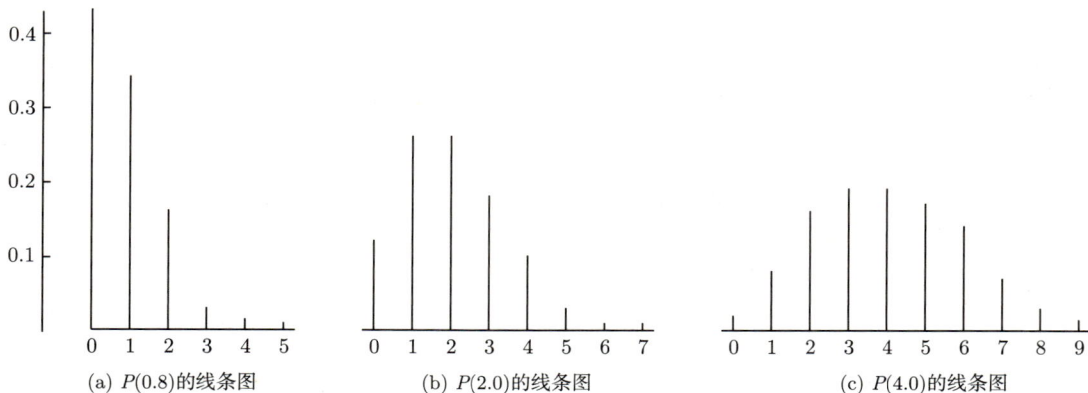

(a) $P(0.8)$的线条图　　　　(b) $P(2.0)$的线条图　　　　(c) $P(4.0)$的线条图

图 2.2.3　泊松分布 $P(\lambda)$ 的线条图

从表 2.2.2 和图 2.2.3 可以看出:

(1) k 在 λ 附近时概率较大;

(2) 随着 λ 的增加, 分布逐渐趋于对称.

泊松分布与二项分布的关系: 当二项分布 $b(n,p)$ 中的 n 很大时, 利用该分布进行概率计算会有一定的困难, 若同时参数 p 也较小且 np 适中, 则此时我们可以基于如下的**泊松定理**, 将泊松分布作为二项分布的近似, 从而简化二项分布的概率计算问题.

定理 2.2.1 (泊松定理)　在 n 重伯努利试验中, 事件 A 在每次试验中发生的概率为 p_n(与试验次数 n 有关), 如果当 $n \to +\infty$ 时, 有 $np_n \to \lambda$ ($\lambda > 0$ 为常数), 则对任意固定的非负整数 k, 有

$$\lim_{n \to +\infty} C_n^k p_n^k (1 - p_n)^{n-k} = \frac{\lambda^k}{k!} \mathrm{e}^{-\lambda}.$$

注意: 泊松定理是在 $np_n \to \lambda$ 条件下获得的, 故在计算二项分布 $b(n,p)$ 时, 当 n 很大 p 很小, 此时可以用泊松分布来近似:

$$C_n^k p^k (1 - p)^{n-k} \approx \frac{\lambda^k}{k!} \mathrm{e}^{-\lambda}, \ k = 0, 1, 2, \cdots, n.$$

特别地, 当 $n \geqslant 100, np \leqslant 10$ 时, 此时近似效果较好, 而 $\dfrac{\lambda^k}{k!} \mathrm{e}^{-\lambda}$ 的值可以通过查泊松分布表计算获得.

证明　令 $np_n = \lambda_n$, 则 $p_n = \dfrac{\lambda_n}{n}$, 从而有

$$C_n^k p_n^k (1 - p_n)^{n-k} = \frac{n(n-1)\cdots(n-k+1)}{k!} \left(\frac{\lambda_n}{n} \right)^k \left(1 - \frac{\lambda_n}{n} \right)^{n-k}$$

$$= \frac{\lambda_n^k}{k!} \left(1 - \frac{1}{n} \right) \left(1 - \frac{2}{n} \right) \cdots \left(1 - \frac{k-1}{n} \right) \left(1 - \frac{\lambda_n}{n} \right)^{n-k}.$$

对固定的 k 有

$$\lim_{n\to+\infty}\lambda_n=\lambda; \quad \lim_{n\to+\infty}\left(1-\frac{\lambda_n}{n}\right)^{n-k}=e^{-\lambda}; \quad \lim_{n\to+\infty}\left(1-\frac{1}{n}\right)\cdots\left(1-\frac{k-1}{n}\right)=1.$$

故

$$\lim_{n\to+\infty}C_n^k p_n^k(1-p_n)^{n-k}=\frac{\lambda^k}{k!}e^{-\lambda},$$

对任意的 $k(k=0,1,2,\cdots,n)$ 成立. 定理获证.

下面是利用泊松分布来近似二项分布的两个例子.

例 2.2.10　有一交叉路口, 每天都有大量汽车通过, 设每辆汽车在一天中某段时间内发生事故的概率为 0.0001, 假如某天该段时间内有 1000 辆汽车通过该路口, 试求发生事故次数大于 2 次的概率.

解　设随机变量 X 表示发生事故的次数, 则 $X\sim b(1000,0.0001)$, 所求概率为 $P(X>2)$. 这里 $n=1000$, $p=0.0001$, 且 $np=0.1<10$, 故由泊松定理有

$$P(X>2)=1-P(X\leqslant 2)=1-\sum_{k=0}^{2}C_{1000}^k(0.0001)^k(0.9999)^{1000-k}\approx 1-\sum_{k=0}^{2}\frac{0.1^k}{k!}e^{-0.1}.$$

查泊松分布表得

$$P(X>2)\approx 0.$$

例 2.2.11　设某保险公司售出一种人寿保险 2000 份, 每个投保人交保险费 100 元. 若一年内投保人死亡, 则保险公司向投保人赔付 20000 元. 假设投保人一年内死亡的概率为 0.002, 且每个人在一年内是否死亡是相互独立的, 试求保险公司获利不少于 80000 元的概率.

解　设随机变量 X 表示在未来一年中这 2000 个投保人中死亡的人数, 则 $X\sim b(2000,0.002)$. 若保险公司获利不少于 80000 元, 则有 $2000\times 100-20000X\geqslant 80000$, 即 $X\leqslant 6$. 故所求概率为 $P(X\leqslant 6)$. 因 $n=2000$, $p=0.002$, 且 $np=4<10$, 故由泊松定理有

$$P(X\leqslant 6)=\sum_{k=0}^{6}C_{2000}^k(0.002)^k(0.998)^{2000-k}\approx\sum_{k=0}^{6}\frac{4^k}{k!}e^{-4}=0.889.$$

小 节 要 点

1. 掌握离散型随机变量分布律的定义及性质 (非负性、正则性), 会利用这两个性质求分布律中的待定参数.

2. 会求离散型随机变量的分布律, 并掌握利用分布律求离散型随机变量的取值落在某个区间的概率.

3. 熟悉分布律和分布函数之间的关系, 会由分布律求分布函数和由分布函数确定分布律.

4. 掌握两点分布、二项分布和泊松分布的定义, 了解它们之间的区别和联系, 并会计算与之相关的概率.

应 记 应 背

1. 分布律的非负性和正则性.
2. 两点分布、二项分布和泊松分布的分布律.

✍ 习 题 2.2

1. 已知随机变量 X 只能取 $2, 4, 6, 8$ 四个值, 相应概率依次为

$$\frac{1}{a}, \frac{2}{3a}, \frac{3}{2a}, \frac{4}{3a},$$

试确定常数 a, 并计算 $P(X > 2 | X \neq 6)$.

2. 设随机变量 X 的分布律为

$$P(X = k) = \frac{k-1}{20}, k = 1, 3, 5, 7, 9,$$

试求

(1) $P(2 < X < 6)$;

(2) $P(3 \leqslant X \leqslant 7)$;

(3) $P(X < 5)$.

3. 一个袋中有 3 个红球 5 个白球, 从袋中无放回地每次任取 1 球, 共取了 4 次, 用 ξ 表示取得红球的个数, 求 ξ 的分布律.

4. 一袋中装有 5 个球, 编号为 $1, 2, 3, 4, 5$. 在袋中同时取出 3 个球, 以 X 表示取出的 3 个球中的最小号码, 写出随机变量 X 的分布律及分布函数.

5. 已知离散型随机变量 X 的分布函数为

$$F(x) = \begin{cases} 0, & x < -1, \\ 0.3, & -1 \leqslant x < 2, \\ 0.7, & 2 \leqslant x < 3, \\ 1, & x \geqslant 3. \end{cases}$$

求 X 的分布律.

6. 设某运动员投篮命中的概率为 0.6, 求他一次投篮时, 投篮命中次数的概率分布.

7. 设有产品 100 件, 其中有 5 件次品, 现从中随机的抽取 3 件, 设抽得次品件数为 ξ, 若:

(1) 每次抽取后放回;

(2) 每次抽取后不放回.

分别求 ξ 的分布律.

8. 某射手每次射击击中靶的概率为 0.8, 现独立的重复射击 5 次, 求

(1) 恰有 2 次中靶的概率;

(2) 中靶次数不超过 1 次的概率;

(3) 中靶次数至少有 2 次的概率.

9. 一电话交换台每分钟被呼唤次数 ξ 服从参数为 4 的泊松分布, 求

(1) 每分钟有 8 次呼唤的概率;

(2) 每分钟呼唤次数大于 10 的概率.

10. 某种产品表面上的疵点数服从泊松分布, 平均 1 件上有 0.8 个疵点, 即 $\lambda = 0.8$. 若规定疵点数不超过 1 个为一等品, 价值 10 元, 疵点数大于 1 不多于 4 为二等品, 价值 8 元, 超过 4 个以上者为废品, 求产品为废品的概率及产品价值的分布律.

11. 计算机的运算器中装有 100 块同样的部件, 每块部件损坏的概率为 0.001, 且各部件是否损坏是相互独立的, 如有任一部件损坏时, 计算机即停止工作, 试用泊松分布近似地求出计算机停止工作的概率.

12. 保险公司售出某种人寿保险 (1 年期) 单人保单 2000 份, 假设该类投保人在一年内死亡的概率为 0.002, 且每个人在一年内是否死亡是相互独立的, 试求在未来一年中这 2000 个投保人中死亡人数不超过 10 人的概率.

进阶练习

13. 一批产品共 10 件, 其中有 6 件正品, 4 件次品, 每次从这批产品中任取一件, 取出的产品仍放回去, 求直至取到次品为止所需次数 X 的概率分布.

14. 某课程有两种不同的考核方式. 第一种, 学生在一学期内要参加 4 次相互独立的小测验, 每次测验的及格率为 0.8, 4 次中至少要有 3 次及格, 考核才能通过. 第二种, 学生只需在学期末参加 1 次期末考试, 考核通过率也为 0.8. 试问哪种考核方式更受到学生的青睐?

2.3 连续型随机变量及其分布

2.3.1 连续型随机变量的概率密度函数

2.1 节中我们给出了连续型随机变量的定义, 它的可能取值充满数轴上的一个区间, 此时其取值是不能一一列举的. 因此我们在描述一个连续型随机变量时, 就不能使用离散型随机变量的分布律来表示, 而需要其他的形式来表达. 结合高等数学中定积分的定义及类比于物理学中的线密度的概念, 我们接下来给出连续型随机变量的概率密度函数的定义.

定义 2.3.1 设随机变量 X 的分布函数为 $F(x)$, 若存在一个非负可积函数 $f(x)$, 使得对任意实数 x, 有

$$F(x) = P(X \leqslant x) = \int_{-\infty}^{x} f(t)\mathrm{d}t, \quad -\infty < x < +\infty,$$

则称 X 为 (一维) **连续型随机变量**, 其中 $f(x)$ 为 X 的 **概率密度函数** (简称概率密度或密度函数).

由以上定义和分布函数的性质易知, 密度函数满足:

(1) **非负性:** $f(x) \geqslant 0$;

(2) **正则性:** $\int_{-\infty}^{+\infty} f(x)\mathrm{d}x = 1$.

以上两条性质是密度函数必须具有的基本性质, 也是确定或判别某个函数能否成为密度函数的充要条件.

注意: 由性质 (2) 可知, 密度函数曲线与 x 轴围成的区域面积为 1.

2.3.2 密度函数与分布函数的关系

(1) 由密度函数确定随机变量取值的概率. 根据定义, 若已知连续型随机变量的密度函数为 $f(x)$, 则可通过计算变上限积分求得其分布函数 $F(x)$, 同时还可获得 X 的取值落在区间 $(a,b]$ 上的概率:

$$P(a < X \leqslant b) = F(b) - F(a) = \int_a^b f(x)\mathrm{d}x, \tag{2.3.1}$$

其直观含义如图 2.3.1 所示.

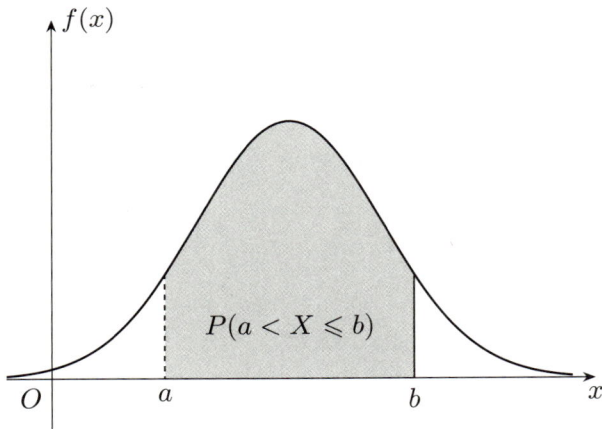

图 2.3.1 X 的取值落在区间 $(a,b]$ 上的概率

注意: 由式 (2.3.1), 有

$$P(X = c) = \lim_{\Delta x \to 0^+} P(c - \Delta x < X \leqslant c) = \lim_{\Delta x \to 0^+} \int_{c-\Delta x}^c f(x)\mathrm{d}x = 0. \tag{2.3.2}$$

式 (2.3.2) 表明连续型随机变量取任意一指定值的概率为 0, 即

$$P(X = c) = 0, \quad -\infty < c < +\infty,$$

这在离散型随机变量情形是不成立的, 同时也说明概率为零的事件不一定是不可能事件; 类似地, 概率为 1 的事件不一定是必然事件. 进一步地, 对于连续型随机变量, 有

$$P(a \leqslant X \leqslant b) = P(a < X \leqslant b) = P(a \leqslant X < b) = P(a < X < b).$$

(2) 由分布函数确定密度函数. 若已知连续型随机变量的分布函数为 $F(x)$, 则可通过变上限积分求导获得其密度函数 $f(x)$, 即在 $f(x)$ 的连续点处, 有

$$F'(x) = f(x). \tag{2.3.3}$$

注意: ① 由式 (2.3.3) 和导数的定义, 有

$$f(x) = \lim_{\Delta x \to 0^+} \frac{F(x + \Delta x) - F(x)}{\Delta x} = \lim_{\Delta x \to 0^+} \frac{P(x < X \leqslant x + \Delta x)}{\Delta x},$$

故

$$P(x < X \leqslant x + \Delta x) = f(x)\Delta x + o(\Delta x).$$

若不计高阶无穷小, 则有

$$P(x < X \leqslant x + \Delta x) \approx f(x)\Delta x, \tag{2.3.4}$$

这表明连续型随机变量 X 落在小区间 $(x, x + \Delta x]$ 上的概率近似等于 $f(x)\Delta x$. 另外, 由式 (2.3.4) 可知, 概率密度与物理学中的线密度定义类似, 这正是密度函数名称的由来.

② 改变随机变量 X 的密度函数在有限个点或可列个点处的值不影响 X 的分布.

下面举例说明以上两个性质的应用.

例 2.3.1　设随机变量 X 的密度函数为

$$f(x) = \begin{cases} Ax, & 0 \leqslant x < 1, \\ 0, & \text{其他}. \end{cases}$$

求 (1) 常数 A;

(2) X 的分布函数.

解　(1) 由密度函数的正则性, 有

$$\int_{-\infty}^{+\infty} f(x)\mathrm{d}x = 1,$$

即

$$\int_{-\infty}^{0} 0\mathrm{d}x + \int_{0}^{1} Ax\mathrm{d}x + \int_{1}^{+\infty} 0\mathrm{d}x = \frac{A}{2} = 1,$$

解得 $A = 2$.

(2) 由 (1) 可知,

$$f(x) = \begin{cases} 2x, & 0 \leqslant x < 1, \\ 0, & \text{其他}. \end{cases}$$

于是由分布函数与密度函数的关系, 有

当 $x < 0$ 时, $F(x) = \int_{-\infty}^{x} f(t)\mathrm{d}t = \int_{-\infty}^{x} 0\mathrm{d}t = 0$;

当 $0 \leqslant x < 1$ 时, $F(x) = \int_{-\infty}^{x} f(t)dt = \int_{-\infty}^{0} 0\mathrm{d}t + \int_{0}^{x} 2t\mathrm{d}t = x^2$;

当 $x \geqslant 1$ 时, $F(x) = \displaystyle\int_{-\infty}^{x} f(t)\mathrm{d}t = \int_{-\infty}^{0} 0\mathrm{d}t + \int_{0}^{1} 2t\mathrm{d}t + + \int_{1}^{x} 0\mathrm{d}t = 1.$

综上, X 的分布函数为

$$F(x) = \begin{cases} 0, & x < 0, \\ x^2, & 0 \leqslant x < 1, \\ 1, & x \geqslant 1. \end{cases}$$

注意: 本例 (1) 中应用密度函数的正则性求密度函数中的待定系数. 本例 (2) 中已知密度函数求分布函数, 主要利用连续型随机变量的分布函数等于密度函数的变上限积分. 当密度函数为分段函数时, 注意用分段点对整个实数轴进行划分, 再结合积分区间的可加性分别求出每个区间对应的分布函数.

例 2.3.2 设随机变量 X 的分布函数为

$$F(x) = \begin{cases} 0, & x < 1, \\ \ln x, & 1 \leqslant x < \mathrm{e}, \\ 1, & x \geqslant \mathrm{e}. \end{cases}$$

求 (1) X 的密度函数;

(2) $P(1 \leqslant X \leqslant 3)$.

解 (1) 由式 (2.3.3) 可知, X 的密度函数为

$$f(x) = F'(x) = \begin{cases} \dfrac{1}{x}, & 1 \leqslant x < \mathrm{e}, \\ 0, & \text{其他.} \end{cases}$$

(2) 由式 (2.3.1), 有

$$P(1 \leqslant X \leqslant 3) = F(3) - F(1) = 1 - \ln 1 = 1.$$

或

$$P(1 \leqslant X \leqslant 3) = \int_{1}^{3} f(x)\mathrm{d}x = \int_{1}^{\mathrm{e}} \frac{1}{x}\mathrm{d}x + \int_{\mathrm{e}}^{3} 0\mathrm{d}x = 1.$$

注意: 本例 (1) 中已知分布函数求密度函数, 主要利用密度函数在连续点处等于分布函数的导数. 本例 (2) 为式 (2.3.1) 的应用, 可通过两种方法求连续型随机变量的取值落在某个区间的概率.

2.3.3 常见的连续型随机变量的分布

1. 均匀分布

若随机变量 X 的密度函数 (图 2.3.2(a)) 为

$$f(x) = \begin{cases} \dfrac{1}{b-a}, & a < x < b, \\ 0, & \text{其他,} \end{cases}$$

则称 X 服从区间 (a,b) 上的**均匀分布**, 记作 $X \sim U(a,b)$.

容易验证 $f(x)$ 满足非负性和正则性:

(1) $f(x) \geqslant 0$;

(2) $\displaystyle\int_{-\infty}^{+\infty} f(x)\mathrm{d}x = \int_a^b \frac{1}{b-a}\mathrm{d}x = 1$.

注意: 若 $X \sim U(a,b)$, 则对于满足 $a \leqslant c < d \leqslant b$ 的 c, d, 有

$$P(c < X \leqslant d) = \int_c^d f(x)\mathrm{d}x = \int_c^d \frac{1}{b-a}\mathrm{d}x = \frac{d-c}{b-a}.$$

这表明若 $X \sim U(a,b)$, 则 X 取值落在 (a,b) 中任意子区间内的概率与该子区间的长度成正比, 而与该子区间的位置无关, 即 X 的取值在区间 (a,b) 上是均匀的.

另外, 由分布函数的定义易得 X 的分布函数 (图 2.3.2(b)) 为

$$F(x) = \begin{cases} 0, & x < a, \\ \dfrac{x-a}{b-a}, & a \leqslant x < b, \\ 1, & x \geqslant b. \end{cases}$$

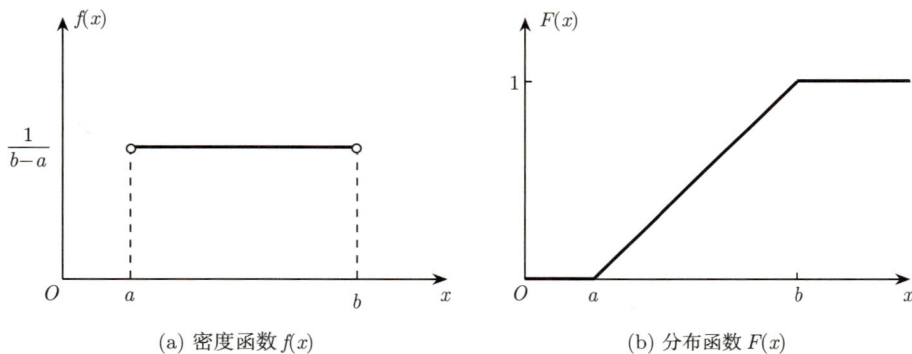

(a) 密度函数 $f(x)$　　　　(b) 分布函数 $F(x)$

图 2.3.2　区间 (a,b) 上的均匀分布

均匀分布在实际中经常使用, 如在计算科学中对小数点后第一位进行四舍五入时, 此时误差服从区间 $(-0.5, 0.5)$ 上的均匀分布; 公交线路上两辆公共汽车前后通过某汽车停车站的时间, 即乘客的候车时间等可看成服从均匀分布.

下面是均匀分布应用的一个例子.

例 2.3.3　某动车站从上午 7 点起, 每隔 30 分钟都有一趟车开往 A 城市. 设某位要去 A 城市的乘客在 8 点到 9 点之间任意一时刻到达动车站是等可能的, 求他等车的时间少于 10 分钟的概率.

解　以 8 点为起点 0, 分为单位, 设随机变量 X 表示乘客到达该动车站的时间, 则 $X \sim U(0, 60)$, 于是 X 的密度函数为

$$f(x) = \begin{cases} \dfrac{1}{60}, & 0 < x < 60, \\ 0, & \text{其他}. \end{cases}$$

若要等车的时间少于 10 分钟, 则乘客必须在 8 点 20 分到 8 点 30 分之间, 或在 8 点 50 分到 9 点之间到达该动车站, 即 $20 \leqslant X \leqslant 30$ 或 $50 \leqslant X \leqslant 60$, 故所求概率为

$$P(20 \leqslant X \leqslant 30) + P(50 \leqslant X \leqslant 60) = \int_{20}^{30} f(x)\mathrm{d}x + \int_{50}^{60} f(x)\mathrm{d}x$$

$$= \int_{20}^{30} \frac{1}{60}\mathrm{d}x + \int_{50}^{60} \frac{1}{60}\mathrm{d}x = \frac{1}{3}.$$

2. 指数分布

若随机变量 X 的密度函数 (图 2.3.3) 为

$$f(x) = \begin{cases} \lambda \mathrm{e}^{-\lambda x}, & x > 0, \\ 0, & x \leqslant 0, \end{cases}$$

其中 $\lambda(\lambda > 0)$ 为常数, 则称 X 服从参数为 λ 的**指数分布**, 记作 $X \sim e(\lambda)$.

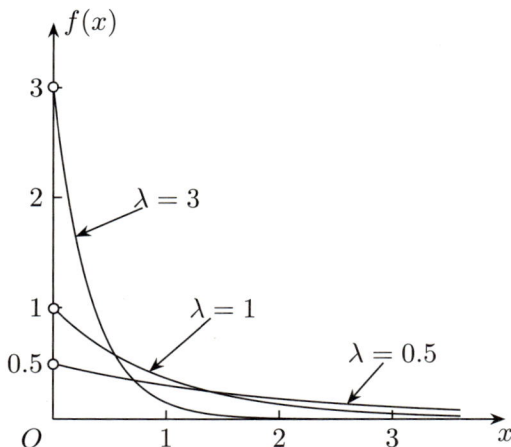

图 2.3.3 参数为 λ 的指数分布密度函数

容易验证 $f(x)$ 满足非负性和正则性:

(1) $f(x) \geqslant 0$;

(2) $\displaystyle\int_{-\infty}^{+\infty} f(x)\mathrm{d}x = \int_0^{+\infty} \lambda \mathrm{e}^{-\lambda x}\mathrm{d}x = -\int_0^{+\infty} \mathrm{e}^{-\lambda x}\mathrm{d}(-\lambda x) = 1.$

由分布函数的定义易得指数分布的分布函数为

$$F(x) = \begin{cases} 1 - \mathrm{e}^{-\lambda x}, & x > 0, \\ 0, & x \leqslant 0. \end{cases}$$

由此可得, 若 $X \sim e(\lambda)$, $a > 0$, 则

$$P(X > a) = 1 - F(a) = \mathrm{e}^{-\lambda a}. \tag{2.3.5}$$

注意: 指数分布具有无记忆性, 即: 若 $X \sim e(\lambda)$, 则对任意的 $s > 0, t > 0$, 有

$$P(X > s + t | X > s) = P(X > t). \tag{2.3.6}$$

事实上, 由第 1 章中条件分布的定义及式 (2.3.5), 有

$$P(X > s + t | X > s) = \frac{P(X > s + t, X > s)}{P(X > s)} = \frac{P(X > s + t)}{P(X > s)}$$

$$= \frac{\mathrm{e}^{-\lambda(s+t)}}{\mathrm{e}^{-\lambda s}} = \mathrm{e}^{-\lambda t} = P(X > t).$$

式 (2.3.6) 表明: 若随机变量 X 表示寿命服从指数分布的某种电子元件的使用时长, 则在元件已经使用了 s 个小时的条件下, 它还能再使用至少 t 个小时的概率等于从初始时刻算起至少能使用 t 个小时的概率, 而与之前使用过的 s 个小时无关, 即所谓的无记忆性.

指数分布常用于可靠性统计研究中, 如电子元件的寿命、动物的寿命、网站访问时间、随机服务系统中的服务时间等都常假定服从指数分布.

下面是指数分布应用的一个例子.

例 2.3.4　设某动物的寿命 X (单位: 年) 服从指数分布, 已知其参数 $\lambda=0.1$, 求 3 个这样的动物都能活到 10 岁的概率是多少?

解　由于随机变量 X 服从指数分布, 故其分布函数为

$$F(x) = \begin{cases} 1 - \mathrm{e}^{-0.1x}, & x > 0, \\ 0, & x \leqslant 0. \end{cases}$$

于是某动物能活到 10 岁的概率为

$$P(X > 10) = 1 - P(X \leqslant 10) = 1 - F(10) = \mathrm{e}^{-1}.$$

由于 3 个动物的寿命是相互独立的, 用 Y 表示 3 个动物中能活到 10 岁的个数, 则 $Y \sim b(3, \mathrm{e}^{-1})$. 从而所求概率为

$$P(Y = 3) = C_3^3 (\mathrm{e}^{-1})^3 (1 - \mathrm{e}^{-1})^0 = \mathrm{e}^{-3}.$$

3. 正态分布

正态分布在概率统计中占有重要的地位, 也是我们整个课程中最重要的分布之一. 棣莫弗 (Abraham de Moivre, 1667~1754 年) 最早发现了二项分布的一个近似公式, 这一公式被认为是正态分布的首次露面. 19 世纪前叶由高斯 (Carl Friedrich Gauss, 1777~1855 年) 在研究测量误差理论时首次提出, 所以正态分布又称为高斯分布.

若随机变量 X 的密度函数 (图 2.3.4(a)) 为

$$f(x) = \frac{1}{\sqrt{2\pi}\sigma} \mathrm{e}^{-\frac{(x-\mu)^2}{2\sigma^2}}, \ -\infty < x < +\infty,$$

其中 $-\infty < \mu < +\infty$, $\sigma > 0$ 都是常数, 则称 X 服从参数为 μ 和 σ^2 的**正态分布**, 记作 $X \sim N(\mu, \sigma^2)$.

可以验证 $f(x)$ 满足非负性和正则性:

(1) $f(x) \geqslant 0$;

(2) $\displaystyle\int_{-\infty}^{+\infty} f(x)\mathrm{d}x = \int_{-\infty}^{+\infty} \frac{1}{\sqrt{2\pi}\sigma} \mathrm{e}^{-\frac{(x-\mu)^2}{2\sigma^2}} \mathrm{d}x = \frac{1}{\sqrt{\pi}} \int_{-\infty}^{+\infty} \mathrm{e}^{-\frac{(x-\mu)^2}{2\sigma^2}} \mathrm{d}\left(\frac{x-\mu}{\sqrt{2}\sigma}\right) = 1$, 其中利

用了高等数学中的泊松积分 $\displaystyle\int_{0}^{+\infty} \mathrm{e}^{-u^2}\mathrm{d}u = \frac{\sqrt{\pi}}{2}$.

若 $X \sim N(\mu, \sigma^2)$, 由分布函数的定义可得正态分布 $N(\mu, \sigma^2)$ 的分布函数为

$$F(x) = \frac{1}{\sqrt{2\pi}\sigma} \int_{-\infty}^{x} \mathrm{e}^{-\frac{(t-\mu)^2}{2\sigma^2}} \mathrm{d}t.$$

它是一条光滑上升的 "S" 形曲线, 如图 2.3.4(b) 所示.

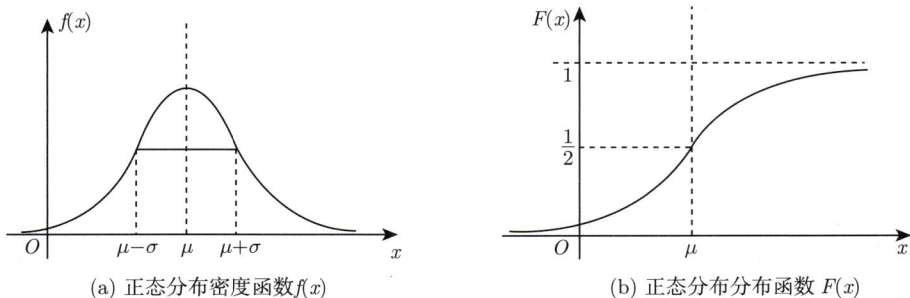

(a) 正态分布密度函数 $f(x)$　　　　　　(b) 正态分布分布函数 $F(x)$

图 2.3.4　正态分布

由图 2.3.4(a) 可知, 正态分布的密度曲线具有如下特征:

(1) 曲线是一条关于 $x = \mu$ 对称的钟形曲线, 即 "两头小, 中间大, 左右对称".

(2) 曲线在 $x < \mu$ 时单调递增, 而 $x > \mu$ 时单调递减, 同时在 $x = \mu$ 时达到最大值 $\dfrac{1}{\sqrt{2\pi}\sigma}$, 该值随 σ 的增大而减小.

(3) 曲线在 $x = \mu \pm \sigma$ 处有拐点, 且曲线 $f(x)$ 向左右伸展时越来越接近 x 轴, 即曲线以 x 轴为渐近线.

(4) 如果固定 σ 改变 μ 的值, 则图形沿 x 轴平移但形状不变, 即正态密度函数曲线的位置由参数 μ 所确定, 因此也称 μ 为**位置参数**, 如图 2.3.5(a) 所示; 如果固定 μ 改变 σ 的值, 则 σ 越小曲线越陡峭, 取值较集中, 而 σ 越大曲线越扁平, 取值较分散, 即正态密度函数曲线中峰的陡峭程度由参数 σ 所确定, 因此称 σ 为**尺度参数**, 如图 2.3.5(b) 所示.

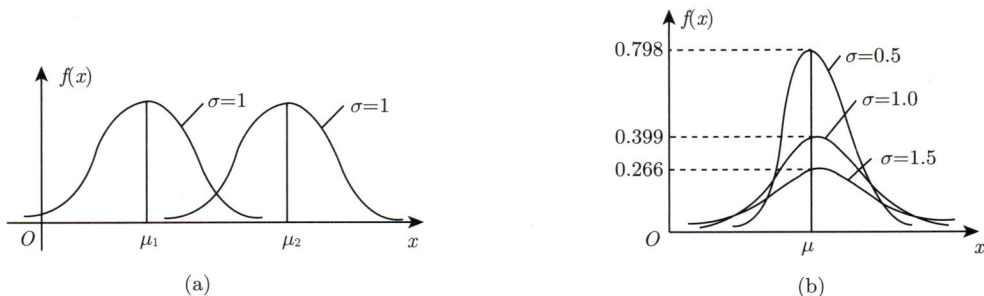

图 2.3.5　参数改变时的正态分布密度函数

特别地, 称 $\mu = 0, \sigma = 1$ 时的正态分布 $N(0,1)$ 为**标准正态分布**. 此时, 其密度函数记作 $\varphi(x)$(图 2.3.6(a)), 分布函数记作 $\Phi(x)$ (图 2.3.6(b)), 即

$$\varphi(x) = \frac{1}{\sqrt{2\pi}} \mathrm{e}^{-\frac{x^2}{2}}, \quad -\infty < x < +\infty,$$

$$\Phi(x) = \frac{1}{\sqrt{2\pi}} \int_{-\infty}^{x} \mathrm{e}^{-\frac{t^2}{2}} \mathrm{d}t, \quad -\infty < x < +\infty.$$

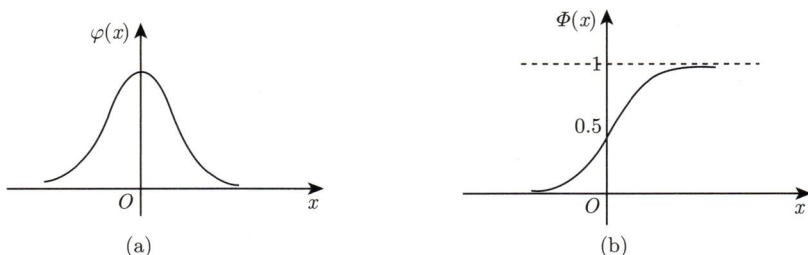

图 2.3.6　标准正态分布的密度函数和分布函数

书后附表 2 给出了 $x \geqslant 0$ 时 $\Phi(x)$ 的值, 而当 $x < 0$ 时, 利用标准正态分布的密度函数的对称性, 有 $\Phi(x) = 1 - \Phi(-x)$. 此外, 若 $X \sim N(0,1)$, 利用附表 2 还可以获得 X 落在某个区间的概率:

$$P(X \geqslant x_1) = P(X > x_1) = 1 - \Phi(x_1),$$

$$P(x_1 < X \leqslant x_2) = P(x_1 \leqslant X \leqslant x_2) = P(x_1 \leqslant X < x_2) = P(x_1 < X < x_2)$$
$$= \Phi(x_2) - \Phi(x_1),$$

其中 x_1, x_2 为任意实数且 $x_1 < x_2$.

对于一般正态分布, 都可以通过一个线性变换 (标准化) 化成标准正态分布, 从而与正态变量有关的一切事件的概率都可通过查附表 2 获得.

定理 2.3.1　若 $X \sim N(\mu, \sigma^2)$, 则 $Y = \dfrac{X - \mu}{\sigma} \sim N(0,1)$.

证明　设 X 的分布函数和密度函数分别为 $F_X(x)$ 与 $f_X(x)$, Y 的分布函数和密度函数分别为 $F_Y(y)$ 与 $f_Y(y)$. 首先, 由分布函数的定义, 有

$$F_Y(y) = P(Y \leqslant y) = P\left(\frac{X - \mu}{\sigma} \leqslant y\right) = P(X \leqslant \mu + \sigma y) = F_X(\mu + \sigma y). \tag{2.3.7}$$

然后上式 (2.3.7) 两边对 y 求导, 再由 $f_Y(y) = F_Y'(y)$, 得

$$f_Y(y) = \frac{\mathrm{d}}{\mathrm{d}y} F_X(\mu + \sigma y) = f_X(\mu + \sigma y) \cdot \sigma = \frac{1}{\sqrt{2\pi}} \mathrm{e}^{-\frac{y^2}{2}},$$

从而由正态分布的定义, 有

$$Y = \frac{X - \mu}{\sigma} \sim N(0, 1).$$

注意: 若 $X \sim N(\mu, \sigma^2)$, a, b 为任意实数且 $a < b$, 则由定理 2.3.1可获得如下三个常用的变换公式:

$$P(X \leqslant a) = P\left(\frac{X - \mu}{\sigma} \leqslant \frac{a - \mu}{\sigma}\right) = \Phi\left(\frac{a - \mu}{\sigma}\right),$$

$$P(X > a) = 1 - \Phi\left(\frac{a - \mu}{\sigma}\right),$$

$$P(a < X \leqslant b) = P\left(\frac{a - \mu}{\sigma} < \frac{X - \mu}{\sigma} \leqslant \frac{b - \mu}{\sigma}\right) = \Phi\left(\frac{b - \mu}{\sigma}\right) - \Phi\left(\frac{a - \mu}{\sigma}\right).$$

下面举例说明定理 2.3.1 的应用.

例 2.3.5 设随机变量 $X \sim N(2, 9)$, 求 $P(X \leqslant 2)$, $P(X > -0.4)$, $P(|X - 2| \leqslant 3)$.

解 依题意可知, $\mu = 2$, $\sigma = 3$, 故

$$P(X \leqslant 2) = P\left(\frac{X - 2}{3} \leqslant \frac{2 - 2}{3}\right) = \Phi\left(\frac{2 - 2}{3}\right) = \Phi(0) = 0.5,$$

$$P(X > -0.4) = 1 - P(X \leqslant -0.4) = 1 - \Phi\left(\frac{-0.4 - 2}{3}\right)$$

$$= 1 - \Phi(-0.8) = \Phi(0.8) = 0.7881,$$

$$P(|X - 2| \leqslant 3) = P(-3 \leqslant X - 2 \leqslant 3) = P\left(\frac{-3}{3} \leqslant \frac{X - 2}{3} \leqslant \frac{3}{3}\right)$$

$$= \Phi(1) - \Phi(-1) = 2\Phi(1) - 1 = 0.6826.$$

注意: 关于正态分布的概率计算问题, 先进行标准化后转化成标准正态分布, 然后通过查标准正态分布表即可获得相应的概率.

此外, 若 $X \sim N(\mu, \sigma^2)$, 通过定理 2.3.1变换后查标准正态分布表, 有

$$P\left(-k < \frac{X - \mu}{\sigma} \leqslant k\right) = \Phi(k) - \Phi(-k) = \begin{cases} 0.6826, & k = 1, \\ 0.9544, & k = 2, \\ 0.9974, & k = 3. \end{cases} \qquad (2.3.8)$$

这表明尽管 X 的取值范围是 $(-\infty, +\infty)$, 由式 (2.3.8) 可知 X 的 99.74% 的值落在 $(\mu - 3\sigma, \mu + 3\sigma)$ 区间内, 而落在这个区间之外的概率不到 0.3%, 可以忽略不计, 这个性质在统计学上称作 "3σ" 准则 (三倍标准差原则). 正态分布的 "3σ" 准则在实际工作中具有重要作用. 例如, 在制造业中的质量控制, 金融领域中的风险管理等.

正态分布是概率论与数理统计中最重要的分布之一, 在实际中很多随机变量都可以用正态分布来描述或近似描述. 例如, 年降雨量; 身高; 在正常条件下各种产品的质量指标, 如

零件的尺寸; 纤维的强度和张力; 农作物的产量, 小麦的穗长、株高; 测量误差、射击目标的水平或垂直偏差; 信号噪声; 等等.

下面举例说明正态分布在实际中的应用.

例 2.3.6　某高校抽样调查的结果表明, 考生的高等数学成绩 (百分制)X 服从正态分布 $N(70, \sigma^2)$, 且 90 分以上的考生占考生总数的 15.87%, 试求考生的高等数学成绩为 80~90 分的概率.

解　因为 $X \sim N(70, \sigma^2)$, 其中 $\mu = 70, \sigma^2$ 未知, 由条件可知

$$P(X \geqslant 90) = 0.1587,$$

即

$$P(X \geqslant 90) = 1 - P(X < 90) = 1 - \Phi\left(\frac{90 - 70}{\sigma}\right) = 0.1587,$$

故 $\Phi\left(\dfrac{20}{\sigma}\right) = 0.8413$, 查标准正态分布表得, $\dfrac{20}{\sigma} = 1$, 所以 $\sigma = 20$. 故所求概率为

$$P(80 \leqslant X \leqslant 90) = P\left(\frac{80 - 70}{20} \leqslant \frac{X - 70}{20} \leqslant \frac{90 - 70}{20}\right) = \Phi(1) - \Phi(0.5) = 0.1498.$$

例 2.3.7　公共汽车车门的高度是按照成年男子与车门顶碰头的概率小于 0.01 的要求来设计的, 设成年男子身高 (单位: cm)$X \sim N(170, 36)$, 试问车门应设计多高?

解　设车门高度为 h(单位: cm), 依题意可知, 所求 h 满足

$$P(X > h) < 0.01,$$

即

$$P(X \leqslant h) > 0.99.$$

由 $X \sim N(170, 36)$, 故有

$$\Phi\left(\frac{h - 170}{6}\right) > 0.99.$$

查标准正态分布表可知 $\Phi(2.33) = 0.9901$, 再由分布函数的单调性, 有

$$\frac{h - 170}{6} \geqslant 2.33,$$

解得 $h > 183.98$. 故车门的高度超过 183.98 cm 时, 男子与车门碰头的概率小于 0.01.

小 节 要 点

1. 理解和掌握连续型随机变量密度函数的定义及性质 (非负性、正则性), 会利用这两个性质求密度函数中的待定参数.

2. 熟悉密度函数和分布函数之间的关系, 并熟悉利用密度函数或分布函数求解随机变量的取值落在某个区间的概率.

3. 掌握均匀分布、指数分布和正态分布的定义, 并熟悉相关概率的计算.

4. 会将一般正态分布化成标准正态分布, 并能应用于正态分布相关的概率计算问题.

应 记 应 背

1. 已知分布函数求密度函数的公式: 在连续点处, $f(x) = F'(x)$.

2. 已知密度函数求分布函数公式: $F(x) = \int_{-\infty}^{x} f(t)\mathrm{d}t$.

3. $P(a < X \leqslant b) = F(b) - F(a)$; 或在密度函数存在时, $P(a < X \leqslant b) = \int_{a}^{b} f(x)\mathrm{d}x$.

4. 均匀分布、指数分布和正态分布的密度函数.

5. 若 $X \sim N(\mu, \sigma^2)$, 则 $\dfrac{X - \mu}{\sigma} \sim N(0, 1)$.

✍习 题 2.3

1. 函数

$$f(x) = \begin{cases} \sin x, & 0 \leqslant x \leqslant \dfrac{3\pi}{2}, \\ 0, & 其他 \end{cases}$$

是否为某个随机变量的密度函数? 为什么?

2. 设随机变量 X 的密度函数为

$$f(x) = \begin{cases} kx, & 0 < x < 1, \\ 0, & 其他. \end{cases}$$

求

(1) k 的值;

(2) X 的分布函数;

(3) $P(0 < X \leqslant 0.5)$.

3. 设随机变量 X 的分布函数为

$$F(x) = \begin{cases} 0, & x < 1, \\ \ln x, & 1 \leqslant x < \mathrm{e}, \\ 1, & x \geqslant \mathrm{e}. \end{cases}$$

求

(1) $P(X < 2)$, $P(0 < X \leqslant 3)$, $P\left(2 < X \leqslant \dfrac{5}{2}\right)$;

(2) 密度函数 $f(x)$.

4. 设电阻的阻值 R 是一个随机变量, 均匀分布在 $800 \sim 1000 \ \Omega$, 求 R 的密度函数及 R 落在 $850 \sim 950 \ \Omega$ 的概率.

5. 设 K 服从均匀分布 $U(-3,5)$, 求方程 $4x^2 + 4Kx + K + 2 = 0$ 有实根的概率.

6. 某仪器装有 3 个独立工作的同型号电气元件, 其寿命 (单位: h) 都服从同一指数分布, 参数 $\lambda = \dfrac{1}{600}$. 试求在仪器使用的最初 200 h 内, 至少有 1 个电子元件损坏的概率.

7. 设随机变量 $X \sim N(3,4)$, 求 $F(1)$, $P(5 < X \leqslant 7.2)$, $P(|X| > 2)$.

8. 设随机变量 $X \sim N(2,\sigma^2)$, 已知 $P(2 < X < 4) = 0.3$, 求 $P(X < 0)$.

9. 设测量两地间的距离时带有随机变量误差 ξ, 其密度函数为

$$f(x) = \frac{1}{40\sqrt{2\pi}} \mathrm{e}^{-\frac{(x-2)^2}{3200}}, \quad -\infty < x < +\infty,$$

试求

(1) 测量误差的绝对值不超过 30 的概率;

(2) 接连测量 3 次, 每次测量互相独立进行, 求至少有 1 次测量误差的绝对值不超过 30 的概率.

10. 某地区 80 岁以上老人的血压 (收缩压, 以 mmHg 计) 服从 $N(145,15^2)$. 在该地区任选一 80 岁以上老人, 测量他的血压 X.

(1) 求 $P(X \leqslant 150)$, $P(135 < X < 155)$;

(2) 确定最小的 x, 使 $P(X > x) \leqslant 0.1$.

进阶练习

11. 设随机变量 $X \sim U(2,7)$, 现在对 X 进行 5 次独立试验, 求仅有 2 次观察值大于 4 的概率.

12. 已知某种类型的电子管的寿命 X(以 h 计) 服从指数分布, 其概率密度为

$$f(x) = \begin{cases} \dfrac{1}{1000} \mathrm{e}^{-\frac{x}{1000}}, & x > 0, \\ 0, & \text{其他}. \end{cases}$$

一台仪器中装有 5 只此类型电子管, 任意一只损坏时仪器便不能正常工作, 求仪器正常工作 1000 h 以上的概率.

13. 设某城市男子身高 $X \sim N(170,36)$, 若车门高为 182 cm, 求 100 个男子中与车门碰头的人数不多于 2 个的概率.

14. 设某地区的成年男子的体重 (单位: kg)$X \sim N(\mu,\sigma^2)$. 若已知 $P(X \leqslant 70) = 0.5$, $P(X > 60) = 0.7881$, 求

(1) 参数 μ,σ;

(2) 在该地区中任意选出 5 名男子, 其中至少有 2 人体重超过 75 kg 的概率.

2.4 随机变量函数的分布

在许多实际问题中, 常常需要研究随机变量函数的分布问题. 例如, 已知圆轴截面的半径 R 为一个随机变量, 我们感兴趣的是其横截面面积 $S = \pi R^2$ 的分布. 这就属于求随机变量函数的分布问题. 一般地, 设 $y = g(x)$ 是定义在实数集上的一个函数, 如果 X 是一个随机变量, 那么 $Y = g(X)$ 作为 X 的函数也是一个随机变量. 我们要研究的问题是: 已知随机变量 X 的分布, 如何求出另一个随机变量 $Y = g(X)$ 的分布. 下面分别在离散型和连续型两种情形下讨论随机变量函数的分布.

2.4.1 离散型随机变量函数的分布

如果随机变量 X 为离散型随机变量且其分布律已知, 由 $Y = g(X)$ 易知 Y 也为离散型随机变量. 如何根据随机变量 X 的分布律求随机变量 $Y = g(X)$ 的分布律? 一般步骤是: 首先, 把 X 的所有可能取值代入函数 $Y = g(X)$ 求出 Y 的所有可能取值; 其次, 由两个相等的事件概率相等, 从而 Y 的每个取值点的概率等于对应的自变量 X 的取值概率; 最后, 写出 Y 的分布律 (有相同取值点的相应概率要合并相加). 具体如下:

设 X 是离散随机变量, X 的分布律为

X	x_1	x_2	$\cdots$	x_n	$\cdots$
P	p_1	p_2	$\cdots$	p_n	$\cdots$

此时 Y 的分布律为

Y	$g(x_1)$	$g(x_2)$	$\cdots$	$g(x_n)$	$\cdots$
P	p_1	p_2	$\cdots$	p_n	$\cdots$

当 $g(x_1), g(x_2), \cdots, g(x_n), \cdots$ 中有某些值相等时, 则把那些相等的值合并, 并把对应的概率相加即可.

下面是求离散型随机变量函数分布律的一个例子.

例 2.4.1 已知随机变量 X 的分布律如下, 求 $Y_1 = 2X - 1$ 和 $Y_2 = X^2 - X$ 的分布律.

X	-1	0	1	2
P	0.2	0.1	0.3	0.4

解 要求离散型随机变量函数的分布律, 只需确定其所有可能取值和相应的概率即可. 将 X 的所有可能取值代入函数关系 $Y_1 = 2X - 1$ 和 $Y_2 = X^2 - X$, 可得

X	-1	0	1	2
$Y_1 = 2X - 1$	-3	-1	1	3
$Y_2 = X^2 - X$	2	0	0	2
P	0.2	0.1	0.3	0.4

故 Y_1 的分布律为

Y_1	-3	-1	1	3
P	0.2	0.1	0.3	0.4

将 Y_2 函数值相等的项合并，对应概率相加，得

Y_2	0	2
P	0.4	0.6

2.4.2　连续型随机变量函数的分布

如果随机变量 X 为连续型随机变量且其密度函数已知，但此时 $Y = g(X)$ 不一定是连续型随机变量，这取决于函数 g 的特点. 例如，若 $X \sim N(0, 2)$，$Y = \begin{cases} -1, & X < 0, \\ 1, & \text{其他}, \end{cases}$ 易知 Y 是离散型随机变量. 本书我们主要讨论 $Y = g(X)$ 仍是连续型随机变量的情形. 下面介绍两种常用方法.

1) 分布函数法

上一节定理 2.3.1的证明已使用了该方法. 分布函数法主要从分布函数的定义出发，先求出 Y 的分布函数和 X 的分布函数的关系，然后利用分布函数与密度函数的关系，通过对分布函数求导获得 Y 的密度函数. 具体如下：

设 Y 的分布函数和密度函数分别为 $F_Y(y)$ 和 $f_Y(y)$，则

$$F_Y(y) = P(Y \leqslant y) = P(g(X) \leqslant y) = P(X \in \{x | g(x) \leqslant y\}),$$

这个过程把 $F_Y(y)$ 转化为已知的 X 的分布上，然后上式两边对 y 求导，有

$$f_Y(y) = F_Y'(y) = \frac{\mathrm{d}}{\mathrm{d}y} P(X \in \{x | g(x) \leqslant y\}).$$

进一步地，利用高等数学中复合函数求导的方法计算出 $\dfrac{\mathrm{d}}{\mathrm{d}y} P(X \in \{x | g(x) \leqslant y\})$，即可得 $f_Y(y)$. 我们将在下面例 2.4.2后具体说明.

例 2.4.2　设随机变量 X 服从 $[0, 1]$ 上的均匀分布，求 $Y = 3X + 2$ 的密度函数.

解　因为 $X \sim U[0, 1]$，故 X 的密度函数为

$$f_X(x) = \begin{cases} 1, & 0 \leqslant x \leqslant 1, \\ 0, & \text{其他}. \end{cases}$$

为了求随机变量 X 的函数 $Y = 3X + 2$ 的密度函数，我们可按如下步骤进行：

(1) 利用分布函数的定义，先求 $Y = 3X + 2$ 的分布函数 $F_Y(y)$：

$$F_Y(y) = P(Y \leqslant y) = P(3X + 2 \leqslant y) = P\left(X \leqslant \frac{y-2}{3}\right) = F_X\left(\frac{y-2}{3}\right).$$

(2) 利用分布函数与密度函数的关系, 将 (1) 中获得的分布函数 $F_X\left(\dfrac{y-2}{3}\right)$ 对变量 y 求导:

$$f_Y(y) = \frac{\mathrm{d}F_Y(y)}{\mathrm{d}y} = \frac{\mathrm{d}F_X\left(\dfrac{y-2}{3}\right)}{\mathrm{d}y} = \frac{1}{3}f_X\left(\frac{y-2}{3}\right).$$

(3) 利用已知条件, 将 X 的密度函数代入 (2) 中的结果, 即可得 $Y = 3X + 2$ 的密度函数:

$$f_Y(y) = \begin{cases} \dfrac{1}{3}, & 0 \leqslant \dfrac{y-2}{3} \leqslant 1, \\ 0, & \text{其他} \end{cases} = \begin{cases} \dfrac{1}{3}, & 2 \leqslant y \leqslant 5, \\ 0, & \text{其他}. \end{cases}$$

注意: 本例 (2) 中复合函数 $F_X\left(\dfrac{y-2}{3}\right)$ 对 y 求导是易错点, 我们可以通过引入中间变量 $u = \dfrac{y-2}{3}$, 然后利用复合函数的求导法则得到

$$\frac{\mathrm{d}F_X(u)}{\mathrm{d}y} = \frac{\mathrm{d}F_X(u)}{\mathrm{d}u} \cdot \frac{\mathrm{d}u}{\mathrm{d}y} = f_X(u) \cdot \frac{1}{3},$$

即可获得 $f_Y(y) = \dfrac{1}{3}f_X\left(\dfrac{y-2}{3}\right)$, 最后将 $f_X\left(\dfrac{y-2}{3}\right)$ 的具体表达式代入此式即可. 若 $f_X(x)$ 为分段函数, 利用 $x = \dfrac{y-2}{3}$, 即可得 y 相应的取值范围.

例 2.4.2是求随机变量的线性函数的密度函数的例子, 接下来是一个求随机变量的非线性函数的密度函数的例子.

例 2.4.3 设随机变量 X 服从标准正态分布 $N(0,1)$, 求 $Y = X^2$ 的密度函数.

解 因为 $X \sim N(0,1)$, 故 X 的密度函数为

$$\varphi(x) = \frac{1}{\sqrt{2\pi}}\mathrm{e}^{-\frac{x^2}{2}}, \quad -\infty < x < +\infty.$$

(1) 先求 $Y = X^2$ 的分布函数 $F_Y(y)$.

因这里 $Y = X^2$, 故 Y 的取值总是非负的, 于是需要将 $F_Y(y)$ 的自变量 y 分 $y \leqslant 0$ 及 $y > 0$ 两种情况进行讨论. 注意到, 一方面, 当 $y \leqslant 0$ 时,

$$F_Y(y) = P(Y \leqslant y) = 0.$$

另一方面, 当 $y > 0$ 时,

$$F_Y(y) = P(Y \leqslant y) = P(X^2 \leqslant y) = P(-\sqrt{y} \leqslant X \leqslant \sqrt{y}) = \Phi(\sqrt{y}) - \Phi(-\sqrt{y}) = 2\Phi(\sqrt{y}) - 1.$$

(2) 将 (1) 中获得的分布函数对变量 y 求导:

$$f_Y(y) = F_Y'(y) = \begin{cases} 2\varphi(\sqrt{y}) \cdot (\sqrt{y})', & y > 0, \\ 0, & y \leqslant 0. \end{cases}$$

(3) 将 X 的密度函数代入 (2) 中的结果, 即可得 $Y = X^2$ 的密度函数:

$$f_Y(y) = \begin{cases} 2 \cdot \dfrac{1}{\sqrt{2\pi}} \mathrm{e}^{-\frac{y}{2}} \cdot \dfrac{1}{2}\dfrac{1}{\sqrt{y}}, & y > 0, \\ 0, & y \leqslant 0 \end{cases} = \begin{cases} \dfrac{1}{\sqrt{2\pi}} y^{-\frac{1}{2}} \mathrm{e}^{-\frac{y}{2}}, & y > 0, \\ 0, & y \leqslant 0. \end{cases}$$

注意: 此例表明标准正态分布的随机变量的平方不再服从正态分布, 而是服从自由度为 1 的 χ^2 分布 (χ^2 分布的定义将在后面第 5 章介绍).

2) 公式法

若 $g(x)$ 为严格单调函数时, 我们可以直接利用如下定理的结论写出 $Y = g(X)$ 的密度函数. 此方法较便捷但对随机变量的函数关系有所限制.

定理 2.4.1　设连续型随机变量 X 的密度函数为 $f_X(x)$, $Y = g(X)$ 是连续型随机变量, 若 $y = g(x)$ 严格单调且其反函数 $h(y)$ 有连续导函数, 则 $Y = g(X)$ 的密度函数为

$$f_Y(y) = \begin{cases} f_X[h(y)]|h'(y)|, & a < y < b, \\ 0, & \text{其他}, \end{cases} \tag{2.4.1}$$

其中 $a = \min\{g(-\infty), g(+\infty)\}, b = \max\{g(-\infty), g(+\infty)\}$.

注意: 该定理实际上是由前面介绍的分布函数法推出的一个一般性的结论. 注意该定理的使用条件是要求随机变量的函数为严格单调, 这是需要验证的一个重要条件, 若不满足则不能直接使用公式法. 此外, 式 (2.4.1) 中 $h'(y)$ 有可能取负值, 而密度函数具有非负性, 故切记 $h'(y)$ 必须取绝对值.

证明　不妨设 $g(x)$ 是严格单调增函数, 则其反函数 $h(y)$ 也是严格单调增函数, 且 $h'(y) > 0$. 记 $a = g(-\infty), b = g(+\infty)$, 这意味着 $y = g(x)$ 仅在区间 (a, b) 取值, 于是当 $y < a$ 时,

$$F_Y(y) = P(Y \leqslant y) = 0;$$

当 $y > b$ 时,

$$F_Y(y) = P(Y \leqslant y) = 1;$$

当 $a \leqslant y \leqslant b$ 时,

$$F_Y(y) = P(Y \leqslant y) = P(g(X) \leqslant y)$$

$$= P\big(X \leqslant h(y)\big) = \int_{-\infty}^{h(y)} f_X(x)\mathrm{d}x.$$

由此得 Y 的密度函数为

$$f_Y(y) = \begin{cases} f_X[h(y)]h'(y), & a < y < b, \\ 0, & \text{其他}. \end{cases}$$

同理可证当 $g(x)$ 是严格单调减函数时, 结论也成立. 但此时要注意 $h'(y) < 0$, 故要加绝对值符号, 此时 $a = g(+\infty), b = g(-\infty)$.

下面通过两个例子说明公式法的应用.

例 2.4.4　设随机变量 X 服从正态分布 $N(\mu, \sigma^2)$, 证明: X 的线性函数 $Y = aX + b(a \neq 0)$ 也服从正态分布, 且 $Y \sim N(a\mu + b, (a\sigma)^2)$.

解　X 的密度函数为

$$f_X(x) = \frac{1}{\sqrt{2\pi}\sigma}\mathrm{e}^{-\frac{(x-\mu)^2}{2\sigma^2}}, \quad -\infty < x < +\infty.$$

解法 1: 利用公式法.

令 $y = g(x) = ax + b$, 则 $g(x)$ 为单调函数, 且反函数为

$$x = h(y) = \frac{y - b}{a}, \quad h'(y) = \frac{1}{a} \neq 0.$$

于是由定理 2.4.1 得 Y 的密度函数为

$$\begin{aligned}
f_Y(y) &= f_X[h(y)]|h'(y)| \\
&= \frac{1}{|a|} \frac{1}{\sqrt{2\pi}\sigma}\mathrm{e}^{-\frac{(\frac{y-b}{a}-\mu)^2}{2\sigma^2}} \\
&= \frac{1}{\sqrt{2\pi} \cdot |a|\sigma}\mathrm{e}^{-\frac{[y-(a\mu+b)]^2}{2(a\sigma)^2}}, \quad -\infty < y < +\infty.
\end{aligned}$$

即

$$Y = aX + b \sim N(a\mu + b, (a\sigma)^2).$$

这个例子还可以利用前面介绍的分布函数法来求解.

解法 2: 利用分布函数法.

设 Y 的分布函数为 $F_Y(y)$, 当 $a > 0$ 时, 有

$$F_Y(y) = P(Y \leqslant y) = P(aX + b \leqslant y) = P\left(X \leqslant \frac{y-b}{a}\right) = F_X\left(\frac{y-b}{a}\right).$$

故 Y 的密度函数为

$$f_Y(y) = F_Y'(y) = \frac{1}{a}f_X\left(\frac{y-b}{a}\right). \tag{2.4.2}$$

同理, 当 $a < 0$ 时, 有

$$F_Y(y) = P\left(X \geqslant \frac{y-b}{a}\right) = 1 - F_X\left(\frac{y-b}{a}\right),$$

此时

$$f_Y(y) = F_Y'(y) = -\frac{1}{a}f_X\left(\frac{y-b}{a}\right). \tag{2.4.3}$$

综合式 (2.4.2) 和式 (2.4.3), 可得

$$f_Y(y) = \frac{1}{|a|}f_X\left(\frac{y-b}{a}\right). \tag{2.4.4}$$

最后将 X 的密度函数代入式 (2.4.4), 有

$$f_Y(y) = \frac{1}{|a|}\frac{1}{\sqrt{2\pi}\sigma}e^{-\frac{[y-(a\mu+b)]^2}{2(a\sigma)^2}}, \quad -\infty < y < +\infty.$$

这表明 $Y \sim N(a\mu + b, (a\sigma)^2)$.

注意: 解法 1 中的易错点是 a 不能确保一定是非负的, 必须加上绝对值. 此外, 例 2.4.4 表明正态分布的随机变量的线性函数仍然服从正态分布. 特别地, 当 $a = \dfrac{1}{\sigma}$, $b = -\dfrac{\mu}{\sigma}$, 有

$$Y = \frac{X - \mu}{\sigma} \sim N(0, 1).$$

这即为上一节定理 2.3.1 的结果.

例 2.4.5　对圆片直径进行测量, 测量值 X 服从均匀分布 $U(5, 6)$, 求圆片面积 Y 的密度函数.

解　由题设, 有

$$Y = \frac{\pi}{4}X^2,$$

且 X 的密度函数为

$$f_X(x) = \begin{cases} 1, & 5 < x < 6, \\ 0, & 其他. \end{cases}$$

令 $y = g(x) = \dfrac{\pi}{4}x^2$, 当 $5 < x < 6$ 时,

$$\frac{25\pi}{4} < y < 9\pi, \quad g'(x) = \frac{\pi}{2}x > 0,$$

且其反函数为

$$x = h(y) = \sqrt{\frac{4y}{\pi}} = \frac{2}{\sqrt{\pi}}\sqrt{y}, \quad h'(y) = \frac{1}{\sqrt{\pi y}}.$$

故利用定理 2.4.1 得 Y 的密度函数为

$$f_Y(y) = \begin{cases} f_X[h(y)]|h'(y)|, & \dfrac{25\pi}{4} < y < 9\pi, \\ 0, & \text{其他}. \end{cases}$$

即

$$f_Y(y) = \begin{cases} \dfrac{1}{\sqrt{\pi y}}, & \dfrac{25\pi}{4} < y < 9\pi, \\ 0, & \text{其他}. \end{cases}$$

注意: 此题也可用分布函数法来求解, 这里就不再详细列出.

小 节 要 点

1. 掌握离散型随机变量函数的分布律的求法, 注意若有相同的项要合并, 并把对应的概率相加.

2. 会用分布函数法或公式法求连续型随机变量函数的密度函数.

应 记 应 背

1. 分布函数法求解连续型随机变量函数的步骤.

2. 求连续型随机变量函数的密度函数时公式法的使用条件及所获得的密度函数的表达形式.

3. 正态分布的随机变量的线性函数仍然服从正态分布.

✍ 习 题 2.4

1. 设随机变量 X 的分布律为

X	-2	-1	0	2
P	0.1	0.2	0.3	0.4

求以下随机变量的分布律:

(1) $Y_1 = X + 2$;

(2) $Y_2 = -3X + 1$;

(3) $Y_3 = |X|$.

2. 已知随机变量 X 的分布律为

X	$\dfrac{\pi}{4}$	$\dfrac{\pi}{2}$	$\dfrac{3\pi}{4}$
P	0.2	0.7	0.1

求

(1) $Y_1 = \sin X$ 的分布律;

(2) $Y_2 = 2\cos X + 1$ 的分布律.

3. 设随机变量

$$X \sim f_X(x) = \begin{cases} \dfrac{x}{8}, & 0 < x < 4, \\ 0, & \text{其他.} \end{cases}$$

求 $Y = 2X + 8$ 的密度函数.

4. 设随机变量 X 服从标准正态分布 $N(0,1)$, 求 $Y = 2X^2 - 1$ 的密度函数.

5. 设随机变量 X 服从参数为 1 的指数分布, 求 $Y = e^X$ 的密度函数.

6. 设通过一个电阻器的电流 (单位: A)$X \sim U(5,6)$, 求在该电阻器上消耗的功率 $Y = 3X^2$ 的密度函数.

进阶练习

7. 已知 X 的分布律为

X	1	2	3	$\cdots$	n	$\cdots$
P	$\dfrac{1}{2}$	$\dfrac{1}{2^2}$	$\dfrac{1}{2^3}$	$\cdots$	$\dfrac{1}{2^n}$	$\cdots$

求 $Y = \sin\left(\dfrac{\pi}{2}X\right)$ 的分布律.

8. 设随机变量 X 在区间 (a,b) 上服从均匀分布, 证明: 随机变量 $Y = cX + d(c \neq 0)$ 也服从均匀分布.

9. 设连续型随机变量 X 的密度函数为

$$f(x) = \begin{cases} 3x^2, & 0 < x < 1, \\ 0, & \text{其他.} \end{cases}$$

试求随机变量 $Y = \dfrac{1}{X}$ 的分布函数和密度函数.

本 章 总 结

1. 本章主要介绍一维随机变量及其分布, 这在概率论和数理统计中占据着基础及核心地位. 为了将试验的结果数量化, 本章首先引入随机变量的概念, 并根据随机变量取值方式的不同, 随机变量通常分为离散型和连续型两种类型. 进而从这一章开始, 将第 1 章中对事件及事件概率的研究转化为对随机变量及其取值规律的研究.

2. 为了掌握随机变量的统计规律性, 需要给出任意随机变量 X 的分布函数的定义, 并进一步获得分布函数的性质 (单调非减性、有界性和右连续性) 及利用分布函数计算 X 的取值落在区间 $[a,b]$ 内的概率公式:

$$P(a < X \leqslant b) = F(b) - F(a).$$

3. 注意到分布函数定义中并没有限定随机变量的类型, 因此, 下一步从离散型和连续型这两条主线出发, 分别讨论随机变量及其取值的规律性, 同时求出相应的分布函数:

(1) 对于离散型随机变量 X, 不仅需要知道它所有可能取值, 还需知道它每个取值点处相应的概率, 而分布函数不能直接提供这些信息, 因此给出了离散型随机变量分布律的定义, 并给出分布律 p_i 的性质:

I. 非负性: $p_i \geqslant 0, i = 1, 2, \cdots$.

II. 正则性: $\displaystyle\sum_{i=1}^{+\infty} p_i = 1$.

此时, X 的取值落在某个区间的概率等于 X 在这个区间的所有可能取值点的概率之和. 例如, X 的取值落在区间 $(a, b]$ 内的概率: $P(a < X \leqslant b) = \displaystyle\sum_{a < x_i \leqslant b} p_i$.

其次, 由分布律可以求出 X 的分布函数:

$$F(x) = P(X \leqslant x) = \sum_{x_i \leqslant x} p_i.$$

故已知一个离散型随机变量的分布律, 可以求出其分布函数; 反之, 若已知一个离散型随机变量的分布函数, 也可以通过找出分布函数的跳跃点和相应的跳跃度来确定分布律. 要熟悉分布律和分布函数之间的关系, 会由分布律求分布函数和由分布函数确定分布律.

最后, 给出了实际应用中三种常见的离散型分布: 0-1 分布、二项分布和泊松分布. 要熟记这三个常见离散型分布的分布律.

(2) 对于连续型随机变量 X, 它的可能取值充满数轴上的一个区间, 此时其取值是不能一一列举的, 故不能像离散型随机变量那样用分布律来表示它的概率分布. 基于后续期望、方差等概念定义的方便, 使得我们能够运用微积分等数学工具来进行各种理论推导和证明. 因此类比于物理学中的线密度给出了连续型随机变量的密度函数的定义, 并给出密度函数 $f(x)$ 的性质:

I. 非负性: $f(x) \geqslant 0$.

II. 正则性: $\displaystyle\int_{-\infty}^{+\infty} f(x)\mathrm{d}x = 1$.

此时, 可获得 X 的取值落在区间 $(a, b]$ 上的概率计算公式:

$$P(a < X \leqslant b) = F(b) - F(a) = \int_a^b f(x)\mathrm{d}x.$$

其次, 由密度函数可以求出 X 的分布函数:

$$F(x) = P(X \leqslant x) = \int_{-\infty}^x f(t)\mathrm{d}t.$$

故已知密度函数可以求出分布函数, 反之, 若已知分布函数也可以通过求导来获得密度函数. 要熟悉密度函数和分布函数之间的关系, 会由密度函数求分布函数和由分布函数求密度函数.

最后, 给出了实际应用中三种常见的连续型分布: 均匀分布 $X \sim U(a,b)$、指数分布 $X \sim e(\lambda)$ 和正态分布 $X \sim N(\mu, \sigma^2)$. 要熟记这三个常见连续型分布的密度函数.

特别地, 当 $\mu = 0, \sigma = 1$ 时称为标准正态分布 $N(0,1)$, 对于一般正态分布, 都可化成标准正态分布, 这个过程称为标准化:

$$若 X \sim N(\mu, \sigma^2), 则 \frac{X - \mu}{\sigma} \sim N(0, 1).$$

由此可以获得在正态分布的概率计算中常用的变换公式:

$$P(X \leqslant a) = P\left(\frac{X - \mu}{\sigma} \leqslant \frac{a - \mu}{\sigma}\right) = \Phi\left(\frac{a - \mu}{\sigma}\right),$$

$$P(X > a) = 1 - \Phi\left(\frac{a - \mu}{\sigma}\right),$$

$$P(a < X \leqslant b) = P\left(\frac{a - \mu}{\sigma} < \frac{X - \mu}{\sigma} \leqslant \frac{b - \mu}{\sigma}\right) = \Phi\left(\frac{b - \mu}{\sigma}\right) - \Phi\left(\frac{a - \mu}{\sigma}\right).$$

4. 在许多实际问题中, 我们常常还需要研究随机变量函数的分布问题, 因此, 最后分别在离散型和连续型两种情形下讨论随机变量函数的分布:

(1) 若 X 是离散型随机变量, X 的分布律为

X	x_1	x_2	$\cdots$	x_n	$\cdots$
P	p_1	p_2	$\cdots$	p_n	$\cdots$

此时 $Y = g(X)$ 的分布律为

Y	$g(x_1)$	$g(x_2)$	$\cdots$	$g(x_n)$	$\cdots$
P	p_1	p_2	$\cdots$	p_n	$\cdots$

当 $g(x_1), g(x_2), \cdots, g(x_n), \cdots$ 中有某些值相等时, 则把那些相等的值分别合并, 并把对应的概率相加即可.

(2) 若 X 是连续型随机变量, 主要介绍两种常用方法: 分布函数法和公式法. 特别注意公式法对随机变量的函数关系有所限制.

✍ 总 习 题 2

一、填空题

1. (1990, 数一) 已知随机变量 X 的概率密度函数 $f(x) = \dfrac{1}{2}\mathrm{e}^{-|x|}, -\infty < x < +\infty$, 则 X 的概率分布函数 $F(x) = ($　　$)$.

2. (1991, 数一) 若随机变量 X 服从均值为 2, 方差为 σ^2 的正态分布, 且 $P(2 < X < 4) = 0.3$, 则 $P(X < 0) = ($　　$)$.

3. (1991, 数四) 设随机变量 X 的分布函数为 $F(x)=P(X\leqslant x)=\begin{cases} 0, & \text{若}\,x<-1, \\ 0.4, & \text{若}-1\leqslant x<1, \\ 0.8, & \text{若}\,1\leqslant x<3, \\ 1, & \text{若}\,x\geqslant 3, \end{cases}$

则 X 的概率分布为 (　　).

4. (1993, 数一) 设随机变量 X 服从 $(0,2)$ 的均匀分布, 则随机变量 $Y=X^2$ 在 $(0,4)$ 内概率分布密度 $f_Y(y)=$ (　　).

5. (1994, 数四) 设随机变量 X 的概率密度为 $f(x)=\begin{cases} 2x, & 0<x<1, \\ 0, & \text{其他}. \end{cases}$ 以 Y 表示对

X 的 3 次独立重复观察中事件 $\left\{X\leqslant\dfrac{1}{2}\right\}$ 出现的次数, 则 $P(Y=2)=$ (　　).

6. (2000, 数三) 设随机变量 X 的密度函数为

$$f(x)=\begin{cases} \dfrac{1}{3}, & x\in[0,1], \\[2mm] \dfrac{2}{9}, & x\in[3,6], \\[2mm] 0, & \text{其他}. \end{cases}$$

若 k 使得 $P(X\geqslant k)=\dfrac{2}{3}$, 则 k 的取值范围是 (　　).

7. (2002, 数一) 设随机变量 $X\sim N(\mu,\sigma^2)(\sigma>0)$, 且二次方程 $y^2+4y+X=0$ 无实根的概率为 $\dfrac{1}{2}$, 则 $\mu=$ (　　).

8. (2005, 数一、三、四) 从数 $1,2,3,4$ 中任取一个数, 记为 X, 再从 $1,2,\cdots,X$ 中任取一个数, 记为 Y, 则 $P(Y=2)=$ (　　).

9. (2013, 数一) 设随机变量 Y 服从参数为 1 的指数分布, α 为常数且大于零, 则 $P(Y\leqslant \alpha+1|Y>\alpha)=$ (　　).

10. (2013, 数三) 设随机变量 X 服从标准正态分布 $N(0,1)$, 则 $E(Xe^{2X})=$ (　　).

11. (2024, 数一、三) 设随机试验每次成功的概率为 P, 现进行 3 次独立重复试验, 在至少成功 1 次的条件下, 3 次试验全部成功的概率为 $\dfrac{4}{13}$, 则 $P=$ (　　).

二、选择题

12. (1993, 数四) 设随机变量 X 的密度函数为 $\varphi(x)$, 且 $\varphi(-x)=\varphi(x)$, $F(x)$ 是 X 的分布函数, 则对任意实数 a, 有 (　　).

(A) $F(-a)=1-\displaystyle\int_0^a \varphi(x)dx$;

(B) $F(-a)=\dfrac{1}{2}-\displaystyle\int_0^a \varphi(x)dx$;

(C) $F(-a)=F(a)$;

(D) $F(-a)=2F(a)-1$.

13. (1995, 数四、五) 设随机变量 X 服从正态分布 $N\left(\mu,\sigma^2\right)$, 则随着 σ 的增大, 概率

$P(|X - \mu| < \sigma)($　　$).$

 (A) 单调增大;   (B) 单调减小;

 (C) 保持不变;   (D) 增减不定.

 14. (1999, 数四) 设 X 服从指数分布, 则 $Y = \min\{X, 2\}$ 的分布函数 (　　).

 (A) 是连续函数;   (B) 至少有两个间断点;

 (C) 是阶梯函数;   (D) 恰有一个间断点.

 15. (2004, 数一、四) 设随机变量 X 服从正态分布 $N(0,1)$, 对给定的 $\alpha(0 < \alpha < 1)$, 数 u_α 满足 $P(X > u_\alpha) = \alpha$, 若 $P(|X| < x) = \alpha$, 则 x 等于 (　　).

 (A) $u_{\frac{\alpha}{2}}$;   (B) $u_{1-\frac{\alpha}{2}}$;   (C) $u_{\frac{1-\alpha}{2}}$;   (D) $u_{1-\alpha}$.

 16. (2010, 数一、三) 设随机变量 X 的分布函数为 $F(x) = \begin{cases} 0, & x < 0, \\ \dfrac{1}{2}, & 0 \leqslant x < 1, \\ 1 - \mathrm{e}^{-x}, & x \geqslant 1, \end{cases}$ 则

$P(X = 1) = ($　　$).$

 (A) 0;   (B) $\dfrac{1}{2}$;   (C) $\dfrac{1}{2} - \mathrm{e}^{-1}$;   (D) $1 - \mathrm{e}^{-1}$.

 17. (2010, 数一、三) 设 $f_1(x)$ 为标准正态分布的概率密度, $f_2(x)$ 为 $[-1, 3]$ 上均匀分布的概率密度, 若 $f(x) = \begin{cases} af_1(x), & x \leqslant 0, \\ bf_2(x), & x > 0 \end{cases}$ $(a > 0, b > 0)$ 为概率密度, 则 a, b 应满足 (　　).

 (A) $2a + 3b = 4$; (B) $3a + 2b = 4$; (C) $a + b = 1$; (D) $a + b = 2$.

 18. (2018, 数一、三) 设随机变量 X 的概率密度 $f(x)$ 满足 $f(1 + x) = f(1 - x)$, 且 $\int_0^2 f(x)\mathrm{d}x = 0.6$, 则 $P(X < 0) = ($　　$).$

 (A) 0.2;   (B) 0.3;   (C) 0.4;   (D) 0.5.

 19. (2016, 数一) 设随机变量 $X \sim N(\mu, \sigma^2)(\sigma > 0)$, 记 $p = P(X \leqslant \mu + \sigma^2)$, 则 (　　).

 (A) p 随着 μ 的增加而增加;   (B) p 随着 σ 的增加而增加;

 (C) p 随着 μ 的增加而减少;   (D) p 随着 σ 的增加而减少.

 20. (2011, 数一、三) 设 $F_1(x)$ 与 $F_2(x)$ 为两个分布函数, 其相应的概率密度 $f_1(x)$ 与 $f_2(x)$ 是连续函数, 则必为概率密度的是 (　　).

 (A) $f_1(x)f_2(x)$;   (B) $2f_2(x)F_1(x)$;

 (C) $f_1(x)F_2(x)$;   (D) $f_1(x)F_2(x) + f_2(x)F_1(x)$.

三、计算题

 21. (1990, 数四、五) 某地抽样调查结果表明, 考生的外语成绩 (百分制) 近似服从正态分布, 平均成绩为 72 分, 96 分以上的占考生总数的 2.3% , 试求考生的外语成绩在 60 分至 84 分之间的概率. [附表](表中 $\Phi(x)$ 是标准正态分布函数)

x	0	0.5	1.0	1.5	2.0	2.5	3.0
$\Phi(x)$	0.500	0.692	0.841	0.933	0.977	0.994	0.999

22. (1991, 数五) 在电源电压不超过 200 V、在 200~240 V 和超过 240 V 三种情形下, 某种电子元件损坏的概率分别为 0.1, 0.001 和 0.2, 假设电源电压 X 服从正态分布 $N(220, 25^2)$, 试求

(1) 该电子元件损坏的概率 α;

(2) 该电子元件损坏时, 电源电压在 200~240 V 的概率 β.

[附表](表中 $\Phi(x)$ 是标准正态分布函数)

x	0.10	0.20	0.40	0.60	0.80	1.00	1.20	1.40
$\Phi(x)$	0.540	0.579	0.655	0.726	0.788	0.841	0.885	0.919

23. (1992, 数四、五) 假设测量的随机误差 $X \sim N\left(0, 10^2\right)$, 试求在 100 次独立重复测量中, 至少有 3 次测量误差的绝对值大于 19.6 的概率 α, 并利用泊松分布求出 α 的近似值 (要求小数点后取两位有效数字).

λ	1	2	3	4	5	6	7
$e^{-\lambda}$	0.368	0.135	0.050	0.018	0.007	0.002	0.001

24. (1993, 数四、五) 假设一大型设备在任何长为 t 的时间内发生故障的次数 $N(t)$ 服从参数为 λt 的泊松分布.

(1) 求相继两次故障之间时间间隔 T 的概率分布;

(2) 求在设备已经无故障工作 8 小时的情形下, 再无故障运行 8 h 的概率 Q.

25. (1994, 数五) 假设随机变量 X 的概率密度为 $f(x) = \begin{cases} 2x, & 0 < x < 1, \\ 0, & \text{其他}. \end{cases}$ 现在对 X 进行 n 次独立重复观测, 以 V_n 表示观测值不大于 0.1 的次数, 试求随机变量 V_n 的概率分布.

26. (1995, 数一) 设 X 的概率密度为 $f_X(x) = \begin{cases} \mathrm{e}^{-x}, & x \geqslant 0, \\ 0, & x < 0, \end{cases}$ 求 $Y = \mathrm{e}^X$ 的概率密度 $f_Y(y)$.

27. (2003, 数三、四) 设随机变量 X 的概率密度为 $f(x) = \begin{cases} \dfrac{1}{3\sqrt[3]{x^2}}, & \text{若} x \in [1, 8], \\ 0, & \text{其他}. \end{cases}$ $F(x)$ 是 X 的分布函数, 求随机变量 $Y = F(X)$ 的分布函数.

28. (1997, 数三、四) 假设随机变量 X 的绝对值不大于 1, $P(X = -1) = \dfrac{1}{8}$, $P(X = 1) = \dfrac{1}{4}$, 在事件 $\{-1 < X < 1\}$ 出现的条件下, X 在 $(-1, 1)$ 内的任意一子区间上取值的条

件概率与该子区间长度成正比. 试求

(1) X 的分布函数 $F(x) = P(X \leqslant x)$;

(2) X 取负集的概率 p.

四、证明题

29. (1995, 数五) 假设随机变量 X 服从参数为 2 的指数分布, 证明: $Y = 1 - e^{-2X}$ 在区间 $(0,1)$ 上服从均匀分布.

第 3 章　多维随机变量及其分布

1. 理解二维随机变量的联合分布函数的定义和几何意义.

2. 理解二维离散型和连续型随机变量的定义, 熟练掌握二维随机变量概率分布的性质及概率计算的方法.

3. 理解联合分布和边缘分布的关系, 熟练掌握计算边缘分布的方法.

4. 理解条件分布的定义, 掌握由联合分布计算条件分布的方法, 理解条件分布、边缘分布和联合分布三者之间的关系.

5. 掌握随机变量相互独立的定义, 并能熟练应用独立性来求有关事件的概率.

6. 掌握求两个随机变量之和、最大值、最小值的分布的方法.

【课前导读】

本章主要学习二维随机变量及其分布, 包括二维离散型随机变量和二维连续型随机变量. 对二维连续型随机变量情形, 在计算事件概率、边缘密度函数时, 需要具备二重积分的基本知识.

1. X–型区域, 即坐标平面上的区域 $D = \{(x,y) | a \leqslant x \leqslant b, \varphi_1(x) \leqslant y \leqslant \varphi_2(x)\}$, 于是

二重积分化为累次积分得 $\iint\limits_{D} f(x,y)\mathrm{d}x\mathrm{d}y = \int_a^b \int_{\varphi_1(x)}^{\varphi_2(x)} f(x,y)\mathrm{d}y\mathrm{d}x$.

2. Y–型区域, 即坐标平面上的区域 $D = \{(x,y) | c \leqslant y \leqslant d, \psi_1(y) \leqslant x \leqslant \psi_2(y)\}$, 于是

二重积分化为累次积分得 $\iint\limits_{D} f(x,y)\mathrm{d}x\mathrm{d}y = \int_c^d \int_{\psi_1(y)}^{\psi_2(y)} f(x,y)\mathrm{d}x\mathrm{d}y$.

在实际问题中, 对于某些随机试验的结果需要同时用两个或两个以上的随机变量来描述. 例如, 调查研究某地区学龄儿童的身体发育情况, 需要测量儿童的身高 X 和体重 Y 等反映发育情况的指标, 并把它们作为一个整体进行研究, 即研究向量 (X,Y). 又如, 炮弹在空中的位置需要由它的横坐标 X、纵坐标 Y 和竖坐标 Z 来确定, 即研究向量 (X,Y,Z). 由多个随机变量构成的向量, 称为**多维随机变量**. 在多维随机变量中, 每个分量都是随机变量, 它们之间还会有某种关系, 所以研究单个随机变量是不够的, 我们还需要研究多维随机变量整体的统计规律性, 即多维随机变量的分布. 本章重点讨论二维随机变量.

3.1 二维随机变量及其分布

3.1.1 二维随机变量

定义 3.1.1 设 E 是一个随机试验, $\Omega = \{\omega\}$ 是它的样本空间. 设 $X = X(\omega)$ 与 $Y = Y(\omega)$ 是定义在 Ω 上的两个随机变量, 则称 (X, Y) 为二维随机变量或二维随机向量.

一般地, $X_1(\omega), X_2(\omega), \cdots, X_n(\omega)$ 为同一个样本空间上的随机变量, 则称 $(X_1, X_2, \cdots, X_n)$ 为 n 维随机变量或 n 维随机向量.

3.1.2 联合分布函数

二维随机变量 (X, Y) 的性质不仅与 X, Y 有关, 而且还依赖于这两个变量的相互关系, 因此, 单个地来研究 X 或 Y 的性质还不够, 还需将 (X, Y) 作为一个整体来研究. 与一维随机变量类似, 我们引入二维的分布函数的概念.

定义 3.1.2 设 (X, Y) 是二维随机变量, $(x, y) \in R^2$, 称二元函数

$$F(x, y) = P(X \leqslant x, Y \leqslant y) = P(\{X \leqslant x\} \cap \{Y \leqslant y\})$$

为 (X, Y) 的分布函数, 或 X 与 Y 的联合分布函数.

如果将二维随机变量 (X, Y) 看成是平面上随机点的坐标, 那么分布函数 $F(x, y)$ 在 (x, y) 处的函数值就是随机点 (X, Y) 落在如图 3.1.1 所示的以 (x, y) 为顶点的左下方无限矩形区域内的概率.

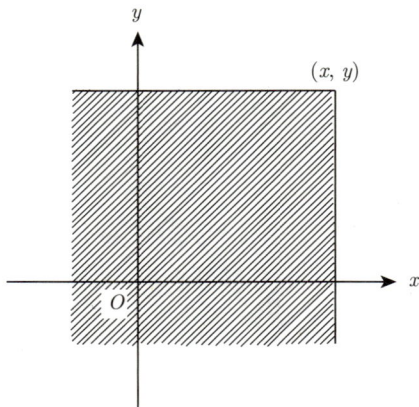

图 3.1.1 以 (x, y) 为顶点的左下方无限矩形区域

依照上述解释, 借助于图 3.1.2 容易算出二维随机变量 (X, Y) 落在矩形区域 $\{a < X \leqslant b, c < Y \leqslant d\}$ 中的概率为

$$P(a < X \leqslant b, c < Y \leqslant d) = F(b, d) - F(a, d) - F(b, c) + F(a, c). \tag{3.1.1}$$

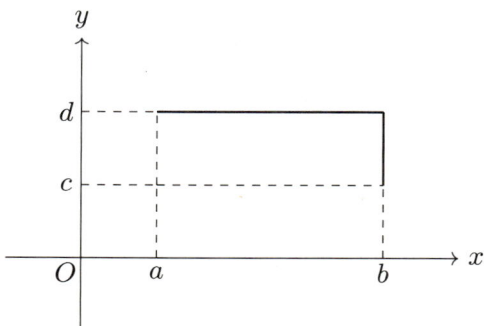

图 3.1.2 二维随机变量 (X, Y) 落在矩形区域中的情况

与一维情形类似, 分布函数 $F(x, y)$ 具有以下基本性质:

性质 3.1.1 $F(x, y)$ 分别对 x 或 y 单调不减, 即对任意固定的 y, 当 $x_1 < x_2$ 时, $F(x_1, y) \leqslant F(x_2, y)$; 对任意固定的 x, 当 $y_1 < y_2$ 时, $F(x, y_1) \leqslant F(x, y_2)$.

性质 3.1.2 对任意的 $(x, y) \in R^2$,

$$0 \leqslant F(x, y) \leqslant 1, \quad F(+\infty, +\infty) = 1, \quad F(-\infty, y) = F(x, -\infty) = F(-\infty, -\infty) = 0.$$

性质 3.1.3 $F(x, y)$ 分别对 x 或 y 是右连续的, 即对任意固定的 y, $F(x + 0, y) = F(x, y)$; 对任意固定的 x, $F(x, y + 0) = F(x, y)$.

性质 3.1.4 对任意的 $a < b, c < d$,

$$P(a < X \leqslant b, c < Y \leqslant d) = F(b, d) - F(a, d) - F(b, c) + F(a, c) \geqslant 0. \tag{3.1.2}$$

这四条性质的证明较容易, 它们表明了任何二维分布函数 $F(x, y)$ 必具有上述四条性质, 其中性质 3.1.4 是二维情形特有的. 还可以证明, 具有上述四条性质的二元函数 $F(x, y)$ 也一定是某个二维随机变量的分布函数.

3.1.3 二维离散型随机变量及其概率分布

定义 3.1.3 若二维随机变量 (X, Y) 的所有可能取值是有限对或可列无限多对, 则称 (X, Y) 为二维离散型随机变量. 设二维离散型随机变量 (X, Y) 的所有可能取值为 (x_i, y_j), $i, j = 1, 2, \cdots$, 称

$$P(X = x_i, Y = y_j) = p_{ij}, \quad i, j = 1, 2, \cdots \tag{3.1.3}$$

为二维离散型随机变量 (X, Y) 的分布律 (分布列), 或称为 X 与 Y 的联合分布律 (联合分布列). 分布律常用表格形式表示, 如表 3.1.1 所示.

容易验证

(1) **非负性**: $p_{ij} \geqslant 0, i, j = 1, 2, \cdots$;

(2) **正则性**: $\sum_{i=1}^{+\infty} \sum_{j=1}^{+\infty} p_{ij} = 1$.

表 3.1.1 (X, Y) 的分布律

X	Y				
	y_1	y_2	$\cdots$	y_j	$\cdots$
x_1	p_{11}	p_{12}	$\cdots$	p_{1j}	$\cdots$
x_2	p_{21}	p_{22}	$\cdots$	p_{2j}	$\cdots$
$\vdots$	$\vdots$	$\vdots$		$\vdots$	
x_i	p_{i1}	p_{i2}	$\cdots$	p_{ij}	$\cdots$
$\vdots$	$\vdots$	$\vdots$		$\vdots$	

注意: 对离散型随机变量而言, 联合分布律比联合分布函数更加直观, 而且能够更加方便计算 (X, Y) 落在区域 D 上的概率, 即

$$P((X, Y) \in D) = \sum_{(x_i, y_j) \in D} p_{ij}. \tag{3.1.4}$$

特别地, (X, Y) 的分布函数为

$$F(x, y) = P(X \leqslant x, Y \leqslant y) = \sum_{x_i \leqslant x, y_j \leqslant y} p_{ij}.$$

例 3.1.1 箱子中装有 6 个球, 其中红、白、黑球的个数分别为 $1, 2, 3$. 现从箱子中随机地取出 2 个球, 记 X 为取出的红球个数, Y 为取出的白球个数, 求随机变量 (X, Y) 的分布律, $P(X + Y < 2)$ 及 $F(0, 2)$.

解 易知 X 的所有可能取值为 $0, 1$, Y 的所有可能取值为 $0, 1, 2$. 则二维随机变量 (X, Y) 的分布律如下表.

X	Y		
	0	1	2
0	$\dfrac{C_3^2}{C_6^2} = \dfrac{1}{5}$	$\dfrac{C_2^1 C_3^1}{C_6^2} = \dfrac{2}{5}$	$\dfrac{C_2^2}{C_6^2} = \dfrac{1}{15}$
1	$\dfrac{C_1^1 C_3^1}{C_6^2} = \dfrac{1}{5}$	$\dfrac{C_1^1 C_2^1}{C_6^2} = \dfrac{2}{15}$	0

由式 (3.1.4), 得

$$P(X + Y < 2) = P(X = 0, Y = 0) + P(X = 0, Y = 1) + P(X = 1, Y = 0)$$

$$= \frac{1}{5} + \frac{2}{5} + \frac{1}{5} = \frac{4}{5},$$

$$F(0, 2) = P(X \leqslant 0, Y \leqslant 2) = P(X = 0, Y = 0) + P(X = 0, Y = 1) + P(X = 0, Y = 2)$$

$$= \frac{1}{5} + \frac{2}{5} + \frac{1}{15} = \frac{2}{3}.$$

3.1.4 二维连续型随机变量及其概率分布

定义 3.1.4 设二维随机变量 (X, Y) 的分布函数为 $F(x, y)$, 若存在一个非负可积的函数 $f(x, y)$, 使得对于任意的 $(x, y) \in R^2$, 有

$$F(x, y) = \int_{-\infty}^{x} \int_{-\infty}^{y} f(u, v) \mathrm{d}v \mathrm{d}u, \tag{3.1.5}$$

则称 (X, Y) 为二维连续型随机变量, 称 $f(x, y)$ 为 (X, Y) 的概率密度函数或 X 与 Y 的联合概率密度函数, 简称 (X, Y) 的联合密度函数或密度函数.

密度函数 $f(x, y)$ 具有以下性质.

性质 3.1.5 对任意的 $x, y \in R$, 有 $f(x, y) \geqslant 0$.

性质 3.1.6 $\int_{-\infty}^{+\infty} \int_{-\infty}^{+\infty} f(x, y) \mathrm{d}x \mathrm{d}y = 1$.

性质 3.1.7 若 $f(x, y)$ 在点 (x, y) 处连续, 则 $\dfrac{\partial^2 F(x, y)}{\partial x \partial y} = f(x, y)$.

性质 3.1.8 设 D 是平面上的一个区域, 则 $P((X, Y) \in D) = \iint\limits_{D} f(x, y) \mathrm{d}x \mathrm{d}y$.

注意: 在具体使用上式时, 要注意积分范围是 $f(x, y)$ 的非零区域与 D 的交集部分, 然后设法化为累次积分, 最后算出结果. 计算时还要注意: 曲线的面积为零, 故积分区域的边界是否在积分区域内不影响积分计算结果.

例 3.1.2 设 (X, Y) 的密度函数为

$$f(x, y) = \begin{cases} k\mathrm{e}^{-x-3y}, & x > 0, y > 0, \\ 0, & \text{其他}. \end{cases}$$

试求 (1) 常数 k; (2) $P(Y < X)$.

解 (1) $f(x, y)$ 的非零区域是第一象限, 即积分区域 $D_1 = \{(x, y) | x > 0, y > 0\}$, 由性质 3.1.6, 有

$$1 = \int_{-\infty}^{+\infty} \int_{-\infty}^{+\infty} f(x, y) \mathrm{d}x \mathrm{d}y = \int_{0}^{+\infty} \int_{0}^{+\infty} k\mathrm{e}^{-x-3y} \mathrm{d}x \mathrm{d}y$$

$$= k \int_{0}^{+\infty} \mathrm{e}^{-x} \mathrm{d}x \int_{0}^{+\infty} \mathrm{e}^{-3y} \mathrm{d}y = \frac{k}{3},$$

得 $k = 3$.

(2) 事件 $\{Y < X\}$ 所表示的区域与 $f(x, y)$ 的非零区域 D_1 的交集为 $D_2 = \{(x, y) | 0 < y < x\}$, 积分区域如图 3.1.3 中的阴影部分, 从而写出累次积分.

$$P(Y < X) = \iint\limits_{D_2} f(x, y) \mathrm{d}x \mathrm{d}y = \int_{0}^{+\infty} \int_{0}^{x} 3\mathrm{e}^{-x-3y} \mathrm{d}y \mathrm{d}x = \int_{0}^{+\infty} (\mathrm{e}^{-x} - \mathrm{e}^{-4x}) \mathrm{d}x$$

$$= \left(-\mathrm{e}^{-x} + \frac{1}{4}\mathrm{e}^{-4x} \right) \Big|_0^{+\infty} = 1 - \frac{1}{4} = \frac{3}{4}.$$

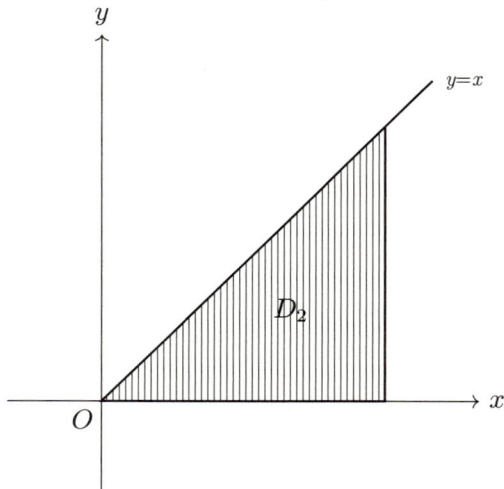

图 3.1.3　积分区域 D_2

与一维随机变量类似, 可定义如下常用的二维均匀分布和二维正态分布.

1. 二维均匀分布

设 D 是平面上的有界区域, 其面积为 S. 若二维随机变量 (X,Y) 具有密度函数

$$f(x,y) = \begin{cases} \dfrac{1}{S}, & (x,y) \in D, \\ 0, & \text{其他,} \end{cases}$$

则称 (X,Y) 在 D 上服从**二维均匀分布**, 记为 $(X,Y) \sim U(D)$.

二维均匀分布所描述的随机现象就是向平面区域 D 中随机投点, 该点的坐标 (X,Y) 落在 D 的子区域 G 中的概率只与 G 的面积有关, 而与 G 的位置和形状无关, 则

$$P((X,Y) \in G) = \iint\limits_G f(x,y)\mathrm{d}x\mathrm{d}y = \iint\limits_G \frac{1}{S}\mathrm{d}x\mathrm{d}y = \frac{G\text{的面积}}{D\text{的面积}}. \tag{3.1.6}$$

这正是第 1 章几何概率的计算公式.

例 3.1.3　设二维随机变量 (X,Y) 在矩形区域 $D = \{(x,y)|0 < x < 1, 0 < y < 2\}$ 上服从二维均匀分布, 求

(1) (X,Y) 的密度函数;

(2) $P(0 < X < 2 - Y < 2)$.

解　(1) 区域 D 的面积 $S=2$, 故由二维均匀分布的定义, 可得 (X,Y) 的密度函数为

$$f(x,y) = \begin{cases} \dfrac{1}{2}, & 0 < x < 1, 0 < y < 2, \\ 0, & \text{其他}. \end{cases}$$

(2) 设 $G = \{(x,y)|0 < x < 2 - y < 2\}$, 积分区域为 $G \cap D$, 如图 3.1.4中的阴影部分:

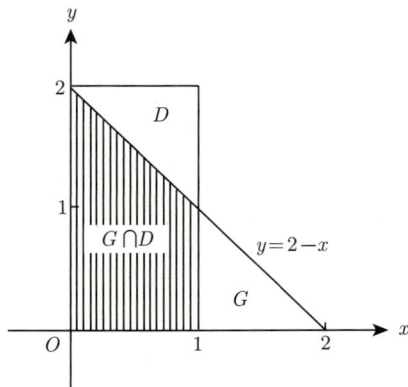

图 3.1.4　积分区域 $G \cap D$

于是由性质 3.1.8, 得

$$P(0 < X < 2 - Y < 2) = \iint\limits_{G} f(x,y)\mathrm{d}x\mathrm{d}y = \iint\limits_{G\cap D} \frac{1}{2}\mathrm{d}x\mathrm{d}y = \frac{1}{2}\int_0^1 \mathrm{d}x \int_0^{2-x} \mathrm{d}y$$

$$= \frac{1}{2}\int_0^1 (2-x)\mathrm{d}x = \frac{3}{4}.$$

或者利用式 (3.1.6), 得

$$P(0 < X < 2 - Y < 2) = \frac{G \cap D\text{的面积}}{D\text{的面积}} = \frac{(1+2)\times 1 \times 1/2}{2} = \frac{3}{4}.$$

2. 二维正态分布

设 (X,Y) 的密度函数为

$$f(x,y) = \frac{1}{2\pi\sigma_1\sigma_2\sqrt{1-\rho^2}} \exp\left\{ -\frac{1}{2(1-\rho^2)} \left[\frac{(x-\mu_1)^2}{\sigma_1^2} - 2\rho\frac{(x-\mu_1)(y-\mu_2)}{\sigma_1\sigma_2} \right.\right.$$

$$\left.\left. + \frac{(y-\mu_2)^2}{\sigma_2^2} \right] \right\}, -\infty < x, y < +\infty, \tag{3.1.7}$$

其中 $\mu_1, \mu_2, \sigma_1, \sigma_2, \rho$ 均为常数, 且 $-\infty < \mu_1, \mu_2 < +\infty, 0 < \sigma_1, \sigma_2 < +\infty, -1 < \rho < 1$, 称 (X,Y) 服从**二维正态分布**, 记作 $N(\mu_1, \mu_2, \sigma_1^2, \sigma_2^2, \rho)$. 其密度函数图形如图 3.1.5所示.

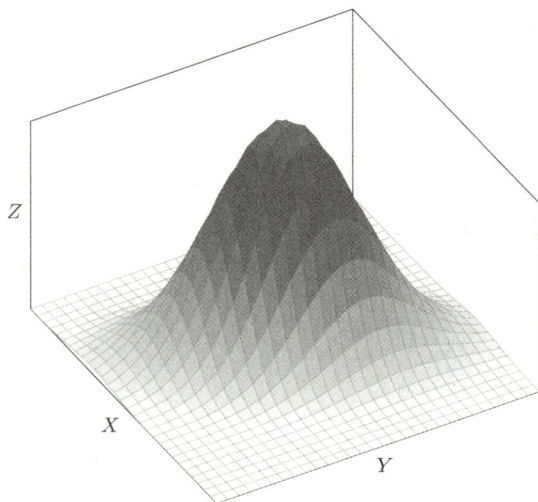

图 3.1.5　二维正态分布密度函数图形

二维正态分布的密度函数图形是空间直角坐标系中的一张曲面, 它很像一顶四周无限延伸的草帽, 其中心点在 (μ_1, μ_2) 处, 等高线都是椭圆. 该曲面与平行于 xOz 平面 (或平行于 yOz 平面) 的交线是一维的正态曲线.

例 3.1.4　设二维随机变量 $(X, Y) \sim N(0, 0, 1, 1, 0)$, 求 (X, Y) 落在区域 $D = \{(x, y) \mid x^2 + y^2 \leqslant 1\}$ 中的概率.

解　对二维正态分布 $N(0, 0, 1, 1, 0)$, 其密度函数为

$$f(x, y) = \frac{1}{2\pi} \mathrm{e}^{-\frac{x^2+y^2}{2}}, \quad -\infty < x, y < +\infty,$$

于是所求概率为

$$P((X, Y) \in D) = \iint\limits_{D} f(x, y) \mathrm{d}x \mathrm{d}y = \frac{1}{2\pi} \iint\limits_{x^2+y^2 \leqslant 1} \mathrm{e}^{-\frac{x^2+y^2}{2}} \mathrm{d}x \mathrm{d}y,$$

做极坐标变换

$$\begin{cases} x = r\cos\theta, \\ y = r\sin\theta, \end{cases}$$

可得

$$P((X, Y) \in D) = \frac{1}{2\pi} \int_0^{2\pi} \mathrm{d}\theta \int_0^1 r\mathrm{e}^{-\frac{r^2}{2}} \mathrm{d}r = (-\mathrm{e}^{-\frac{r^2}{2}})\big|_0^1 = 1 - \mathrm{e}^{-\frac{1}{2}}.$$

小 节 要 点

1. 学会利用联合分布的性质求出分布中的待定常数.

2. 学会利用古典概型或条件概率等计算公式, 求出联合分布律.

3. 计算二维连续型随机变量落在平面上某个区域中的概率时, 要注意将这个区域和密度函数的非零区域取交集, 再化为累次积分.

应 记 应 背

1. 二维离散型随机变量联合分布律的定义、性质和事件概率的计算公式

$$P((X,Y) \in D) = \sum_{(x_i, y_j) \in D} p_{ij}.$$

2. 二维连续型随机变量联合密度函数的定义、性质和事件概率的计算公式

$$P((X,Y) \in D) = \iint\limits_{D} f(x,y)\mathrm{d}x\mathrm{d}y.$$

✍ 习 题 3.1

1. 设二维离散型随机变量 (X, Y) 的分布律如下表所示,

X	Y		
	-1	0	1
-2	0.2	a	0.1
0	0	0.1	0.2
2	$2a$	0.1	0

求

(1) 常数 a;

(2) $P(-1 < X \leqslant 2, 0 \leqslant Y \leqslant 1)$.

2. 设二维随机变量 (X, Y) 的分布函数为

$$F(x,y) = \begin{cases} 1 - \mathrm{e}^{-x} - \mathrm{e}^{-y} + \mathrm{e}^{-(x+y)}, & x > 0, y > 0, \\ 0, & \text{其他}. \end{cases}$$

求

(1) $P(-1 < X \leqslant 1, 1 < Y \leqslant 2)$;

(2) (X, Y) 的密度函数.

3. 已知随机变量 (X, Y) 的密度函数为

$$f(x,y) = \begin{cases} cxy, & 0 < x < 1, 0 < y < 1, \\ 0, & \text{其他}. \end{cases}$$

求

(1) 常数 c;

(2) $P(X \leqslant Y)$.

4. 已知离散型随机变量 (X, Y) 等可能地只取下列数对:

$$(0,0), (-1,1), (-1,2), (0,1), (2,0), (2,1), (2,2),$$

求 (X, Y) 的分布律.

进阶练习

5. 设随机变量 (X, Y) 的密度函数为

$$f(x, y) = \begin{cases} \mathrm{e}^{-y}, & 0 < x < y, \\ 0, & 其他. \end{cases}$$

求 $P(X + Y \leqslant 1)$.

6. 一批产品共有 100 件, 其中一等品 60 件, 二等品 30 件, 三等品 10 件, 从这批产品中有放回地任取 2 件, 以 X 和 Y 分别表示取出的 2 件产品中一等品、二等品的件数, 求二维随机变量 (X, Y) 的分布律.

7. 设随机变量 (X, Y) 的密度函数为

$$f(x, y) = \begin{cases} \dfrac{1}{2}, & 0 < x < 1, 0 < y < 2, \\ 0, & 其他. \end{cases}$$

求 X 与 Y 中至少有一个大于 0.5 的概率.

3.2　边缘 (际) 分布

二维随机变量 (X, Y) 的每个分量 X 和 Y 也是随机变量, 本身也具有概率分布. 一般地, 我们称单个随机变量或部分随机变量的概率分布为**边缘 (际) 分布**.

3.2.1　边缘分布函数

设二维随机变量 (X, Y) 的分布函数为 $F(x, y)$, 令 $y \to +\infty$, 由于 $\{Y < +\infty\}$ 是必然事件, 故可得

$$\lim_{y \to +\infty} F(x, y) = P(X \leqslant x, Y < +\infty) = P(X \leqslant x),$$

即由 (X, Y) 的联合分布函数可求得 X 的分布函数, 称为 X 的边缘分布函数, 记为

$$F_X(x) = P(X \leqslant x) = F(x, +\infty). \tag{3.2.1}$$

类似地, 在 $F(x, y)$ 中令 $x \to +\infty$, 可得 Y 的边缘分布函数

$$F_Y(y) = P(Y \leqslant y) = F(+\infty, y). \tag{3.2.2}$$

事实上, 从定义可知, X 和 Y 的边缘分布函数就是它们各自的分布函数.

3.2.2 边缘分布律

设二维离散随机变量 (X, Y) 的分布律为

$$P(X = x_i, Y = y_j) = p_{ij}, \ i, j = 1, 2, \cdots,$$

显然 X 和 Y 都是一维离散型的随机变量. 因为 $\bigcup\limits_{j=1}^{+\infty} \{Y = y_j\} = \Omega$, 故对 j 求和, 有

$$P(X = x_i) = P\left(\{X = x_i\} \cap \left\{\bigcup_{j=1}^{+\infty} \{Y = y_j\}\right\}\right) = P\left(\bigcup_{j=1}^{+\infty} \{X = x_i, Y = y_j\}\right)$$

$$= \sum_{j=1}^{+\infty} P(X = x_i, Y = y_j) = \sum_{j=1}^{+\infty} p_{ij}, \ i = 1, 2, \cdots, \tag{3.2.3}$$

称为 X 的边缘分布律, 记作 $P(X = x_i) = p_{i\cdot}, \ i = 1, 2, \cdots$. 类似地, 对 i 求和, 得

$$P(Y = y_j) = \sum_{i=1}^{+\infty} p_{ij}, \ j = 1, 2, \cdots, \tag{3.2.4}$$

称为 Y 的边缘分布律, 记作 $P(Y = y_i) = p_{\cdot j}, \ j = 1, 2, \cdots$.

例 3.2.1 设二维随机变量 (X, Y) 的分布律

X	Y		
	-1	0	1
-1	0.1	0.1	0.2
0	0	0.1	0.2
1	0.1	0.1	0.1

求 X 与 Y 的边缘分布律.

解 在上述联合分布律中, 对每一行分别求和, 得

$$P(X = -1) = P(X = -1, Y = -1) + P(X = -1, Y = 0) + P(X = -1, Y = 1) = 0.4,$$

$$P(X = 0) = P(X = 0, Y = -1) + P(X = 0, Y = 0) + P(X = 0, Y = 1) = 0.3,$$

$$P(X = 1) = P(X = 1, Y = -1) + P(X = 1, Y = 0) + P(X = 1, Y = 1) = 0.3,$$

并把它们写在对应行的右侧, 这就是 X 的边缘分布律. 同理, 再对每一列分别求和, 得

$$P(Y = -1) = P(X = -1, Y = -1) + P(X = 0, Y = -1) + P(X = 1, Y = -1) = 0.2,$$

$$P(Y = 0) = P(X = -1, Y = 0) + P(X = 0, Y = 0) + P(X = 1, Y = 0) = 0.3,$$

$$P(Y = 1) = P(X = -1, Y = 1) + P(X = 0, Y = 1) + P(X = 1, Y = 1) = 0.5,$$

并把它们写在对应列的下侧, 这就是 Y 的边缘分布律.

X	Y			$P(X = x_i)$
	-1	0	1	
-1	0.1	0.1	0.2	0.4
0	0	0.1	0.2	0.3
1	0.1	0.1	0.1	0.3
$P(Y = y_j)$	0.2	0.3	0.5	

注意: 从例题中可以看出, 对联合分布律的每一行分别求和, 得到 X 的边缘分布律; 对联合分布律的每一列分别求和, 得到 Y 的边缘分布律.

3.2.3　边缘密度函数

设二维连续型随机变量 (X, Y) 的密度函数为 $f(x, y)$, 由于

$$F_X(x) = F(x, +\infty) = \int_{-\infty}^{x} \left[\int_{-\infty}^{+\infty} f(u, v) \mathrm{d}v \right] \mathrm{d}u,$$

右边在积分号下对 x 求导, 得 X 的密度函数为

$$f_X(x) = \frac{\mathrm{d}F_x(x)}{\mathrm{d}x} = \int_{-\infty}^{+\infty} f(x, y) \mathrm{d}y. \tag{3.2.5}$$

同理, Y 的密度函数为

$$f_Y(y) = \frac{\mathrm{d}F_Y(y)}{\mathrm{d}y} = \int_{-\infty}^{+\infty} f(x, y) \mathrm{d}x. \tag{3.2.6}$$

称 X 和 Y 的密度函数 $f_X(x), f_Y(y)$ 为 (X, Y) 关于 X 和 Y 的边缘密度函数.

注意: 由定义不难看出, 计算二维连续型随机变量的边缘密度函数就是联合密度函数 $f(x, y)$ 对另一个变量求积分, 在具体求积分时, 要注意积分区域的确定.

例 3.2.2　若二维随机变量 (X, Y) 的联合密度函数为

$$f(x, y) = \begin{cases} 8xy, & 0 \leqslant x \leqslant y \leqslant 1, \\ 0, & \text{其他}. \end{cases}$$

求 X 与 Y 的边缘密度函数.

解　当 $x < 0$ 或 $x > 1$ 时, $f_X(x) = 0$. 而当 $0 \leqslant x \leqslant 1$ 时, 有

$$f_X(x) = \int_x^1 8xy \mathrm{d}y = 8x \left(\frac{1}{2} - \frac{x^2}{2} \right) = 4x(1 - x^2).$$

因此

$$f_X(x) = \begin{cases} 4x(1 - x^2), & 0 \leqslant x \leqslant 1, \\ 0, & \text{其他}. \end{cases}$$

同样, 当 $y < 0$ 或 $y > 1$ 时, $f_Y(y) = 0$. 而当 $0 \leqslant y \leqslant 1$ 时, 有

$$f_Y(y) = \int_0^y 8xy\mathrm{d}x = 4y^3.$$

因此

$$f_Y(y) = \begin{cases} 4y^3, & 0 \leqslant y \leqslant 1, \\ 0, & \text{其他.} \end{cases}$$

注意: 在用式 (3.2.5) 计算 X 的边缘密度函数时, 要重点考虑 $f(x, y)$ 的非零区域, 先确定 x 的变化范围, 然后把 x 看成常量, 再确定 y 的变化范围, 由此得到积分上、下限, 最后算出定积分, 所得的函数只会含变量 x; 同样地, 在用式 (3.2.6) 计算 Y 的边缘密度函数时, 先确定 y 的变化范围, 然后把 y 看成常量, 再确定 x 的变化范围, 由此得到积分上、下限, 最后算出定积分, 所得的函数只会含变量 y.

例 3.2.3 二维正态分布的边缘分布为一维正态分布.

解 设二维随机变量 $(X, Y) \sim N(\mu_1, \mu_2, \sigma_1^2, \sigma_2^2, \rho)$, 先把式 (3.1.7) 二维正态密度函数 $f(x, y)$ 的指数部分:

$$-\frac{1}{2(1-\rho^2)}\left[\frac{(x-\mu_1)^2}{\sigma_1^2} - 2\rho\frac{(x-\mu_1)(y-\mu_2)}{\sigma_1\sigma_2} + \frac{(y-\mu_2)^2}{\sigma_2^2}\right],$$

改写为

$$-\frac{1}{2}\left(\rho\frac{x-\mu_1}{\sigma_1\sqrt{1-\rho^2}} - \frac{y-\mu_2}{\sigma_2\sqrt{1-\rho^2}}\right)^2 - \frac{(x-\mu_1)^2}{2\sigma_1^2}.$$

再求积分

$$\int_{-\infty}^{+\infty} \exp\left\{-\frac{1}{2}\left(\rho\frac{x-\mu_1}{\sigma_1\sqrt{1-\rho^2}} - \frac{y-\mu_2}{\sigma_2\sqrt{1-\rho^2}}\right)^2\right\}\mathrm{d}y,$$

把 x 看作常量, 作变换

$$t = \rho\frac{x-\mu_1}{\sigma_1\sqrt{1-\rho^2}} - \frac{y-\mu_2}{\sigma_2\sqrt{1-\rho^2}},$$

则

$$f_X(x) = \int_{-\infty}^{+\infty} f(x, y)\mathrm{d}y$$

$$= \frac{1}{2\pi\sigma_1\sigma_2\sqrt{1-\rho^2}}\exp\left\{-\frac{(x-\mu_1)^2}{2\sigma_1^2}\right\}\sigma_2\sqrt{1-\rho^2}\int_{-\infty}^{+\infty}\exp\left\{-\frac{t^2}{2}\right\}\mathrm{d}t.$$

注意到上式的积分正好等于 $\sqrt{2\pi}$, 所以有

$$f_X(x) = \frac{1}{\sqrt{2\pi}\sigma_1}\exp\left\{-\frac{(x-\mu_1)^2}{2\sigma_1^2}\right\}.$$

这正好是一维正态分布 $N(\mu_1, \sigma_1^2)$ 的密度函数, 即 $X \sim N(\mu_1, \sigma_1^2)$. 同理可证 $Y \sim N(\mu_2, \sigma_2^2)$.

注意: 二维正态分布的边缘分布中不含参数 ρ. 例如, 二维正态分布 $N(\mu_1,\mu_2,\sigma_1^2,\sigma_2^2,$ $0.2)$ 与 $N(\mu_1,\mu_2,\sigma_1^2,\sigma_2^2,0.4)$ 的边缘分布是相同的. 由此可见, 联合分布可以唯一确定边缘分布, 但具有相同边缘分布的联合分布是可以不同的.

小 节 要 点

1. 对二维离散型随机变量, 学会利用联合分布律求边缘分布律.
2. 对二维连续型随机变量, 学会利用联合密度函数求边缘密度函数.
3. 正确理解联合分布与边缘分布的关系.

应 记 应 背

1. 二维离散型随机变量的边缘分布律就是对联合分布律分别求行和与列和, 即

$$P(X=x_i)=\sum_{j=1}^{+\infty}p_{ij},\ i=1,2,\cdots;P(Y=y_j)=\sum_{i=1}^{+\infty}p_{ij},\ j=1,2,\cdots.$$

2. 二维连续型随机变量的边缘密度函数就是联合密度函数 $f(x,y)$ 对另一个变量求积分, 要注意积分区域的确定, 即

$$f_X(x)=\int_{-\infty}^{+\infty}f(x,y)\mathrm{d}y;\ f_Y(y)=\int_{-\infty}^{+\infty}f(x,y)\mathrm{d}x.$$

✍ 习　题　3.2

1. 设二维随机变量 (X,Y) 的分布律

X	Y		
	1	2	3
0	0.05	0.18	0.25
1	0.15	0.22	0.15

求 X 与 Y 的边缘分布律.

2. 已知离散型随机变量 (X,Y) 的可能取值为

$$(0,0),(-1,1),(-1,2),(0,1),$$

且取这些值的概率依次为 $\dfrac{1}{6},\dfrac{1}{3},\dfrac{1}{12},\dfrac{5}{12}$, 求 X 与 Y 的边缘分布律.

3. 已知随机变量 (X,Y) 的密度函数为

$$f(x,y)=\begin{cases}4xy, & 0<x<1,0<y<1,\\ 0, & \text{其他}.\end{cases}$$

求 X 与 Y 的边缘密度函数.

4. 设随机变量 (X, Y) 的密度函数为

$$f(x, y) = \begin{cases} \mathrm{e}^{-y}, & 0 < x < y, \\ 0, & \text{其他}. \end{cases}$$

求 X 与 Y 的边缘密度函数.

进阶练习

5. 设二维随机变量 (X, Y) 在平面区域 $D = \{(x, y) \mid x^2 < y < 1\}$ 上服从二维均匀分布, 求

(1) X 与 Y 的边缘密度函数;

(2) $P(Y > 0.25)$.

6. 一批产品共有 8 件, 其中一等品 4 件, 二等品 2 件, 三等品 2 件. 从这批产品中不放回地任取 2 件, 以 X 和 Y 分别表示取出的 2 件产品中一等品、二等品的件数, 求二维随机变量 (X, Y) 的分布律以及 X 与 Y 的边缘分布律.

3.3 随机变量的独立性

在多维随机变量中, 各个分量的取值有时会有影响, 有时会毫无影响. 例如, 一个人的身高和体重就会相互影响, 但身高与工作能力一般无影响. 当两个变量的取值互不影响时, 称它们是相互独立的.

定义 3.3.1 设随机变量 (X, Y) 的分布函数为 $F(x, y)$, 边缘分布为 $F_X(x), F_Y(y)$. 若对任意的实数 x 和 y, 都有

$$F(x, y) = F_X(x) F_Y(y), \tag{3.3.1}$$

或者

$$P(X \leqslant x, Y \leqslant y) = P(X \leqslant x) P(Y \leqslant y), \tag{3.3.2}$$

则称随机变量 X 与 Y 相互独立.

若 (X, Y) 是离散型随机变量, 分布律为

$$P(X = x_i, Y = y_j) = p_{ij}, \; i, j = 1, 2, \cdots,$$

则上述独立性的条件等价于对 (X, Y) 的所有可能取值 (x_i, y_j), 都有

$$P(X = x_i, Y = y_j) = P(X = x_i) P(Y = y_j). \tag{3.3.3}$$

若 (X, Y) 是连续型随机变量, 密度函数为 $f(x, y)$, 边缘密度函数为 $f_X(x)$, $f_Y(y)$, 则上述独立性的条件等价于对任意的实数 x 和 y, 都有

$$f(x, y) = f_X(x) f_Y(y) \tag{3.3.4}$$

几乎处处成立.

注意: 这里"几乎处处成立"的含义是除平面上面积为零的集合外, 式 (3.3.4) 都成立. 显然, 若随机变量 X 与 Y 相互独立, 则边缘分布可以唯一确定联合分布.

例 3.3.1　设二维随机变量 (X, Y) 的分布律

X	Y		
	1	2	3
-1	0.09	0.12	0.21
1	0.16	0.24	0.18

问 X 与 Y 是否相互独立?

解　在上述联合分布律中, 分别每一行求和以及每一列求和, 并把它们写在对应行的右侧和对应列的下侧, 这就是 X 和 Y 的边缘分布律.

X	Y			$P(X = x_i)$
	1	2	3	
-1	0.09	0.12	0.21	0.42
1	0.16	0.24	0.18	0.58
$P(Y = y_j)$	0.25	0.36	0.39	

因为 $P(X = -1, Y = 1) = 0.09 \neq P(X = -1)P(Y = 1) = 0.42 \times 0.25$, 所以 X 与 Y 不独立.

例 3.3.2　设随机变量 X 与 Y 独立同分布, 且 $P(X = 0) = P(X = 1) = 0.4$, $P(X = 2) = 0.2$, 求 (X, Y) 的分布律及 $P(X \neq Y)$.

解　由 X 与 Y 的独立性, 利用式 (3.3.3) 可求得

$$P(X = 0, Y = 0) = P(X = 0)P(Y = 0) = 0.4 \times 0.4 = 0.16,$$

$$P(X = 0, Y = 1) = P(X = 0)P(Y = 1) = 0.4 \times 0.4 = 0.16,$$

$$P(X = 0, Y = 2) = P(X = 0)P(Y = 2) = 0.4 \times 0.2 = 0.08.$$

类似地, 求出其余取值的概率, 可得 (X, Y) 的分布律, 如下表所示.

X	Y		
	0	1	2
0	0.16	0.16	0.08
1	0.16	0.16	0.08
2	0.08	0.08	0.04

于是

$$P(X \neq Y) = 1 - P(X = Y)$$

$$= 1 - P(X = 0, Y = 0) - P(X = 1, Y = 1) - P(X = 2, Y = 2)$$

$$= 1 - 0.16 - 0.16 - 0.04 = 0.64.$$

例 3.3.3　若二维随机变量 (X, Y) 的密度函数为

$$f(x, y) = \begin{cases} 8xy, & 0 \leqslant x \leqslant y \leqslant 1, \\ 0, & \text{其他}. \end{cases}$$

问 X 与 Y 是否相互独立?

解　为判断 X 与 Y 是否独立, 只需看边缘密度函数的乘积是否等于联合密度函数, 为此先求出边缘密度函数. 由例 3.2.2 可知:

$$f_X(x) = \begin{cases} 4x(1-x^2), & 0 \leqslant x \leqslant 1, \\ 0, & \text{其他}. \end{cases} \qquad f_Y(y) = \begin{cases} 4y^3, & 0 \leqslant y \leqslant 1, \\ 0, & \text{其他}. \end{cases}$$

由此可见 $f(x, y) \neq f_X(x) f_Y(y)$, 故 X 与 Y 不独立.

直观上看, X 与 Y 相互独立, 这种状态称为变量 X 与 Y 可分离, 它有两方面含义: ①联合密度函数 $f(x, y)$ 可以分离变量, 即 $f(x, y) = f_X(x) f_Y(y)$; ② $f(x, y)$ 的非零区域也可以分解为两个一维区域的乘积空间. 由第二个含义, 我们可以得到判断随机变量不独立的方法, 此方法不需要计算出边缘密度函数. 例如, 在例 3.3.3 中, 由于 $f(x, y)$ 的非零区域相互交织, X 的取值受到 Y 的取值的影响 $(0 \leqslant x \leqslant y)$, Y 的取值也受到 X 的取值的影响 $(x \leqslant y \leqslant 1)$, 即 $f(x, y)$ 的非零区域不能分解为两个一维区域的乘积空间, 最后导致 $f(x, y)$ 的变量不能分离, 从而 X 与 Y 不独立, 即相依.

最后, 我们给出随机变量独立的一个重要性质.

定理 3.3.1　若随机变量 X 与 Y 相互独立, 则对任意的连续函数 $g_1(x)$ 和 $g_2(y)$, 都有 $g_1(X)$ 和 $g_2(Y)$ 也相互独立.

例如, 若随机变量 X 与 Y 相互独立, 则 $X^2 + 1$ 和 $3Y - 1$ 也相互独立, $\cos X$ 和 $\sin Y$ 也相互独立.

上述讨论可推广到 n 个随机变量的情形.

小 节 要 点

1. 理解两个随机变量相互独立的定义以及离散和连续场合独立的等价形式.
2. 学会判断两个随机变量的独立性.

应 记 应 背

1. 二维离散型随机变量独立的充要条件是对 (X, Y) 的所有可能取值 (x_i, y_j), 都有

$$P(X = x_i, Y = y_j) = P(X = x_i)P(Y = y_j).$$

2. 二维连续型随机变量独立的充要条件是对任意的实数 x 和 y, 都有

$$f(x, y) = f_X(x) f_Y(y)$$

几乎处处成立.

✍习 题 3.3

1. 设二维随机变量 (X, Y) 的分布律为

X	Y		
	0	1	2
0	0.16	0.16	0.08
1	0.16	0.16	0.08
2	0.08	0.08	0.04

问 X 与 Y 是否相互独立?

2. 设随机变量 X 与 Y 相互独立, 且

$$P(X = -1) = P(X = 1) = P(Y = -1) = P(Y = 1) = 0.5,$$

求 $P(X = Y)$.

3. 已知随机变量 (X, Y) 的密度函数为

$$f(x, y) = \begin{cases} 4xy, & 0 < x < 1, 0 < y < 1, \\ 0, & \text{其他.} \end{cases}$$

问 X 与 Y 是否相互独立?

4. 已知随机变量 (X, Y) 的密度函数为

$$f(x, y) = \begin{cases} 3x, & 0 < x < 1, 0 < y < x, \\ 0, & \text{其他.} \end{cases}$$

问 X 与 Y 是否相互独立?

进阶练习

5. 设随机变量 X 与 Y 相互独立, 其联合分布律如下表所示, 求常数 a, b, c.

X	Y		
	1	2	3
0	a	$\frac{1}{9}$	c
1	$\frac{1}{9}$	b	$\frac{1}{3}$

6. 设随机变量 X 与 Y 相互独立, $X \sim U(0, 1)$, $Y \sim e(1)$. 求

(1) (X, Y) 的密度函数;

(2) $P(X \geqslant Y)$.

7. 在长度为 a 的线段的中点的两端随机地各取一点, 求两点间的距离小于 $\frac{a}{3}$ 的概率.

3.4 条件分布

在许多问题中随机变量取值往往是相互影响的, 有时需要在已知某个事件 A 发生的情况下, 讨论随机变量的概率分布; 或者已知某个随机变量取值的情况下, 讨论其他随机变量的概率分布, 称这类分布为**条件分布**. 本节将给出条件分布的定义和求法.

3.4.1 条件分布函数

设 X 是一个随机变量, 其分布函数为

$$F(x) = P(X \leqslant x), \ -\infty < x < +\infty,$$

若另外有一个事件 A 已经发生, 且 $P(A) > 0$, 则对任意给定的实数 x, 记

$$F(x \mid A) = P(X \leqslant x \mid A), \ -\infty < x < +\infty, \tag{3.4.1}$$

称 $F(x \mid A)$ 为在 A 发生的条件下, X 的**条件分布函数**.

由条件概率公式,

$$F(x \mid A) = P(X \leqslant x \mid A) = \frac{P(\{X \leqslant x\} \cap A)}{P(A)}.$$

3.4.2 离散型随机变量的条件分布律

设二维离散型随机变量 (X, Y) 的分布律为

$$P(X = x_i, Y = y_j) = p_{ij}, \ i, j = 1, 2, \cdots,$$

仿照条件概率的定义, 容易给出离散型随机变量的条件分布律.

定义 3.4.1　对一切使得 $P(Y = y_j) = \sum\limits_{i=1}^{+\infty} p_{ij} = p_{\cdot j} > 0$ 的 y_j, 称

$$P(X = x_i \mid Y = y_j) = \frac{P(X = x_i, Y = y_j)}{P(Y = y_j)} = \frac{p_{ij}}{p_{\cdot j}}, \ i = 1, 2, \cdots \tag{3.4.2}$$

为在 $Y = y_j$ 条件下随机变量 X 的条件分布律.

同理, 对一切使得 $P(X = x_i) = \sum\limits_{j=1}^{+\infty} p_{ij} = p_{i\cdot} > 0$ 的 x_i, 称

$$P(Y = y_j \mid X = x_i) = \frac{P(X = x_i, Y = y_j)}{P(X = x_i)} = \frac{p_{ij}}{p_{i\cdot}}, \ j = 1, 2, \cdots \tag{3.4.3}$$

为在 $X = x_i$ 条件下随机变量 Y 的条件分布律.

　　注意: 因为条件分布律也是分布律, 所以条件分布律也具有分布律的性质, 即非负性和正则性.

例 3.4.1　设二维随机变量 (X, Y) 的分布律和边缘分布律如下表所示, 求

X	Y			$P(X = x_i)$
	1	2	3	
-1	0.09	0.12	0.21	0.42
1	0.16	0.24	0.18	0.58
$P(Y = y_j)$	0.25	0.36	0.39	

(1) 在 $Y = 2$ 的条件下, X 的条件分布律;

(2) 在 $X = -1$ 的条件下, Y 的条件分布律.

解　(1) X 的所有可能取值为 $-1, 1$, 由式 (3.4.2), 有

$$P(X = -1 \mid Y = 2) = \frac{P(X = -1, Y = 2)}{P(Y = 2)} = \frac{0.12}{0.36} = \frac{1}{3},$$

$$P(X = 1 \mid Y = 2) = \frac{P(X = 1, Y = 2)}{P(Y = 2)} = \frac{0.24}{0.36} = \frac{2}{3}.$$

故在 $Y = 2$ 的条件下 X 的条件分布律为

$X = k$	-1	1
$P(X = k \mid Y = 2)$	$\dfrac{1}{3}$	$\dfrac{2}{3}$

(2) Y 的所有可能取值为 1, 2, 3, 由式 (3.4.3), 有

$$P(Y = 1 \mid X = -1) = \frac{P(X = -1, Y = 1)}{P(X = -1)} = \frac{0.09}{0.42} = \frac{3}{14},$$

$$P(Y = 2 \mid X = -1) = \frac{P(X = -1, Y = 2)}{P(X = -1)} = \frac{0.12}{0.42} = \frac{2}{7},$$

$$P(Y = 3 \mid X = -1) = \frac{P(X = -1, Y = 3)}{P(X = -1)} = \frac{0.21}{0.42} = \frac{1}{2}.$$

故在 $X = -1$ 的条件下 Y 的条件分布律为

$Y = k$	1	2	3
$P(Y = k \mid X = -1)$	$\dfrac{3}{14}$	$\dfrac{2}{7}$	$\dfrac{1}{2}$

3.4.3　连续型随机变量的条件密度函数

若 (X, Y) 是连续型随机变量, 联合密度函数为 $f(x, y)$, 边缘密度函数为 $f_X(x), f_Y(y)$. 由于对任意的实数 x 和 y,

$$P(X = x) = 0, P(Y = y) = 0,$$

3.4 条件分布

所以不能直接用条件概率公式来求两个条件分布函数 $P(X \leqslant x \mid Y = y)$ 和 $P(Y \leqslant y \mid X = x)$. 但由式 (3.4.1) 可以定义

$$F_{X|Y}(x \mid y) = P(X \leqslant x \mid Y = y) = \lim_{\varepsilon \to 0^+} P(X \leqslant x \mid y \leqslant Y \leqslant y + \varepsilon)$$

$$= \lim_{\varepsilon \to 0^+} \frac{P(X \leqslant x, y \leqslant Y \leqslant y + \varepsilon)}{P(y \leqslant Y \leqslant y + \varepsilon)}$$

$$= \lim_{\varepsilon \to 0^+} \frac{\int_{-\infty}^{x} \int_{y}^{y+\varepsilon} f(u, v) \mathrm{d}v \mathrm{d}u}{\int_{y}^{y+\varepsilon} f_Y(v) \mathrm{d}v}$$

$$= \lim_{\varepsilon \to 0^+} \frac{\int_{-\infty}^{x} \left\{ \frac{1}{\varepsilon} \int_{y}^{y+\varepsilon} f(u, v) \mathrm{d}v \right\} \mathrm{d}u}{\frac{1}{\varepsilon} \int_{y}^{y+\varepsilon} f_Y(v) \mathrm{d}v}.$$

当 $f(x, y), f_Y(y)$ 在 y 处连续时, 由积分中值定理可得

$$\lim_{\varepsilon \to 0^+} \frac{1}{\varepsilon} \int_{y}^{y+\varepsilon} f(u, v) \mathrm{d}v = f(u, y), \quad \lim_{\varepsilon \to 0^+} \frac{1}{\varepsilon} \int_{y}^{y+\varepsilon} f_Y(v) \mathrm{d}v = f_Y(y).$$

所以

$$F_{X|Y}(x \mid y) = P(X \leqslant x \mid Y = y) = \frac{\int_{-\infty}^{x} f(u, y) \mathrm{d}u}{f_Y(y)} = \int_{-\infty}^{x} \frac{f(u, y)}{f_Y(y)} \mathrm{d}u.$$

上式就是在 $Y = y$ 条件下 X 的条件分布函数. 再由密度函数的定义可知, 上式右端的被积函数正是在 $Y = y$ 条件下 X 的条件密度函数.

定义 3.4.2 若二维连续型随机变量 (X, Y) 的密度函数为 $f(x, y)$, 边缘密度函数为 $f_X(x), f_Y(y)$. 对一切使得 $f_Y(y) > 0$ 的 y, 则在给定 $Y = y$ 的条件下 X 的条件密度函数为

$$f_{X|Y}(x \mid y) = \frac{f(x, y)}{f_Y(y)}. \tag{3.4.4}$$

类似地, 对一切使得 $f_X(x) > 0$ 的 x, 则在给定 $X = x$ 的条件下 Y 的条件密度函数为

$$f_{Y|X}(y \mid x) = \frac{f(x, y)}{f_X(x)}. \tag{3.4.5}$$

例 3.4.2 若二维随机变量 (X, Y) 的密度函数为

$$f(x, y) = \begin{cases} 8xy, & 0 \leqslant x \leqslant y \leqslant 1, \\ 0, & \text{其他}. \end{cases}$$

求条件密度函数 $f_{X|Y}(x \mid y), f_{Y|X}(y \mid x)$.

· 103 ·

解　由例 3.2.2 可知, X 和 Y 的边缘密度函数分别为

$$f_X(x) = \begin{cases} 4x(1-x^2), & 0 \leqslant x \leqslant 1, \\ 0, & \text{其他}, \end{cases} \qquad f_Y(y) = \begin{cases} 4y^3, & 0 \leqslant y \leqslant 1, \\ 0, & \text{其他}. \end{cases}$$

所以由式 (3.4.4), 当 $0 < y \leqslant 1$ 时, 在 $Y = y$ 的条件下 X 的条件密度函数为

$$f_{X|Y}(x \mid y) = \frac{f(x,y)}{f_Y(y)} = \begin{cases} \dfrac{8xy}{4y^3}, & 0 \leqslant x \leqslant y, \\ 0, & \text{其他} \end{cases} = \begin{cases} \dfrac{2x}{y^2}, & 0 \leqslant x \leqslant y, \\ 0, & \text{其他}. \end{cases}$$

特别地, 将 $y = 0.5$ 代入上式可得

$$f_{X|Y}(x \mid y = 0.5) = \begin{cases} 8x, & 0 \leqslant x \leqslant 0.5, \\ 0, & \text{其他}. \end{cases}$$

类似地, 由式 (3.4.5), 当 $0 < x < 1$ 时, 在 $X = x$ 的条件下 Y 的条件密度函数为

$$f_{Y|X}(y \mid x) = \frac{f(x,y)}{f_X(x)} = \begin{cases} \dfrac{8xy}{4x(1-x^2)}, & x \leqslant y \leqslant 1, \\ 0, & \text{其他} \end{cases} = \begin{cases} \dfrac{2y}{1-x^2}, & x \leqslant y \leqslant 1, \\ 0, & \text{其他}. \end{cases}$$

特别地, 将 $x = 0.5$ 代入上式可得

$$f_{Y|X}(y \mid x = 0.5) = \begin{cases} \dfrac{8y}{3}, & 0.5 \leqslant y \leqslant 1, \\ 0, & \text{其他}. \end{cases}$$

　　注意: 求条件概率密度时, 若 (X,Y) 的密度函数和边缘密度函数都不分段, 则用式 (3.4.4) 或式 (3.4.5) 直接计算即可; 若 (X,Y) 的密度函数 $f(x,y)$ 是分段函数, 则边缘密度函数 $f_X(x), f_Y(y)$ 也是分段函数, 此时可以把 $f(x,y)$ 的非零区域表示为 $X-$ 型区域或 $Y-$ 型区域, 并在 $f_X(x) \neq 0$ 或 $f_Y(y) \neq 0$ 时, 用式 (3.4.4) 或式 (3.4.5) 对 x, y 进行分段讨论.

　　例 3.4.3　设随机变量 $X \sim U(0,2)$, 在给定 $X = x(0 < x < 2)$ 的条件下随机变量 $Y \sim U(0,x)$, 求 Y 的密度函数.

　　解　依题意, X 的密度函数为

$$f_X(x) = \begin{cases} \dfrac{1}{2}, & 0 < x < 2, \\ 0, & \text{其他}. \end{cases}$$

而当 $0 < x < 2$ 时, 在 $X = x$ 的条件下 Y 的密度函数为

$$f_{Y|X}(y \mid x) = \begin{cases} \dfrac{1}{x}, & 0 < y < x, \\ 0, & \text{其他}. \end{cases}$$

由式 (3.4.5), 得 (X, Y) 的密度函数为

$$f(x, y) = f_X(x) f_{Y|X}(y \mid x) = \begin{cases} \dfrac{1}{2x}, & 0 < y < x < 2, \\ 0, & \text{其他}. \end{cases}$$

于是, Y 的密度函数为

$$f_Y(y) = \int_{-\infty}^{+\infty} f(x, y) \mathrm{d}x = \begin{cases} \displaystyle\int_y^2 \dfrac{1}{2x} \mathrm{d}x, & 0 < y < 2, \\ 0, & \text{其他} \end{cases} = \begin{cases} \dfrac{1}{2}(\ln 2 - \ln y), & 0 < y < 2, \\ 0, & \text{其他}. \end{cases}$$

小 节 要 点

1. 理解条件分布的定义, 熟练掌握由联合分布计算条件分布的方法.
2. 学会由条件分布和边缘分布确定联合分布的方法.

应 记 应 背

1. $P(Y = y_i) > 0$ 时, 在 $Y = y_j$ 条件下, 随机变量 X 的条件分布律为

$$P(X = x_i \mid Y = y_j) = \frac{P(X = x_i, Y = y_j)}{P(Y = y_j)} = \frac{p_{ij}}{p_{\cdot j}}, \; i = 1, 2, \cdots;$$

$P(X = x_i) > 0$ 时, 在 $X = x_i$ 条件下, 随机变量 Y 的条件分布律为

$$P(Y = y_j \mid X = x_i) = \frac{P(X = x_i, Y = y_j)}{P(X = x_i)} = \frac{p_{ij}}{p_{i\cdot}}, \; j = 1, 2, \cdots.$$

2. 在 $Y = y$ 的条件下 X 的条件密度函数为 $f_{X|Y}(x \mid y) = \dfrac{f(x, y)}{f_Y(y)}$, $f_Y(y) > 0$;

在 $X = x$ 的条件下 Y 的条件密度函数为 $f_{Y|X}(y \mid x) = \dfrac{f(x, y)}{f_X(x)}$, $f_X(x) > 0$.

✍ 习 题 3.4

1. 设二维随机变量 (X, Y) 的分布律为

Y	X		
	1	2	3
0	0.2	0.3	0.1
1	0.2	0.1	0.1

求 (1) 在 $Y = 0$ 的条件下, X 的条件分布律;

    (2) 在 $X = 2$ 的条件下, Y 的条件分布律.

2. 一盒中装有 3 黑、2 红、2 白共 7 个球, 从中任取 3 个. 记 X 表示取到黑球的个数, Y 表示取到红球的个数, 求在 $X = 1$ 的条件下 Y 的条件分布律.

3. 已知随机变量 (X, Y) 的密度函数为

$$f(x, y) = \begin{cases} 3x, & 0 < x < 1, 0 < y < x, \\ 0, & \text{其他.} \end{cases}$$

求条件密度函数 $f_{X|Y}(x \mid y), f_{Y|X}(y \mid x)$.

4. 已知随机变量 (X, Y) 的密度函数为

$$f(x, y) = \begin{cases} 1, & 0 < x < 1, |y| < x, \\ 0, & \text{其他.} \end{cases}$$

求条件密度函数 $f_{X|Y}(x \mid y), f_{Y|X}(y \mid x)$.

进阶练习

5. 已知随机变量 (X, Y) 的密度函数为

$$f(x, y) = \begin{cases} \dfrac{21}{4} x^2 y, & x^2 < y < 1, \\ 0, & \text{其他.} \end{cases}$$

求条件概率 $P(Y \geqslant 0.5 \mid X = 0.5)$.

6. 已知随机变量 Y 的密度函数为

$$f_Y(y) = \begin{cases} 5y^4, & 0 < y < 1, \\ 0, & \text{其他.} \end{cases}$$

在给定 $Y = y$ 条件下, 随机变量 X 的条件密度函数为

$$f_{X|Y}(x \mid y) = \begin{cases} \dfrac{3x^2}{y^3}, & 0 < x < y < 1, \\ 0, & \text{其他.} \end{cases}$$

求概率 $P(X > 0.5)$.

3.5　二维随机变量函数的分布

已知二维随机变量 (X, Y) 的联合分布律或联合密度函数, 以及二元实值函数 $g(x, y)$, 如何由 (X, Y) 的联合分布求出 $Z = g(X, Y)$ 的分布. 这一类工作技巧性比较强, 不仅对离散场合和连续场合有不同的方法, 而且对不同形式的函数 $g(X, Y)$ 要采用不同的方法. 下面介绍一些常用的方法.

3.5.1　二维离散型随机变量函数的分布

设 (X, Y) 为二维离散型随机变量, 分布律为

$$P(X = x_i, Y = y_j) = p_{ij}, \ i, j = 1, 2, \cdots,$$

则 $Z = g(X, Y)$ 是一维离散型随机变量, 并且对 (X, Y) 的每一个可能取值 (x_i, y_j), Z 的可能取值为 $g(x_i, y_j)$, 则 Z 的分布律为

$$P(Z = z_k) = P(g(X, Y) = z_k) = \sum_{g(x_i, y_j) = z_k} P(X = x_i, Y = y_j)$$
$$= \sum_{g(x_i, y_j) = z_k} p_{ij}, \ k = 1, 2, \cdots. \tag{3.5.1}$$

例 3.5.1　设二维离散型随机变量 (X, Y) 的分布律如下表所示

X	Y		
	-1	1	2
-1	0.4	0.1	0.2
1	0.1	0.1	0.1

求 $Z_1 = X + Y$ 和 $Z_2 = \min\{X, Y\}$ 的分布律.

解　将 (X, Y) 以及各个函数的取值对应列在同一表中:

P	0.4	0.1	0.2	0.1	0.1	0.1
(X, Y)	$(-1, -1)$	$(-1, 1)$	$(-1, 2)$	$(1, -1)$	$(1, 1)$	$(1, 2)$
Z_1	-2	0	1	0	2	3
Z_2	-1	-1	-1	-1	1	1

将相同的值合并, 对应的概率相加, 整理可得最后结果

$Z_1 = X + Y$	-2	0	1	2	3
P	0.4	0.2	0.2	0.1	0.1

$Z_2 = \min\{X, Y\}$	-1	1
P	0.8	0.2

例 3.5.2　设随机变量 X 与 Y 相互独立, 且分别服从参数为 λ_1 和 λ_2 的泊松分布. 令 $Z = X + Y$, 证明 Z 服从参数为 $\lambda_1 + \lambda_2$ 的泊松分布.

证明　容易知道 Z 的所有可能取值为 $0, 1, 2, \cdots$, 则 Z 的分布律为

$$P(Z = k) = P(X + Y = k) = \sum_{i=0}^{k} P(X = i, Y = k - i)$$

$$= \sum_{i=0}^{k} P(X = i) P(Y = k - i) = \sum_{i=0}^{k} \left\{ \frac{\lambda_1^i}{i!} \mathrm{e}^{-\lambda_1} \cdot \frac{\lambda_2^{k-i}}{(k-i)!} \mathrm{e}^{-\lambda_2} \right\}$$

$$= \frac{\mathrm{e}^{-(\lambda_1+\lambda_2)}}{k!} \sum_{i=0}^{k} \left\{ \frac{k!}{i!(k-i)!} \lambda_1^i \lambda_2^{k-i} \right\} = \frac{(\lambda_1+\lambda_2)^k}{k!} \mathrm{e}^{-(\lambda_1+\lambda_2)}, \ k = 0, 1, 2, \cdots.$$

所以 Z 服从参数为 $\lambda_1 + \lambda_2$ 的泊松分布.

注意: 此例说明, 若随机变量 $X \sim P(\lambda_1), Y \sim P(\lambda_2)$, 且相互独立, 则 $X + Y \sim P(\lambda_1 + \lambda_2)$. 泊松分布的这个性质称为泊松分布的**可加性**, 以后我们称性质 "同一类分布的独立随机变量和的分布仍然属于此类分布" 为此类分布具有可加性. 类似地还可以证明, 二项分布对第一个参数也具有可加性. 但需要注意, 并不是所有的分布都具有可加性.

3.5.2　二维连续型随机变量函数的分布

设二维连续型随机变量 (X, Y) 的密度函数为 $f(x, y)$, 边缘密度函数为 $f_X(x), f_Y(y)$. 令 $Z = g(X, Y)$ 是 (X, Y) 的函数, 可以用类似于求一维随机变量函数分布的方法 (即分布函数法) 来求 Z 的分布.

(1) 求 Z 的分布函数 $F_Z(z)$:

$$F_Z(z) = P(Z \leqslant z) = P(g(X, Y) \leqslant z) = P((X, Y) \in D_z) = \iint\limits_{D_z} f(x, y)\mathrm{d}x\mathrm{d}y,$$

其中 $D_z = \{(x, y) \mid g(x, y) \leqslant z\}$.

(2) 求 Z 密度函数 $f_Z(z)$, 对几乎所有的 z, 有

$$f_Z(z) = F_Z'(z).$$

在求 $Z = g(X, Y)$ 的分布函数时, 关键是设法将 $\{Z \leqslant z\}$ 转化为 (X, Y) 在一定范围内取值的形式 $\{(X, Y) \in D_z\}$, 从而利用已知的 (X, Y) 的分布来求出 $F_Z(z)$.

下面我们重点介绍两个特殊函数的分布.

1. $Z = X + Y$ 的分布

设 Z 的分布函数 $F_Z(z)$, 则

$$F_Z(z) = P(Z \leqslant z) = P(X + Y \leqslant z) = \iint\limits_{D_z} f(x, y)\mathrm{d}x\mathrm{d}y,$$

其中 $D_z = \{(x, y) \mid x + y \leqslant z\}$ 是直线 $x + y = z$ 左下方的区域, 如图 3.5.1 所示. 从而

$$F_Z(z) = \iint\limits_{x+y \leqslant z} f(x, y)\mathrm{d}x\mathrm{d}y,$$

化成累次积分, 得

$$F_Z(z) = \int_{-\infty}^{+\infty} \left[\int_{-\infty}^{z-y} f(x, y)\mathrm{d}x \right] \mathrm{d}y.$$

令 $x = u - y$, 得

$$F_Z(z) = \int_{-\infty}^{+\infty} \left[\int_{-\infty}^{u} f(u-y,y)\mathrm{d}u \right] \mathrm{d}y = \int_{-\infty}^{u} \left[\int_{-\infty}^{+\infty} f(u-y,y)\mathrm{d}y \right] \mathrm{d}u.$$

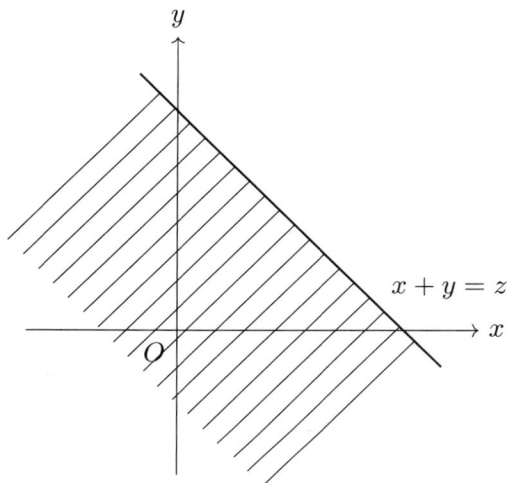

图 3.5.1 区域 D_z

于是, 由分布函数与密度函数的关系, 得

$$f_Z(z) = F_Z'(z) = \int_{-\infty}^{+\infty} f(z-y,y)\mathrm{d}y. \tag{3.5.2}$$

在式 (3.5.2) 中, 令 $z - y = x$, 则可得

$$f_Z(z) = F_Z'(z) = \int_{-\infty}^{+\infty} f(x,z-x)\mathrm{d}x. \tag{3.5.3}$$

式(3.5.2) 和式 (3.5.3) 称为两个随机变量和的密度函数的一般公式.

特别地, 当 X 与 Y 独立时, 式(3.5.2) 和式(3.5.3) 可化为

$$f_Z(z) = \int_{-\infty}^{+\infty} f_X(z-y)f_Y(y)\mathrm{d}y, \tag{3.5.4}$$

$$f_Z(z) = \int_{-\infty}^{+\infty} f_X(x)f_Y(z-x)\mathrm{d}x. \tag{3.5.5}$$

式 (3.5.4) 和式 (3.5.5) 称为**卷积公式**.

注意: 卷积公式 (3.5.4) 和 (3.5.5) 主要用于求相互独立的随机变量和的分布. 若随机变量之间是不独立的, 则用一般式 (3.5.2) 和式 (3.5.3) 来求随机变量和的分布.

例 3.5.3　设随机变量 (X, Y) 的密度函数为

$$f(x, y) = \begin{cases} \dfrac{1}{2}(x+y)\mathrm{e}^{-(x+y)}, & x > 0, y > 0, \\ 0, & \text{其他}. \end{cases}$$

求 $Z = X + Y$ 的密度函数.

解　由式 (3.5.3), Z 的密度函数为

$$f_Z(z) = \int_{-\infty}^{+\infty} f(x, z-x)\mathrm{d}x,$$

被积函数的非零区域为 $D: x > 0, z - x > 0$, 如图 3.5.2 所示.

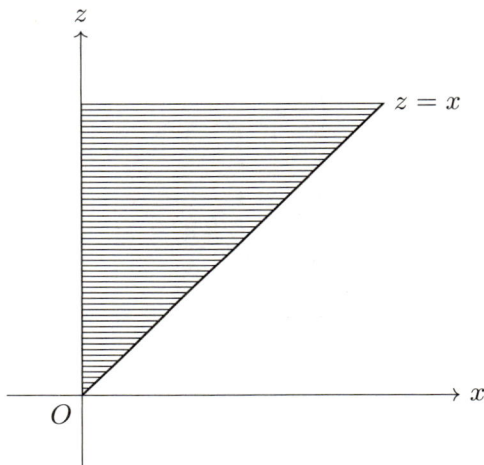

图 3.5.2　积分区域 D

所以

当 $z \leqslant 0$ 时, $f_Z(z) = 0$;

当 $z > 0$ 时,

$$f_Z(z) = \int_0^z \frac{1}{2}[x + (z-x)]\mathrm{e}^{-[x+(z-x)]}\mathrm{d}x = \int_0^z \frac{1}{2}z\mathrm{e}^{-z}\mathrm{d}x = \frac{1}{2}z^2\mathrm{e}^{-z}.$$

故 Z 的密度函数为

$$f_Z(z) = \begin{cases} \dfrac{1}{2}z^2\mathrm{e}^{-z}, & z > 0, \\ 0, & z \leqslant 0. \end{cases}$$

例 3.5.4　设随机变量 X 与 Y 相互独立, 且均服从 $(0,1)$ 上的均匀分布, 求 $Z = X + Y$ 的密度函数.

解 依题意, 有

$$f_X(x) = \begin{cases} 1, & 0 < x < 1, \\ 0, & \text{其他}, \end{cases} \qquad f_Y(y) = \begin{cases} 1, & 0 < y < 1, \\ 0, & \text{其他}. \end{cases}$$

因为 X 与 Y 是相互独立的, 由卷积公式 (3.5.5), Z 的密度函数为

$$f_Z(z) = \int_{-\infty}^{+\infty} f_X(x) f_Y(z-x) \mathrm{d}x,$$

被积函数的非零区域为 $D: 0 < x < 1, 0 < z - x < 1$, 即 $D: 0 < x < 1, x < z < x + 1$, 如图 3.5.3 所示.

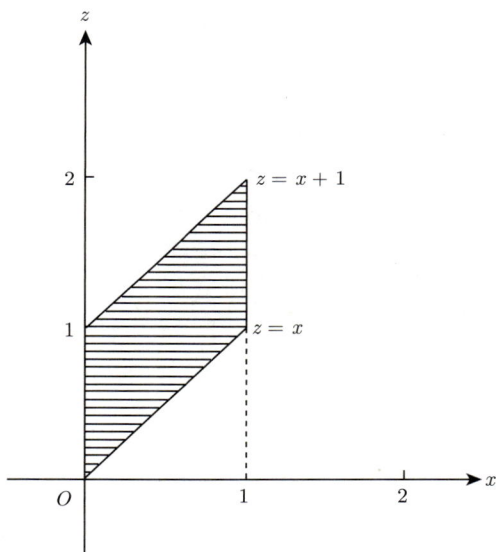

图 3.5.3 积分区域 D

所以

当 $z \leqslant 0$ 或 $z \geqslant 2$ 时, $f_Z(z) = 0$;

当 $0 < z \leqslant 1$ 时, $f_Z(z) = \displaystyle\int_0^z \mathrm{d}x = z$;

当 $1 < z < 2$ 时, $f_Z(z) = \displaystyle\int_{z-1}^1 \mathrm{d}x = 2 - z$.

故 Z 的密度函数为

$$f_Z(z) = \begin{cases} z, & 0 < z \leqslant 1, \\ 2 - z, & 1 < z < 2, \\ 0, & \text{其他}. \end{cases}$$

例 3.5.5　设随机变量 X 与 Y 相互独立, 且均服从 $N(0,1)$ 分布, 求 $Z = X + Y$ 的密度函数.

解　由正态分布的定义及卷积公式(3.5.5), Z 的密度函数为

$$f_z(z) = \int_{-\infty}^{+\infty} f_X(x) f_Y(z-x) \mathrm{d}x$$

$$= \frac{1}{2\pi} \int_{-\infty}^{+\infty} \mathrm{e}^{-\frac{x^2}{2}} \mathrm{e}^{-\frac{(z-x)^2}{2}} \mathrm{d}x = \frac{1}{2\pi} \mathrm{e}^{-\frac{z^2}{4}} \int_{-\infty}^{+\infty} \mathrm{e}^{-\left(x-\frac{z}{2}\right)^2} \mathrm{d}x,$$

令 $t = x - \dfrac{z}{2}$, 得

$$f_Z(z) = \frac{1}{2\pi} \mathrm{e}^{-\frac{z^2}{4}} \int_{-\infty}^{+\infty} \mathrm{e}^{-t^2} \mathrm{d}t = \frac{1}{2\pi} \mathrm{e}^{-\frac{z^2}{4}} \sqrt{\pi} = \frac{1}{2\sqrt{\pi}} \mathrm{e}^{-\frac{z^2}{4}}.$$

由正态分布的定义可知, $Z \sim N(0, 2)$.

注意: 利用式 (3.5.2)~ 式(3.5.5) 求 $Z = X + Y$ 的密度函数时, x 或 y 是积分变量, 而 z 在公式积分计算中被看作常量. 若 $f(x, y)$ 不是分段函数 (如例 3.5.5), 则直接按公式积分求解; 若 $f(x, y)$ 是分段函数 (如例 3.5.3 和例 3.5.4), 则先求出被积函数的非零区域 D, 把这个非零区域 D 表示为 Z–型区域, 然后根据选用的公式对 z 分情况讨论. 具体计算时, 由于 z 被看作常量, 所以要先确定 z 的变化情况, 然后根据 Z–型区域的特点, 确定出 x 或 y 的变化范围写在公式中的积分上、下限, 最后计算积分.

类似地, 利用卷积公式还可以得到正态分布的可加性.

定理 3.5.1　设随机变量 X 与 Y 相互独立, 且 $X \sim N(\mu_1, \sigma_1^2), Y \sim N(\mu_2, \sigma_2^2)$, 则 $Z = X + Y \sim N(\mu_1 + \mu_2, \sigma_1^2 + \sigma_2^2)$.

这个结论还可以推广到 n 个相互独立的正态随机变量的线性组合的情形.

定理 3.5.2　设随机变量 $X_1, X_2, \cdots, X_n$ 相互独立, 且 $X_i \sim N(\mu_i, \sigma_i^2), i = 1, 2, \cdots, n$, 而 $a_1, a_2, \cdots, a_n$ 是 n 个不全为零的实数, 则

$$Z = \sum_{i=1}^{n} a_i X_i \sim N\left(\sum_{i=1}^{n} a_i \mu_i, \sum_{i=1}^{n} a_i^2 \sigma_i^2\right).$$

进一步, 再结合第 2 章例 2.4.4, 还可以得到如下结论: 在定理 3.5.2 的条件下, 且 b 是常数, 则

$$Z = \sum_{i=1}^{n} a_i X_i + b \sim N\left(\sum_{i=1}^{n} a_i \mu_i + b, \sum_{i=1}^{n} a_i^2 \sigma_i^2\right).$$

例如, 已知 $X \sim N(-2, 1), Y \sim N(3, 2)$, 且 X 与 Y 相互独立, 则

$$Z = X - 2Y + 4 \sim N(-4, 9).$$

2. $M = \max\{X, Y\}$ 及 $N = \min\{X, Y\}$ 的分布

设随机变量 X 与 Y 相互独立, 其分布函数分别为 $F_X(x)$ 和 $F_Y(y)$.

1) $M = \max\{X, Y\}$ 的分布函数 $F_M(z)$

因为 $\{M \leqslant z\} = \{\max\{X, Y\} \leqslant z\} = \{X \leqslant z, Y \leqslant z\}$, 所以

$$F_M(z) = P(M \leqslant z) = P(X \leqslant z, Y \leqslant z),$$

又因为 X 与 Y 相互独立, 所以

$$F_M(z) = P(X \leqslant z)P(Y \leqslant z) = F_X(z)F_Y(z). \tag{3.5.6}$$

由式 (3.5.6), 得 M 的密度函数为

$$f_M(z) = F'_M(z) = f_X(z)F_Y(z) + F_X(z)f_Y(z). \tag{3.5.7}$$

2) $N = \min\{X, Y\}$ 的分布函数 $F_N(z)$

因为 $\{N > z\} = \{\min\{X, Y\} > z\} = \{X > z, Y > z\}$, 所以

$$F_N(z) = P(N \leqslant z) = P(\min\{X, Y\} \leqslant z) = 1 - P(\min\{X, Y\} > z)$$

$$= 1 - P(X > z, Y > z)$$

又因为 X 与 Y 相互独立, 所以

$$F_N(z) = 1 - P(X > z)P(Y > z) = 1 - [1 - F_X(z)][1 - F_Y(z)]. \tag{3.5.8}$$

由式(3.5.8), 得 N 的密度函数为

$$f_N(z) = F'_N(z) = f_X(z)[1 - F_Y(z)] + [1 - F_X(z)]f_Y(z). \tag{3.5.9}$$

注意: 上述结果还可以推广到 n 维的情形. 设 $X_1, X_2, \cdots, X_n$ 是 n 个相互独立的随机变量, 其分布函数分别为 $F_{X_i}(x_i)\,(i = 1, 2, \cdots, n)$, 则 $M = \max\{X_1, X_2, \cdots, X_n\}$ 的分布函数为

$$F_M(z) = F_{X_1}(z)F_{X_2}(z) \cdots F_{X_n}(z),$$

$N = \min\{X_1, X_2, \cdots, X_n\}$ 的分布函数为

$$F_N(z) = 1 - [1 - F_{X_1}(z)][1 - F_{X_2}(z)] \cdots [1 - F_{X_n}(z)].$$

例 3.5.6 设系统 L 由两个独立的子系统 L_1, L_2 连接而成, 连接方式分别为串联和并联, 如图 3.5.4所示.

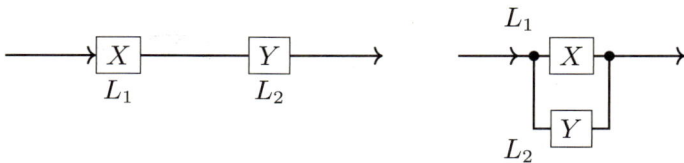

图 3.5.4 L_1, L_2 串联、并联示意图

设 L_1, L_2 的寿命分别为 X, Y，已知它们的密度函数分别为

$$f_X(x) = \begin{cases} \alpha e^{-\alpha x}, & x > 0, \\ 0, & x \leqslant 0, \end{cases} \qquad f_Y(y) = \begin{cases} \beta e^{-\beta y}, & y > 0, \\ 0, & y \leqslant 0, \end{cases}$$

其中 $\alpha > 0, \beta > 0$ 且 $\alpha \neq \beta$. 试分别就以上两种连接方式求出 L 的寿命 Z 的密度函数.

　　解　(1) 串联的情况.

　　由于当 L_1, L_2 中有一个损坏时，系统 L 就停止工作，所以 L 的寿命为

$$Z = \min\{X, Y\}.$$

又 X, Y 的分布函数分别为

$$F_X(x) = \begin{cases} 1 - e^{-\alpha x}, & x > 0, \\ 0, & x \leqslant 0, \end{cases} \qquad F_Y(y) = \begin{cases} 1 - e^{-\beta y}, & y > 0, \\ 0, & y \leqslant 0. \end{cases}$$

由式 (3.5.8)，得 $Z = \min\{X, Y\}$ 的分布函数为

$$F_{\min}(z) = 1 - [1 - F_X(z)][1 - F_Y(z)] = \begin{cases} 1 - e^{-(\alpha+\beta)z}, & z > 0, \\ 0, & z \leqslant 0. \end{cases}$$

$Z = \min\{X, Y\}$ 的密度函数为

$$f_{\min}(z) = \begin{cases} (\alpha + \beta)e^{-(\alpha+\beta)z}, & z > 0, \\ 0, & z \leqslant 0. \end{cases}$$

　　(2) 并联的情况.

　　由于当 L_1, L_2 都损坏时，系统 L 才停止工作，所以 L 的寿命为

$$Z = \max\{X, Y\}.$$

由式 (3.5.6)，得 $Z = \max\{X, Y\}$ 的分布函数为

$$F_{\max}(z) = F_X(z)F_Y(z) = \begin{cases} (1 - e^{-\alpha z})(1 - e^{-\beta z}), & z > 0, \\ 0, & z \leqslant 0. \end{cases}$$

$Z = \max\{X, Y\}$ 的密度函数为

$$f_{\max}(z) = \begin{cases} \alpha e^{-\alpha z} + \beta e^{-\beta z} - (\alpha + \beta)e^{-(\alpha+\beta)z}, & z > 0, \\ 0, & z \leqslant 0. \end{cases}$$

小 节 要 点

1. 掌握两个离散型随机变量函数的分布律的方法.
2. 了解分布函数法的一般步骤, 掌握求两个连续型随机变量和的密度函数的方法.
3. 掌握在相互独立条件下求连续型随机变量的最大值和最小值的密度函数的方法.

应 记 应 背

1. 在连续场合, $Z = X + Y$ 的密度函数为

$$f_Z(z) = \int_{-\infty}^{+\infty} f(x, z - x)\mathrm{d}x = \int_{-\infty}^{+\infty} f(z - y, y)\mathrm{d}y \, ;$$

若 X 与 Y 相互独立, 则 $Z = X + Y$ 的密度函数为

$$f_Z(z) = \int_{-\infty}^{+\infty} f_X(x)f_Y(z - x)\mathrm{d}x = \int_{-\infty}^{+\infty} f_X(z - y)f_Y(y)\mathrm{d}y.$$

2. 若 X 与 Y 相互独立, 则 $M = \max\{X, Y\}$ 分布函数为 $F_M(z) = F_X(z)F_Y(z)$; $N = \min\{X, Y\}$ 分布函数为 $F_N(z) = 1 - [1 - F_X(z)][1 - F_Y(z)]$.

✍ 习 题 3.5

1. 设二维离散型随机变量 (X, Y) 的分布律如下表所示.

X	Y		
	1	2	3
0	0.05	0.15	0.20
1	0.07	0.11	0.22
2	0.04	0.07	0.09

求下列随机变量的分布律:

(1) $Z = X + Y$;

(2) $Z = XY$;

(3) $Z = \dfrac{X}{Y}$;

(4) $Z = \min\{X, Y\}$.

2. 设随机变量 X 和 Y 的分布律分别为

X	-1	0	1
P	$\dfrac{1}{4}$	$\dfrac{1}{2}$	$\dfrac{1}{4}$

Y	0	1
P	$\dfrac{1}{2}$	$\dfrac{1}{2}$

已知 $P(XY = 0) = 1$，求 $Z = \max\{X, Y\}$ 的分布律.

3. 设随机变量 X 与 Y 相互独立，$X \sim U(0,1), Y \sim e(1)$. 求 $Z = X + Y$ 的密度函数.

4. 设随机变量 (X, Y) 的密度函数为

$$f(x, y) = \begin{cases} e^{-(x+y)}, & x > 0, y > 0, \\ 0, & \text{其他.} \end{cases}$$

求

(1) $Z = X + Y$ 的密度函数;

(2) $Z = \max\{X, Y\}$ 的密度函数.

进阶练习

5. 某种商品一周的需求量是一个随机变量，其密度函数为

$$f(t) = \begin{cases} te^{-t}, & t > 0, \\ 0, & t \leqslant 0. \end{cases}$$

设各周的需求量相互独立，试求两周需求量的密度函数.

6. 设某一设备装有 4 个同类的电器元件，元件工作相互独立，且工作时间都服从参数为 2 的指数分布. 当 4 个元件都正常工作时，设备才正常工作，求设备正常工作时间 T 的概率分布.

本 章 总 结

1. 本章的中心就是研究二维随机变量 (X, Y) 的分布，主要分为离散型和连续型两类随机变量. (X, Y) 是一个整体，在离散型场合，研究 X 与 Y 的联合分布律 p_{ij}；在连续场合，研究 X 与 Y 的联合密度函数 $f(x, y)$.

2. 接下来研究二维随机变量 (X, Y) 与其分量之间的关系，研究了 X 和 Y 的边缘分布，由此得出，联合分布可以唯一确定边缘分布.

3. 基于边缘分布的概念，又研究了两个随机变量的独立性. 由此得出，在随机变量相互独立情形下，其联合分布可以由边缘分布唯一确定.

4. 结合联合分布和边缘分布，接下来又研究了条件分布，它是描述随机变量间相依关系的重要工具.

5. 与一维情形类似，本章最后研究了二维随机变量函数的分布，对不同的函数 $Z = g(X, Y)$ 要采用不同的方法.

(1) 在离散场合，一般用表格来表示分布律，先将 Z 的函数值一一列出，然后对相应的概率再合并整理可得出结果.

(2) 在连续场合，重点研究了两个特殊函数分布的求法:

I. 和的分布: 若随机变量 X 与 Y 独立，则利用卷积公式；若随机变量 X 与 Y 不独立，则利用和的分布的一般公式.

II. 最值分布: 在已知 X 与 Y 的分布函数且相互独立时, 主要研究了 X 与 Y 的最大值、最小值的分布函数.

✍ 总习题 3

一、填空题

1. (2003, 数一) 设二维随机变量 (X, Y) 的密度函数为

$$f(x, y) = \begin{cases} 6x, & 0 < x < y < 1, \\ 0, & \text{其他}, \end{cases}$$

则 $P(X + Y \leqslant 1) = ($ $)$.

2. (2006, 数一、三) 设随机变量 X 与 Y 相互独立, 且均服从区间 $[0, 3]$ 上的均匀分布, 则 $P(\max\{X, Y\} \leqslant 1) = ($ $)$.

3. (2015, 数一、三) 设二维随机变量 (X, Y) 服从正态分布 $N(1, 0, 1, 1, 0)$, 则 $P(XY - Y < 0) = ($ $)$.

4. (2023, 数一) 设随机变量 X 与 Y 相互独立, 且 $X \sim b\left(1, \dfrac{1}{3}\right)$, $Y \sim b\left(2, \dfrac{1}{2}\right)$, 则 $P(X = Y) = ($ $)$.

二、选择题

5. (2005, 数一) 设二维随机变量 (X, Y) 的分布律为

X	Y	
	0	1
0	0.4	a
1	b	0.1

已知随机事件 $\{X = 0\}$ 与 $\{X + Y = 1\}$ 相互独立, 则 ($ $).

  (A) $a = 0.2, b = 0.3$;   (B) $a = 0.4, b = 0.1$;

  (C) $a = 0.3, b = 0.2$;   (D) $a = 0.1, b = 0.4$.

6. (2012, 数一) 设随机变量 X 与 Y 相互独立, 且分别服从参数为 1 与参数为 4 的指数分布, 则 $P(X < Y) = ($ $)$.

  (A) $\dfrac{1}{5}$;   (B) $\dfrac{1}{3}$;   (C) $\dfrac{2}{3}$;   (D) $\dfrac{4}{5}$.

7. (2012. 数三) 设随机变量 X 与 Y 相互独立, 且都服从区间 $(0, 1)$ 上的均匀分布, 则 $P(X^2 + Y^2 \leqslant 1) = ($ $)$

  (A) $\dfrac{1}{4}$;   (B) $\dfrac{1}{2}$;   (C) $\dfrac{\pi}{8}$;   (D) $\dfrac{\pi}{4}$.

8. (2013, 数三) 设随机变量 X 与 Y 相互独立, 且 X 和 Y 的概率分布分别如下.

X	0	1	2	3
P	$\dfrac{1}{2}$	$\dfrac{1}{4}$	$\dfrac{1}{8}$	$\dfrac{1}{8}$

Y	-1	0	1
P	$\dfrac{1}{3}$	$\dfrac{1}{3}$	$\dfrac{1}{3}$

则 $P(X+Y=2)=(\qquad)$.

(A) $\dfrac{1}{12}$;　　　　(B) $\dfrac{1}{8}$;　　　　(C) $\dfrac{1}{6}$;　　　　(D) $\dfrac{1}{2}$.

9. (2019, 数一、三) 设随机变量 X 与 Y 相互独立, 且都服从正态分布 $N(\mu, \sigma^2)$, 则 $P\{|X-Y|<1\}$ (　　).

(A) 与 μ 无关, 而与 σ^2 有关;　　　　(B) 与 μ 有关, 而与 σ^2 无关;

(C) 与 μ, σ^2 都有关;　　　　(D) 与 μ, σ^2 都无关.

10. (2024, 数一) 设随机变量 X 与 Y 相互独立, 且 $X \sim N(0,2)$, $Y \sim N(-2,2)$, 若 $P(2X+Y<a)=P(X>Y)$, 则 $a=(\qquad)$.

(A) $-2-\sqrt{10}$;　　(B) $-2+\sqrt{10}$;　　(C) $-2-\sqrt{6}$;　　(D) $-2+\sqrt{6}$.

11. (2024, 数一、三) 设随机变量 X 与 Y 相互独立, 且均服从参数为 λ 的指数分布, 令 $Z=|X-Y|$, 则下列随机变量与 Z 同分布的是 (　　).

(A) $X+Y$;　　　　(B) $\dfrac{X+Y}{2}$;　　　　(C) $2X$;　　　　(D) X.

12. (2024, 数三) 设随机变量 X 与 Y 相互独立, 且 $X \sim N(0,2)$, $Y \sim N(-1,1)$, 设 $p_1=P(2X>Y)$, $p_2=P(X-2Y>1)$, 则 (　　).

(A) $p_1>p_2>\dfrac{1}{2}$;　　(B) $p_2>p_1>\dfrac{1}{2}$;　　(C) $p_1<p_2<\dfrac{1}{2}$;　　(D) $p_2<p_1<\dfrac{1}{2}$.

三、计算题

13. (2003, 数三) 设随机变量 X 与 Y 相互独立, 其中 X 的分布为

X	1	2
P	0.3	0.7

而 Y 的密度函数为 $f(y)$, 求随机变量 $U=X+Y$ 的密度函数 $g(u)$.

14. (2007, 数一、三) 设随机变量 (X,Y) 的密度函数为

$$f(x,y)=\begin{cases}2-x-y, & 0<x<1, 0<y<1, \\ 0, & \text{其他}.\end{cases}$$

求

(1) $P(X>2Y)$;

(2) $Z=X+Y$ 的密度函数.

15. (2009, 数三) 设随机变量 (X,Y) 的密度函数为

$$f(x,y)=\begin{cases}\mathrm{e}^{-x}, & 0<y<x, \\ 0, & \text{其他}.\end{cases}$$

求

(1) 条件密度函数 $f_{Y|X}(y \mid x)$;

(2) 条件概率 $P(X \leqslant 1 | Y \leqslant 1)$.

16. (2009, 数一、三) 袋中有 1 个红球、2 个黑球与 3 个白球, 现有放回地从袋中取两次, 每次取一个球, 以 X, Y, Z 分别表示两次取球所取得的红球、黑球与白球的个数, 求

(1) $P(X = 1 \mid Z = 0)$;

(2) 二维随机变量 (X, Y) 的概率分布.

17. (2011, 数三) 设二维随机变量 (X, Y) 服从区域 G 上的均匀分布, 其中 G 是由 $x - y = 0, x + y = 2$ 与 $y = 0$ 所围成的三角形区域. 求

(1) X 的密度函数 $f_X(x)$;

(2) 条件密度函数 $f_{X|Y}(x \mid y)$.

18. (2013, 数一) 设随机变量 X 的密度函数为 $f(x) = \begin{cases} \dfrac{1}{9}x^2, & 0 < x < 3, \\ 0, & 其他. \end{cases}$

令随机变量

$$Y = \begin{cases} 2, & X \leqslant 1, \\ X, & 1 < X < 2, \\ 1, & X \geqslant 2. \end{cases}$$

求

(1) Y 的分布函数;

(2) $P(X \leqslant Y)$.

19. (2013, 数三) 设 (X, Y) 是二维随机变量, X 的边缘密度函数为

$$f_X(x) = \begin{cases} 3x^2, 0 < x < 1, \\ 0, 其他. \end{cases}$$

在给定 $X = x(0 < x < 1)$ 的条件下 Y 的条件密度函数为

$$f_{Y|X}(y \mid x) = \begin{cases} \dfrac{3y^2}{x^3}, & 0 < y < x, \\ 0, & 其他. \end{cases}$$

求

(1) (X, Y) 的密度函数;

(2) Y 的边缘密度函数;

(3) $P(X > 2Y)$.

20. (2017, 数一、三) 设随机变量 X, Y 相互独立, 且 X 的概率分布为 $P(X = 0) = P(X = 2) = \dfrac{1}{2}$, Y 的密度函数为

$$f(y) = \begin{cases} 2y, & 0 < y < 1, \\ 0, & 其他. \end{cases}$$

求 $Z = X + Y$ 的密度函数.

21. (2020, 数一) 设随机变量 X_1, X_2, X_3 相互独立, 其中 X_1 与 X_2 均服从标准正态分布, X_3 的概率分布为 $P(X_3 = 0) = P(X_3 = 1) = \dfrac{1}{2}, Y = X_3 X_1 + (1 - X_3) X_2$.

(1) 求二维随机变量 (X_1, Y) 的分布函数, 结果用标准正态分布函数 $\Phi(x)$ 表示;

(2) 证明随机变量 Y 服从标准正态分布.

22. (2021, 数一) 在区间 $(0, 2)$ 上随机取一点, 将该区间分成两段, 较短一段的长度记为 X, 较长一段的长度记为 Y, 令 $Z = Y/X$. 求

(1) X 的密度函数;

(2) Z 的密度函数.

第 4 章　随机变量的数字特征

【本章学习目标】

1. 理解一维随机变量的数学期望和方差的定义并且掌握它们的计算公式.

2. 掌握数学期望和方差的性质与计算, 会利用期望和方差的定义与性质计算随机变量的期望和方差.

3. 熟记两点分布、二项分布、泊松分布、均匀分布、指数分布和正态分布的期望和方差.

4. 掌握矩、协方差及相关系数的概念和性质, 并会计算.

5. 掌握大数定律和中心极限定理的基本内容, 并熟记它们成立的条件, 学以致用.

【课前导读】

在进行本章关于随机变量数字特征的学习前, 首先需要明确随机变量的概念及其类型. 随机变量是表示随机现象各种结果的变量, 可以分为离散型随机变量和连续型随机变量两种; 其次, 需要明确一维随机变量和二维随机变量的概率分布, 离散型随机变量需要懂得如何求其分布律, 连续型随机变量需要懂得如何求其密度函数, 并熟练掌握常见分布的概率分布; 最后, 我们还需要明确一维随机变量函数和二维随机变量函数的概率分布的相关计算. 主要公式如下所示.

(1) 二维连续型随机变量 (X, Y) 的边缘密度函数:

$$f_X(x) = \int_{-\infty}^{+\infty} f(x, y) \mathrm{d}y, \quad f_Y(y) = \int_{-\infty}^{+\infty} f(x, y) \mathrm{d}x.$$

(2) 常见分布:

分布名称	分布记号	概率分布
两点分布	$X \sim b(1, p)$	$P(X = 1) = p, P(X = 0) = 1 - p$
二项分布	$X \sim b(n, p)$	$P(X = k) = C_n^k p^k (1 - p)^{n-k}, k = 0, 1, \cdots, n$
泊松分布	$X \sim P(\lambda)$	$P(X = k) = \dfrac{\lambda^k}{k!} \mathrm{e}^{-\lambda}, k = 0, 1, \cdots; \lambda > 0$ 为常数
均匀分布	$U(a, b)$	$f(x) = \begin{cases} \dfrac{1}{b-a}, & a < x < b \\ 0, & \text{其他} \end{cases}$
指数分布	$e(\lambda)$	$f(x) = \begin{cases} \lambda \mathrm{e}^{-\lambda x}, & x > 0 \\ 0, & x \leqslant 0 \end{cases}$
正态分布	$N(\mu, \sigma^2)$	$f(x) = \dfrac{1}{\sqrt{2\pi}\sigma} \mathrm{e}^{-\frac{(x-\mu)^2}{2\sigma^2}}, -\infty < x < +\infty$

(3) 级数的敛散性:

如果 $\sum\limits_{n=1}^{+\infty} |a_n|$ 收敛, 则级数 $\sum\limits_{n=1}^{+\infty} a_n$ 绝对收敛;

如果 $\int_{-\infty}^{+\infty} |f(x)|\mathrm{d}x$ 收敛, 则积分 $\int_{-\infty}^{+\infty} f(x)\mathrm{d}x$ 绝对收敛.

在实际中, 我们常对某些随机变量的概率分布感兴趣. 每个随机变量都有一个分布, 不同的随机变量可能拥有不同的分布, 也可能拥有相同的分布, 随机变量的概率分布能全面描述随机变量的概率性质. 但在一定的情形下, 与随机变量有关的某些数值, 虽然不能完整地描述随机变量, 但能描述随机变量在某些方面的重要特征, 我们称这些数值为随机变量的数字特征. 而描述随机变量的平均值和偏离程度的某些数字特征在理论与实践上都具有重要的意义, 它们能更直接、更简洁、更清晰和更实用地反映出随机变量的本质.

本章将介绍随机变量的几个常用数字特征: 数学期望、方差、协方差、相关系数和矩.

4.1　一维随机变量的数字特征

一维随机变量的数字特征主要包括数学期望 (均值) 和方差 (或标准差), 这些数字特征为我们提供了随机变量分布形态的重要信息, 有助于我们更深入地理解和分析随机现象. 接下来, 将逐一详细介绍这些数字特征.

4.1.1　一维随机变量的数学期望

在概率论中, 随机变量的数学期望是一个重要的概念, 它用于描述随机变量取值的平均水平. 例如, 考虑一个由多个质点组成的系统, 每个质点都有其特定的质量和位置坐标. 质心 (或重心) 是整个系统质量的加权平均位置, 这个加权平均就是**数学期望**. 根据随机变量的类型, 数学期望可分别在离散型和连续型两种情况下定义和计算, 下面我们先介绍离散型随机变量的数学期望.

1. 离散型随机变量的数学期望

在给出离散型随机变量的数学期望的概念之前, 先看一个例子.

奥运会选拔射击运动员的标准之一是看他们的射击水平, 而一个射手的射击水平通常以平均命中环数作为考量指标, 平均命中环数越高, 被选中的可能性就越大. 假设两名射手 A、B 在同等的条件下, 瞄准靶子相继射击 100 次, 其射中次数记录分别如下:

射手 A 命中环数	0	5	6	7	8	9	10
命中次数	5	10	10	10	15	30	20

射手 B 命中环数	0	5	6	7	8	9	10
命中次数	5	6	15	10	15	25	24

如果把两名射手的命中环数取算术平均数, 那每名射手的平均命中环数相等, 很显然, 这个平均命中环数没法真实反映射手的真实射击水平, 原因在于这种算法忽略了各个命中

环数对应的命中次数. 另外一种算法是把各个命中环数乘上对应的命中次数, 相加得到该射手的命中总环数, 最后除以射击总次数, 即

$$\frac{0\times 5+5\times 10+6\times 10+7\times 10+8\times 15+9\times 30+10\times 20}{100}=7.7,$$

$$\frac{0\times 5+5\times 6+6\times 15+7\times 10+8\times 15+9\times 25+10\times 24}{100}=7.75.$$

这样得到射手 A 的平均命中环数为 7.7, 射手 B 的平均命中环数为 7.75. 两个数值更客观地反映了两名射手的射击水平, 它考虑了每种命中环数的命中次数, 实际上是一种加权平均.

为了进一步阐明问题, 引出数学期望的公式, 我们以射手 A 的射击情况为例, 设 A 的射击命中环数为随机变量 X, 其可能取值为 0, 5, 6, 7, 8, 9, 10. 由古典概率的定义可求出每种可能取值的概率, 其分布律如下:

X	0	5	6	7	8	9	10
P	0.05	0.1	0.1	0.1	0.15	0.3	0.2

故射手 A 的平均命中环数也可以写为

$$\frac{0\times 5+5\times 10+6\times 10+7\times 10+8\times 15+9\times 30+10\times 20}{100}$$

$$=0\times 0.05+5\times 0.1+6\times 0.1+7\times 0.1+8\times 0.15+9\times 0.3+10\times 0.2$$

$$=0\times P(X=0)+5\times P(X=5)+6\times P(X=6)+7\times P(X=7)+8\times P(X=8)$$

$$+9\times P(X=9)+10\times P(X=10),$$

这是随机变量 X 的平均值, 它是以概率为权重的加权平均值, 在概率论中称为离散型随机变量的数学期望.

定义 4.1.1　设离散型随机变量 X 的分布律为 $P(X=x_i)=p_i, i=1,2,\cdots$, 如果级数 $\displaystyle\sum_{i=1}^{+\infty} x_i p_i$ 绝对收敛, 则随机变量 X 的数学期望 (均值) 为

$$E(X)=\sum_{i=1}^{+\infty} x_i p_i, \tag{4.1.1}$$

若级数 $\displaystyle\sum_{i=1}^{+\infty} x_i p_i$ 不绝对收敛, 则称 X 的数学期望不存在.

注意: $E(X)$ 是一个实数, 而非变量, 它是一种加权平均, 与一般的算术平均值不同, 它从本质上体现了随机变量 X 可能取值的真正的平均值.

要求 $\sum\limits_{i=1}^{+\infty} x_i p_i$ 绝对收敛, 可保证 $\sum\limits_{i=1}^{+\infty} x_i p_i$ 与 X 的取值顺序无关, 始终等于一个定值, 即保证随机变量的数学期望的唯一性. 若级数条件收敛, 改变 $\sum\limits_{i=1}^{+\infty} x_i p_i$ 项的次序可能会使得级数变成发散的或使之具有任意的和, 从而导致数学期望不存在或不唯一.

接下来, 我们举一些例子, 以加深对离散型随机变量数学期望公式的理解, 达到熟练运用公式的目的.

例 4.1.1　已知离散型随机变量 X 的分布律如下:

X	-2	-1	0	1	2
P	0.2	0.1	0.1	0.3	0.3

求 X 的数学期望 $E(X)$.

解　利用式(4.1.1), 得到

$$E(X) = \sum_{i=1}^{+\infty} x_i p_i = (-2) \times 0.2 + (-1) \times 0.1 + 0 \times 0.1 + 1 \times 0.3 + 2 \times 0.3 = 0.4.$$

注意: 已知离散型随机变量的分布律, 利用数学期望的公式时, 应确保每个取值 x_i 都与其概率 p_i 正确对应, 避免出现取值与概率不匹配的情况.

例 4.1.2　离散型随机变量 X 的分布律为

$$P\Big(X = (-1)^k(k+1)\Big) = \frac{1}{k(k+1)}, k = 1, 2, \cdots,$$

求 X 的数学期望 $E(X)$.

解　离散型随机变量数学期望存在的条件是级数绝对收敛, 而

$$\sum_{k=1}^{+\infty} |x_k p_k| = \sum_{k=1}^{+\infty} \left| (-1)^k (k+1) \cdot \frac{1}{k(k+1)} \right| = \sum_{k=1}^{+\infty} \frac{1}{k} \to +\infty.$$

即 $\sum\limits_{i=1}^{+\infty} x_i p_i$ 不满足绝对收敛, X 的数学期望不存在.

注意: 并非所有的随机变量都有数学期望, 对于离散型随机变量, 若其分布律中的某些取值导致级数求和发散, 则该随机变量的数学期望不存在.

下面, 我们来计算常见离散分布的数学期望.

1) 两点分布 $b(1, p)$

设随机变量 X 的分布律为 $P(X = 1) = p, P(X = 0) = 1 - p$, 则

$$E(X) = 1 \times P(X = 1) + 0 \times P(X = 0) = 1 \times p + 0 \times (1 - p) = p.$$

2) 二项分布 $b(n, p)$

设随机变量 X 的分布律为 $P(X = k) = C_n^k p^k (1-p)^{n-k}, k = 0, 1, \cdots, n$，则

$$E(X) = \sum_{i=1}^{+\infty} x_i p_i = \sum_{k=0}^{n} k \times C_n^k p^k (1-p)^{n-k} = \sum_{k=0}^{n} k \times \frac{n!}{k!(n-k)!} p^k (1-p)^{n-k}$$

$$= np \sum_{k=1}^{n} \frac{(n-1)!}{(k-1)!(n-k)!} p^{k-1}(1-p)^{n-k} = np(p+1-p)^{n-1} = np.$$

3) 泊松分布 $P(\lambda)$

设随机变量 X 的分布律为 $P(X = k) = \dfrac{\lambda^k}{k!} \mathrm{e}^{-\lambda}, k = 0, 1, \cdots$; $\lambda > 0$ 为常数，则

$$E(X) = \sum_{i=1}^{+\infty} x_i p_i = \sum_{k=0}^{+\infty} k \times \frac{\lambda^k}{k!} \mathrm{e}^{-\lambda} = \lambda \mathrm{e}^{-\lambda} \sum_{k=1}^{+\infty} \frac{\lambda^{k-1}}{(k-1)!} = \lambda \mathrm{e}^{-\lambda} \mathrm{e}^{\lambda} = \lambda.$$

接下来讨论一维离散型随机变量函数的数学期望. 前面我们已经知道随机变量 X 的函数 $Y = g(X)$ 仍是一个随机变量，根据 X 的分布我们得出 Y 的分布后，代入到离散型随机变量数学期望的公式，就能直观归纳出 Y 的数学期望公式.

定理 4.1.1　离散型随机变量 X 的分布律为 $P(X = x_i) = p_i, i = 1, 2, \cdots$，而 $Y = g(X)$ 也是一个离散型随机变量，其分布律为 $P(Y = g(x_i)) = p_i, i = 1, 2, \cdots$，若级数 $\sum\limits_{i=1}^{+\infty} g(x_i) p_i$ 绝对收敛，则随机变量 Y 的数学期望为

$$E(Y) = \sum_{i=1}^{+\infty} g(x_i) p_i. \tag{4.1.2}$$

若级数 $\sum\limits_{i=1}^{+\infty} g(x_i) p_i$ 不绝对收敛，则 Y 的数学期望不存在.

例 4.1.3　已知离散型随机变量 X 的分布律如下:

X	-1	0	1	2
P	0.1	0.4	0.3	0.2

求 $Y = X^2$ 的数学期望.

解　解法 1: 先求出 Y 的分布律为

X	-1	0	1	2
P	0.1	0.4	0.3	0.2
$Y = X^2$	1	0	1	4

即

$$P(Y = 0) = P(X = 0) = 0.4,$$

$$P(Y = 1) = P(X = -1) + P(X = 1) = 0.4,$$

$$P(Y = 4) = P(X = 2) = 0.2.$$

然后利用式(4.1.1)得到

$$E(Y) = 0 \times 0.4 + 1 \times 0.4 + 4 \times 0.2 = 1.2.$$

解法 2: 可以利用式 (4.1.2) 来求, 即

$$E(Y) = \sum_{i=1}^{+\infty} g(x_i)p_i = (-1)^2 \times 0.1 + 0^2 \times 0.4 + 1^2 \times 0.3 + 2^2 \times 0.2 = 1.2.$$

注意: 求一维离散型随机变量函数的数学期望, 一般直接根据随机变量函数的数学期望的计算公式来计算.

对于离散型随机变量, 其数学期望是通过对所有可能取值进行加权求和得到的, 权重即为每个取值对应的概率. 这种方法适用于取值数量有限或可数无限, 且每个取值都有明确概率的情况. 接下来, 我们来讨论取值范围是连续且无限的情形, 也就是连续型场合.

2. 连续型随机变量的数学期望

由于连续型随机变量的取值充满一个区间, 我们将取值"离散化", 将 X 的取值区间分割成一些小区间, 对于第 i 个小区间, X 的取值可近似于一个数 x_i, X 落入该区间的概率近似于 $f(x_i)\Delta x_i$, 如图 4.1.1 所示.

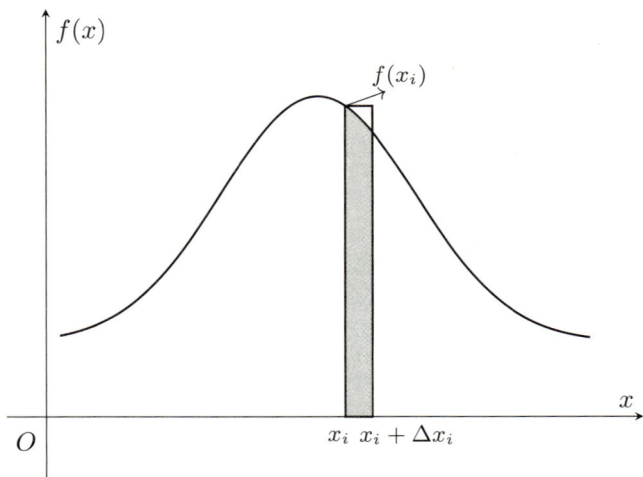

图 4.1.1　连续型随机变量离散化

我们用离散型随机变量的数学期望近似地求连续型随机变量的数学期望, 即 $E(X) = \sum_{i=1}^{+\infty} x_i p_i \approx \sum_{i=1}^{+\infty} x_i f(x_i)\Delta x_i$, 这样我们就可以利用该和式的极限定义出连续型随机变量的数学期望.

定义 4.1.2 设连续型随机变量 X 的密度函数为 $f(x)$，如果反常积分 $\displaystyle\int_{-\infty}^{+\infty} x f(x) \mathrm{d}x$ 绝对收敛，则称

$$E(X) = \int_{-\infty}^{+\infty} x f(x) \mathrm{d}x \tag{4.1.3}$$

为随机变量 X 的数学期望，简称期望 (均值)，若反常积分 $\displaystyle\int_{-\infty}^{+\infty} x f(x) dx$ 不绝对收敛，则称随机变量 X 的数学期望不存在.

接下来，我们举一些例子，以加深对连续型随机变量数学期望公式的理解，达到熟练运用公式的目的.

例 4.1.4 设随机变量 X 的密度函数为 $f(x) = \begin{cases} x, & 0 < x < 1, \\ 2 - x, & 1 \leqslant x \leqslant 2, \\ 0, & \text{其他}, \end{cases}$ 求 X 的数学期望.

解 利用式(4.1.3)得到

$$E(X) = \int_{-\infty}^{+\infty} x f(x)\mathrm{d}x = \int_{-\infty}^{0} x f(x)\mathrm{d}x + \int_{0}^{1} x f(x)\mathrm{d}x + \int_{1}^{2} x f(x)\mathrm{d}x + \int_{2}^{+\infty} x f(x)\mathrm{d}x$$

$$= \int_{-\infty}^{0} x \cdot 0\mathrm{d}x + \int_{0}^{1} x \cdot x\mathrm{d}x + \int_{1}^{2} x \cdot (2-x)\mathrm{d}x + \int_{2}^{+\infty} x \cdot 0\mathrm{d}x$$

$$= \frac{x^3}{3}\Big|_{0}^{1} + \left(x^2 - \frac{x^3}{3}\right)\Big|_{1}^{2} = 1.$$

注意: 在计算连续型随机变量的数学期望时，如果密度函数在定义域内是分段定义的，需要将积分拆分成几个部分进行.

例 4.1.5 设随机变量 X 服从柯西分布，其密度函数为

$$f(x) = \frac{1}{\pi(1+x^2)}, -\infty < x < +\infty,$$

求 X 的数学期望.

解 连续型随机变量数学期望存在的条件是积分绝对收敛，而

$$\int_{-\infty}^{+\infty} \left| x f(x) \right| \mathrm{d}x = \int_{-\infty}^{+\infty} |x| \cdot \frac{1}{\pi(1+x^2)}\,\mathrm{d}x = \int_{-\infty}^{0} -\frac{x}{\pi(1+x^2)}\,\mathrm{d}x + \int_{0}^{+\infty} \frac{x}{\pi(1+x^2)}\,\mathrm{d}x = +\infty,$$

即 $\displaystyle\int_{-\infty}^{+\infty} x f(x)\mathrm{d}x$ 不满足绝对收敛，X 的数学期望不存在.

注意: 连续型随机变量的数学期望在某些情况下可能不存在. 特别是当随机变量的密度函数在某些区域的值非常大，或者其形状导致积分无法收敛到有限值时，数学期望就不存在.

下面, 我们一起来归纳常见连续分布的数学期望.

1) 均匀分布 $U(a,b)$

设随机变量 $X \sim U(a,b)$, 其密度函数为 $f(x) = \begin{cases} \dfrac{1}{b-a}, & a < x < b, \\ 0, & \text{其他}, \end{cases}$ 则

$$E(X) = \int_{-\infty}^{+\infty} x f(x) \mathrm{d}x = \int_a^b x \cdot \frac{1}{b-a} \mathrm{d}x = \frac{a+b}{2}.$$

2) 指数分布 $e(\lambda)$

设随机变量 $X \sim e(\lambda)$, 其密度函数为 $f(x) = \begin{cases} \lambda \mathrm{e}^{-\lambda x}, & x > 0, \\ 0, & x \leqslant 0, \end{cases}$ 则

$$E(X) = \int_{-\infty}^{+\infty} x f(x) \mathrm{d}x = \int_0^{+\infty} x \cdot \lambda \mathrm{e}^{-\lambda x} \mathrm{d}x = -\left(x \mathrm{e}^{-\lambda x} \Big|_0^{+\infty} - \int_0^{+\infty} \mathrm{e}^{-\lambda x} \mathrm{d}x \right) = \frac{1}{\lambda}.$$

3) 正态分布 $N(\mu, \sigma^2)$

设随机变量 $X \sim N(\mu, \sigma^2)$, 其密度函数为

$$f(x) = \frac{1}{\sqrt{2\pi}\sigma} \mathrm{e}^{-\frac{(x-\mu)^2}{2\sigma^2}}, \quad -\infty < x < +\infty,$$

则

$$E(X) = \int_{-\infty}^{+\infty} x f(x) \mathrm{d}x = \int_{-\infty}^{+\infty} x \cdot \frac{1}{\sqrt{2\pi}\sigma} \mathrm{e}^{-\frac{(x-\mu)^2}{2\sigma^2}} \mathrm{d}x,$$

令 $\dfrac{x-\mu}{\sqrt{2}\sigma} = z$, 得 $x = \sqrt{2}\sigma z + \mu$, 从而

$$E(X) = \int_{-\infty}^{+\infty} (\sqrt{2}\sigma z + \mu) \cdot \frac{1}{\sqrt{2\pi}\sigma} \mathrm{e}^{-z^2} \mathrm{d}(\sqrt{2}\sigma z + \mu) = \int_{-\infty}^{+\infty} (\sqrt{2}\sigma z + \mu) \cdot \frac{1}{\sqrt{\pi}} \mathrm{e}^{-z^2} \mathrm{d}z$$

$$= \int_{-\infty}^{+\infty} \frac{\sqrt{2}\sigma z}{\sqrt{\pi}} \mathrm{e}^{-z^2} \mathrm{d}z + \int_{-\infty}^{+\infty} \frac{\mu}{\sqrt{\pi}} \mathrm{e}^{-z^2} \mathrm{d}z$$

$$= \sqrt{\frac{2}{\pi}} \cdot \left(-\frac{1}{2} \right) \sigma \cdot \mathrm{e}^{-z^2} \Big|_{-\infty}^{+\infty} + \frac{\mu}{\sqrt{\pi}} \cdot \sqrt{\pi} = \mu.$$

注意: 正态分布 $N(\mu, \sigma^2)$ 的第一个参数 μ 正是该分布的数学期望.

离散型随机变量函数的分布能比较容易求出来, 而连续型随机变量函数的分布就复杂多了. 已知随机变量 X 的分布为 $f_X(x)$, 利用第 2 章的分布函数法或者公式法, 我们可以将 $Y = g(X)$ 的密度函数 $f_Y(y)$ 求出来, 则

$$E(Y) = \int_{-\infty}^{+\infty} y f_Y(y) \mathrm{d}y.$$

这种方法从理论上是可行的, 但是从技术层面上却不常用这种方法, 因为求 Y 的分布函数、密度函数通常存在一定的难度.

实际上, 我们有一种方法, 在给出 X 的分布后而不必通过求 Y 的分布, 就能求出 Y 的数学期望. 由于公式的严格证明过于复杂, 这里不予证明.

定理 4.1.2 设连续型随机变量 X 的密度函数为 $f(x)$, $Y = g(X)$ (g 是连续函数), 若反常积分 $\int_{-\infty}^{+\infty} g(x)f(x)\mathrm{d}x$ 绝对收敛, 则随机变量 Y 的数学期望为

$$E(Y) = \int_{-\infty}^{+\infty} g(x)f(x)\mathrm{d}x. \tag{4.1.4}$$

若反常积分 $\int_{-\infty}^{+\infty} g(x)f(x)\mathrm{d}x$ 不绝对收敛, 则 Y 的数学期望不存在.

特别地, 当 $Y = X$ 时, $E(Y) = \int_{-\infty}^{+\infty} g(x)f(x)\mathrm{d}x = \int_{-\infty}^{+\infty} xf(x)\mathrm{d}x = E(X)$.

例 4.1.6 设随机变量 X 的密度函数为 $f(x) = \begin{cases} \mathrm{e}^{-x}, & x > 0, \\ 0, & x \leqslant 0, \end{cases}$ 求

(1) $Y = 2X$ 的数学期望;

(2) $Y = X^2$ 的数学期望.

解 (1) $y = g(x) = 2x$ 是严格递增函数, 其反函数 $x = h(y) = \dfrac{y}{2}$ 处处可导, 故可以利用连续型随机变量函数的分布的公式法, 求出 Y 的密度函数, 即

$$f_Y(y) = \begin{cases} f_X\left(\dfrac{y}{2}\right) \cdot \dfrac{1}{2}, & y > 0 \\ 0, & y \leqslant 0, \end{cases} = \begin{cases} \dfrac{1}{2}\mathrm{e}^{-\frac{y}{2}}, & y > 0, \\ 0, & y \leqslant 0, \end{cases}$$

则

$$E(Y) = \int_{-\infty}^{+\infty} yf_Y(y)\mathrm{d}y = \int_0^{+\infty} y \cdot \frac{1}{2}\mathrm{e}^{-\frac{y}{2}}\mathrm{d}y = (-y\mathrm{e}^{-\frac{y}{2}})\big|_0^{+\infty} + \int_0^{+\infty} \mathrm{e}^{-\frac{y}{2}}\mathrm{d}y = (-2\mathrm{e}^{-\frac{y}{2}})\big|_0^{+\infty} = 2.$$

(2) $y = g(x) = x^2$ 不满足公式法的条件, 此时, 强行求出 Y 的密度函数太麻烦, 故可代入式 (4.1.4), 即

$$E(Y) = \int_{-\infty}^{+\infty} g(x)f(x)\mathrm{d}x = \int_0^{+\infty} x^2\mathrm{e}^{-x}\mathrm{d}x$$

$$= \int_0^{+\infty} x^2\mathrm{d}(-\mathrm{e}^{-x}) = (-x^2\mathrm{e}^{-x})\big|_0^{+\infty} + \int_0^{+\infty} \mathrm{e}^{-x}\mathrm{d}(x^2)$$

$$= \int_0^{+\infty} 2x\mathrm{e}^{-x}\mathrm{d}x = (-2x\mathrm{e}^{-x})\big|_0^{+\infty} + \int_0^{+\infty} 2\mathrm{e}^{-x}\mathrm{d}x = (-2\mathrm{e}^{-x})\big|_0^{+\infty} = 2.$$

注意: 一维连续型随机变量函数的数学期望可以通过多种方法求解, 每种方法都有优缺点. 上例第一问先求出 Y 的密度函数, 然后借助定义求出了 Y 的数学期望; 而第二问中, 求解 Y 的密度函数存在一定的难度, 此时, 利用式(4.1.4)不失为更好的方法.

3. 随机变量的数学期望的性质

上面我们讨论了随机变量的数学期望, 给出了随机变量函数的数学期望的公式, 下面我们介绍数学期望的一些性质, 以加深对数学期望本质特征的认识, 简化运算.

性质 4.1.1　设随机变量 X 的数学期望 $E(X)$ 存在, 则对任意常数 a, c, 有

(1) $E(c) = c$;

(2) $E(aX) = aE(X)$;

(3) $E(aX + c) = aE(X) + c$.

证明　仅在连续型场合证明以上性质, 对于离散型随机变量也可以类似进行证明.

(1) 令 $g(x) = c$, 则 $E(Y) = E(c) = \int_{-\infty}^{+\infty} g(x)f(x)\mathrm{d}x = c\int_{-\infty}^{+\infty} f(x)\mathrm{d}x = c \times 1 = c$;

(2) 令 $g(x) = ax$, 则

$$E(Y) = E(aX) = \int_{-\infty}^{+\infty} axf(x)\mathrm{d}x = a\int_{-\infty}^{+\infty} xf(x)\mathrm{d}x = aE(X).$$

(3) 令 $g(x) = ax + c$, 则 $E(Y) = E(aX + c) = \int_{-\infty}^{+\infty} (ax + c)f(x)\mathrm{d}x = a\int_{-\infty}^{+\infty} xf(x)\mathrm{d}x$

$$+ \int_{-\infty}^{+\infty} cf(x)\mathrm{d}x = aE(X) + c.$$

注意: 对于任意常数和随机变量, 其线性组合的数学期望等于各随机变量数学期望的线性组合. 这是数学期望的一个基本且重要的性质, 广泛应用于各种概率问题的计算.

例 4.1.7　设随机变量 $X \sim b(10, 0.6)$, 求随机变量 $Y = 3X + 2$ 的数学期望.

解　随机变量 $X \sim b(10, 0.6)$, 则 $E(X) = np = 6$,
故根据数学期望的性质可知 $E(Y) = E(3X + 2) = 3E(X) + 2 = 20$.

注意: 一维随机变量数学期望的线性性质大大简化了计算过程, 提高了计算效率, 结果直观易于解释, 有助于我们更深入地理解和分析随机变量的性质.

4.1.2　一维随机变量的方差

1. 方差的定义与计算

随机变量的数学期望是随机变量重要的数字特征之一, 它能反映随机变量取值的集中趋势. 而在实际应用中, 我们往往需要同时关注数据的集中趋势和离散程度, 以获得对数据集的全面理解. 例如, 在数字通信系统中, 通过计算接收端信号与发送端信号的波动程度, 以衡量噪声的强度并进行同步处理.

如何度量随机变量取值的波动程度呢? 波动即偏离, 我们可以用随机变量取值与均值的差 $X - E(X)$ 来刻画, 但存在各项正负抵消, 反映不出总的波动程度的问题, $|X - E(X)|$ 又不便于计算, 因此, 用 $[X - E(X)]^2$ 来度量波动程度更为合适, 且便于计算. 而 $[X - E(X)]^2$

是一个随机变量, 反映的是随机变量 X 与其中心的偏离程度, 故用 $E[X - E(X)]^2$ 来刻画随机变量 X 对其分布中心的平均偏离程度, 这一量就是本节要研究的另一个数字特征——方差.

定义 4.1.3   设 X 是随机变量, 若 $[X - E(X)]^2$ 的数学期望存在, 则定义随机变量 X 的方差为

$$D(X) = \text{Var}(X) = E[X - E(X)]^2. \tag{4.1.5}$$

方差的算术平方根 $\sqrt{D(X)}$ 称为随机变量 X 的标准差 (均方差).

注意: 若 $E[X - E(X)]^2$ 不存在, 则称 X 的方差不存在. 当随机变量的数学期望存在时, 其方差不一定存在; 而当随机变量的方差存在时, 其数学期望必定存在.

由定义可知, $D(X)$ 若存在, 必有 $D(X) \geqslant 0$. 它从本质上反映了随机变量取值与其数学期望的平均偏离程度. 方差越小, X 的所有可能取值越集中在数学期望的附近; 方差越大, X 的所有可能取值越分散. 一般来说, 要求方差越小越好.

显然, 方差是随机变量 X 的函数 $Y = [X - E(X)]^2$ 的数学期望, 因此, 方差可以利用式(4.1.2)和式(4.1.4)来计算, 即

$$D(X) = E[X - E(X)]^2 = \begin{cases} \displaystyle\sum_{i=1}^{+\infty} [x_i - E(X)]^2\, p_i, & X\text{为离散型}, \\[2mm] \displaystyle\int_{-\infty}^{+\infty} [x - E(X)]^2\, f(x)\mathrm{d}x, & X\text{为连续型} \end{cases}$$

$$= \begin{cases} \displaystyle\sum_{i=1}^{+\infty} x_i^2 p_i - 2E(X) \sum_{i=1}^{+\infty} x_i p_i + E^2(X) \sum_{i=1}^{+\infty} p_i, \\[2mm] \displaystyle\int_{-\infty}^{+\infty} x^2 f(x)\mathrm{d}x - 2E(X) \int_{-\infty}^{+\infty} x f(x)\mathrm{d}x + E^2(X) \int_{-\infty}^{+\infty} f(x)\mathrm{d}x \end{cases}$$

$$= E(X^2) - 2E(X)E(X) + E^2(X) = E(X^2) - E^2(X).$$

即方差的计算公式为

$$D(X) = E[X - E(X)]^2 = \begin{cases} \displaystyle\sum_{i=1}^{+\infty} [x_i - E(X)]^2\, p_i \\[2mm] \displaystyle\int_{-\infty}^{+\infty} [x - E(X)]^2\, f(x)\mathrm{d}x \end{cases} = E(X^2) - E^2(X). \tag{4.1.6}$$

方差与标准差的功能相似, 它们都是描述随机变量取值的离散程度的两个数字特征. 方差与标准差之间的差别主要在量纲上. 例如, 某随机变量取值的单位是 m, 那么数学期望的单位是 m, 方差的单位是 m^2, 标准差是方差的算术平方根, 单位是 m. 由此可见, 标准差与所讨论的随机变量、数学期望有相同的量纲, 因此, 在实际中, 我们会更习惯选用标准差, 但标准差的计算必须通过方差才能计算出来.

例 4.1.8   两名射手 A、B 在同等条件下射击的命中环数 X 与 Y 的分布律如下表所示:

X	7	8	9	10
P	0.2	0.35	0.2	0.25

Y	0	8	9	10
P	0.05	0.4	0.2	0.35

试分析两名射手的射击水平谁更胜一筹.

解　两名射手命中环数的数学期望分别为

$$E(X) = 7 \times 0.2 + 8 \times 0.35 + 9 \times 0.2 + 10 \times 0.25 = 8.5,$$

$$E(Y) = 0 \times 0.05 + 8 \times 0.4 + 9 \times 0.2 + 10 \times 0.35 = 8.5.$$

两名射手的平均命中环数相同, 显然, 只从均值角度是分不出谁更厉害的, 此时, 我们需要进一步借助方差来评判哪名射手的射击水平更稳定些.

$$E(X^2) = 7^2 \times 0.2 + 8^2 \times 0.35 + 9^2 \times 0.2 + 10^2 \times 0.25 = 73.4,$$

$$E(Y^2) = 0^2 \times 0.05 + 8^2 \times 0.4 + 9^2 \times 0.2 + 10^2 \times 0.35 = 76.8,$$

$$D(X) = E(X^2) - E^2(X) = 73.4 - 8.5^2 = 1.15,$$

$$D(Y) = E(Y^2) - E^2(Y) = 76.8 - 8.5^2 = 4.55,$$

显然 $D(X) < D(Y)$, 射手 A 的水平更稳定些, 技术更胜一筹.

注意: 在数学期望相同的前提下运用方差进行比较, 需着重留意数据的样本特性, 方差越小, 数据越集中, 但这并不适用于所有场景, 如比较不同班级不同科目成绩的稳定性.

2. 常见分布的方差

利用式 (4.1.6) 容易求得几个常见分布的方差如下.

(1) 两点分布: 随机变量 X 的分布律为

$$P(X = 1) = p, P(X = 0) = 1 - p,$$

且 $E(X) = p$, 则

$$E(X^2) = 1^2 \times P(X = 1) + 0^2 \times P(X = 0) = 1 \times p + 0 \times (1 - p) = p,$$

$$D(X) = E(X^2) - E^2(X) = p - p^2 = p(1 - p).$$

(2) 二项分布: 随机变量 X 的分布律为

$$P(X = k) = C_n^k p^k (1 - p)^{n-k}, k = 0, 1, \cdots, n,$$

且 $E(X) = np$, 则

$$E(X^2) = \sum_{i=1}^{+\infty} x_i^2 p_i = \sum_{k=0}^{n} k^2 \times C_n^k p^k (1 - p)^{n-k}$$

$$= \sum_{k=0}^{n} k(k-1) \times \frac{n!}{k!(n-k)!} p^k (1-p)^{n-k} + \sum_{k=0}^{n} k \times \frac{n!}{k!(n-k)!} p^k (1-p)^{n-k}$$

$$= n(n-1)p^2 \sum_{k=2}^{n} \frac{(n-2)!}{(k-2)!(n-k)!} p^{k-2}(1-p)^{n-k} + np$$

$$= n(n-1)p^2(p+1-p)^{n-2} + np = n(n-1)p^2 + np,$$

$$D(X) = E(X^2) - E^2(X) = n(n-1)p^2 + np - (np)^2 = np(1-p).$$

(3) 泊松分布: 随机变量 X 的分布律为

$$P(X=k) = \frac{\lambda^k}{k!} e^{-\lambda}, k = 0, 1, \cdots; \lambda > 0 \text{为常数}$$

且 $E(X) = \lambda$, 则

$$E(X^2) = \sum_{i=1}^{+\infty} x_i^2 p_i = \sum_{k=0}^{+\infty} k^2 \cdot \frac{\lambda^k}{k!} e^{-\lambda} = \sum_{k=0}^{+\infty} (k^2 - k + k) \cdot \frac{\lambda^k}{k!} e^{-\lambda}$$

$$= \sum_{k=0}^{+\infty} (k^2 - k) \cdot \frac{\lambda^k}{k!} e^{-\lambda} + \sum_{k=0}^{+\infty} k \cdot \frac{\lambda^k}{k!} e^{-\lambda} = \lambda^2 e^{-\lambda} \sum_{k=2}^{+\infty} \frac{\lambda^{k-2}}{(k-2)!} + \lambda$$

$$= \lambda^2 e^{-\lambda} e^{\lambda} + \lambda = \lambda^2 + \lambda,$$

$$D(X) = E(X^2) - E^2(X) = \lambda^2 + \lambda - \lambda^2 = \lambda.$$

注意: 泊松分布的数学期望和方差均为参数 λ.

(4) 均匀分布: 随机变量 $X \sim U(a,b)$, 其密度函数为

$$f(x) = \begin{cases} \dfrac{1}{b-a}, & a < x < b, \\ 0, & \text{其他}, \end{cases}$$

且 $E(X) = \dfrac{a+b}{2}$, 则

$$E(X^2) = \int_{-\infty}^{+\infty} x^2 f(x)\mathrm{d}x = \int_a^b x^2 \cdot \frac{1}{b-a}\mathrm{d}x = \frac{1}{b-a} \cdot \frac{x^3}{3}\Big|_a^b = \frac{a^2+ab+b^2}{3},$$

$$D(X) = E(X^2) - E^2(X) = \frac{a^2+ab+b^2}{3} - \left(\frac{a+b}{2}\right)^2 = \frac{(b-a)^2}{12}.$$

(5) 指数分布: 随机变量 $X \sim e(\lambda)$, 其密度函数为

$$f(x) = \begin{cases} \lambda e^{-\lambda x}, & x > 0, \\ 0, & x \leqslant 0, \end{cases}$$

且 $E(X) = \dfrac{1}{\lambda}$, 则

$$E(X^2) = \int_{-\infty}^{+\infty} x^2 f(x) \mathrm{d}x = \int_0^{+\infty} x^2 \cdot \lambda \mathrm{e}^{-\lambda x} \mathrm{d}x = (-x^2 \mathrm{e}^{-\lambda x}) \Big|_0^{+\infty} + \int_0^{+\infty} \mathrm{e}^{-\lambda x} \mathrm{d}(x^2) = \frac{2}{\lambda^2},$$

$$D(X) = E(X^2) - E^2(X) = \frac{2}{\lambda^2} - \frac{1}{\lambda^2} = \frac{1}{\lambda^2}.$$

(6) 正态分布: 随机变量 $X \sim N(\mu, \sigma^2)$, 其密度函数为

$$f(x) = \frac{1}{\sqrt{2\pi}\sigma} \mathrm{e}^{-\frac{(x-\mu)^2}{2\sigma^2}}, \quad -\infty < x < +\infty,$$

且 $E(X) = \mu$, 则

$$
\begin{aligned}
E(X^2) &= \int_{-\infty}^{+\infty} x^2 f(x)\, \mathrm{d}x = \int_{-\infty}^{+\infty} x^2 \cdot \frac{1}{\sqrt{2\pi}\sigma} \mathrm{e}^{-\frac{(x-\mu)^2}{2\sigma^2}}\, \mathrm{d}x \quad \left(令\ \frac{x-\mu}{\sigma} = z, 则\ x = \sigma z + \mu\right) \\
&= \int_{-\infty}^{+\infty} (\sigma z + \mu)^2 \cdot \frac{1}{\sqrt{2\pi}\sigma} \mathrm{e}^{-\frac{z^2}{2}}\, \mathrm{d}(\sigma z + \mu) \\
&= \frac{1}{\sqrt{2\pi}} \left(\sigma^2 \int_{-\infty}^{+\infty} z^2 \mathrm{e}^{-\frac{z^2}{2}}\, \mathrm{d}z + 2\mu\sigma \int_{-\infty}^{+\infty} z \mathrm{e}^{-\frac{z^2}{2}}\, \mathrm{d}z + \mu^2 \int_{-\infty}^{+\infty} \mathrm{e}^{-\frac{z^2}{2}}\, \mathrm{d}z \right) \\
&= \frac{1}{\sqrt{2\pi}} \left[\sigma^2 \left(-z\mathrm{e}^{-\frac{z^2}{2}} \right) \Big|_{-\infty}^{+\infty} - \sigma^2 \int_{-\infty}^{+\infty} \mathrm{e}^{-\frac{z^2}{2}}\, \mathrm{d}(-z) + 2\mu\sigma(-\mathrm{e}^{-\frac{z^2}{2}}) \Big|_{-\infty}^{+\infty} + \sqrt{2\pi}\mu^2 \right] \\
&= \frac{1}{\sqrt{2\pi}} \left(\sigma^2 \int_{-\infty}^{+\infty} \mathrm{e}^{-\frac{z^2}{2}}\, \mathrm{d}z + \sqrt{2\pi}\mu^2 \right) \\
&= \frac{1}{\sqrt{2\pi}} \left[\sqrt{2}\sigma^2 \int_{-\infty}^{+\infty} \mathrm{e}^{-(\frac{z}{\sqrt{2}})^2}\, \mathrm{d}\frac{z}{\sqrt{2}} + \sqrt{2\pi}\mu^2 \right] \\
&= \frac{1}{\sqrt{2\pi}} (\sqrt{2\pi}\,\sigma^2 + \sqrt{2\pi}\mu^2) = \sigma^2 + \mu^2,
\end{aligned}
$$

故

$$D(X) = E(X^2) - E^2(X) = \sigma^2 + \mu^2 - \mu^2 = \sigma^2.$$

注意: 上述计算中借助了线性变换, 结合泊松积分公式 $\left(\int_{-\infty}^{+\infty} \mathrm{e}^{-t^2} \mathrm{d}t = \sqrt{\pi} \right)$ 计算起来比较困难, 实际上, 直接用方差的定义更为简便, 即

$$D(X) = E[X - E(X)]^2 = \int_{-\infty}^{+\infty} [x - E(X)]^2 f(x)\mathrm{d}x = \int_{-\infty}^{+\infty} (x-\mu)^2 \cdot \frac{1}{\sqrt{2\pi}\sigma} \mathrm{e}^{-\frac{(x-\mu)^2}{2\sigma^2}}\, \mathrm{d}x = \sigma^2.$$

通过对数学期望和方差的深入认识. 我们发现常见分布的数学期望和方差这两个数字特征全部由它们各自的参数所决定, 见下表.

分布名称	分布记号	分布工具	数学期望	方差
两点分布	$X \sim b(1,p)$	$P(X=1)=p,$ $P(X=0)=1-p$	p	$p(1-p)$
二项分布	$X \sim b(n,p)$	$P(X=k)=C_n^k p^k (1-p)^{n-k},$ $k=0,1,\cdots,n$	np	$np(1-p)$
泊松分布	$X \sim P(\lambda)$	$P(X=k)=\dfrac{\lambda^k}{k!}\mathrm{e}^{-\lambda},$ $k=0,1,\cdots;\lambda>0$ 为常数	λ	λ
均匀分布	$U(a,b)$	$f(x)=\begin{cases}\dfrac{1}{b-a}, & a<x<b, \\ 0, & \text{其他}\end{cases}$	$\dfrac{a+b}{2}$	$\dfrac{(b-a)^2}{12}$
指数分布	$e(\lambda)$	$f(x)=\begin{cases}\lambda\mathrm{e}^{-\lambda x}, & x>0, \\ 0, & x\leqslant 0\end{cases}$	$\dfrac{1}{\lambda}$	$\dfrac{1}{\lambda^2}$
正态分布	$N(\mu,\sigma^2)$	$f(x)=\dfrac{1}{\sqrt{2\pi}\sigma}\mathrm{e}^{-\frac{(x-\mu)^2}{2\sigma^2}},-\infty<x<+\infty$	μ	σ^2

熟悉常见分布的数学期望、方差, 在某些情形下可以简化计算.

3. 随机变量的方差的性质

方差是随机变量 X 的函数 $Y=[X-E(X)]^2$ 的数学期望, 因此, 可以利用式(4.1.2)和式(4.1.4)来推导出方差的一些性质, 以加深对方差本质特征的认识, 简化运算.

性质 4.1.2　设随机变量 X 的方差 $D(X)$ 存在, 则对任意常数 a,c, 有

(1) $D(c)=0$;

(2) $D(aX)=a^2 D(X)$;

(3) $D(aX+c)=a^2 D(X)$.

证明　仅在连续型场合证明以上性质, 对于离散型随机变量亦可类似进行证明.

(1) $D(c)=E[c-E(c)]^2=\displaystyle\int_{-\infty}^{+\infty}[c-E(c)]^2 f(x)\mathrm{d}x=\int_{-\infty}^{+\infty}0\cdot f(x)\mathrm{d}x=0$;

(2) $D(aX)=E[aX-E(aX)]^2=\displaystyle\int_{-\infty}^{+\infty}[ax-E(aX)]^2 f(x)\mathrm{d}x$

$\qquad = a^2\displaystyle\int_{-\infty}^{+\infty}[x-E(X)]^2 f(x)\mathrm{d}x=a^2 D(X)$;

(3) $D(aX+c)=E[aX+c-E(aX+c)]^2=\displaystyle\int_{-\infty}^{+\infty}[ax+c-E(aX)-c]^2 f(x)\mathrm{d}x$

$\qquad = a^2\displaystyle\int_{-\infty}^{+\infty}[x-E(X)]^2 f(x)\mathrm{d}x=a^2 D(X)$.

注意: 在运用方差性质时, 有诸多需要注意事项. 性质 4.1.2(1) 表明固定不变的常数不存在波动; 性质 4.1.2(2) 要注意 a 对方差的影响是平方关系; 性质 4.1.2(3) 中的 c 不管是正数还是负数, 其方差的值均不受 c 的影响.

接下来, 我们举一些例子, 以加深对方差性质的理解, 能熟练运用性质简化计算.

例 4.1.9　设随机变量 $X \sim N(1,4)$, 求随机变量 $Y=2X+1$ 的方差.

解　$X \sim N(1,4)$, 则 $D(X) = 4$,

故根据方差的性质, 可知 $D(Y) = D(2X + 1) = 2^2 D(X) = 4 \times 4 = 16$.

　　注意: 该例运用了方差的性质 4.1.2(3), 求解 $D(2X + 1)$ 时, 容易和数学期望的线性性质搞混淆, 而误写成 $2D(X)$ 或 $2D(X) + 1$, 因此一定要牢记方差的性质 4.1.2(3).

　　例4.1.10　已知随机变量 X 的数学期望为 $E(X)$, 方差为 $D(X)$, 试求 $Y = \dfrac{X - E(X)}{\sqrt{D(X)}}$

的数学期望和方差.

　　解　由数学期望和方差的性质, 可知

$$E(Y) = E\left[\frac{X - E(X)}{\sqrt{D(X)}}\right] = \frac{1}{\sqrt{D(X)}} E[X - E(X)] = \frac{1}{\sqrt{D(X)}}[E(X) - E(X)] = 0,$$

$$D(Y) = D\left[\frac{X - E(X)}{\sqrt{D(X)}}\right] = \frac{1}{D(X)} D[X - E(X)] = \frac{1}{D(X)} \cdot D(X) = 1.$$

　　我们将 $Y = \dfrac{X - E(X)}{\sqrt{D(X)}}$ 称为 X 标准化后的随机变量, 这个操作也称为将 X 标准化.

　　注意: 经过标准化处理后的随机变量, 其数学期望为 0, 方差为 1. 这种特性使得标准化后的数据在许多统计分析和机器学习任务中易于处理. 由于标准化随机变量是无量纲的, 从而消除了数据的量纲和单位差异.

4. 切比雪夫不等式

　　19 世纪俄国数学家切比雪夫研究随机变量与其数学期望的关系中, 论证并用方差表达了一个不等式, 这个不等式在概率论与数理统计中有着广泛的应用, 它就是**切比雪夫不等式**.

　　定理 4.1.3　设随机变量 X 的数学期望和方差均存在, 则对任意常数 $\varepsilon > 0$, 有

$$P(|X - E(X)| \geqslant \varepsilon) \leqslant \frac{D(X)}{\varepsilon^2}, \tag{4.1.7}$$

或

$$P(|X - E(X)| < \varepsilon) \geqslant 1 - \frac{D(X)}{\varepsilon^2}. \tag{4.1.8}$$

　　证明　设 X 是一个连续型随机变量, 其密度函数为 $f(x)$, 记 $E(X) = a$, 我们有

$$P(|X - a| \geqslant \varepsilon) = \int_{|x-a| \geqslant \varepsilon} f(x)\mathrm{d}x \leqslant \int_{|x-a| \geqslant \varepsilon} \frac{(x - a)^2}{\varepsilon^2} f(x)\mathrm{d}x$$

$$\leqslant \frac{1}{\varepsilon^2} \int_{-\infty}^{+\infty} (x - a)^2 f(x)\mathrm{d}x = \frac{D(X)}{\varepsilon^2},$$

由此可知定理 4.1.3 对连续型随机变量成立, 对于离散型随机变量亦可类似进行证明.

切比雪夫不等式给出事件 $\{|X - E(X)| \geqslant \varepsilon\}$ 发生概率的上界, 这个上界与方差成正比, 方差越小, $\dfrac{D(X)}{\varepsilon^2}$ 也越小, 即 $1 - \dfrac{D(X)}{\varepsilon^2}$ 越大, 则 X 的取值越集中在数学期望 $E(X)$ 附近. 切比雪夫不等式再一次说明了方差是随机变量取值与其中心偏离程度的数字特征.

例 4.1.11 现有一大批种子, 其中良种占比 0.25, 现从中任取 1000 粒, 请用切比雪夫不等式估计这 1000 粒中良种所占比例与 0.25 之差的绝对值小于 0.1 的概率.

解 设这 1000 粒中良种的数量为 X, 则

$$X \sim b(1000, 0.25), E(X) = 250, D(X) = 187.5,$$

利用式(4.1.8)可得

$$P\left(\left|\frac{X}{1000} - 0.25\right| < 0.1\right) = P(|X - 250| < 100) \geqslant 1 - \frac{D(X)}{\varepsilon^2} = 1 - \frac{187.5}{100^2} = 0.98125.$$

注意: 在使用切比雪夫不等式时, 需要准确计算随机变量的期望和方差, 这是应用该不等式的基础. 同时, 还需要根据实际问题构造出绝对值不等式, 确定合适的 ε, 以便计算出偏离期望的概率的界限.

4.1.3 一维随机变量的矩

随机变量的数学期望和方差是随机变量最常用的两个数字特征, 把它们推广到更一般的情形, 就得到矩的定义. 随机变量的矩是概率论中的一个重要概念. 它们提供了描述随机变量分布特征的有用工具, 也可以帮助我们更好地理解和分析随机变量的性质.

定义 4.1.4 设 X 是随机变量, 若对任意正整数 k, $E(X^k)$ 存在, 则称此数学期望为 X 的 k 阶原点矩, 记为 μ_k, 即

$$\mu_k = E(X^k). \tag{4.1.9}$$

定义 4.1.5 设 X 是随机变量, 若对任意正整数 k, $E[X - E(X)]^k$ 存在, 则称此数学期望为 X 的 k 阶中心矩, 记为 ν_k, 即

$$\nu_k = E[X - E(X)]^k. \tag{4.1.10}$$

由定义可知, 随机变量的矩能够描述随机变量的分布特性, 不同阶的矩对应不同的分布特性, 例如, 一阶原点矩又称为数学期望, 它表示随机变量的平均值; 二阶中心矩又称方差, 它刻画随机变量对其分布中心的平均偏离程度. 更高阶矩能提供更详细的分布信息, 例如, 三阶矩能够描述分布的偏度, 四阶矩能够描述分布的峰度. 不同分布的矩与分布特性之间存在一定的关系, 因此, 在实际应用中需要根据具体问题选择合适的矩来描述随机变量的分布特性.

例 4.1.12 设随机变量 X 的密度函数为 $f(x) = \begin{cases} \dfrac{3x^2}{8}, & 0 < x < 2, \\ 0, & \text{其他}, \end{cases}$ 求 X 的三阶原点矩.

解　利用式 (4.1.9), 得

$$E(X^3) = \int_{-\infty}^{+\infty} x^3 f(x) \mathrm{d}x = \int_0^2 x^3 \cdot \frac{3x^2}{8} \mathrm{d}x = \int_0^2 \frac{3x^5}{8} \mathrm{d}x = \frac{3x^6}{8 \times 6} \Big|_0^2 = 4.$$

小 节 要 点

1. 掌握一维随机变量的数学期望和方差的定义, 并会计算.

2. 随机变量的数学期望和方差从不同角度刻画了一维随机变量的特征, 期望刻画中心位置, 方差刻画离散程度.

3. 离散型随机变量数学期望用求和公式来计算, 计算过程中要确保分布律是完备的, 所有概率之和为 1, 否则会导致期望计算错误.

4. 连续型随机变量数学期望用积分公式来计算, 计算过程中要正确确定密度函数, 其在整个定义域上的积分值必须是 1.

5. 对于方差, 对定义的理解很关键, 在计算时, 无论是离散型还是连续型, 均先求期望, 而且方差是非负的, 在运用性质 4.1.2(2) 时要注意 a 对方差的影响是平方关系.

应 记 应 背

1. 一维随机变量的数学期望:

$$E(X) = \begin{cases} \sum_{i=1}^{+\infty} x_i p_i, & X \text{是离散型}, \\[3mm] \int_{-\infty}^{+\infty} x f(x) \, \mathrm{d}x, & X \text{是连续型}. \end{cases}$$

2. 一维随机变量方差的简化公式: $D(X) = E(X^2) - E^2(X)$.

3. 一维随机变量的数学期望的线性性质: $E(aX + b) = aE(X) + b$.

4. 一维随机变量的方差的性质: $D(aX + b) = a^2 D(X)$.

5. 常见分布的期望和方差:

分布名称	分布记号	数学期望	方差
两点分布	$X \sim b(1, p)$	p	$p(1 - p)$
二项分布	$X \sim b(n, p)$	np	$np(1 - p)$
泊松分布	$X \sim P(\lambda)$	λ	λ
均匀分布	$U(a, b)$	$\dfrac{a + b}{2}$	$\dfrac{(b - a)^2}{12}$
指数分布	$e(\lambda)$	$\dfrac{1}{\lambda}$	$\dfrac{1}{\lambda^2}$
正态分布	$N(\mu, \sigma^2)$	μ	σ^2

6. 切比雪夫不等式: $P(|X - E(X)| < \varepsilon) \geqslant 1 - \dfrac{D(X)}{\varepsilon^2}$.

✍习 题 4.1

1. 设随机变量 X 服从二项分布 $b(10, 0.3)$, 求 $E(X)$ 和 $D(X)$.

2. 设随机变量 X 服从参数为 1 的泊松分布, 求 $P(X = E(X))$.

3. 设随机变量 X 服从参数为 1 的指数分布, 求 $E(X)$ 和 $E[X - E(X)]$.

4. 设随机变量 X 的数学期望 $E(X) = 5$, 方差 $D(X) = 4$, 试利用切比雪夫不等式估算 $P(|X - 5| \geqslant 4)$.

5. 设随机变量 X 服从正态分布 $N(10, 2^2)$, 求 $E(X - 10)$ 和 $D(X + 10)$.

6. 设随机变量 X 的密度函数为 $f(x) = \begin{cases} kx^2, & 0 \leqslant x \leqslant 1, \\ 0, & \text{其他}. \end{cases}$ 求 $E(X)$ 和 $D(X)$.

7. 设随机变量 X 的分布律为

X	1	2	4
P	0.2	0.3	0.5

求 $Y = 2X + 1$ 的方差 $D(Y)$.

进阶练习

8. 某工厂生产零件, 每个零件合格的概率为 0.8, 求生产的 50 个零件中合格零件数的数学期望和方差.

9. 某公司员工的月工资服从正态分布, 平均月工资为 5000 元, 标准差为 1000 元. 求员工月工资超过 6000 元的概率, 并求员工月工资的期望.

10. 某彩票每注售价 1 元, 中奖概率为 0.01, 奖金总额为 10000 元, 求购买一注彩票的收益的数学期望.

11. 假设一个班级有 50 名学生, 他们的数学考试成绩服从某个未知分布, 已知该班级的平均成绩为 75 分, 方差为 10 分^2. 请利用切比雪夫不等式估算: 至少有多少名学生的成绩会在 65 分到 85 分之间 (包含 65 分和 85 分)?

12. 某保险公司推出一种医疗保险产品, 根据历史数据, 该产品的赔付额 (单位: 万元) 服从正态分布 $N(5, 2^2)$. 为了制定合理的保费费率, 请计算赔付额的方差, 并解释其在风险评估中的作用.

13. 一家制造公司有两个生产线生产相同的产品. 生产线 A 的产品合格率均值为 95%, 方差为 0.05; 生产线 B 的产品合格率均值为 95%, 方差为 0.01. 请问

(1) 哪个生产线的产品质量更加稳定?

(2) 如果公司希望提高产品质量稳定性, 应该重点关注哪个生产线?

4.2 二维随机变量的数字特征

前一节我们讨论了一维随机变量的数学期望、方差和矩的概念及相关计算, 这些都是反映随机变量各自的特征. 本节我们讨论二维随机变量的数字特征, 包括二维随机变量函数的数学期望以及两个随机变量相互关系的数字特征.

4.2.1　二维随机变量函数的数学期望

借助联合分布与边缘分布的相互关系, 一维随机变量的数学期望实际上可以由二维随机变量的概率分布来确定.

(1) X 为离散型随机变量时,

$$E(X) = \sum_{i=1}^{+\infty} x_i p_i = \sum_{i=1}^{+\infty} x_i p_{i\cdot} = \sum_{i=1}^{+\infty} x_i \left(\sum_{j=1}^{+\infty} p_{ij} \right) = \sum_{i=1}^{+\infty} \sum_{j=1}^{+\infty} x_i p_{ij}.$$

(2) X 为连续型随机变量时,

$$E(X) = \int_{-\infty}^{+\infty} x f_X(x) \mathrm{d}x = \int_{-\infty}^{+\infty} x \cdot \left[\int_{-\infty}^{+\infty} f(x,y) \mathrm{d}y \right] \mathrm{d}x = \int_{-\infty}^{+\infty} \int_{-\infty}^{+\infty} x f(x,y) \mathrm{d}x \mathrm{d}y, 即$$

$$E(X) = \begin{cases} \displaystyle\sum_{i=1}^{+\infty} x_i p_i = \sum_{i=1}^{+\infty} \sum_{j=1}^{+\infty} x_i p_{ij}, & X 为离散型, \\ \displaystyle\int_{-\infty}^{+\infty} x f(x) \mathrm{d}x = \int_{-\infty}^{+\infty} \int_{-\infty}^{+\infty} x f(x,y) \mathrm{d}x \mathrm{d}y, & X 为连续型. \end{cases}$$

令 $Z = g(X,Y) = X$, 则 Z 是一个简单的二维随机变量的函数, 将以上公式推广到更一般的情形, 就得到二维随机变量函数的数学期望的一般公式.

定理 4.2.1　已知二维随机变量 (X,Y) 的概率分布用联合分布律 $P(X = x_i, Y = y_j) = p_{ij}$ 或联合密度函数 $f(x,y)$ 表示, 若级数 $\displaystyle\sum_{i=1}^{+\infty} \sum_{j=1}^{+\infty} g(x_i, y_j) p_{ij}$ 或反常积分 $\displaystyle\int_{-\infty}^{+\infty} \int_{-\infty}^{+\infty} g(x,y) f(x,y) \mathrm{d}x \mathrm{d}y$ 绝对收敛, 则 $Z = g(X,Y)$ 的数学期望为

$$E(Z) = \begin{cases} \displaystyle\sum_{i=1}^{+\infty} \sum_{j=1}^{+\infty} g(x_i, y_j) p_{ij}, & Z 为离散型, \\ \displaystyle\int_{-\infty}^{+\infty} \int_{-\infty}^{+\infty} g(x,y) f(x,y) \mathrm{d}x \mathrm{d}y, & Z 为连续型. \end{cases} \tag{4.2.1}$$

对于离散型随机变量, 一般先求边缘分布, 再求期望和方差, 而连续型随机变量可以根据具体计算选择恰当的公式.

例 4.2.1　设二维随机变量 (X,Y) 的联合分布律为

X	Y		
	-1	0	1
1	$\dfrac{2}{9}$	$\dfrac{1}{9}$	0
2	$\dfrac{1}{9}$	$\dfrac{3}{9}$	$\dfrac{2}{9}$

求 $E(X), E(Y), D(X), D(Y), E(XY)$.

解 解法 1: 由联合分布律可分别得出 X, Y 和 XY 的分布律为

X	1	2
P	$\dfrac{1}{3}$	$\dfrac{2}{3}$

Y	-1	0	1
P	$\dfrac{1}{3}$	$\dfrac{4}{9}$	$\dfrac{2}{9}$

XY	-2	-1	0	2
P	$\dfrac{1}{9}$	$\dfrac{2}{9}$	$\dfrac{4}{9}$	$\dfrac{2}{9}$

在此基础上, 很容易得出 $E(X), E(Y), D(X), D(Y), E(XY)$.

解法 2: 由式 (4.2.1) 可得

$$E(X) = \sum_{i=1}^{+\infty} \sum_{j=1}^{+\infty} x_i p_{ij} = 1 \times \frac{2}{9} + 1 \times \frac{1}{9} + 1 \times 0 + 2 \times \frac{1}{9} + 2 \times \frac{3}{9} + 2 \times \frac{2}{9} = \frac{5}{3},$$

$$E(Y) = \sum_{i=1}^{+\infty} \sum_{j=1}^{+\infty} y_j p_{ij} = (-1) \times \frac{2}{9} + (-1) \times \frac{1}{9} + 0 \times \frac{1}{9} + 0 \times \frac{3}{9} + 1 \times 0 + 1 \times \frac{2}{9} = -\frac{1}{9},$$

$$E(X^2) = \sum_{i=1}^{+\infty} \sum_{j=1}^{+\infty} x_i^2 p_{ij} = 1^2 \times \frac{2}{9} + 1^2 \times \frac{1}{9} + 1^2 \times 0 + 2^2 \times \frac{1}{9} + 2^2 \times \frac{3}{9} + 2^2 \times \frac{2}{9} = 3,$$

$$E(Y^2) = \sum_{i=1}^{+\infty} \sum_{j=1}^{+\infty} y_j^2 p_{ij} = (-1)^2 \times \frac{2}{9} + (-1)^2 \times \frac{1}{9} + 0^2 \times \frac{1}{9} + 0^2 \times \frac{3}{9} + 1^2 \times 0 + 1^2 \times \frac{2}{9} = \frac{5}{9},$$

$$E(XY) = \sum_{i=1}^{+\infty} \sum_{j=1}^{+\infty} x_i y_j p_{ij} = (-1) \times \frac{2}{9} + 0 \times \frac{1}{9} + 1 \times 0 + (-2) \times \frac{1}{9} + 0 \times \frac{3}{9} + 2 \times \frac{2}{9} = 0,$$

$$D(X) = E(X^2) - E^2(X) = 3 - \left(\frac{5}{3}\right)^2 = \frac{2}{9},$$

$$D(Y) = E(Y^2) - E^2(Y) = \frac{5}{9} - \left(-\frac{1}{9}\right)^2 = \frac{44}{81}.$$

注意: 解法 1 是通过 Z 的分布律求其数字特征, 解法 2 是直接根据定理 4.2.1 计算 Z 的数字特征, 但是当随机变量的取值较多或者联合分布律比较复杂时, 计算量相对会变大. 从本例看, 两种方法均适用.

例 4.2.2 设随机变量 (X, Y) 的联合密度函数为

$$f(x, y) = \begin{cases} 3x, & 0 < y < x < 1, \\ 0, & \text{其他}, \end{cases}$$

求 $E(X), E(Y), D(X), D(Y), E(XY)$.

解 解法 1: 由联合密度函数可分别得出 X, Y 的边缘密度函数为

$$f_X(x) = \int_{-\infty}^{+\infty} f(x, y)\mathrm{d}y = \begin{cases} 3x^2, & 0 < x < 1, \\ 0, & \text{其他}, \end{cases}$$

$$f_Y(y) = \int_{-\infty}^{+\infty} f(x, y)\mathrm{d}x = \begin{cases} \dfrac{3}{2}(1 - y^2), & 0 < y < 1, \\ 0, & \text{其他,} \end{cases}$$

在此基础上, 由定义很容易得出 $E(X), E(Y), D(X), D(Y), E(XY)$.

解法 2: 由定理 4.2.1 可得

$$E(X) = \int_{-\infty}^{+\infty} \int_{-\infty}^{+\infty} x f(x,y)\mathrm{d}x\mathrm{d}y = \int_0^1 \mathrm{d}x \int_0^x x \cdot 3x\mathrm{d}y = \frac{3}{4},$$

$$E(Y) = \int_{-\infty}^{+\infty} \int_{-\infty}^{+\infty} y f(x,y)\mathrm{d}x\mathrm{d}y = \int_0^1 \mathrm{d}x \int_0^x y \cdot 3x\mathrm{d}y = \frac{3}{8},$$

$$E(X^2) = \int_{-\infty}^{+\infty} \int_{-\infty}^{+\infty} x^2 f(x,y)\mathrm{d}x\mathrm{d}y = \int_0^1 \mathrm{d}x \int_0^x x^2 \cdot 3x\mathrm{d}y = \frac{3}{5},$$

$$E(Y^2) = \int_{-\infty}^{+\infty} \int_{-\infty}^{+\infty} y^2 f(x,y)\mathrm{d}x\mathrm{d}y = \int_0^1 \mathrm{d}x \int_0^x y^2 \cdot 3x\mathrm{d}y = \frac{1}{5},$$

$$E(XY) = \int_{-\infty}^{+\infty} \int_{-\infty}^{+\infty} xy f(x,y)\mathrm{d}x\mathrm{d}y = \int_0^1 \mathrm{d}x \int_0^x xy \cdot 3x\mathrm{d}y = \frac{3}{10},$$

$$D(X) = E(X^2) - E^2(X) = \frac{3}{5} - \left(\frac{3}{4}\right)^2 = \frac{3}{80},$$

$$D(Y) = E(Y^2) - E^2(Y) = \frac{1}{5} - \left(\frac{3}{8}\right)^2 = \frac{19}{320}.$$

利用定理 4.2.1 还可以得到二维随机变量函数的数学期望的其他结论如下.

性质 4.2.1　设 (X, Y) 为二维随机变量, 若随机变量 X, Y 的数学期望 $E(X), E(Y)$ 存在, 则

(1) $E(X \pm Y) = E(X) \pm E(Y)$;

(2) 如果 X, Y 相互独立, 则 $E(XY) = E(X)E(Y)$.

证明　仅在连续型场合证明以上性质, 对于离散型随机变量也可以类似进行证明.

(1) 令 $g(x, y) = x \pm y$, 则

$$E(Z) = E(X \pm Y) = \int_{-\infty}^{+\infty} \int_{-\infty}^{+\infty} (x \pm y)f(x,y)\mathrm{d}x\mathrm{d}y$$

$$= \int_{-\infty}^{+\infty} \int_{-\infty}^{+\infty} x f(x,y)\mathrm{d}x\mathrm{d}y \pm \int_{-\infty}^{+\infty} \int_{-\infty}^{+\infty} y f(x,y)\mathrm{d}x\mathrm{d}y$$

$$= E(X) \pm E(Y).$$

(2) 令 $g(x, y) = xy$, 当 X, Y 相互独立, 有 $f(x, y) = f_X(x)f_Y(y)$, 则

$$E(Z) = E(XY) = \int_{-\infty}^{+\infty} \int_{-\infty}^{+\infty} xy f(x,y)\mathrm{d}x\mathrm{d}y$$

$$= \int_{-\infty}^{+\infty} \int_{-\infty}^{+\infty} xy f_X(x) f_Y(y) \mathrm{d}x\mathrm{d}y = \int_{-\infty}^{+\infty} x f_X(x) \mathrm{d}x \int_{-\infty}^{+\infty} y f_Y(y) \mathrm{d}y$$

$$= E(X)E(Y).$$

以上性质可以推广到多个随机变量的情形.

推论: 若随机变量 $X_1, X_2, \cdots, X_n$ 的数学期望均存在, 则对于任意常数 $a_i(i = 1, 2, \cdots, n)$, 有

(1) $E(a_1 X_1 + a_2 X_2 + \cdots + a_n X_n) = a_1 E(X_1) + a_2 E(X_2) + \cdots + a_n E(X_n)$;

(2) 设 $X_1, X_2, \cdots, X_n$ 相互独立, 则 $E(X_1 X_2 \cdots X_n) = E(X_1)E(X_2)\cdots E(X_n)$.

注意: 推论 (1) 表明随机变量线性组合的数学期望等于各随机变量数学期望的线性组合, 推论 (2) 依赖于随机变量的独立性, 也就是说随机变量乘积的数学期望并不总是等于各随机变量数学期望的乘积, 这个性质依赖于各随机变量的独立性, 且它们的数学期望都必须存在.

例 4.2.3 已知随机变量 $X \sim b(n, p)$, 其中 X 表示 n 重伯努利试验中事件 A 发生的次数, 试求 X 的数学期望.

解 用 X_i 表示第 i 次试验中事件 A 发生的次数, 那么 $X_i \sim b(1, p)$, 且

$$X = X_1 + X_2 + \cdots + X_n,$$

则二项分布的数学期望可以转换成多个 0-1 分布的随机变量的和的数学期望的计算, 即

$$E(X) = E(X_1 + X_2 + \cdots + X_n) = E(X_1) + E(X_2) + \cdots + E(X_n) = np.$$

注意: 利用数学期望的线性性质, 可以将复杂的计算转化为简单的计算. 这种方法不仅适用于二项分布, 还可以应用于其他类型的分布, 如正态分布、泊松分布等.

例 4.2.4 一台设备由三大部件构成, 在设备运转中各部件需要调整的概率分别为 0.1, 0.2, 0.4, 假设各部件的状态相互独立, 以 X 表示同时需要调整的部件数, 试求 X 的数学期望.

解 求 X 的数学期望, 一种方法是将 X 的分布求出来再利用定义计算. 还有一种方法是引入一个新的随机变量, 利用期望的性质求其数学期望, 这里可引入随机变量 X_i:

$$X_i = \begin{cases} 1, & \text{第 } i \text{ 个部位要调整}, \\ 0, & \text{第 } i \text{ 个部位不要调整}, \end{cases} \quad \text{由此就有 } X_i \sim b(1, p_i), \text{其中 } p_1 = 0.1, p_2 = 0.2, p_3 = 0.4,$$

利用 $X = \sum\limits_{i=1}^{3} X_i$ 可知

$$E(X) = \sum_{i=1}^{3} E(X_i) = 1 \times 0.1 + 1 \times 0.2 + 1 \times 0.4 = 0.7.$$

在实际应用中, 随机变量和的方差在多个领域中具有广泛的应用. 例如, 在工程设计中, 随机变量可能代表系统的各种输入参数, 如载荷、温度、压力等, 计算这些随机变量和的方差可以帮助工程师评估系统的安全性和可靠性, 方差较小意味着系统在各种输入条件下的响应更加稳定和可预测. 因此, 我们接下来介绍二维随机变量和的方差的计算公式.

性质 4.2.2　设 (X, Y) 为二维随机变量, 若随机变量 X, Y 的方差均存在, 且 X, Y 相互独立, 则 $D(X \pm Y) = D(X) + D(Y)$.

证明　利用方差的定义, 得

$$
\begin{aligned}
D(X \pm Y) &= E[X \pm Y - E(X \pm Y)]^2 = E\{X - E(X) \pm [Y - E(Y)]\}^2 \\
&= E[X - E(X)]^2 \pm 2E\{[X - E(X)][Y - E(Y)]\} + E[Y - E(Y)]^2 \\
&= D(X) + D(Y) \pm 2E\{[X - E(X)][Y - E(Y)]\} \\
&= D(X) + D(Y) \pm 2E[XY - XE(Y) - YE(X) + E(X)E(Y)] \\
&= D(X) + D(Y) \pm 2[E(XY) - E(X)E(Y)].
\end{aligned}
$$

若 X, Y 相互独立, 则 $E(XY) = E(X)E(Y)$, 从而 $D(X \pm Y) = D(X) + D(Y)$.

该性质可以推广到多个随机变量的情形.

推论: 设随机变量 $X_1, X_2, \cdots, X_n$ 的方差均存在, 且相互独立, 则

$$
D(X_1 \pm X_2 \pm \cdots \pm X_n) = D(X_1) + D(X_2) + \cdots + D(X_n).
$$

推论表明: 对独立随机变量来说, 它们之间无论是相加或相减, 其方差总是逐个累加, 只会增加, 不会减少, 这个性质可以大大简化方差的一些计算.

例 4.2.5　已知随机变量 $X \sim b(n, p)$, 其中 X 表示 n 重伯努利试验中事件 A 发生的次数, 试求 X 的方差.

解　用 X_i 表示第 i 次试验中事件 A 发生的次数, 那么 $X_i \sim b(1, p)$, 且

$$
X = X_1 + X_2 + \cdots + X_n,
$$

则二项分布的方差可以转换成 n 个独立的 0-1 分布的随机变量的和的方差的计算, 即

$$
D(X) = D(X_1 + X_2 + \cdots + X_n) = D(X_1) + D(X_2) + \cdots + D(X_n) = np(1 - p).
$$

例 4.2.6　已知随机变量 $X_i \sim N(\mu, \sigma^2)$, $i = 1, 2, \cdots, n$, 且相互独立, 则它们的线性组合 $Y = a_1 X_1 + a_2 X_2 + \cdots + a_n X_n$ 的数学期望和方差分别为

$$
E(Y) = E(a_1 X_1 + a_2 X_2 + \cdots + a_n X_n) = a_1 E(X_1) + a_2 E(X_2) + \cdots + a_n E(X_n) = \mu \sum_{i=1}^{n} a_i,
$$

$$
D(Y) = D(a_1 X_1 + a_2 X_2 + \cdots + a_n X_n) = a_1^2 D(X_1) + a_2^2 D(X_2) + \cdots + a_n^2 D(X_n) = \sigma^2 \sum_{i=1}^{n} a_i^2.
$$

4.2.2　二维随机变量的协方差和相关系数

对于二维随机变量 (X, Y) 而言, 一维随机变量 X 和 Y 的数学期望和方差能反映它们各自的统计特性, 却不能反映 X, Y 之间的相互联系. 而协方差和相关系数能够在一定程度上反映两个变量之间的线性关系和相关程度. 下面我们一起来认识协方差和相关系数这两个数字特征.

1. 二维随机变量的协方差

我们回顾一下前面推导的二维随机变量和的方差公式 (性质 4.2.2),

$$D(X \pm Y) = D(X) + D(Y) \pm 2E\{[X - E(X)][Y - E(Y)]\}.$$

当 X, Y 相互独立时, $E\{[X - E(X)][Y - E(Y)]\} = E(XY) - E(X)E(Y) = 0$, 那么当 $E\{[X - E(X)][Y - E(Y)]\} \neq 0$ 时, X, Y 不相互独立, 这表明 $E\{[X - E(X)][Y - E(Y)]\}$ 能一定程度反映 X, Y 之间的相互关系, 故我们用 $E\{[X - E(X)][Y - E(Y)]\}$ 来刻画 $X,$ Y 之间的线性关系和相关程度, 定义如下.

定义 4.2.1 对于二维随机变量 (X, Y) , 若 $E\{[X - E(X)][Y - E(Y)]\}$ 存在, 则称此数学期望为 X 与 Y 的协方差, 并记为

$$\mathrm{Cov}(X, Y) = E\{[X - E(X)][Y - E(Y)]\}. \tag{4.2.2}$$

从协方差的定义可以看出, 协方差是 X 与其中心的偏差 "$X - E(X)$" 和 Y 与其中心的偏差 "$Y - E(Y)$" 乘积的数学期望. 由于偏差可正可负, 故协方差可正可负, 也可为零, 其具体表现如下.

当 $\mathrm{Cov}(X, Y) > 0$ 时, 称 X 与 Y 正相关, 这时两个偏差 $X - E(X)$ 与 $Y - E(Y)$ 有同时增加或同时减少的倾向. 由于 $E(X)$ 与 $E(Y)$ 都是常数, 故等价于 X 与 Y 有同时增加或同时减少的倾向, 即为正相关.

当 $\mathrm{Cov}(X, Y) < 0$ 时, 称 X 与 Y 负相关, 这时有 X 增加而 Y 减少的倾向, 或有 Y 增加而 X 减少的倾向, 即为负相关.

当 $\mathrm{Cov}(X, Y) = 0$ 时, 称 X 与 Y 不相关, 这时可能由两类情况导致: 一类是 X 与 Y 的取值毫无关联, 另一类是 X 与 Y 存在某种非线性关系.

协方差的计算公式也可以进一步展开为

$$\mathrm{Cov}(X, Y) = E\{[X - E(X)][Y - E(Y)]\} = E[XY - XE(Y) - YE(X) + E(X)E(Y)]$$

$$= E(XY) - E(X)E(Y), \tag{4.2.3}$$

该公式是协方差的简化公式, 在实际计算中用得比较多.

例 4.2.7 设二维随机变量 (X, Y) 的联合分布律为

X	Y		
	1	2	3
0	0.2	0.1	0.3
1	0.1	0.1	0.2

试求 $\mathrm{Cov}(X, Y)$.

解 先求 X, Y 的数学期望分别为

$$E(X) = 0 \times (0.2 + 0.1 + 0.3) + 1 \times (0.1 + 0.1 + 0.2) = 0.4,$$

$$E(Y) = 1 \times (0.2 + 0.1) + 2 \times (0.1 + 0.1) + 3 \times (0.3 + 0.2) = 2.2,$$

利用协方差的简化公式, 我们需要进一步求 $E(XY)$, 得

$$E(XY) = 0 \times 1 \times 0.2 + 0 \times 2 \times 0.1 + 0 \times 3 \times 0.3 + 1 \times 1 \times 0.1 + 1 \times 2$$
$$\times 0.1 + 1 \times 3 \times 0.2 = 0.9,$$

则 $\mathrm{Cov}(X,Y) = E(XY) - E(X)E(Y) = 0.9 - 0.4 \times 2.2 = 0.02$.

例 4.2.8 设二维随机变量 (X,Y) 的联合密度函数为

$$f(x,y) = \begin{cases} 3x, & 0 < y < x < 1, \\ 0, & \text{其他.} \end{cases}$$

试求 $\mathrm{Cov}(X,Y)$.

解 利用式 (4.2.3), 我们需要先计算 $E(X), E(Y), E(XY)$ 的值, 它们可直接用 $f(x,y)$ 计算出来, 但要注意积分限的确定, 具体如下:

$$E(X) = \int_0^1 \mathrm{d}x \int_0^x x \cdot 3x \mathrm{d}y = \int_0^1 3x^3 \mathrm{d}x = \frac{3}{4},$$

$$E(Y) = \int_0^1 \mathrm{d}x \int_0^x y \cdot 3x \mathrm{d}y = \int_0^1 \frac{3x^3}{2} \mathrm{d}x = \frac{3}{8},$$

$$E(XY) = \int_0^1 \mathrm{d}x \int_0^x xy \cdot 3x \mathrm{d}y = \int_0^1 \frac{3x^4}{2} \mathrm{d}x = \frac{3}{10},$$

因此我们得

$$\mathrm{Cov}(X,Y) = \frac{3}{10} - \frac{3}{4} \times \frac{3}{8} = \frac{3}{160}.$$

关于协方差的计算, 有几条有用的性质如下所示.

性质 4.2.3 设 (X,Y) 为二维随机变量, 若随机变量 X,Y 的方差 $D(X),D(Y)$ 均存在, 则对任意常数 a,b, 有

(1) $\mathrm{Cov}(X,X) = D(X)$;

(2) $\mathrm{Cov}(X,a) = 0$;

(3) $\mathrm{Cov}(aX,bY) = ab\,\mathrm{Cov}(X,Y)$;

(4) $D(X \pm Y) = D(X) + D(Y) \pm 2\mathrm{Cov}(X,Y)$. \hfill (4.2.4)

证明 (1) $\mathrm{Cov}(X,X) = E\{[X - E(X)][X - E(X)]\} = E[X - E(X)]^2 = D(X)$.

(2) $\mathrm{Cov}(X,a) = E(aX) - E(X)E(a) = aE(X) - aE(X) = 0$.

(3) $\mathrm{Cov}(aX,bY) = E(aX \cdot bY) - E(aX)E(bY) = ab[E(XY) - E(X)E(Y)] = ab\,\mathrm{Cov}(X, Y)$, 该性质还可以推广为 $\mathrm{Cov}(aX + k, bY + l) = ab\,\mathrm{Cov}(X,Y)$, 请自行证明.

(4) 由性质 4.2.2 的证明可知

$$D(X \pm Y) = D(X) + D(Y) \pm 2E\{[X - E(X)][Y - E(Y)]\}$$

$$= D(X) + D(Y) \pm 2\mathrm{Cov}(X, Y).$$

该性质表明: 在 X 与 Y 相关的场合, 和的方差不等于方差的和. X 与 Y 的正相关会增加和的方差. 负相关会减少和的方差. 特别地, 在 X 与 Y 不相关的场合, 和的方差等于方差的和, 该性质还可以表述成:

当 X 与 Y 不相关时, $D(X \pm Y) = D(X) + D(Y)$.

例 4.2.9 设二维随机变量 (X, Y) 的联合密度函数为

$$f(x, y) = \begin{cases} 2, & 0 < x < 1, 1 - x < y < 1, \\ 0, & \text{其他}, \end{cases}$$

求 $\mathrm{Cov}(X, Y)$ 和 $D(X + Y)$.

解 结合式 (4.2.3) 和式 (4.2.4), 我们需要求出 $E(X)$, $E(X^2)$, $E(Y)$, $E(Y^2)$, $E(XY)$, 即

$$E(X) = \int_{-\infty}^{+\infty} \int_{-\infty}^{+\infty} x f(x, y) \mathrm{d}x \mathrm{d}y = \int_0^1 \mathrm{d}x \int_{1-x}^1 2x \mathrm{d}y = \frac{2}{3},$$

$$E(Y) = \int_{-\infty}^{+\infty} \int_{-\infty}^{+\infty} y f(x, y) \mathrm{d}x \mathrm{d}y = \int_0^1 \mathrm{d}x \int_{1-x}^1 2y \mathrm{d}y = \frac{2}{3},$$

$$E(X^2) = \int_{-\infty}^{+\infty} \int_{-\infty}^{+\infty} x^2 f(x, y) \mathrm{d}x \mathrm{d}y = \int_0^1 \mathrm{d}x \int_{1-x}^1 2x^2 \mathrm{d}y = \frac{1}{2},$$

$$E(Y^2) = \int_{-\infty}^{+\infty} \int_{-\infty}^{+\infty} y^2 f(x, y) \mathrm{d}x \mathrm{d}y = \int_0^1 \mathrm{d}x \int_{1-x}^1 2y^2 \mathrm{d}y = \frac{1}{2},$$

$$E(XY) = \int_{-\infty}^{+\infty} \int_{-\infty}^{+\infty} xy f(x, y) \mathrm{d}x \mathrm{d}y = \int_0^1 \mathrm{d}x \int_{1-x}^1 2xy \mathrm{d}y = \frac{5}{12}.$$

代入公式可得

$$D(X) = E(X^2) - E^2(X) = \frac{1}{2} - \left(\frac{2}{3}\right)^2 = \frac{1}{18},$$

$$D(Y) = E(Y^2) - E^2(Y) = \frac{1}{2} - \left(\frac{2}{3}\right)^2 = \frac{1}{18},$$

$$\mathrm{Cov}(X, Y) = E(XY) - E(X)E(Y) = \frac{5}{12} - \left(\frac{2}{3}\right)^2 = -\frac{1}{36},$$

$$D(X + Y) = D(X) + D(Y) + 2\mathrm{Cov}(X, Y) = \frac{1}{18} + \frac{1}{18} - 2 \times \frac{1}{36} = \frac{1}{18}.$$

注意: 在计算随机变量和的方差时, 需要确保正确理解和应用方差的性质, 特别是方差的加法公式. 如果随机变量不是相互独立的, 则需要考虑它们之间的协方差.

在学习了协方差之后, 我们需要进一步了解概率论中的其他重要不等式, 如施瓦茨不等式 (Schwarz 不等式)、马尔可夫不等式 (Markov 不等式)、詹森不等式 (Jensen 不等式) 等, 它们能帮助我们更好理解随机变量的性质. 接下来, 介绍概率空间应用比较广泛的一个不等式——施瓦茨不等式.

定理 4.2.2 (施瓦茨不等式)　对任意二维随机变量 (X, Y), 若 X 与 Y 的方差都存在, 则有

$$[\text{Cov}(X, Y)]^2 \leqslant D(X)D(Y). \tag{4.2.5}$$

证明　对任意实数 k 有

$$\begin{aligned}
D(Y - kX) &= E[Y - kX - E(Y - kX)]^2 = E\{Y - E(Y) - k[X - E(X)]\}^2 \\
&= E[Y - E(Y)]^2 - 2kE\{[X - E(X)][Y - E(Y)]\} + k^2E[X - E(X)]^2 \\
&= D(Y) - 2k\,\text{Cov}(X, Y) + k^2D(X) \geqslant 0,
\end{aligned}$$

即 $D(X)k^2 - 2\text{Cov}(X, Y)k + D(Y) \geqslant 0$, 而 $D(X) \geqslant 0$, 则一元二次函数的图像开口向上, 与 k 轴有一个零点或者无零点, 那么 $\Delta = [2\text{Cov}(X, Y)]^2 - 4D(X)D(Y) \leqslant 0$, 从而

$$[\text{Cov}(X, Y)]^2 \leqslant D(X)D(Y),$$

即证.

施瓦茨不等式表明两个随机变量协方差的平方不会超过它们各自方差的乘积, 这是协方差和方差之间的一个重要关系, 在统计学、数据分析、金融、信号处理及优化与决策等多个领域都具有重要的实际意义和应用价值. 例如, 在信号处理中, 协方差常用于衡量信号与噪声之间的相关性. 而此不等式表明, 信号与噪声之间的线性相关性 (即协方差) 的"强度"是有限的, 它不会超过信号和噪声各自方差乘积所设定的上限. 这有助于我们更有效地分离信号和噪声, 提高信号处理的准确性和效率.

2. 二维随机变量的相关系数

协方差能够直观地反映两个随机变量之间的线性关系和相关程度, 但协方差的值会受到随机变量自身量纲的影响. 如果两个变量的单位或尺度不同, 它们的协方差可能无法准确反映它们之间的关系强度. 例如, 用 X, Y 分别表示某电子元件的电流和电压, 若这两个指标分别采用两种不同的单位——千安培和千伏特或者安培和伏特, 那么前者的协方差并不等于后者的协方差, 后者的协方差是前者的一百万倍, 为了避免随机变量因量纲不同而影响它们相互关系的度量, 我们需要将随机变量 X, Y "标准化", 即

$$X^* = \frac{X - E(X)}{\sqrt{D(X)}}, Y^* = \frac{Y - E(Y)}{\sqrt{D(Y)}},$$

则 $E(X^*) = E(Y^*) = 0$, 故

$$\text{Cov}(X^*, Y^*) = E\{[X^* - E(X^*)][Y^* - E(Y^*)]\}$$

$$= E\left\{\left[\frac{X - E(X)}{\sqrt{D(X)}} - 0\right]\left[\frac{Y - E(Y)}{\sqrt{D(Y)}} - 0\right]\right\}$$

$$= \frac{1}{\sqrt{D(X)D(Y)}}E\{[X - E(X)][Y - E(Y)]\},$$

该公式解决了 X, Y 各自增加了 k 倍而不会改变两者相关关系的问题.

标准化前: $\text{Cov}(kX, kY) = k^2 \text{Cov}(X, Y)$, 标准化后:

$$\text{Cov}[(kX)^*, (kY)^*] = \frac{1}{\sqrt{D(kX)D(kY)}}E\{[kX - E(kX)][kY - E(kY)]\}$$

$$= \frac{1}{\sqrt{D(X)D(Y)}}E\{[X - E(X)][Y - E(Y)]\} = \text{Cov}(X^*, Y^*),$$

由此引出 X, Y 的相关系数的定义如下.

定义 4.2.2 对于二维随机变量 (X, Y), 如果 $\text{Cov}(X, Y)$ 存在, 且 $D(X) > 0$, $D(Y) > 0$, 则称

$$\rho_{XY} = \frac{\text{Cov}(X, Y)}{\sqrt{D(X)D(Y)}} \tag{4.2.6}$$

为 X 与 Y 的 (线性) 相关系数, 也记为 ρ.

相关系数是标准化后的随机变量的协方差, 两者均能反映两个随机变量 X, Y 的相关程度. 数值等于 0, 不相关; 数值大于 0, 正相关; 数值小于 0, 负相关. 不同之处在于相关系数消除了随机变量自身尺度的影响, 是无量纲的量, 能更好反映两个随机变量之间的线性关系强度.

例 4.2.10 甲盒有 2 个白球 4 个黑球, 乙盒有 3 个白球 3 个黑球, 先从甲盒中任取一个球, 观察颜色后放入乙盒, 再从乙盒中任取一球, 令 X, Y 分别表示从甲盒和乙盒中取到的白球数, 试求 X 与 Y 的相关系数.

解 根据题意, 无论从哪盒都是任取一球, 那 X 和 Y 的取值只能是 0 或 1. XY 的取值也只能是 0 或 1. 它们取值的概率可以利用摸球问题的概率公式计算出来, 故求 X 与 Y 的相关系数, 需要分别将 $E(X)$, $E(Y)$, $D(X)$, $D(Y)$, $E(XY)$ 求出来, 即

$$E(X) = 1 \times P(X = 1) + 0 \times P(X = 0) = P(X = 1) = \frac{2}{6},$$

$$E(Y) = 0 \times P(Y = 0) + 1 \times P(Y = 1) = P(Y = 1) = P(X = 1)P(Y = 1|X = 1)$$

$$+ P(X = 0)P(Y = 1|X = 0)$$

$$= \frac{2}{6} \times \frac{4}{7} + \frac{4}{6} \times \frac{3}{7} = \frac{20}{42} = \frac{10}{21},$$

$$E(X^2) = 1^2 \times P(X = 1) + 0^2 \times P(X = 0) = P(X = 1) = \frac{2}{6},$$

$$E(Y^2) = 0^2 \times P(Y=0) + 1^2 \times P(Y=1) = 1^2 \times P(Y=1) = P(Y=1) = \frac{10}{21},$$

$$E(XY) = 0 \times P(XY=0) + 1 \times P(XY=1)$$

$$= P(X=1, Y=1) = P(X=1)P(Y=1 \mid X=1) = \frac{2}{6} \times \frac{4}{7} = \frac{4}{21},$$

则

$$D(X) = E(X^2) - E^2(X) = \frac{1}{3} - \left(\frac{1}{3}\right)^2 = \frac{2}{9},$$

$$D(Y) = E(Y^2) - E^2(Y) = \frac{10}{21} - \left(\frac{10}{21}\right)^2 = \frac{110}{441},$$

$$\mathrm{Cov}(X,Y) = E(XY) - E(X)E(Y) = \frac{4}{21} - \frac{1}{3} \times \frac{10}{21} = \frac{2}{63},$$

故

$$\rho_{XY} = \frac{\mathrm{Cov}(X,Y)}{\sqrt{D(X)D(Y)}} = \frac{\dfrac{2}{63}}{\sqrt{\dfrac{2}{9} \times \dfrac{110}{441}}} = \frac{\sqrt{55}}{55}.$$

例 4.2.11　求二维正态随机变量 $(X,Y) \sim N(\mu_1, \mu_2, \sigma_1^2, \sigma_2^2, \rho)$ 的相关系数.

解　根据第 3 章介绍的二维正态随机变量的结论, 随机变量 (X,Y) 的联合密度函数为

$$f(x,y) = \frac{1}{2\pi\sigma_1\sigma_2\sqrt{1-\rho^2}} \cdot \exp\left\{-\frac{1}{2(1-\rho^2)}\left[\frac{(x-\mu_1)^2}{\sigma_1^2} - 2\rho\frac{(x-\mu_1)(y-\mu_2)}{\sigma_1\sigma_2} + \frac{(y-\mu_2)^2}{\sigma_2^2}\right]\right\}, 且$$

$$f_X(x) = \frac{1}{\sqrt{2\pi}\sigma_1}\mathrm{e}^{-\frac{(x-\mu_1)^2}{2\sigma_1^2}}, -\infty < x < +\infty, f_Y(y) = \frac{1}{\sqrt{2\pi}\sigma_2}\mathrm{e}^{-\frac{(y-\mu_2)^2}{2\sigma_2^2}}, -\infty < y < +\infty, 则$$

$$\mathrm{Cov}(X,Y) = \int_{-\infty}^{+\infty}\int_{-\infty}^{+\infty}(x-\mu_1)(y-\mu_2)f(x,y)\,\mathrm{d}x\,\mathrm{d}y$$

$$= \int_{-\infty}^{+\infty}\int_{-\infty}^{+\infty}(x-\mu_1)(y-\mu_2) \cdot \frac{1}{2\pi\sigma_1\sigma_2\sqrt{1-\rho^2}}$$

$$\cdot \exp\left\{-\frac{1}{2(1-\rho^2)}\left[\frac{(x-\mu_1)^2}{\sigma_1^2} - 2\rho\frac{(x-\mu_1)(y-\mu_2)}{\sigma_1\sigma_2} + \frac{(y-\mu_2)^2}{\sigma_2^2}\right]\right\}\,\mathrm{d}x\,\mathrm{d}y,$$

令 $u = \dfrac{x-\mu_1}{\sigma_1}, v = \dfrac{y-\mu_2}{\sigma_2}$, 则

$$\mathrm{Cov}(X,Y) = \frac{\sigma_1\sigma_2}{2\pi\sqrt{1-\rho^2}}\int_{-\infty}^{+\infty}\int_{-\infty}^{+\infty}uv \cdot \exp\left\{-\frac{1}{2(1-\rho^2)}\left(u^2 - 2\rho uv + v^2\right)\right\}\,\mathrm{d}u\mathrm{d}v$$

$$= \frac{\sigma_1\sigma_2}{\sqrt{2\pi}}\int_{-\infty}^{+\infty}\left[\int_{-\infty}^{+\infty}\frac{u}{\sqrt{2\pi}\sqrt{1-\rho^2}}\mathrm{e}^{-\frac{(u-\rho v)^2}{2(1-\rho^2)}}\,\mathrm{d}u\right] \cdot v\mathrm{e}^{-\frac{v^2}{2}}\,\mathrm{d}v$$

$$= \frac{\sigma_1 \sigma_2}{\sqrt{2\pi}} \cdot \int_{-\infty}^{+\infty} \rho v \cdot v e^{-\frac{v^2}{2}} \mathrm{d}v = \rho \sigma_1 \sigma_2.$$

则 $\rho_{XY} = \dfrac{\mathrm{Cov}(X,Y)}{\sqrt{D(X)D(Y)}} = \dfrac{\rho \sigma_1 \sigma_2}{\sigma_1 \sigma_2} = \rho.$

二维正态分布的参数 ρ 正好刻画了 X 和 Y 之间的线性相关的密切程度.

性质 4.2.4 设 (X, Y) 为二维随机变量, 若 $D(X) > 0, D(Y) > 0$, 则

(1) $|\rho_{XY}| \leqslant 1$;

(2) $\rho_{XY} = \pm 1$ 的充要条件是存在常数 $a \neq 0, b \in R$, 有 $P(Y = aX + b) = 1$;

(3) 若 X, Y 相互独立, 则 X, Y 线性无关; 若 X, Y 线性无关, 则 X, Y 不一定相互独立.

证明 (1) 由定理 4.2.2 (施瓦茨不等式) 可知

$$\frac{[\mathrm{Cov}(X,Y)]^2}{D(X)D(Y)} \leqslant 1, \text{有} \rho_{XY}^2 \leqslant 1, \text{则} |\rho_{XY}| \leqslant 1.$$

(2) 必要性证明.

已知 $D(Y - aX) = D(Y) - 2a\,\mathrm{Cov}(X,Y) + a^2 D(X)$, 又因为 $\rho_{XY} = \dfrac{\mathrm{Cov}(X,Y)}{\sqrt{D(X)D(Y)}}$, 当 $\rho_{XY} = \pm 1$ 时, $\mathrm{Cov}(X,Y) = \pm\sqrt{D(X)D(Y)}$, 代入 $D(Y - aX)$ 的表达式中, $D(Y - aX) = D(Y) - 2a\rho_{XY}\sqrt{D(X)D(Y)} + a^2 D(X)$, 当 $\rho_{XY} = \pm 1$ 时, $D(Y - aX) = [\sqrt{D(Y)} \mp a\sqrt{D(X)}]^2$.

当 $\sqrt{D(Y)} = \pm a\sqrt{D(X)}$ 时, $D(Y - aX) = 0$, 即存在合适的 $a \neq 0$, 使得 $Y = aX + b$(其中 b 是常数) 几乎必然成立, 也就是 $P(Y = aX + b) = 1$.

充分性证明.

已知 $Y = aX + b$, 则 $\mathrm{Cov}(X, aX + b) = a\,\mathrm{Cov}(X, X) + \mathrm{Cov}(X, b)$. 因为 $\mathrm{Cov}(X, b) = 0$, $\mathrm{Cov}(X, X) = D(X)$, 所以 $\mathrm{Cov}(X, Y) = aD(X)$. $D(Y) = D(aX + b) = a^2 D(X)$.

根据相关系数公式, 有 $\rho_{XY} = \dfrac{aD(X)}{\sqrt{D(X) \cdot a^2 D(X)}}$. 化简可得 $\rho_{XY} = \dfrac{aD(X)}{|a|D(X)} = \pm 1$(当 $a > 0$ 时, $\rho_{XY} = 1$; 当 $a < 0$ 时, $\rho_{XY} = -1$).

(3) 若 X, Y 相互独立, 有 $\mathrm{Cov}(X, Y) = 0$. 则 $\rho_{XY} = 0$, 即 X, Y 线性无关; 若 X, Y 线性无关, X, Y 不一定相互独立, 接下来举例说明.

例 4.2.12 随机变量 X 的分布律

X	-1	0	1
P	0.25	0.5	0.25

讨论随机变量 X 与 X^2 的相关性和独立性.

解 由题可知, $E(X) = E(X^3) = 0, E(X^2) = 0.5, \mathrm{Cov}(X, X^2) = 0$, 故随机变量 X 与 X^2 不相关, 但是 X 与 X^2 显然是有关联, 并不相互独立的, 因为 $0.5 = P(X = 0, X^2 = 0) \neq P(X = 0)P(X^2 = 0) = 0.25$.

注意: 独立性反映的是 X, Y 之间互不影响, 不存在任何制约关系, 而相关性反映的是 X, Y 之间的线性关系, X, Y 之间没有线性关系, 也可能存在其他关系.

例 4.2.13　设二维随机变量 (X, Y) 的联合密度函数为

$$f(x, y) = \begin{cases} 2x, & 0 < x < 1, 0 < y < 1, \\ 0, & \text{其他}. \end{cases}$$

试求 X, Y 的相关系数, 并判定两者是否相互独立?

解　(1) 由二维随机变量的相关公式可得

$$E(X) = \int_{-\infty}^{+\infty} \int_{-\infty}^{+\infty} x f(x, y) \mathrm{d}x \mathrm{d}y = \int_0^1 \mathrm{d}x \int_0^1 2x^2 \mathrm{d}y = \frac{2}{3},$$

$$E(Y) = \int_{-\infty}^{+\infty} \int_{-\infty}^{+\infty} y f(x, y) \mathrm{d}x \mathrm{d}y = \int_0^1 \mathrm{d}x \int_0^1 2xy \mathrm{d}y = \frac{1}{2},$$

$$E(X^2) = \int_{-\infty}^{+\infty} \int_{-\infty}^{+\infty} x^2 f(x, y) \mathrm{d}x \mathrm{d}y = \int_0^1 \mathrm{d}x \int_0^1 2x^3 \mathrm{d}y = \frac{1}{2},$$

$$E(Y^2) = \int_{-\infty}^{+\infty} \int_{-\infty}^{+\infty} y^2 f(x, y) \mathrm{d}x \mathrm{d}y = \int_0^1 \mathrm{d}x \int_0^1 2xy^2 \mathrm{d}y = \frac{1}{3},$$

$$E(XY) = \int_{-\infty}^{+\infty} \int_{-\infty}^{+\infty} xy f(x, y) \mathrm{d}x \mathrm{d}y = \int_0^1 \mathrm{d}x \int_0^1 2x^2 y \mathrm{d}y = \frac{1}{3},$$

$$D(X) = E(X^2) - E^2(X) = \frac{1}{2} - \left(\frac{2}{3}\right)^2 = \frac{1}{18},$$

$$D(Y) = E(Y^2) - E^2(Y) = \frac{1}{3} - \left(\frac{1}{2}\right)^2 = \frac{1}{12},$$

$$\text{Cov}(X, Y) = E(XY) - E(X)E(Y) = \frac{1}{3} - \frac{2}{3} \times \frac{1}{2} = 0,$$

即 $\rho_{XY} = \dfrac{\text{Cov}(X, Y)}{\sqrt{D(X)D(Y)}} = \dfrac{0}{\sqrt{\dfrac{1}{18}} \times \sqrt{\dfrac{1}{12}}} = 0$, 故 X, Y 不相关.

(2) 要判定独立性, 需要利用联合密度函数分别得出 X, Y 的边缘密度函数, 即

$$f_X(x) = \int_{-\infty}^{+\infty} f(x, y) \mathrm{d}y = \begin{cases} 2x, & 0 < x < 1, \\ 0, & \text{其他}, \end{cases}$$

$$f_Y(y) = \int_{-\infty}^{+\infty} f(x, y) \mathrm{d}x = \begin{cases} 1, & 0 < y < 1, \\ 0, & \text{其他} \end{cases}$$

满足 $f_X(x) \cdot f_Y(y) = f(x, y)$, 故 X, Y 相互独立.

通过上面的两个例子看出, 不相关不一定推出相互独立, 但对于二维正态分布 $N(\mu_1, \mu_2, \sigma_1^2, \sigma_2^2, \rho)$ 场合, 不相关与独立等价.

3. 随机向量的矩及其协方差矩阵

矩是最广泛使用的数字特征, 前一节我们学习了一维随机变量的 k 阶原点矩和 k 阶中心矩, 本节我们继续介绍其他类型的矩.

定义 4.2.3 设 X, Y 是随机变量, 对任意正整数 k, l, 有

(1) 若 $E(X^k Y^l)$ 存在, 则称其为 X 和 Y 的 $k+l$ 阶混合原点矩;

(2) 若 $E\{[X - E(X)]^k [Y - E(Y)]^l\}$ 存在, 则称其为 X 和 Y 的 $k+l$ 阶混合中心矩.

注意: $E(XY)$ 是 X 和 Y 的二阶混合原点矩, $\mathrm{Cov}(X, Y)$ 是 X 和 Y 的二阶混合中心矩.

定义 4.2.4 记 n 维随机向量为 $\boldsymbol{X} = (X_1, X_2, \cdots, X_n)^{\mathrm{T}}$, 若其每个分量的方差都存在, 则称

$$\mathrm{Cov}(\boldsymbol{X}) = \begin{pmatrix} D(X_1) & \mathrm{Cov}(X_1, X_2) & \cdots & \mathrm{Cov}(X_1, X_n) \\ \mathrm{Cov}(X_2, X_1) & D(X_2) & \cdots & \mathrm{Cov}(X_2, X_n) \\ \vdots & \vdots & & \vdots \\ \mathrm{Cov}(X_n, X_1) & \mathrm{Cov}(X_n, X_2) & \cdots & D(X_n) \end{pmatrix}$$

为该随机向量的协方差矩阵, 记为 $\mathrm{Cov}(\boldsymbol{X})$.

定理 4.2.3 n 维随机向量的协方差矩阵 $\mathrm{Cov}(\boldsymbol{X}) = (\mathrm{Cov}(X_i, X_j))$ 是一个对称的非负定矩阵.

证明 由 $\mathrm{Cov}(X_i, X_j) = \mathrm{Cov}(X_j, X_i)$ 可知, $\mathrm{Cov}(\boldsymbol{X})$ 是对称矩阵;

而对任意的 n 维实向量 $c = (c_1, c_2, \cdots, c_n)^{\mathrm{T}}$, 有

$$c^{\mathrm{T}} \mathrm{Cov}(\boldsymbol{X}) c = \begin{pmatrix} c_1, c_2, \cdots, c_n \end{pmatrix} \begin{pmatrix} D(X_1) & \mathrm{Cov}(X_1, X_2) & \cdots & \mathrm{Cov}(X_1, X_n) \\ \mathrm{Cov}(X_2, X_1) & D(X_2) & \cdots & \mathrm{Cov}(X_2, X_n) \\ \vdots & \vdots & & \vdots \\ \mathrm{Cov}(X_n, X_1) & \mathrm{Cov}(X_n, X_2) & \cdots & D(X_n) \end{pmatrix} \begin{pmatrix} c_1 \\ c_2 \\ \vdots \\ c_n \end{pmatrix}$$

$$= \sum_{i=1}^{n} \sum_{j=1}^{n} c_i c_j \, \mathrm{Cov}(X_i, X_j)$$

$$= \sum_{i=1}^{n} \sum_{j=1}^{n} E\{[c_i (X_i - E(X_i))][c_j (X_j - E(X_j))]\}$$

$$= E\left\{ \sum_{i=1}^{n} \sum_{j=1}^{n} [c_i (X_i - E(X_i))][c_j (X_j - E(X_j))] \right\}$$

$$= E\left\{ \left[\sum_{i=1}^{n} c_i (X_i - E(X_i)) \right] \left[\sum_{j=1}^{n} c_j (X_j - E(X_j)) \right] \right\}$$

$$= E\left[\sum_{i=1}^{n} c_i (X_i - E(X_i)) \right]^2 \geqslant 0.$$

即矩阵 $\mathrm{Cov}(\boldsymbol{X})$ 是非负定的, 定理得证.

例 4.2.14　设相互独立的随机变量 $X \sim e(\lambda), Y \sim e(\lambda)$, 已知 $Z_1 = X + Y, Z_2 = X - Y$, 令 $\boldsymbol{Z} = (Z_1, Z_2)^{\mathrm{T}}$, 试求 $\mathrm{Cov}(\boldsymbol{Z})$.

解　根据定义 4.2.4 可知 $\mathrm{Cov}(\boldsymbol{Z})$ 是二阶方阵. 由 $X \sim e(\lambda), Y \sim e(\lambda)$ 得 $E(X) = E(Y) = \dfrac{1}{\lambda}, D(X) = D(Y) = \dfrac{1}{\lambda^2}$, 则

$$E(Z_1) = E(X) + E(Y) = \frac{2}{\lambda}, E(Z_2) = E(X) - E(Y) = 0,$$

$$D(Z_1) = D(Z_2) = D(X) + D(Y) = \frac{2}{\lambda^2},$$

进而,

$$E(Z_1 Z_2) = E(X^2 - Y^2) = D(X) + E^2(X) - [D(Y) + E^2(Y)] = 0,$$

$$\mathrm{Cov}(Z_1, Z_2) = E(Z_1 Z_2) - E(Z_1)E(Z_2) = 0,$$

故

$$\mathrm{Cov}(\boldsymbol{Z}) = \begin{pmatrix} D(Z_1) & \mathrm{Cov}(Z_1, Z_2) \\ \mathrm{Cov}(Z_2, Z_1) & D(Z_2) \end{pmatrix} = \begin{pmatrix} \dfrac{2}{\lambda^2} & 0 \\ 0 & \dfrac{2}{\lambda^2} \end{pmatrix}.$$

小 节 要 点

1. 掌握二维随机变量的数字特征, 包括二维随机变量函数的数学期望、两个随机变量和的方差、协方差和相关系数, 并会计算.

2. 如果两个随机变量相互独立, 那么它们的乘积的期望等于各自期望的乘积, 它们的和的方差等于各自方差之和.

3. 协方差和相关系数仅适用于线性关系的评估, 对于非线性关系可能无法准确反映. 协方差的值会受到变量量纲 (或单位) 的影响. 在比较不同变量间的协方差时, 如果它们的量纲不一致, 需要先进行标准化处理再计算协方差 (相关系数), 这样得到的结果更具可比性.

4. 二维正态随机变量 $(X, Y) \sim N(\mu_1, \mu_2, \sigma_1^2, \sigma_2^2, \rho)$ 刻画了两个随机变量 X 和 Y 的联合分布, 其中 X, Y 分别服从正态分布 $X \sim N(\mu_1, \sigma_1^2), Y \sim N(\mu_2, \sigma_2^2)$, ρ 是 X, Y 的相关系数.

5. 矩能够描述随机变量的分布特征, 一阶矩 (均值) 反映了数据的中心位置, 二阶矩 (方差) 描述了数据的离散程度, 三阶矩 (偏度) 揭示了数据分布的不对称性, 而四阶矩 (峰度) 则反映了数据分布的陡峭程度.

应 记 应 背

1. 二维随机变量函数的数学期望:

离散型: $E(Z) = \sum\limits_{i=1}^{+\infty} \sum\limits_{j=1}^{+\infty} g(x_i, y_j) p_{ij}$, 连续型: $E(Z) = \int_{-\infty}^{+\infty} \int_{-\infty}^{+\infty} g(x,y) f(x,y) \mathrm{d}x\mathrm{d}y$.

2. 协方差: $\mathrm{Cov}(X, Y) = E\{[X - E(X)][Y - E(Y)]\} = E(XY) - E(X)E(Y)$.

3. 相关系数: $\rho_{XY} = \dfrac{\mathrm{Cov}(X,Y)}{\sqrt{D(X)D(Y)}}$.

4. 两个随机变量和 (差) 的方差: $D(X \pm Y) = D(X) + D(Y) \pm 2\,\mathrm{Cov}(X,Y)$.

✍ 习 题 4.2

1. 设随机变量 X 和 Y 的数学期望分别为 $E(X) = 2$, $E(Y) = 3$, 求 $E(3X + 2Y)$.

2. 设随机变量 X 和 Y 的联合分布在以点 $(0, 1)$, $(1, 0)$, $(1, 1)$ 为顶点的三角形区域上服从均匀分布, 试求随机变量 $Z = X + Y$ 的数学期望.

3. 设随机变量 X 和 Y 的期望分别为 $E(X) = 5$, $E(Y) = 3$, 且 $E(X^2) = 35$, $E(Y^2) = 15$, $E(XY) = 20$, 求 X 和 Y 的协方差 $\mathrm{Cov}(X,Y)$.

4. 设随机变量 X 和 Y 相互独立, 都服从标准正态分布 $N(0,1)$, 求 X 和 Y 的相关系数 ρ_{XY}.

5. 随机变量 X 和 Y 的联合分布律如下表所示:

X	Y		
	-1	0	1
1	0.2	0.1	0.1
2	0.1	0.1	0.1
3	0.1	0.1	0.1

求 $\mathrm{Cov}(X,Y)$ 和 $D(X + Y)$.

6. 设二维连续型随机变量 (X,Y) 的联合密度函数为

$$f(x,y) = \begin{cases} x, & 0 \leqslant x \leqslant 1, 0 \leqslant y \leqslant 2, \\ 0, & 其他, \end{cases}$$

求 X 和 Y 的相关系数.

进阶练习

7. 设随机变量 X 和 Y 相互独立, 且 X 服从正态分布 $N(\mu, \sigma^2)$, Y 服从均匀分布 $U(a,b)$, 求 $E(XY)$.

8. 设随机变量 X 和 Y 的方差分别为 $D(X) = 1$, $D(Y) = 4$, 且它们的相关系数 $\rho_{XY} = 0.1$, 若 $Z = X + 2Y$, 求 $D(Z)$.

9. 设随机变量 X 和 Y 的联合分布在以点 (0.0), $(0, 1)$, (1.0), $(1, 1)$ 为顶点的正方形区域上服从均匀分布, 试求随机变量 $Z = X + Y$ 的方差.

10. 箱中装有 6 个球, 其中红, 白, 黑球个数分别为 1, 2, 3. 现从箱中随机地取出 2 个球, 记 X 为取出红球的个数, Y 为取出白球的个数, 求 $\mathrm{Cov}(X, Y)$.

11. 某公司为了评估两种产品 A 和 B 的销售情况, 收集了过去一年的销售数据. 现在, 公司想知道这两种产品的销售是否存在某种关联, 即一种产品的销售增加是否会导致另一种产品的销售也增加. 为了分析这个问题, 公司决定计算这两种产品销售量的协方差. 已知产品 A 的销售量均值为 1000 件, 方差为 200 件²; 产品 B 的销售量均值为 1500 件, 方差为 300 件². 同时, 公司还计算出了产品 A 和产品 B 销售量的协方差为 150.

(1) 请解释协方差的正值意味着什么?

(2) 基于给定的数据, 判断产品 A 和产品 B 的销售是否存在正相关关系?

4.3　大数定律和中心极限定理

在实践中, 通过大量重复随机试验, 随机现象呈现出明显的规律性, 事件出现的频率会稳定于某一常数, 如抛硬币、掷骰子等. 从随机现象中寻求必然的法则常常需要采用极限形式, 进而形成了内容广泛的概率极限理论. 本节, 我们介绍其中最重要的大数定律和中心极限定理的基本内容. 大数定律和中心极限定理是概率论的两个重要理论, **大数定律**描述一系列随机变量的和的平均结果的稳定性, **中心极限定理**则描述满足一定条件的随机变量和的分布以正态分布为极限.

4.3.1　大数定律

人们经过长期实践认识到, 在相同条件下, 进行大量独立重复试验时, 随机事件的频率具有稳定性. 而且, 大量随机现象的平均结果一般也具有稳定性. 例如, 在相同条件下进行 n 次独立重复试验, 事件 A 发生的频率总是在 $[0, 1]$ 上的一个确定常数 p 附近摆动, 并且随着试验次数 n 的增大, 越来越稳定地趋于 p; 又如, 多次测量时, 测量值的算术平均值与某个常数的偏差会比较小, 而且测量次数越多, 偏差越小, 测量次数充分大时, 测量值的算术平均值会稳定下来. 这些稳定性现象, 可以理解为大量试验时, 随机性相互抵消, 共同作用的平均结果趋于稳定. 这就引出了 "依概率收敛" 的概念.

定义 4.3.1　设 $X_1, X_2, \cdots, X_n, \cdots$ 是一个随机变量序列, 如果存在一个常数 c, 使得对任意的 $\varepsilon > 0$, 总有

$$\lim_{n \to +\infty} P(|X_n - c| < \varepsilon) = 1, \tag{4.3.1}$$

则称随机变量序列 $X_1, X_2, \cdots, X_n, \cdots$ 依概率收敛于 c, 记作 $X_n \xrightarrow{p} c$.

例 4.3.1　设 $X_1, X_2, \cdots, X_n, \cdots$ 是一个随机变量序列, 且 $E(X_n) = a$, $D(X_n) = \dfrac{2}{n}$, $n = 1, 2, \cdots$, 试问 X_n 依概率收敛于何值?

解　由切比雪夫不等式可知

$$P(|X_n - a| < \varepsilon) \geqslant 1 - \frac{D(X_n)}{\varepsilon^2} = 1 - \frac{2}{n\varepsilon^2} \to 1 (n \to +\infty),$$

则 $\lim\limits_{n \to +\infty} P(|X_n - a| < \varepsilon) = 1$, 故 $X_n \xrightarrow{p} a$.

定理 4.3.1 (伯努利大数定律)　设 X_n 为 n 重伯努利试验中事件 A 发生的次数, p 为每次试验中事件 A 出现的概率, 则对任意的 $\varepsilon > 0$, 有

$$\lim_{n \to +\infty} P\left(\left|\frac{X_n}{n} - p\right| < \varepsilon\right) = 1.$$

证明　因为 $X_n \sim b(n, p)$, 则 $\dfrac{X_n}{n}$ 的数学期望和方差为

$$E\left(\frac{X_n}{n}\right) = p, D\left(\frac{X_n}{n}\right) = \frac{p(1-p)}{n},$$

所以由切比雪夫不等式得

$$1 \geqslant P\left(\left|\frac{X_n}{n} - p\right| < \varepsilon\right) \geqslant 1 - \frac{D\left(\dfrac{X_n}{n}\right)}{\varepsilon^2} = 1 - \frac{p(1-p)}{n\varepsilon^2},$$

当 $n \to +\infty$ 时, 上式右端趋于 1, 因此

$$\lim_{n \to +\infty} P\left(\left|\frac{X_n}{n} - p\right| < \varepsilon\right) = 1.$$

伯努利大数定律是历史上出现的第一个大数定律, 由瑞士数学家伯努利在 1713 年提出. 伯努利大数定律表明, 当重复试验次数 n 充分大时, 事件 A 发生的频率依概率收敛于事件 A 发生的概率, 因此在实际应用中, 事件发生的概率是未知, 不易获取时, 基于此定理, 我们就能在试验次数较大时, 用事件发生的频率去近似代替概率.

定理 4.3.2 (切比雪夫大数定律)　设 $\{X_n\}$ 为一个独立随机变量序列, 若每个 X_i 的方差存在, 且有共同的上界, 即 $D(X_i) \leqslant c, i = 1, 2, \cdots$, 则 $\{X_n\}$ 服从大数定律, 即对任意的正数 ε, 有

$$\lim_{n \to +\infty} P\left(\left|\frac{1}{n}\sum_{i=1}^{n} X_i - \frac{1}{n}\sum_{i=1}^{n} E(X_i)\right| < \varepsilon\right) = 1.$$

证明　因为 $\{X_n\}$ 相互独立, 故

$$D\left(\frac{1}{n}\sum_{i=1}^{n} X_i\right) = \frac{1}{n^2}\sum_{i=1}^{n} D(X_i) \leqslant \frac{c}{n},$$

再利用切比雪夫不等式, 对任意的 $\varepsilon > 0$, 有

$$P\left(\left|\frac{1}{n}\sum_{i=1}^{n} X_i - \frac{1}{n}\sum_{i=1}^{n} E(X_i)\right| < \varepsilon\right) \geqslant 1 - \frac{D\left(\dfrac{1}{n}\sum_{i=1}^{n} X_i\right)}{\varepsilon^2} \geqslant 1 - \frac{c}{n\varepsilon^2},$$

于是当 $n \to +\infty$ 时, 有

$$\lim_{n \to +\infty} P\left(\left|\frac{1}{n}\sum_{i=1}^{n} X_i - \frac{1}{n}\sum_{i=1}^{n} E(X_i)\right| < \varepsilon\right) = 1.$$

切比雪夫大数定律是俄国数学家切比雪夫在 1866 年给出并证明的. 它为实际应用提供了理论依据. 该定律表明, 当重复试验次数充分大时, n 个相互独立随机变量的算术平均值聚集在它们的数学期望的算术平均值的附近, 随机变量的算术平均值具有稳定性, 也就是说, 独立随机变量序列的算术平均值依概率收敛于其数学期望. 因此, 在测量长度时, 往往利用若干次重复测量的数据的算术平均值来作为最终结果, 以提高测量的精度.

例 4.3.2　设 $\sum\limits_{i=1}^{n} X_i$ 为 n 次独立试验中事件 A 出现的次数, 而事件 A 在第 i 次试验时出现的概率为 $p_i, i = 1, 2, \cdots, n$, 则对任意的 $\varepsilon > 0$, 有

$$\lim_{n \to +\infty} P\left(\left| \frac{1}{n} \sum_{i=1}^{n} X_i - \frac{1}{n} \sum_{i=1}^{n} p_i \right| < \varepsilon \right) = 1.$$

证明　记 $X_i = 1$, 若第 i 次试验时 A 出现; $X_i = 0$, 若第 i 次试验时 A 未出现, $i = 1, 2, \cdots, n$, 则

$$E\left(\frac{1}{n} \sum_{i=1}^{n} X_i \right) = \frac{1}{n} \sum_{i=1}^{n} p_i, \quad D\left(\frac{1}{n} \sum_{i=1}^{n} X_i \right) = \frac{1}{n^2} \sum_{i=1}^{n} p_i(1 - p_i) \leqslant \frac{1}{n^2} \cdot \sum_{i=1}^{n} \frac{1}{4} = \frac{1}{4n},$$

利用切比雪夫不等式, 对任意的 $\varepsilon > 0$, 有

$$P\left(\left| \frac{1}{n} \sum_{i=1}^{n} X_i - \frac{1}{n} \sum_{i=1}^{n} p_i \right| < \varepsilon \right) \geqslant 1 - \frac{D\left(\dfrac{1}{n} \sum\limits_{i=1}^{n} X_i \right)}{\varepsilon^2} \geqslant 1 - \frac{1}{4n\varepsilon^2} \to 1(n \to +\infty),$$

即 $\lim\limits_{n \to +\infty} P\left(\left| \dfrac{1}{n} \sum\limits_{i=1}^{n} X_i - \dfrac{1}{n} \sum\limits_{i=1}^{n} p_i \right| < \varepsilon \right) = 1.$

例 4.3.3　设 $X_1, X_2, \cdots, X_n$ 是一个随机变量序列, 且知 $X_i \sim e(1), i = 1, 2, \cdots, n$, 则当 $n \to +\infty$ 时, $\dfrac{1}{n} \sum\limits_{i=1}^{n} X_i^2$ 依概率收敛于何值?

解　由题可知 $X_i \sim e(1), i = 1, 2, \cdots, n$, 则

$$E(X_i) = D(X_i) = 1. \ E(X_i^2) = D(X_i) + E^2(X_i) = 2,$$

利用切比雪夫大数定律, 对于 $\forall \varepsilon > 0$, 有

$$\lim_{n \to +\infty} P\left(\left| \frac{1}{n} \sum_{i=1}^{n} X_i^2 - 2 \right| < \varepsilon \right) = 1,$$

则当 $n \to +\infty$, $\dfrac{1}{n} \sum\limits_{i=1}^{n} X_i^2$ 依概率收敛于 2.

大数定律是现代概率论、统计学和其他相关学科发展的基石. 在物理学放射性研究中, 我们可以通过测量大量放射性粒子的衰变时间来估计其半衰期; 在量子力学中, 我们可以通过大量的实验数据来验证量子事件的分布律; 在热力学中, 我们可以通过测量大量分子的运动状态来推断系统的宏观性质等. 这些应用都依赖于大数定律所揭示的随机事件的统计规律性和可预测性.

4.3.2 中心极限定理

前面所讨论的大数定律, 是多个随机变量的平均的极限性质, 而在许多实际问题中有很多随机指标, 都是由多个相互独立的随机因素综合影响的结果. 而每一个随机因素对总和的影响又都很小, 如在测量中, 需要考虑大地测量、天平称量、化学分析中某种元素的含量等; 在生物学中, 需要考虑同一群体的某种特性指标, 包括某地儿童的身高、体重、肺活量等; 在概率论中, 把研究在一定条件下, 大量独立随机变量之和的分布以正态分布为极限的定理称为中心极限定理.

定理 4.3.3 (林德伯格–列维中心极限定理) 设 $\{X_n\}$ 是独立同分布的随机变量序列, 且每个 X_i 都满足 $E(X_i) = \mu, D(X_i) = \sigma^2 > 0, i = 1, 2, \cdots$, 若记

$$Z_n^* = \frac{X_1 + X_2 + \cdots + X_n - n\mu}{\sigma\sqrt{n}},$$

则对任意实数 z, 有

$$\lim_{n \to +\infty} P(Z_n^* \leqslant z) = \Phi(z) = \frac{1}{\sqrt{2\pi}} \int_{-\infty}^{z} \mathrm{e}^{-\frac{t^2}{2}} \mathrm{d}t,$$

即当 n 充分大时, $Z_n^* \overset{\text{近似}}{\sim} N(0,1)$ 或 $\sum_{i=1}^{n} X_i \overset{\text{近似}}{\sim} N(n\mu, n\sigma^2)$.

该定理也称为独立同分布的中心极限定理, 由芬兰数学家林德伯格和法国数学家列维在 20 世纪 20 年代初提出. 定理表明, 无论随机变量序列 $\{X_n\}$ 具有怎样的分布, 只要满足独立同分布的条件, 知道 $\{X_n\}$ 的数学期望和方差, 当 n 很大时, 随机变量的和 $\sum_{i=1}^{n} X_i$ 就近似服从正态分布. 在数理统计部分, 中心极限定理是大样本统计推断的理论基础.

例 4.3.4 在数字通信系统中, 假设每个比特在传输过程中受到独立同分布的噪声影响, 噪声服从均值为 0, 方差为 σ^2 的正态分布. 现在传输了 900 个比特, 求接收端收到的比特序列中, 噪声总和的绝对值不小于 30σ 的概率.

解 设 X_i $(i = 1, 2, \cdots, 900)$ 表示第 i 个比特受到的噪声, 它们是相互独立且同分布的随机变量, $E\left(\sum_{i=1}^{900} X_i\right) = 0, D\left(\sum_{i=1}^{900} X_i\right) = 900\sigma^2$, 则所求概率为

$$P\left(\left|\sum_{i=1}^{900} X_i\right| \geqslant 30\sigma\right) = 1 - P\left(-30\sigma < \sum_{i=1}^{900} X_i < 30\sigma\right)$$

$$\approx 1 - \left[\varPhi\left(\frac{30\sigma - 0}{\sqrt{900\sigma^2}} \right) - \varPhi\left(\frac{-30\sigma - 0}{\sqrt{900\sigma^2}} \right) \right]$$

$$= 1 - [\varPhi(1) - \varPhi(-1)] = 1 - [2\varPhi(1) - 1]$$

$$= 2 - 2\varPhi(1) = 2 \times (1 - 0.8413) = 0.3174.$$

注意: 运用中心极限定理首先要定义好随机变量, 计算随机变量之和的数学期望和方差. 然后将其标准化. 最后采用正态分布近似计算其概率, 此例验证了中心极限定理的一个重要性质, 即在 n 足够大时, 正态分布能提供很好的近似, 但对于通信系统中的噪声问题, 通常还需要结合具体的通信协议和编码方式进行更详细的分析和处理, 此例不予考虑.

例 4.3.5 一家医院的病人等待时间 (以 min 计) 服从均值为 20 min, 标准差为 5 min 的正态分布. 现在随机抽取了 25 名病人的等待时间数据, 求这 25 名病人的平均等待时间小于 18 min 的概率.

解 设 $X_i(i = 1, 2, \cdots, 25)$ 表示第 i 个病人的等待时间, 它们是相互独立且同分布的随机变量, $E(\overline{X}) = 20, D(\overline{X}) = \dfrac{5^2}{25} = 1$, 则所求概率为

$$P(\overline{X} < 18) = P\left(\frac{\overline{X} - 20}{\sqrt{1}} < \frac{18 - 20}{\sqrt{1}} \right) \approx \varPhi(18 - 20) = 1 - \varPhi(2) = 0.0228.$$

注意: 在一定条件下, 大量独立同分布的随机变量的均值也近似服从正态分布.

在独立同分布的中心极限定理中, 若随机变量序列服从 0-1 分布, 可得到中心极限定理最常用的一种形式.

定理 4.3.4 (棣莫弗–拉普拉斯中心极限定理) 设 n 重伯努利试验中, 事件 A 在每次试验中出现的概率为 $p(0 < p < 1)$, 记 $\displaystyle\sum_{i=1}^{n} X_i$ 为 n 次试验中事件 A 出现的次数, 且记

$$Z_n^* = \frac{\displaystyle\sum_{i=1}^{n} X_i - np}{\sqrt{np(1-p)}},$$

则对任意的实数 z 有

$$\lim_{n \to +\infty} P(Z_n^* \leqslant z) = \varPhi(z) = \frac{1}{\sqrt{2\pi}} \int_{-\infty}^{z} e^{-\frac{t^2}{2}} \mathrm{d}t.$$

棣莫弗–拉普拉斯中心极限定理是概率论历史上的第一个中心极限定理. 正态分布的密度函数就是在棣莫弗–拉普拉斯中心极限定理中首次出现的. 该定理表明, 正态分布是二项分布的极限分布, 当 n 充分大时, 可以用正态分布来近似计算二项分布的概率, 即随机变量 $X_i \sim b(1, p)$, 当 n 充分大时, 有 $\displaystyle\sum_{i=1}^{n} X_i \overset{\text{近似}}{\sim} N(np, np(1-p))$ 或 $\dfrac{\displaystyle\sum_{i=1}^{n} X_i - np}{\sqrt{np(1-p)}} \overset{\text{近似}}{\sim} N(0, 1)$.

例 4.3.6 一复杂系统由 100 个相互独立工作的部件组成, 每个部件正常工作的概率为 0.9. 已知整个系统中至少有 85 个部件正常工作, 系统才能正常工作. 试求系统正常工作的概率.

解 记 $n = 100$, X 为 100 个部件中正常工作的部件数, 则

$$X \sim b(100, 0.9), \quad E(X) = 90, \quad D(X) = 9.$$

所求概率为

$$P(X \geqslant 85) = P\left(\frac{X-90}{\sqrt{9}} \geqslant \frac{85-90}{\sqrt{9}}\right) \approx 1 - \Phi\left(\frac{85-90}{3}\right) = 1 - \Phi\left(-\frac{5}{3}\right) \approx 0.9525.$$

例 4.3.7 某次大型标准化考试中, 每位考生的成绩是相互独立且同分布的随机变量, 已知成绩均值为 70 分, 标准差为 10 分. 现从参加考试的众多考生中随机抽取 100 名, 试求

(1) 这 100 名考生的平均成绩在 68 分至 72 分之间的概率;

(2) 若已知该考试的通过率为 0.6, 随机抽取 200 名考生, 求通过考试的考生人数在 110 人至 130 人之间的概率.

解 (1) 设每位考生的成绩为 X_i, $i = 1, 2, \cdots, 100$, 其平均成绩的均值和方差为

$$E\left(\frac{1}{100}\sum_{i=1}^{100} X_i\right) = 70, \quad D\left(\frac{1}{100}\sum_{i=1}^{100} X_i\right) = 1,$$

根据林德伯格–列维中心极限定理, $\dfrac{\dfrac{1}{100}\sum\limits_{i=1}^{100} X_i - 70}{\sqrt{1}} \overset{\text{近似}}{\sim} N(0,1)$, 则

$$P\left(68 \leqslant \frac{1}{100}\sum_{i=1}^{100} X_i \leqslant 72\right) \approx \Phi\left(\frac{72-70}{1}\right) - \Phi\left(\frac{68-70}{1}\right) = 2\Phi(2) - 1 = 0.9544.$$

(2) 设 Y 为 200 名学生中通过考试的人数, 则

$$Y \sim b(200, 0.6), \quad E(Y) = 120, \quad D(Y) = 48,$$

根据棣莫弗–拉普拉斯中心极限定理, Y 近似服从正态分布, 所求概率为

$$P(110 \leqslant Y \leqslant 130) \approx \Phi\left(\frac{10}{\sqrt{48}}\right) - \Phi\left(\frac{-10}{\sqrt{48}}\right) \approx 2\Phi(1.44) - 1 = 0.8502.$$

注意: 在解答涉及中心极限定理的题目时, 关键在于明确随机变量的独立性、同分布性及样本量大小, 准确计算其均值和方差, 并进行标准化处理以转化为标准正态分布.

小 节 要 点

1. 大数定律和中心极限定理两者共同构成了概率论与数理统计的核心内容, 对于理解随机现象的长期行为和进行统计推断具有重要意义.

2. 大数定律揭示了当试验次数趋于无穷时，频率趋近于概率的数学规律，为概率论的实际应用提供了坚实的理论基础.

3. 中心极限定理指出，在适当的条件下，无论原始总体分布如何，大量独立随机变量的和或均值将趋于正态分布，该定理极大简化了复杂随机现象的概率计算，成为统计学和误差分析不可或缺的工具.

应 记 应 背

1. 伯努利大数定律：当重复试验次数 n 充分大时，事件 A 发生的频率依概率收敛于事件 A 发生的概率.

2. 切比雪夫大数定律：在一定条件下，n 个相互独立随机变量的算术平均值依概率收敛于其数学期望.

3. 独立同分布中心极限定理：当 n 很大时，n 个独立同分布随机变量的和或均值近似服从正态分布.

4. 棣莫弗–拉普拉斯中心极限定理：当 n 很大时，二项分布近似服从正态分布.

✍ 习 题 4.3

1. 设随机变量 $X_1, X_2, \cdots, X_n$ 相互独立，均服从参数为 λ 的泊松分布，则根据林德伯格–列维中心极限定理，当 n 充分大时，下列（　　）近似服从标准正态分布？

(A) $\sum\limits_{i=1}^{n} X_i$;　　(B) $\dfrac{1}{n}\sum\limits_{i=1}^{n} X_i$;　　(C) $\dfrac{\sum\limits_{i=1}^{n} X_i - n\lambda}{\sqrt{n\lambda}}$;　　(D) $\dfrac{1}{n}\sum\limits_{i=1}^{n} X_i^2$.

2. 设随机变量 $X_1, X_2, \cdots, X_{100}$ 相互独立且同分布，都服从参数为 $\lambda = 2$ 的泊松分布. 记 $Y = \sum\limits_{i=1}^{100} X_i$，则 $P(Y \leqslant 220)$ 可近似为（　　）.（结果用标准正态分布的函数值表示.）

3. 假设有一个不均匀的硬币，正面朝上的概率为 $p(0 < p < 1)$，反面朝上的概率为 $1 - p$. 现在进行 n 次独立重复抛掷，记正面朝上的次数为 X. 请问，当 n 趋于无穷大时，$\dfrac{X}{n}$ 是否依概率收敛于 p？

4. 一个公司的员工的月薪（单位：元）服从正态分布，均值为 8000 元，标准差为 2000 元. 若随机抽取 25 名员工，则这 25 名员工的平均月薪的近似分布为（　　）.（请填写具体的正态分布形式.）

5. 某保险公司多年的统计资料表明，在索赔户中被盗索赔户占 20%，X 表示在随机抽查的 50 个索赔户中因被盗向保险公司索赔的户数，利用中心极限定理，求被盗索赔户不少于 12 户且不多于 20 户的概率的近似值.

6. 某工厂生产了一批零件. 每个零件的尺寸（单位：mm）看成一个随机变量，其数学期望为 10 mm，方差为 0.64 mm². 现在随机抽取 100 个零件，求这 100 个零件平均尺寸落在 9.8 mm 到 10.2 mm 之间的概率.

进阶练习

7. 设随机变量 $X_1, X_2, \cdots, X_{100}$ 相互独立且服从参数为 p 的 0-1 分布, 则根据中心极限定理, 当 $n = 100, p = 0.5$ 时, 下列 (　　) 的概率的近似值计算是正确的?

(A) $P\left(\sum\limits_{i=1}^{100} X_i \leqslant 45\right) \approx \Phi(-1)$;　　　　(B) $P\left(\sum\limits_{i=1}^{100} X_i \leqslant 45\right) \approx \Phi(1)$;

(C) $P\left(\sum\limits_{i=1}^{100} X_i \leqslant 55\right) \approx \Phi(-1)$;　　　　(D) $P\left(\sum\limits_{i=1}^{100} X_i \geqslant 55\right) \approx \Phi(1)$.

8. 设 $X_1, X_2, \cdots, X_n$ 是独立同分布的随机变量序列, 且它们的数学期望 $E(X_i) = \mu$, 方差 $D(X_i) = \sigma^2$ 均存在. 证明: $\dfrac{1}{n} \sum\limits_{i=1}^{n} X_i^2$ 依概率收敛于 $E(X^2)$.

9. 某社区组织志愿者参与公益活动, 每位志愿者每月参与志愿服务的时长是相互独立的随机变量. 经长期统计发现, 每位志愿者每月志愿服务时长的均值为 6 h, 方差为 4 h^2. 现在该社区有 64 名志愿者参与本月的公益活动.

(1) 利用中心极限定理, 近似计算这 64 名志愿者本月总志愿服务时长超过 400 h 的概率;

(2) 通过这个计算结果, 谈谈在志愿服务活动中所体现的奉献精神及集体力量的意义.

本 章 总 结

1. 本章主要介绍随机变量的数字特征, 这是概率论与数理统计课程的核心内容之一, 是后续理论分析的基础和解决实际问题的重要工具. 在许多实际问题中, 往往难以确定随机变量的概率分布, 但我们可以通过其数字特征来获取随机变量的关键信息, 进而从不同角度描述概率分布的特性.

2. 前两节主要介绍随机变量常用的数字特征: 数学期望 $E(X)$、方差 $D(X)$、协方差 $\mathrm{Cov}(X, Y)$、相关系数 ρ_{XY} 和矩 $E(X^k)$、$E[X - E(X)]^k$. 首先引入第一个数字特征: 数学期望 $E(X)$, 数学期望反映了随机变量取值的平均水平, 但在实际问题中仅用数学期望无法全面描述随机变量的分布情况, 尤其是随机变量取值的稳定性, 因此需要引入第二个数字特征: 方差 $D(X) = E[X - E(X)]^2$. 方差刻画了随机变量的取值与数学期望的偏离程度, 它的大小反映了随机变量取值的离散程度. 注意到, 这两个数字特征仅反映了随机变量各自的平均值和离散程度, 并未能反映随机变量之间的关系, 进而需要引入第三个数字特征: 协方差 $\mathrm{Cov}(X, Y) = E\{[X - E(X)][Y - E(Y)]\}$. 协方差反映了两个随机变量线性关系的强弱程度. 然而, 协方差存在一定的缺陷, 其度量结果会受两个随机变量本身度量单位的影响, 因此, 需要对协方差进行修正, 即先对每个随机变量标准化后再求协方差: $\mathrm{Cov}\left(\dfrac{X - E(X)}{\sqrt{D(X)}}, \dfrac{Y - E(Y)}{\sqrt{D(Y)}}\right)$, 即为相关系数的定义. 将这几个数字特征推广到一般情形即有了矩的定义. 矩在后续内容 (参数估计和假设检验) 中具有重要作用, 同时也统一了这几个数字特征, 即数学期望是一阶原点矩; 方差是二阶中心矩; 协方差是二阶混合中心矩. 要掌握随机变量的数字特征的定义, 并掌握数学期望、方差、协方差和相关系数的性质及计算, 理解它们之间的关系, 熟记六大常见分布 (两点分布、二项分布、泊松分布、均匀分布、指数分布和正态分布) 的数学期望和方差.

3. 基于前面介绍的数字特征 (特别是数学期望和方差), 最后一节介绍了在概率论与数理统计领域中具有重要地位的理论——大数定律和中心极限定理, 它们是概率极限定理的最重要的两种形式. 大数定律以严格的数学形式表达了在大量重复试验中, 随机现象呈现出的稳定性, 即频率稳定于概率; 而中心极限定理表明, 在一定条件下, 大量独立随机变量的和或均值的分布近似服从正态分布, 这也确立了正态分布的核心地位. 要掌握大数定律和中心极限定理, 注意它们成立的条件 (独立同分布), 并能熟练应用于解决实际问题中.

✍ 总习题 4

一、填空题

1. (2010, 数一) 设随机变量 X 的分布律为 $P(X = k) = \dfrac{C}{k!}, k = 0, 1, 2, \cdots$, 则 $E(X^2)=($).

2. (2011, 数一、三) 设二维随机变量服从正态分布 $N(\mu, \mu, \sigma^2, \sigma^2, \rho)$, 则 $E(XY^2)=$ ( ).

3. (2013, 数三) 设随机变量 X 服从标准正态分布 $N(0,1)$, 则 $E(Xe^{2X}) = ($).

4. (2017, 数三) 设随机变量 X 的分布律为 $P(X = -2) = \dfrac{1}{2}, P(X = 1) = a, P(X = 3) = b$, 若 $E(X) = 0$, 则 $D(X)=($).

5. (2017, 数一) 设随机变量 X 的分布函数为 $F(x) = \dfrac{1}{2}\Phi(x) + \dfrac{1}{2}\Phi\left(\dfrac{x-4}{2}\right)$, 其中 $\Phi(x)$ 为标准正态分布函数, 则 $E(X)=($).

6. (2020, 数三) 设随机变量 X 的分布律为 $P(X = k) = \dfrac{1}{2^k}, k = 1, 2, 3, \cdots$, Y 表示 X 被 3 除的余数, 则 $E(Y)=($).

7. (2022, 数一) 设随机变量 $X \sim U(0,3)$, 随机变量 Y 服从参数为 2 的泊松分布, 且 X 与 Y 的协方差为 -1, 则 $D(2X - Y + 1)=($).

二、选择题

8. (2011, 数一) 设随机变量 X 与 Y 相互独立, 且 $E(X)$ 与 $E(Y)$ 存在, 记 $U = \max\{X, Y\}, V = \min\{X, Y\}$, 则 $E(UV)=($).

(A) $E(U)E(V)$;　　　　　　　　　(B) $E(X)E(Y)$;

(C) $E(U)E(Y)$;　　　　　　　　　(D) $E(X)E(V)$.

9. (2012, 数一) 将长度为 1m 的木棒随机地截成两段, 则两段长度的相关系数为 ( ).

(A) 1;　　　　(B) 0.5;　　　　(C) -0.5;　　　　(D) -1.

10. (2014, 数一) 设连续型随机变量 X_1 与 X_2 相互独立且方差均存在, X_1 与 X_2 的密度函数分别为 $f_1(x)$ 与 $f_2(x)$, 随机变量 Y_1 的概率密度为 $f_{Y_1}(y) = \dfrac{1}{2}[f_1(y) + f_2(y)]$, 随机变量 $Y_2 = \dfrac{1}{2}(X_1 + X_2)$, 则 ( ).

(A) $E(Y_1) > E(Y_2), D(Y_1) > D(Y_2)$;   (B) $E(Y_1) = E(Y_2), D(Y_1) = D(Y_2)$;

(C) $E(Y_1) = E(Y_2), D(Y_1) < D(Y_2)$;   (D) $E(Y_1) = E(Y_2), D(Y_1) > D(Y_2)$.

11. (2015, 数一) 设随机变量 X, Y 不相关, 且 $E(X) = 2, E(Y) = 1, D(X) = 3$, 则 $E[X(X + Y - 2)]=($).

(A) -3;   (B) 3;   (C) -5;   (D) 5.

12. (2016, 数三) 设随机变量 X, Y 相互独立, 且 $X \sim N(1,2)$, $Y \sim N(1,4)$, 则 $D(XY)=($).

(A) 6;   (B) 8;   (C) 14;   (D) 15.

13. (2020, 数一) 设随机变量 $X_1, X_2, \cdots, X_{100}$ 为来自总体 X 的简单随机样本, 其中 $P(X = 0) = P(X = 1) = \dfrac{1}{2}$, 且 $\Phi(x)$ 表示标准正态分布函数, 则利用中心极限定理可得 $P\left(\displaystyle\sum_{i=1}^{100} X_i \leqslant 55\right)$ 的近似值为 (   ).

(A) $1 - \Phi(1)$;   (B) $\Phi(1)$;   (C) $1 - \Phi(0.2)$;   (D) $\Phi(0.2)$.

14. (2022, 数三) 设随机变量 $X_1, X_2, \cdots, X_n, \cdots$ 独立同分布, 且 X_i 的概率密度为

$$f(x) = \begin{cases} 1 - |x|, & -1 < x < 1, \\ 0, & \text{其他}, \end{cases}$$ 则当 $n \to +\infty$ 时, $\dfrac{1}{n} \displaystyle\sum_{i=1}^{n} X_i^2$ 依概率收敛于 (   ).

(A) $\dfrac{1}{8}$;   (B) $\dfrac{1}{6}$;   (C) $\dfrac{1}{3}$;   (D) $\dfrac{1}{3}$.

15. (2022, 数一) 设随机变量 $X_1, X_2, \cdots, X_n$ 独立同分布, 且 X_i 的四阶矩存在, 设 $\mu_k = E(X_i^k), (k=1,2,3,4)$, 则由切比雪夫不等式, 对 $\forall \varepsilon > 0$, 有 $P\left(\left|\dfrac{1}{n} \displaystyle\sum_{i=1}^{n} X_i^2 - \mu_2\right| \geqslant \varepsilon\right) \leqslant ($).

(A) $\dfrac{\mu_4 - \mu_2^2}{n \varepsilon^2}$;   (B) $\dfrac{\mu_4 - \mu_2^2}{\sqrt{n} \varepsilon^2}$;   (C) $\dfrac{\mu_2 - \mu_1^2}{n \varepsilon^2}$;   (D) $\dfrac{\mu_2 - \mu_1^2}{\sqrt{n} \varepsilon^2}$.

16. (2023, 数一、三) 设随机变量 X 服从参数为 1 的泊松分布, 则 $E[|X - E(X)|] = ($).

(A) $\dfrac{1}{\mathrm{e}}$;   (B) $\dfrac{1}{2}$;   (C) $\dfrac{2}{\mathrm{e}}$;   (D) 1.

17. (2024, 数三) 设随机变量 X 的概率密度为 $f(x) = \begin{cases} 6x(1-x), & 0 < x < 1, \\ 0, & \text{其他}, \end{cases}$ 则 X 的三阶中心矩 $E[X - E(X)]^3 = ($).

(A) $-\dfrac{1}{32}$;   (B) 0;   (C) $\dfrac{1}{16}$;   (D) $\dfrac{1}{2}$.

18. (2025, 数一) 设二维随机变量 (X,Y) 服从正态分布 $N(0,0,1,1,\rho)$, 其中 $\rho \in (-1,1)$, 若 a, b 为满足 $a^2 + b^2 = 1$ 的任意实数, 则 $D(aX + bY)$ 的最大值为 (   ).

(A) 1;   (B) 2;   (C) $1 + |\rho|$;   (D) $1 + \rho^2$.

三、计算题

19. (2011, 数一、三) 设随机变量 X 与 Y 的分布律分别为

X	0	1
P	$\dfrac{1}{3}$	$\dfrac{2}{3}$

Y	-1	0	1
P	$\dfrac{1}{3}$	$\dfrac{1}{3}$	$\dfrac{1}{3}$

已知 $P(X^2 = Y^2) = 1$, 求 X 与 Y 的相关系数.

20. (2012, 数一、三) 设二维离散型随机变量的分布律为

X	Y		
	0	1	2
0	$\dfrac{1}{4}$	0	$\dfrac{1}{4}$
1	0	$\dfrac{1}{3}$	0
2	$\dfrac{1}{12}$	0	$\dfrac{1}{12}$

求 $\mathrm{Cov}(X - Y, Y)$.

21. (2014, 数一、三) 设随机变量 X 的分布律为 $P(X = 1) = P(X = 2) = \dfrac{1}{2}$, 在给定 $X = i$ 的条件下, 随机变量 Y 服从均匀分布 $U(0, i)(i = 1, 2)$, 求 $E(Y)$.

22. (2018, 数一、三) 设随机变量 X 与 Y 相互独立, X 的分布律为 $P(X = -1) = P(X = 1) = \dfrac{1}{2}$, Y 服从参数为 λ 的泊松分布, 令 $Z = XY$, 求 $\mathrm{Cov}(X, Z)$.

23. (2023, 数三) 设随机变量 X 的概率密度为 $f(x) = \dfrac{\mathrm{e}^x}{(1 + \mathrm{e}^x)^2}, -\infty < x < +\infty$, $Y = \mathrm{e}^X$, 则 Y 的数学期望是否存在?

24. (2023, 数一) 设二维随机变量 (X, Y) 的概率密度为

$$f(x, y) = \begin{cases} \dfrac{2}{\pi}(x^2 + y^2), & x^2 + y^2 \leqslant 1, \\ 0, & \text{其他.} \end{cases}$$

求 X 与 Y 的协方差.

25. (2024, 数三) 投保人的损失事件发生时, 保险公司的赔付额 Y 与投保人的损失额 X 的关系为 $Y = \begin{cases} 0, & X \leqslant 100, \\ X - 100, & X > 100, \end{cases}$ 设定损事件发生时, 投保人的损失额 X 的概率密度为 $f(x) = \begin{cases} \dfrac{2 \times 100^2}{(100 - x)^3}, & x > 0, \\ 0, & x \leqslant 0. \end{cases}$ 求 $E(Y)$.

第 5 章　数理统计基础

【本章学习目标】

1. 理解总体、样本、简单随机样本等概念, 掌握样本的联合分布律和联合密度函数的计算.

2. 理解统计量的概念, 掌握常用统计量 (样本均值、样本方差、样本标准差、样本 k 阶原点矩、样本 k 阶中心矩).

3. 理解分位数的概念, 掌握 χ^2 分布、t 分布和 F 分布的定义及性质, 会查表找出对应的分位数并计算相关概率.

4. 了解抽样分布的含义, 掌握单正态总体常用统计量的抽样分布.

【课前导读】

本章主要介绍总体、样本、统计量、三大常用统计分布、抽样分布等基本概念和性质. 在求样本的联合分布时需要复习独立情形 n 维随机变量的联合分布的性质, 即

(1) 离散型随机变量情形: 若 $X_1, X_2, \cdots, X_n$ 相互独立, 则 n 维离散型随机变量 $(X_1, X_2, \cdots, X_n)$ 的联合分布律为

$$P(X_1 = x_1, X_2 = x_2, \cdots, X_n = x_n) = P(X_1 = x_1)P(X_2 = x_2) \cdots P(X_n = x_n).$$

(2) 连续型随机变量情形: 若 $X_1, X_2, \cdots, X_n$ 相互独立, 则 n 维连续型随机变量 $(X_1, X_2, \cdots, X_n)$ 的联合密度函数为

$$f(x_1, x_2, \cdots, x_n) = f_{X_1}(x_1)f_{X_2}(x_2) \cdots f_{X_n}(x_n).$$

前四章主要介绍了概率论的基本内容, 从这章起转入本课程的第二部分数理统计的学习. 数理统计是以概率论的理论和方法为基础, 研究如何有效地收集、整理和分析带有随机性的数据, 从而对所研究对象的统计规律性进行推断和预测. 其中就涉及两个问题, 一个问题是如何进行抽样使得数据更具代表性, 即为抽样方法和试验设计问题; 另外一个问题是如何根据所获得的数据去推断研究对象的性质和特点, 即为统计推断问题. 而本书主要研究第二个问题, 分估计和检验两大类, 分别为后续两章的内容.

5.1　数理统计的基本概念

5.1.1　总　体

一个统计问题总有它明确的研究对象, 我们把研究对象的全体称为**总体 (或母体)**, 总体中每一个成员 (或元素) 称为**个体**. 总体中所包含的个体的数量称为**总体的容量**. 按照总体中所包含的个体数量不同, 可以把总体分为有限总体和无限总体. 容量为有限的称为

有限总体, 而容量为无限的称为**无限总体**. 例如, 考察某大学学生的学习情况, 此时该大学的全体学生就构成了一个总体, 该校每个学生就是一个个体, 全体学生的数量就是总体的容量, 显然这是一个有限总体.

注意到, 实际中我们对某个总体进行研究时, 其实我们主要关注的是它们的某项 (或两项甚至更多项) 数量指标. 例如, 上述例子中, 如果我们换成考察某大学学生的视力情况, 而此时该大学的全体学生仍是总体, 这样一来, 总体就没有那么明确. 因此为了研究的方便, 我们把研究对象的某项 (或两项甚至更多项) 数量指标值的全体称为总体. 例如, 上述例子中, 某大学的全体学生的学习成绩是总体, 每个学生的学习成绩是个体; 某大学的全体学生的视力值是总体, 每个学生的视力值是个体. 这样, 总体就变成了一组数据, 对不同的个体取不同的值. 如果我们用一个随机变量 X 表示某项 (或两项甚至更多项) 数量指标, 那么 X 的一个观测值就是一个个体, 因此 X 的所有可能取值的全体就等同于总体, 并把 X 的分布称为**总体分布**. 这表明总体就是表示研究对象数量指标的一个随机变量 X, 通常称为总体 X, 同时它的分布函数 $F(x)$ 也常称为总体 $F(x)$ 或某分布 (如二项分布、正态分布等) 总体.

5.1.2　样　本

通常情况下, 总体分布是未知的, 有时即使分布形式已知但其中还会含有某些未知参数. 因此为推断总体分布及各种特征, 按一定规则从总体中抽取若干个体进行观察试验, 以获得有关总体的信息, 这一抽取过程称为**抽样**, 所抽取的部分个体称为**样本**. 样本中所包含的个体数目称为**样本容量 (或样本大小)**. 例如, 要考察国产轿车的耗油量, 此时不需要全部轿车都拿来做试验, 只需从中抽取若干辆车来做试验即可. 若抽取 10 辆国产轿车, 此时这 10 辆车就是样本, 样本容量为 10. 由于抽取到哪 10 辆车是随机的, 因此样本是一组随机变量. 记样本容量为 n 的样本为 $X_1, X_2, \cdots, X_n$, 其中 $X_i(i = 1, 2, \cdots, n)$ 为从总体 X 中第 i 次抽取的个体指标. 注意到一旦抽取后样本就确定了, 此时样本 $X_1, X_2, \cdots, X_n$ 取得了 n 个具体的数值, 记为 $x_1, x_2, \cdots, x_n$, 称为样本的一次观察值, 简称**样本值**.

由于抽样的目的是对总体进行统计推断, 为了使抽取的样本能很好地反映总体的特征, 除了样本容量的要求外, 还需要考虑抽样方法. 最常用的一种抽样方法叫作**简单随机抽样**, 所抽取得到的样本称为**简单随机样本**, 即要求所抽取的样本满足如下两个特征.

(1) **代表性**: 样本中的每个个体 $X_i(i = 1, 2, \cdots, n)$ 都与总体 X 具有相同的分布;

(2) **独立性**: 样本 $X_1, X_2, \cdots, X_n$ 是相互独立的随机变量, 即样本中每个个体的取值不受其他个体取值的影响.

简而言之, 简单随机样本 $X_1, X_2, \cdots, X_n$ 是独立同分布的随机变量序列, 且每一个 $X_i(i = 1, 2, \cdots, n)$ 都与总体 X 的分布相同. 简单随机样本是一种理想化和常用的样本假定, 在实际中需要满足严格的条件才能得到. 今后当说到 "$X_1, X_2, \cdots, X_n$ 是取自某总体的样本" 时, 若无特别说明, 均指简单随机样本.

注意: 实际中, 有放回抽样下获得的样本是简单随机样本, 而不放回抽样下得到的不再是简单随机样本, 因其不满足独立性. 但当样本容量很大时, 不放回抽样和有放回抽样差别不大, 此时可以把不放回抽样得到的样本近似地看成简单随机样本.

由概率论中第 3 章多维随机变量的分布可以获得样本 $X_1, X_2, \cdots, X_n$ 的联合分布, 一

般地, 若总体的分布函数为 $F(x)$, 则其简单随机样本的联合分布函数为

$$F(x_1, x_2, \cdots, x_n) = P(X_1 \leqslant x_1, X_2 \leqslant x_2, \cdots, X_n \leqslant x_n) = \prod_{i=1}^{n} F(x_i),$$

即为样本分布. 下面基于总体是离散型分布和连续型分布两种情形分别给出样本分布的具体形式.

若总体 X 为离散型随机变量, 其分布律为 $P(X = x_i) = p(x_i), i = 1, 2, \cdots, n$, 由于样本 $X_1, X_2, \cdots, X_n$ 独立同分布于 X, 则样本的联合分布律为

$$P(X_1 = x_1, X_2 = x_2, \cdots, X_n = x_n) = \prod_{i=1}^{n} p(x_i).$$

若总体 X 为连续型随机变量, 具有概率密度 $f(x)$, 由于样本 $X_1, X_2, \cdots, X_n$ 独立同分布于 X, 则样本的联合密度函数为

$$f(x_1, x_2, \cdots, x_n) = \prod_{i=1}^{n} f(x_i).$$

下面是求样本的联合分布的两个具体例子.

例 5.1.1　设总体 X 服从参数为 $p(0 < p < 1)$ 的 0-1 分布, $X_1, X_2, \cdots, X_n$ 为取自该总体的一个样本, 求样本 $X_1, X_2, \cdots, X_n$ 的联合分布律.

解　由于总体 X 服从参数为 p 的 0-1 分布, 即 $X \sim b(1, p)$, 其分布律为

$$P(X = k) = p^k (1 - p)^{1-k}, \quad k = 0, 1.$$

故样本 $X_1, X_2, \cdots, X_n$ 的联合分布律为

$$P(X_1 = x_1, X_2 = x_2, \cdots, X_n = x_n) = \prod_{i=1}^{n} P(X_i = x_i) = \prod_{i=1}^{n} p^{x_i} (1 - p)^{1-x_i}$$

$$= p^{\sum_{i=1}^{n} x_i} (1 - p)^{n - \sum_{i=1}^{n} x_i},$$

其中 $x_i (1 \leqslant i \leqslant n)$ 取 0 或 1.

例 5.1.2　设总体 X 服从正态分布 $N(\mu, \sigma^2)$, 现从总体 X 中抽取一个样本 $X_1, X_2, \cdots, X_n$, 求样本 $X_1, X_2, \cdots, X_n$ 的联合密度函数.

解　因为总体 $X \sim N(\mu, \sigma^2)$, 故其密度函数为

$$f(x) = \frac{1}{\sqrt{2\pi}\sigma} e^{-\frac{(x-\mu)^2}{2\sigma^2}}, \quad -\infty < x < +\infty.$$

从而样本 $X_1, X_2, \cdots, X_n$ 的联合密度函数为

$$f(x_1, x_2, \cdots, x_n) = \prod_{i=1}^{n} f(x_i) = \prod_{i=1}^{n} \frac{1}{\sqrt{2\pi}\sigma} e^{-\frac{(x_i-\mu)^2}{2\sigma^2}} = \frac{1}{(2\pi)^{\frac{n}{2}} \sigma^n} e^{-\frac{1}{2\sigma^2} \sum_{i=1}^{n} (x_i - \mu)^2}.$$

5.1.3 统计量

样本来自总体, 包含了总体的信息, 因此为了利用样本推断总体分布, 需要对样本进行 "加工", 即构造一些样本的函数, 把样本中所含的某一方面的信息集中起来, 从而对总体进行统计推断.

定义 5.1.1 设 $X_1, X_2, \cdots, X_n$ 为取自某总体的一个样本, 若样本函数 $T(X_1, X_2, \cdots, X_n)$ 中不含有任何未知参数, 则称 $T(X_1, X_2, \cdots, X_n)$ 为**统计量**.

注意: 抽样前, 由于样本 $X_1, X_2, \cdots, X_n$ 是随机变量, 且统计量 $T(X_1, X_2, \cdots, X_n)$ 是样本 $X_1, X_2, \cdots, X_n$ 的函数, 从而统计量也是随机变量, 此时统计量表达为样本的大写形式的函数 $T(X_1, X_2, \cdots, X_n)$. 另外, 抽样后样本 $X_1, X_2, \cdots, X_n$ 获得了一组观测值 $x_1, x_2, \cdots, x_n$, 则相应的 $T(x_1, x_2, \cdots, x_n)$ 为统计量 $T(X_1, X_2, \cdots, X_n)$ 的一次观测值, 它是一个具体的实数值, 即此时统计量表述为样本的小写形式的函数 $T(x_1, x_2, \cdots, x_n)$.

例 5.1.3 设 $X_1, X_2, \cdots, X_n$ 为来自总体 $N(2, \sigma^2)$ 的一个样本, σ^2 未知, 则 $S_n = X_1 + X_2 + \cdots + X_n$ 和 $\overline{X} = \dfrac{S_n}{n}$ 均为统计量, 而 $T = \dfrac{n(\overline{X} - 2)}{\sigma}$ 不是统计量, 因为 T 中含未知参数 σ.

5.1.4 常用统计量

接下来介绍数理统计中常用的统计量, 它们在统计推断中起到非常重要的作用. 以下设 $X_1, X_2, \cdots, X_n$ 为来自总体 X 的一个样本, $x_1, x_2, \cdots, x_n$ 为样本 $X_1, X_2, \cdots, X_n$ 的观察值.

1) 样本均值

$$\overline{X} = \frac{1}{n} \sum_{i=1}^{n} X_i,$$

其观察值为

$$\overline{x} = \frac{1}{n} \sum_{i=1}^{n} x_i.$$

2) 样本方差

$$S^2 = \frac{1}{n-1} \sum_{i=1}^{n} (X_i - \overline{X})^2 = \frac{1}{n-1} \left(\sum_{i=1}^{n} X_i^2 - n\overline{X}^2 \right),$$

其观察值为

$$s^2 = \frac{1}{n-1} \sum_{i=1}^{n} (x_i - \overline{x})^2 = \frac{1}{n-1} \left(\sum_{i=1}^{n} x_i^2 - n\overline{x}^2 \right).$$

注意: $\displaystyle\sum_{i=1}^{n} (X_i - \overline{X})^2$ 称为样本的偏差平方和. 注意到

$$\sum_{i=1}^{n} (X_i - \overline{X})^2 = \sum_{i=1}^{n} (X_i^2 - 2X_i\overline{X} + \overline{X}^2)$$

$$= \sum_{i=1}^{n} X_i^2 - 2\overline{X} \sum_{i=1}^{n} X_i + n\overline{X}^2$$

$$= \sum_{i=1}^{n} X_i^2 - n\overline{X}^2,$$

故

$$S^2 = \frac{1}{n-1} \left(\sum_{i=1}^{n} X_i^2 - n\overline{X}^2 \right).$$

3) 样本标准差

$$S = \sqrt{S^2} = \sqrt{\frac{1}{n-1} \sum_{i=1}^{n} (X_i - \overline{X})^2},$$

其观察值为

$$s = \sqrt{s^2} = \sqrt{\frac{1}{n-1} \sum_{i=1}^{n} (x_i - \overline{x})^2}.$$

4) 样本 k 阶 (原点) 矩

$$A_k = \frac{1}{n} \sum_{i=1}^{n} X_i^k, \quad k = 1, 2, \cdots,$$

其观察值为

$$a_k = \frac{1}{n} \sum_{i=1}^{n} x_i^k, \quad k = 1, 2, \cdots.$$

5) 样本 k 阶中心矩

$$B_k = \frac{1}{n} \sum_{i=1}^{n} (X_i - \overline{X})^k, \quad k = 2, 3, \cdots,$$

其观察值为

$$b_k = \frac{1}{n} \sum_{i=1}^{n} (x_i - \overline{x})^k, \quad k = 2, 3, \cdots.$$

注意: 上述五种统计量统称为**样本的矩统计量**, 简称为**样本矩**. 样本矩反映了相应总体矩的信息, 即样本均值 $\overline{X}$ 反映了总体均值 $E(X)$ 的信息; 样本方差 S^2 反映了总体方差 $D(X)$ 的信息; 样本 k 阶矩 A_k 反映了总体 k 阶矩 $E(X^k)$ 的信息; 样本 k 阶中心矩 B_k 反

映了总体 k 阶中心矩 $E[X - E(X)]^k$ 的信息. 由上一章大数定律可知, 若总体的 k 阶矩存在, 则当样本容量 n 充分大时, 样本 k 阶矩依概率收敛于总体的 k 阶矩, 这为下一章矩估计法提供了重要的理论基础.

6) 次序统计量

若将样本 $X_1, X_2, \cdots, X_n$ 按照从小到大的顺序重排成

$$X_{(1)} \leqslant X_{(2)} \leqslant \cdots \leqslant X_{(n)},$$

则称 $X_{(1)}, X_{(2)}, \cdots, X_{(n)}$ 为样本 $X_1, X_2, \cdots, X_n$ 的次序统计量, 其中 $X_{(i)}(i = 1, 2, \cdots, n)$ 称为第 i 个次序统计量, $X_{(1)} = \min\{X_1, X_2, \cdots, X_n\}$ 称为最小次序统计量, $X_{(n)} = \max\{X_1, X_2, \cdots, X_n\}$ 称为最大次序统计量, $X_{(n)} - X_{(1)}$ 称为**样本极差**.

7) 经验分布函数

在实际应用中, 总体的分布往往都是未知的. 为了能够利用有限的样本对总体分布进行估计, 我们需要基于样本数据构造一个函数以逼近总体的分布函数, 即经验分布函数. 经验分布函数是从样本到总体进行推断的重要桥梁, 是统计理论中的一个基础概念和重要工具, 以下是其具体定义.

对于任意实数 x, 令函数

$$F_n(x) = \frac{1}{n} \sum_{i=1}^n I(X_i \leqslant x),$$

称 $F_n(x)$ 为样本 $X_1, X_2, \cdots, X_n$ 的经验分布函数, 其中 $I(A)$ 是示性函数, $I(A) = \begin{cases} 1, & A\text{发生}, \\ 0, & A\text{不发生}. \end{cases}$ 由定义可知, 经验分布函数 $F_n(x)$ 表示样本中小于等于 x 的数据点的比例. 设 $X_{(1)}, X_{(2)}, \cdots, X_{(n)}$ 为样本 $X_1, X_2, \cdots, X_n$ 的次序统计量, 相应的观测值为 $x_{(1)}, x_{(2)}, \cdots, x_{(n)}$, 则

$$F_n(x) = \begin{cases} 0, & \text{当} x < x_{(1)}, \\ \dfrac{k}{n}, & \text{当} x_{(k)} \leqslant x < x_{(k+1)}, k = 1, 2 \cdots, n-1, \\ 1, & \text{当} x \geqslant x_{(n)}. \end{cases}$$

注意到: $F_n(x)$ 是非减右连续函数, 且满足 $F_n(-\infty) = 0, F_n(+\infty) = 1$. 因此, $F_n(x)$ 是一个分布函数.

从总体 X 中抽取一个样本容量为 n 的简单随机样本 $X_1, X_2, \cdots, X_n$, 相当于对总体进行 n 次独立重复试验, 而由经验分布函数的定义可知, 对每一固定的 x, $F_n(x)$ 表示随机事件 $\{X \leqslant x\}$ 在 n 次独立重复试验中发生的频率. 另外, 总体 X 的分布函数 $F(x) = P(X \leqslant x)$ 表示随机事件 $\{X \leqslant x\}$ 发生的概率. 由上一章的伯努利大数定律可知, 当样本容量 n 充分大时, $F_n(x)$ 依概率收敛于 $F(x)$. 进一步地, 格里汶科 (Glivenko) 在 1933 年获得了更深刻的结果: 当 $n \to +\infty$ 时, $F_n(x)$ 以概率 1 一致收敛于 $F(x)$, 具体为如下定理.

定理 5.1.1 (格里汶科定理) 设 $X_1, X_2, \cdots, X_n$ 是取自总体 X 的一个样本, $F_n(x)$ 是其经验分布函数, $F(x)$ 为总体 X 的分布函数, 则当 $n \to +\infty$ 时, 有

$$P(\sup_{-\infty < x < +\infty} |F_n(x) - F(x)| \to 0) = 1.$$

定理 5.1.1 表明, 当 n 充分大时, 经验分布函数 $F_n(x)$ 与总体分布函数 $F(x)$ 的差别非常小. 而在实际应用中, 总体分布一般是未知的, 此时, 我们通常选取样本的经验分布函数 $F_n(x)$ 作为总体分布函数 $F(x)$ 的一个近似, 这也是经典的统计学中由样本推断总体的重要理论支撑.

例 5.1.4 从某班级的数学期末考试成绩中随机抽取 10 名同学的成绩如下:

$$90 \quad 84 \quad 70 \quad 63 \quad 80 \quad 93 \quad 85 \quad 70 \quad 90 \quad 75$$

(1) 试写出总体、样本、样本观测值、样本容量;

(2) 求样本均值、样本方差、样本的次序统计量;

(3) 求经验分布函数.

解 (1) 总体: 该班级所有同学的数学期末考试成绩 X.

样本: 所抽取的 10 名同学的数学期末考试成绩: $X_1, X_2, \cdots, X_{10}$.

样本观测值: 90, 84, 70, 63, 80, 93, 85, 70, 90, 75.

样本容量: $n=10$.

(2) 样本均值: $\bar{x} = \dfrac{1}{10} \sum_{i=1}^{10} x_i = \dfrac{1}{10}(90+84+70+63+80+93+85+70+90+75) = 80$.

样本方差: $s^2 = \dfrac{1}{9} \sum_{i=1}^{10} (x_i - \bar{x})^2 \approx 102.7$.

样本的次序统计量: $x_{(1)} = 63$, $x_{(2)} = 70$, $x_{(3)} = 70$, $x_{(4)} = 75$, $x_{(5)} = 80$, $x_{(6)} = 84$, $x_{(7)} = 85$, $x_{(8)} = 90$, $x_{(9)} = 90$, $x_{(10)} = 93$.

(3) 经验分布函数为

$$F_{10}(x) = \begin{cases} 0, & x < 63, \\[2mm] \dfrac{1}{10}, & 63 \leqslant x < 70, \\[2mm] \dfrac{3}{10}, & 70 \leqslant x < 75, \\[2mm] \dfrac{4}{10}, & 75 \leqslant x < 80, \\[2mm] \dfrac{5}{10}, & 80 \leqslant x < 84, \\[2mm] \dfrac{6}{10}, & 84 \leqslant x < 85, \\[2mm] \dfrac{7}{10}, & 85 \leqslant x < 90, \\[2mm] \dfrac{9}{10}, & 90 \leqslant x < 93, \\[2mm] 1, & x \geqslant 93. \end{cases}$$

小 节 要 点

1. 了解数理统计的主要思想.

2. 理解总体、个体、简单随机样本等基本概念, 会求样本的联合分布律和联合密度函数.

3. 理解统计量的概念, 熟练掌握常用统计量的计算方法, 特别是样本均值、样本方差和样本矩.

应 记 应 背

1. 简单随机样本的定义 (独立同分布).

2. 统计量的定义: 不含有任何未知参数的样本的函数.

3. 样本均值、样本方差、样本 k 阶原点矩和样本 k 阶中心矩的定义.

✍习 题 5.1

1. 某视频网站为了了解某个电视类节目的收视情况, 于是随机调查了 1000 人进行问卷调查, 请问该项研究的总体、个体、样本各是什么? 样本容量为多少?

2. 设样本 $X_1, X_2, \cdots, X_n$ 取自正态分布总体 X, 且 $E(X) = \mu$ 为已知, 而 $D(X) = \sigma^2$ 未知, 令 $\overline{X}$ 为样本均值, 则下列样本函数中不能作为统计量的是 (   ).

(A) $\overline{X} = \dfrac{1}{n} \sum_{i=1}^{n} X_i$;

(B) $\dfrac{1}{n} \sum_{i=1}^{n} X_i - E(X)$;

(C) $X_1 + X_n - 2\mu$;

(D) $\dfrac{1}{\sigma^2} \sum_{i=1}^{n} (X_i - \overline{X})^2$.

3. 设总体 X 的容量为 10 的样本观测值为 4.5, 2.0, 1.0, 1.5, 3.4, 4.5, 6.5, 5.0, 3.5, 4.0. 试分别计算样本均值 $\overline{x}$ 与样本方差 s^2.

4. 设总体 $X \sim P(\lambda)$, $X_1, X_2, \cdots, X_n$ 是取自该总体的一个样本, 试求样本 $X_1, X_2, \cdots, X_n$ 的联合分布律.

5. 设总体 $X \sim e(\lambda)$, $X_1, X_2, \cdots, X_n$ 是取自该总体的一个样本, 试求样本 $X_1, X_2, \cdots, X_n$ 的联合密度函数.

进阶练习

6. 设某商店 150 天销售空调的情况如下:

日出售台数	1	2	3	4	5
天数	15	54	48	18	15

求该商店日出售空调台数的经验分布函数 $F_{150}(x)$.

7. 某地区抽取 200 户家庭人均月收入进行调查, 得到的数据如下:

人均月收入 (百元)	[0,3)	[3,5)	[5,10)	[10,15)	[15,20)	[20,30)
户数	10	15	50	80	30	15

求样本均值 $\overline{x}$ 与样本方差 s^2.

8. 设 $X_1, X_2, \cdots, X_n$ 为总体 $X \sim b(n, p)$ 的一个样本, 试求 $E(\bar{X})$, $D(\bar{X})$ 和 $E(S^2)$.

5.2　三大常用统计分布

在总体 X 抽取了样本 $X_1, X_2, \cdots, X_n$ 后, 首先对样本进行加工构造相应统计量, 进而借助所获得的统计量对总体进行统计推断, 进行统计推断的前提是需要明确相应统计量所服从的分布. 在概率论部分我们已经介绍了三大常用离散型分布 (两点分布、二项分布和泊松分布) 及三大常用连续型分布 (均匀分布、指数分布和正态分布), 本节将补充在数理统计中常用的三大统计分布: χ^2 分布、t 分布和 F 分布, 它们都是从正态分布衍生出来的分布. 在介绍三大统计分布之前, 我们先给出分位数的概念.

5.2.1　分位数

定义 5.2.1　设随机变量 X 的分布函数为 $F(x)$, 对于给定的实数 $\alpha \in (0, 1)$, 若

$$P(X > F_\alpha) = \alpha, \tag{5.2.1}$$

则称 F_α 为随机变量 X 的水平为 α 的**上侧分位数** (简称分位数), 又称分布 F 的水平为 α 的上侧分位数. 若

$$P(|X| > F_{\alpha/2}) = \alpha,$$

则称 $F_{\alpha/2}$ 为随机变量 X 的水平为 α 的**双侧分位数**, 又称分布 F 的水平为 α 的双侧分位数.

特别地, 若 $X \sim N(0, 1)$, 其上侧分位数和双侧分位数分别如图 5.2.1(a) 和 (b) 所示.

注意: (1) 由式 (5.2.1), 有 $P(X \leqslant F_\alpha) = 1 - P(X > F_\alpha) = 1 - \alpha$, 因此对于常用的统计分布, 上侧分位数可以通过附表的分布函数值表或分位数表来获得分位数的值, 还可以直接用计算机软件得到. 另外, 对于一些密度函数具有对称性的分布, 可将其双侧分位数转化为上侧分位数来求解. 注意到, 有些教材中定义的是下侧分位数, 即对于给定的实数 $\alpha \in (0, 1)$, 若 $P(X \leqslant F_\alpha^L) = \alpha$, 则称 F_α^L 为随机变量 X 的水平为 α 的下侧分位数, 如果 X 的分布函数为 F, 又称 F_α^L 为分布 F 的水平为 α 的下侧分位数. 由定义可知, 水平为 α 的下侧分位数同时也是水平为 $1 - \alpha$ 的上侧分位数, 即 $F_\alpha^L = F_{1-\alpha}$. 本书采用的是上侧分位数.

(2) 分位数是统计学中用于描述数据分布情况的重要概念. 常见的中位数 (50% 分位数) 反映的是数据的中心位置, 而四分位数 (25%、50% 和 75%) 反映的是数据的离散程度和偏态, 在实际中具有重要的意义. 例如, 在政府或研究机构分析国民收入情况时, 通过计算收入的中位数可以反映处于中等收入水平的人群收入状况, 为制定更公平的资源分配政策提供重要参考; 在气象数据分析中, 通过分位数了解极端天气发生的概率, 如计算 5% 分位数的气温, 可用于预测高温天气.

例 5.2.1　设 $\alpha = 0.05$, 求标准正态分布的水平为 0.05 的上侧分位数和双侧分位数.

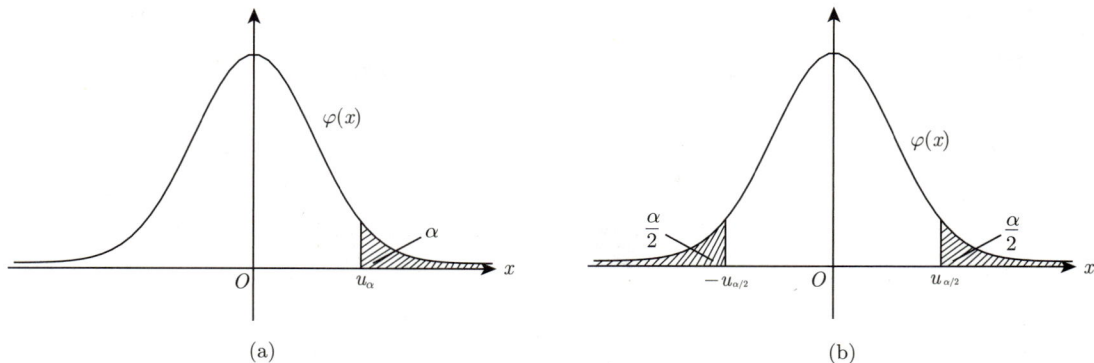

图 5.2.1　标准正态分布的上侧分位数和双侧分位数图

解　记 $u_{0.05}$ 和 $u_{0.025}$ 分别为标准正态分布的水平为 0.05 的上侧分位数和双侧分位数, 从而根据标准正态分布函数、上侧分位数的定义及概率的性质, 有

$$\Phi(u_{0.05}) = 1 - 0.05 = 0.95,$$

查标准正态分布的分布函数值表, 得

$$u_{0.05} = 1.65.$$

进一步地, 由双侧分位数的定义及标准正态分布函数的性质, 有

$$P(|X| > u_{0.025}) = 1 - P(|X| \leqslant u_{0.025})$$

$$= 1 - [2\Phi(u_{0.025}) - 1] = 2[1 - \Phi(u_{0.025})] = 0.05,$$

求解上式得

$$\Phi(u_{0.025}) = 1 - 0.025 = 0.975,$$

进而查标准正态分布函数值表得

$$u_{0.025} = 1.96.$$

注意: 水平为 0.05 的正态分布的分位数是后续学习区间估计和假设检验中常提及的概念. 上述例子在寻求上侧分位数和双侧分位数时都巧妙地转化到分布函数值点的求解上, 需要熟悉它们之间的关系. 今后我们采用记号 u_α 和 $u_{\alpha/2}$ 分别表示标准正态分布的水平为 α 的上侧分位数和双侧分位数.

5.2.2　χ^2 分布

χ^2 分布是由正态分布派生出来的一种分布, 它是由被称为数理统计学之父的英国统计学家卡尔·皮尔逊 (Karl Pearson) 于 1900 年提出的. χ^2 分布常用于卡方检验, 适用于似然比检验、独立性检验、拟合优度检验和总体方差的估计及检验等.

定义 5.2.2 设 $X_1, X_2, \cdots, X_n$ 为相互独立且均服从标准正态分布 $N(0,1)$ 的随机变量, 则称随机变量

$$\chi^2 = X_1^2 + X_2^2 + \cdots + X_n^2$$

服从自由度为 n 的 **χ^2 分布**, 记为 $\chi^2 \sim \chi^2(n)$, 其密度函数为

$$f(x) = \begin{cases} \dfrac{1}{2^{\frac{n}{2}} \Gamma\left(\dfrac{n}{2}\right)} x^{\frac{n}{2}-1} \mathrm{e}^{-\frac{x}{2}}, & x > 0, \\ 0, & x \leqslant 0, \end{cases}$$

其中 $\Gamma(\cdot)$ 为 Gamma (伽马) 函数, 即 $\Gamma(\alpha) = \displaystyle\int_0^{+\infty} x^{\alpha-1} \mathrm{e}^{-x} \mathrm{d}x$.

由定义可知, $\chi^2(n)$ 分布的密度函数 $f(x)$ 图像是一个只取非负值的偏态分布, 具体如图 5.2.2 所示.

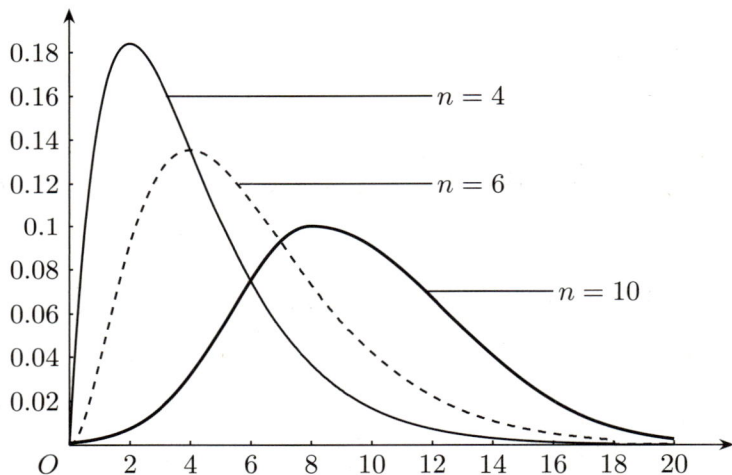

图 5.2.2 $\chi^2(n)$ 分布的密度函数

图 5.2.2 表明, 随着自由度 n 的增大, 对应的密度函数曲线越具对称性, 即越来越接近正态分布的密度函数图形. 进一步地, 由 χ^2 分布的定义, 我们可以获得如下性质.

性质 5.2.1 (数学期望与方差) 若随机变量 $X \sim \chi^2(n)$, 则

$$E(X) = n, D(X) = 2n.$$

证明 由 χ^2 分布的定义可知, 若 $X \sim \chi^2(n)$, 则

$$X = X_1^2 + X_2^2 + \cdots + X_n^2,$$

其中 $X_1, X_2, \cdots, X_n$ 相互独立且均服从标准正态分布 $N(0,1)$. 从而

$$E(X_i^2) = D(X_i) + [E(X_i)]^2 = 1, \quad i = 1, 2, \cdots, n. \tag{5.2.2}$$

故

$$E(X) = E\left(\sum_{i=1}^{n} X_i^2\right) = \sum_{i=1}^{n} E(X_i^2) = n.$$

另外,

$$D(X) = D\left(\sum_{i=1}^{n} X_i^2\right) = \sum_{i=1}^{n} D(X_i^2) = \sum_{i=1}^{n} \left(E(X_i^4) - [E(X_i^2)]^2\right), \tag{5.2.3}$$

且通过分部积分计算, 有

$$E(X_i^4) = \int_{-\infty}^{+\infty} x^4 \frac{1}{\sqrt{2\pi}} \mathrm{e}^{-\frac{x^2}{2}} \mathrm{d}x = -\frac{1}{\sqrt{2\pi}} \int_{-\infty}^{+\infty} x^3 \mathrm{d}(\mathrm{e}^{-\frac{x^2}{2}})$$

$$= -\frac{1}{\sqrt{2\pi}} x^3 \mathrm{e}^{-\frac{x^2}{2}} \Big|_{-\infty}^{+\infty} + 3 \int_{-\infty}^{+\infty} x^2 \cdot \frac{1}{\sqrt{2\pi}} \mathrm{e}^{-\frac{x^2}{2}} \mathrm{d}x = 0 + 3E(X_i^2) = 3, \quad i = 1, 2, \cdots, n.$$

$$\tag{5.2.4}$$

故由式 (5.2.3), 结合式 (5.2.2) 和式 (5.2.4), 可得

$$D(X) = (3 - 1^2)n = 2n.$$

性质 5.2.2 (可加性) 若随机变量 $X \sim \chi^2(n_1)$, $Y \sim \chi^2(n_2)$, 且 X 和 Y 相互独立, 则

$$X + Y \sim \chi^2(n_1 + n_2).$$

证明 由 χ^2 分布的定义可知, 若 $X \sim \chi^2(n_1)$, $Y \sim \chi^2(n_2)$, 且 X 和 Y 相互独立, 则可设

$$X = X_1^2 + X_2^2 + \cdots + X_{n_1}^2, \quad Y = X_{n_1+1}^2 + X_{n_1+2}^2 + \cdots + X_{n_1+n_2}^2,$$

其中 $X_1, X_2, \cdots, X_{n_1}, X_{n_1+1}, X_{n_1+2}, \cdots, X_{n_1+n_2}$ 相互独立且均服从标准正态分布 $N(0, 1)$. 从而由 χ^2 分布的定义, 有

$$X + Y = X_1^2 + X_2^2 + \cdots + X_{n_1}^2 + X_{n_1+1}^2 + X_{n_1+2}^2 + \cdots + X_{n_1+n_2}^2 \sim \chi^2(n_1 + n_2).$$

设 $\chi_\alpha^2(n)$ 为 $\chi^2(n)$ 分布的水平为 $\alpha(0 < \alpha < 1)$ 的上侧分位数, 则当随机变量 $X \sim \chi^2(n)$ 时, 有

$$P(X > \chi_\alpha^2(n)) = \int_{\chi_\alpha^2(n)}^{+\infty} f(x)\mathrm{d}x = \alpha.$$

对于不同的 α 和 $n(n \leqslant 40)$, $\chi_\alpha^2(n)$ 的值可以通过查附表获得. 例如,

$$\chi_{0.1}^2(15) = 22.3071, \quad \chi_{0.05}^2(25) = 37.6525.$$

而当 $n > 40$ 时, 英国统计学家费希尔 (Ronald A. Fisher) 已经证明了如下的近似公式:

$$\chi_\alpha^2(n) \approx \frac{1}{2}(u_\alpha + \sqrt{2n-1})^2,$$

其中 u_α 表示标准正态分布的水平为 α 的上侧分位数. 例如

$$\chi^2_{0.05}(100) \approx \frac{1}{2}(1.65 + \sqrt{199})^2 \approx 124.14.$$

例 5.2.2 设 $X_1, X_2, \cdots, X_5$ 是来自正态总体 $N(0,1)$ 的样本, 且

$$Y = a(X_1 + 2X_2 + 2X_3)^2 + b(3X_4 - X_5)^2,$$

求 a, b 分别取何值时, 统计量 Y 服从 χ^2 分布, 并求出 $E(Y)$.

解 因为 $X_1, X_2, \cdots, X_5$ 相互独立且均服从正态分布 $N(0,1)$, 于是由正态随机变量线性函数的性质, 得

$$X_1 + 2X_2 + 2X_3 \sim N(0,9), \quad 3X_4 - X_5 \sim N(0,10),$$

所以经标准化后有

$$\frac{1}{3}(X_1 + 2X_2 + 2X_3) \sim N(0,1), \quad \frac{1}{\sqrt{10}}(3X_4 - X_5) \sim N(0,1),$$

且它们相互独立, 于是由 χ^2 分布的定义, 得

$$\left[\frac{1}{3}(X_1 + 2X_2 + 2X_3)\right]^2 + \left[\frac{1}{\sqrt{10}}(3X_4 - X_5)\right]^2 \sim \chi^2(2).$$

故得 $a = \dfrac{1}{9}, b = \dfrac{1}{10}$, 且 $E(Y) = 2$.

5.2.3 t 分布

t 分布是正态分布的一种推广, 它是由独立的标准正态分布和卡方分布构造而成的. t 分布是英国统计学家威廉·西利·戈塞特 (William Sealy Gosset) 于 1908 年发表论文时首次提出, 当时他因所工作的啤酒厂规定禁止雇员公开发表关于酿酒过程的研究成果, 故在论文中使用了 "Student" 作为笔名, 因此 t 分布也被称为 "学生氏分布". t 分布常用于总体标准差未知情形对总体均值进行显著性检验.

定义 5.2.3 设随机变量 $X \sim N(0,1)$, $Y \sim \chi^2(n)$, 且 X 与 Y 相互独立, 则称随机变量

$$T = \frac{X}{\sqrt{Y/n}}$$

服从自由度为 n 的 **t 分布**, 记为 $T \sim t(n)$, 其密度函数为

$$f(x) = \frac{\Gamma\left(\dfrac{n+1}{2}\right)}{\sqrt{n\pi}\,\Gamma\left(\dfrac{n}{2}\right)}\left(1 + \frac{x^2}{n}\right)^{-\frac{n+1}{2}}, \quad -\infty < x < +\infty.$$

由定义可知, t 分布的密度函数 $f(x)$ 是偶函数且可证 $\lim\limits_{x \to +\infty} f(x) = 0$, 故其图像关于 y 轴对称, 且以 x 轴为渐近线, 如图 5.2.3(a) 所示.

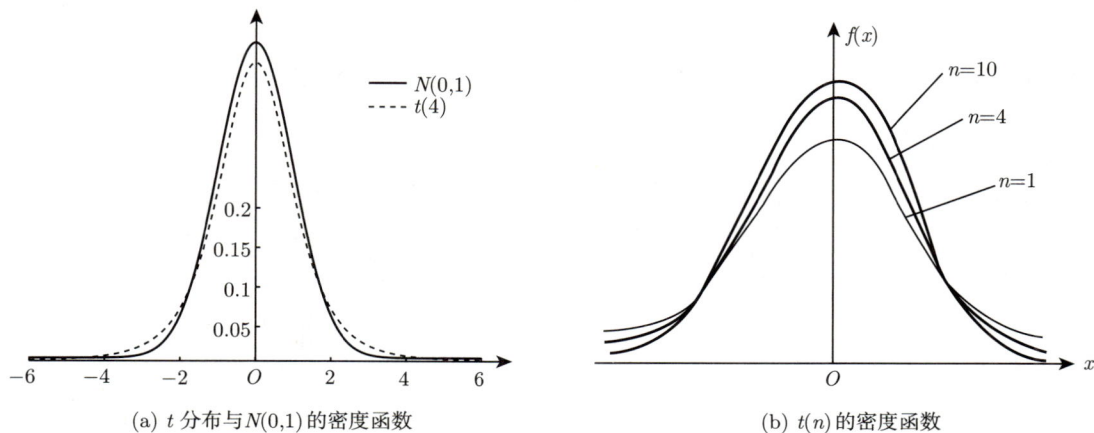

(a) t 分布与 $N(0,1)$ 的密度函数   (b) $t(n)$ 的密度函数

图 5.2.3

图 5.2.3(b) 表明, 当自由度 n 充分大时, t 分布的密度函数趋近于标准正态分布. 事实上, 可以证明:

$$\lim_{n \to +\infty} f(x) = \frac{1}{\sqrt{2\pi}} \mathrm{e}^{-\frac{x^2}{2}}.$$

进而我们还可以获得 t 分布的如下性质.

性质 5.2.3 (数学期望与方差)   若随机变量 $X \sim t(n)$, 则

$$E(X) = 0, n > 1; \quad D(X) = \frac{n}{n-2}, n > 2.$$

注意: 特别地, 当自由度 $n = 1$ 时, t 分布就是标准柯西分布, 它的均值不存在.

若随机变量 $X \sim t(n)$, 设 $t_\alpha(n)$ 为 $t(n)$ 分布的水平为 $\alpha(0 < \alpha < 1)$ 的上侧分位数, 则

$$P(X > t_\alpha(n)) = \int_{t_\alpha(n)}^{+\infty} f(x)\mathrm{d}x = \alpha.$$

设 $t_{\alpha/2}(n)$ 为 $t(n)$ 分布的水平为 α 的双侧分位数, 则

$$P(|X| > t_{\alpha/2}(n)) = \int_{-\infty}^{-t_{\alpha/2}(n)} f(x)\mathrm{d}x + \int_{t_{\alpha/2}(n)}^{+\infty} f(x)\mathrm{d}x = \alpha.$$

注意: 由 t 分布密度函数的对称性, 有

$$t_\alpha(n) = -t_{1-\alpha}(n),$$

且

$$P(X > t_{\alpha/2}(n)) = \frac{\alpha}{2}, \quad P(X < -t_{\alpha/2}(n)) = \frac{\alpha}{2}.$$

对于不同的 α 和 $n(n \leqslant 40)$, $t_\alpha(n)$ 的值可以直接查附表获得. 例如,

$$t_{0.1}(10) = 1.3722, \quad t_{0.1/2}(15) = 1.7531.$$

而当 $n > 40$ 时, t 分布的分位数可用标准正态分布的分位数来近似:

$$t_\alpha(n) \approx u_\alpha, \quad t_{\alpha/2}(n) \approx u_{\alpha/2},$$

而 $\Phi(u_\alpha) = 1 - \alpha$, $\Phi(u_{\alpha/2}) = 1 - \frac{\alpha}{2}$, 此时可以查附表的标准正态分布函数值表获得.

例 5.2.3　设 X_1, X_2, X_3, X_4 是来自正态总体 $N(0, \sigma^2)$ 的样本, 记

$$T = \frac{\sqrt{3}X_1}{\sqrt{X_2^2 + X_3^2 + X_4^2}},$$

求证: $T \sim t(3)$.

解　由正态分布的性质, 有

$$\frac{X_i}{\sigma} \sim N(0, 1), \quad i = 1, 2, 3, 4.$$

而由 χ^2 分布的定义, 知

$$\left(\frac{X_2}{\sigma}\right)^2 + \left(\frac{X_3}{\sigma}\right)^2 + \left(\frac{X_4}{\sigma}\right)^2 \sim \chi^2(3),$$

即

$$\frac{X_2^2 + X_3^2 + X_4^2}{\sigma^2} \sim \chi^2(3).$$

又因为 X_1, X_2, X_3, X_4 相互独立, 由 t 分布的定义, 有

$$T = \frac{\sqrt{3}X_1}{\sqrt{X_2^2 + X_3^2 + X_4^2}} = \frac{\dfrac{X_1}{\sigma}}{\sqrt{\dfrac{X_2^2 + X_3^2 + X_4^2}{3\sigma^2}}} \sim t(3).$$

5.2.4　F 分布

F 分布是在 t 分布的基础上引申而来的, 它是两个独立的服从卡方分布的随机变量除以各自的自由度后的比值. F 分布是英国统计学家费希尔 (Ronald A. Fisher) 于 1924 年提出, 并以其姓氏的第一个字母命名的分布. F 分布被广泛应用于似然比检验, 适用于方差分析、协方差分析和回归方程的显著性检验等.

定义 5.2.4　设随机变量 $X \sim \chi^2(m)$, $Y \sim \chi^2(n)$, 且 X 与 Y 相互独立, 则称随机变量

$$F = \frac{X/m}{Y/n}$$

服从自由度为 (m, n) 的 **F 分布**, 记为 $F \sim F(m, n)$, 其中 m 称为第一自由度, n 称为第二自由度, 其密度函数为

$$
f(x) = \begin{cases} \dfrac{\Gamma\left(\dfrac{m+n}{2}\right)\left(\dfrac{m}{n}\right)^{\frac{m}{2}}}{\Gamma\left(\dfrac{m}{2}\right)\Gamma\left(\dfrac{n}{2}\right)} x^{\frac{m}{2}-1}\left(1+\dfrac{m}{n}x\right)^{-\frac{m+n}{2}}, & x > 0, \\ 0, & x \leqslant 0. \end{cases}
$$

由定义可知, F 分布的密度函数 $f(x)$ 图像是一个只取非负值的偏态分布, 如图 5.2.4 所示.

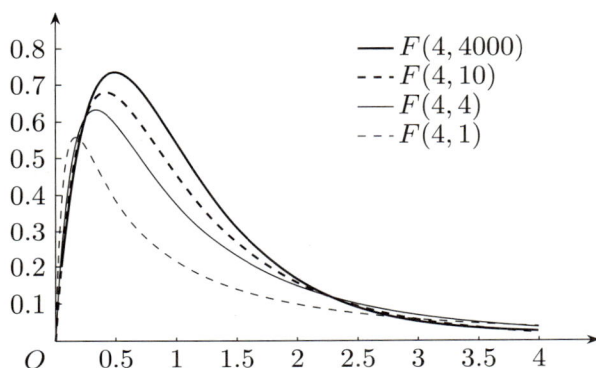

图 5.2.4 F 分布的密度函数

F 分布是非对称分布, 具有两个自由度且位置不可随意互换, 易知:

$$
\text{若 } F \sim F(m, n), \text{则 } \frac{1}{F} \sim F(n, m).
$$

再结合 t 分布和 χ^2 分布的定义, 有

$$
\text{若 } T \sim t(n), \text{则 } T^2 \sim F(1, n).
$$

设 $F_\alpha(m, n)$ 为 F 分布的水平为 $\alpha(0 < \alpha < 1)$ 的上侧分位数, 则当随机变量 $X \sim F(m, n)$ 时, 有

$$
P(X > F_\alpha(m, n)) = \int_{F_\alpha(m,n)}^{+\infty} f(x)\mathrm{d}x = \alpha.
$$

$F_\alpha(m, n)$ 的值可以通过查附表获得, 且

$$
F_\alpha(m, n) = \frac{1}{F_{1-\alpha}(n, m)},
$$

该结果可用于附表没有列出的某些上侧分位数的求解.

例如,

$$F_{0.1}(8,12) = 2.24, \quad F_{0.05}(12,8) = 3.28,$$

$$F_{0.95}(9,25) = \frac{1}{F_{0.05}(25,9)} = \frac{1}{2.89} \approx 0.3460.$$

例 5.2.4　设总体 $X \sim N(0,4)$, 而 $X_1, X_2, \cdots, X_{12}$ 为取自该总体的样本, 则随机变量

$$Y = \frac{X_1^2 + X_2^2 + \cdots + X_6^2}{X_7^2 + X_8^2 + \cdots + X_{12}^2}$$

服从什么分布? 自由度是多少?

解　因为 $X_1, X_2, \cdots, X_{12}$ 相互独立且服从正态分布 $N(0,4)$, 故标准化后, 有

$$\frac{X_i}{2} \sim N(0,1), \quad i = 1, 2, \cdots, 12.$$

进而由 χ^2 分布的定义, 有

$$\left(\frac{X_i}{2}\right)^2 \sim \chi^2(1), \quad i = 1, 2, \cdots, 12.$$

由 $X_1, X_2, \cdots, X_{12}$ 相互独立和 χ^2 分布的可加性, 有

$$U = \frac{X_1^2 + X_2^2 + \cdots + X_6^2}{4} \sim \chi^2(6),$$

$$V = \frac{X_7^2 + X_8^2 + \cdots + X_{12}^2}{4} \sim \chi^2(6),$$

且 U 和 V 相互独立, 故由 F 分布的定义, 得

$$Y = \frac{U/6}{V/6} \sim F(6,6),$$

即随机变量 Y 服从自由度为 $(6,6)$ 的 F 分布.

小 节 要 点

1. 掌握 χ^2 分布、t 分布和 F 分布的定义和性质, 会判断给定的统计量服从哪种分布.
2. 理解分位数的定义, 并会查表获得上侧分位数.

应 记 应 背

χ^2 分布、t 分布和 F 分布的定义和性质.

✍ 习 题 5.2

1. 查表分别写出如下上侧分位数的值: $u_{0.1}$, $u_{0.2}$, $\chi^2_{0.95}(8)$, $\chi^2_{0.05}(8)$, $t_{0.01}(10)$, $t_{0.025}(10)$, $F_{0.05}(10,5)$, $F_{0.975}(3,7)$.

2. (1) 设随机变量 $X \sim \chi^2(10)$, 求 a 使得 $P(X \geqslant a) = 0.05$;

(2) 设随机变量 $T \sim t(7)$, 求 b 使得 $P(|T| \leqslant b) = 0.9$;

(3) 设随机变量 $F \sim F(8,10)$, 求 c 使得 $P(F \leqslant c) = 0.95$.

3. 设 $X_1, X_2, \cdots, X_6$ 是取自总体 $X \sim N(0,1)$ 的一个样本, 下列统计量分别服从什么分布? 自由度是多少?

(1) $\dfrac{X_1 + X_2 + X_3 + X_4}{\sqrt{2(X_5^2 + X_6^2)}}$;

(2) $\dfrac{X_3^2 + X_5^2}{(X_1 + X_2)^2}$;

(3) $\dfrac{1}{2}(X_1 + X_2)^2 + \dfrac{1}{2}(X_5 + X_6)^2$.

4. 设随机变量 $X \sim F(n,m)$, 证明: $F_\alpha(m,n) = \dfrac{1}{F_{1-\alpha}(n,m)}$.

5. 设随机变量 $T \sim t(n)$, 证明: $T^2 \sim F(1,n)$.

进阶练习

6. 设 X_1, X_2, X_3, X_4 是来自正态总体 $N(0,3^2)$ 的简单随机样本, 若随机变量 $X = a(X_1 - 3X_2)^2 + b(2X_3 - 5X_4)^2$, 试求 a,b 的值, 使统计量 X 服从 χ^2 分布, 并求其自由度.

7. 设 X_1, X_2 是取自正态总体 $X \sim N(0,\sigma^2)$ 的一个样本, 试求统计量 $\dfrac{(X_1 - X_2)^2}{(X_1 + X_2)^2}$ 的分布, 并写出自由度.

8. 设总体 $X \sim N(0,4)$, $X_1, X_2, \cdots, X_5$ 是来自总体 X 的样本, 试求常数 c, 使统计量 $\dfrac{c(X_1 + X_2)}{\sqrt{X_3^2 + X_4^2 + X_5^2}}$ 服从 t 分布.

9. 设 X 与 Y 相互独立, 且有 $X \sim N(5,15)$, $Y \sim \chi^2(5)$, 求概率 $P(X - 5 > 3.5\sqrt{Y})$.

5.3 抽 样 分 布

统计量是样本的函数, 依赖于样本, 而样本是随机变量, 故统计量也是随机变量. 因而统计量具有一定的分布, 统计学中称统计量的分布为**抽样分布**. 抽样分布本质上就是随机变量函数的分布, 只是强调这一分布是由统计量所产生的. 研究统计量的性质和评价一个统计推断的优良性, 完全取决于其抽样分布的性质. 本节主要介绍两部分内容: 一是小样本情形正态总体中样本均值及样本方差的精确抽样分布; 二是简要介绍大样本情形一般总体的一些常见抽样分布的渐近分布. 这些抽样分布是应用最广泛的抽样分布, 为后续内容的学习奠定了重要基础.

5.3.1　单正态总体的抽样分布

定理 5.3.1　设 $X_1, X_2, \cdots, X_n$ 是来自正态总体 $X \sim N(\mu, \sigma^2)$ 的一个样本, 其样本均值为 $\overline{X} = \dfrac{1}{n} \sum\limits_{i=1}^{n} X_i$, 样本方差为 $S^2 = \dfrac{1}{n-1} \sum\limits_{i=1}^{n} (X_i - \overline{X})^2$, 则有

(1) $\dfrac{1}{\sigma^2} \sum\limits_{i=1}^{n} (X_i - \mu)^2 \sim \chi^2(n)$;

(2) $\overline{X} \sim N\left(\mu, \dfrac{\sigma^2}{n}\right)$, 即 $\dfrac{\overline{X} - \mu}{\sigma/\sqrt{n}} \sim N(0, 1)$;

(3) $\dfrac{1}{\sigma^2} \sum\limits_{i=1}^{n} (X_i - \overline{X})^2 \sim \chi^2(n-1)$, 即 $\dfrac{(n-1)S^2}{\sigma^2} \sim \chi^2(n-1)$;

(4) $\overline{X}$ 与 S^2 相互独立.

注意: 进一步地, 由定理 5.3.1 (2)~(4) 及 t 分布的定义, 易得

$$\frac{\overline{X} - \mu}{S/\sqrt{n}} \sim t(n-1). \tag{5.3.1}$$

证明　(1) 因为 $X_1, X_2, \cdots, X_n$ 相互独立且都服从正态分布 $N(\mu, \sigma^2)$, 故经标准化后

$$\frac{X_i - \mu}{\sigma} \sim N(0, 1), \quad i = 1, 2, \cdots, n,$$

从而由 χ^2 分布的定义, 有

$$\sum_{i=1}^{n} \left(\frac{X_i - \mu}{\sigma}\right)^2 \sim \chi^2(n),$$

即

$$\frac{1}{\sigma^2} \sum_{i=1}^{n} (X_i - \mu)^2 \sim \chi^2(n).$$

(2) 因 $X_1, X_2, \cdots, X_n$ 相互独立且都服从正态分布 $N(\mu, \sigma^2)$, 由正态分布具有可加性, 故 $\overline{X} = \dfrac{1}{n} \sum\limits_{i=1}^{n} X_i$ 也服从正态分布. 注意到

$$E(\overline{X}) = \frac{1}{n} \sum_{i=1}^{n} E(X_i) = \frac{1}{n} \sum_{i=1}^{n} E(X) = \mu,$$

且

$$D(\overline{X}) = \frac{1}{n^2} \sum_{i=1}^{n} D(X_i) = \frac{1}{n^2} \sum_{i=1}^{n} D(X) = \frac{\sigma^2}{n},$$

从而

$$\overline{X} \sim N\left(\mu, \frac{\sigma^2}{n}\right),$$

即

$$\frac{\overline{X} - \mu}{\sigma/\sqrt{n}} \sim N(0,1).$$

(3) 记 $\boldsymbol{X} = (X_1, X_2, \cdots, X_n)^{\mathrm{T}}$, 则有

$$E(\boldsymbol{X}) = \begin{pmatrix} \mu \\ \mu \\ \vdots \\ \mu \end{pmatrix}, D(\boldsymbol{X}) = \sigma^2 \boldsymbol{I}_n.$$

考虑如下正交矩阵

$$\boldsymbol{A} = \begin{pmatrix} \dfrac{1}{\sqrt{n}} & \dfrac{1}{\sqrt{n}} & \dfrac{1}{\sqrt{n}} & \cdots & \dfrac{1}{\sqrt{n}} \\ \dfrac{1}{\sqrt{2 \times 1}} & -\dfrac{1}{\sqrt{2 \times 1}} & 0 & \cdots & 0 \\ \dfrac{1}{\sqrt{3 \times 2}} & \dfrac{1}{\sqrt{3 \times 2}} & -\dfrac{2}{\sqrt{3 \times 2}} & \cdots & 0 \\ \vdots & \vdots & \vdots & \ddots & \vdots \\ \dfrac{1}{\sqrt{n(n-1)}} & \dfrac{1}{\sqrt{n(n-1)}} & \dfrac{1}{\sqrt{n(n-1)}} & \cdots & -\dfrac{n-1}{\sqrt{n(n-1)}} \end{pmatrix}$$

且 $\boldsymbol{A}\boldsymbol{A}^{\mathrm{T}} = I_n$, 并作线性变换 $\boldsymbol{Y} = \boldsymbol{A}\boldsymbol{X}$, 则由多维正态分布的性质可知 $\boldsymbol{Y}$ 仍服从 n 维正态分布, 其均值和方差为

$$E(\boldsymbol{Y}) = \boldsymbol{A} \cdot E(\boldsymbol{X}) = \begin{pmatrix} \sqrt{n}\mu \\ 0 \\ \vdots \\ 0 \end{pmatrix},$$

$$D(\boldsymbol{Y}) = \boldsymbol{A} \cdot D(\boldsymbol{X}) \cdot \boldsymbol{A}^{\mathrm{T}} = \boldsymbol{A} \cdot \sigma^2 \boldsymbol{I}_n \cdot \boldsymbol{A}^{\mathrm{T}}$$

$$= \sigma^2 \boldsymbol{A}\boldsymbol{A}^T = \sigma^2 \boldsymbol{I}_n.$$

由于 $D(\boldsymbol{Y})$ 为对角阵, 因此 $\boldsymbol{Y} = (Y_1, Y_2, \cdots, Y_n)^{\mathrm{T}}$ 的各个分量相互独立, 且都服从正态分布, 其方差均为 σ^2, 而均值并不完全相同, Y_1 的均值为 $\sqrt{n}\mu, Y_2, \cdots, Y_n$ 的均值为 0. 注意到 $\overline{X} = \dfrac{1}{\sqrt{n}} Y_1, \displaystyle\sum_{i=1}^{n} Y_i^2 = \boldsymbol{Y}^{\mathrm{T}}\boldsymbol{Y} = \boldsymbol{X}^{\mathrm{T}}\boldsymbol{A}^{\mathrm{T}}\boldsymbol{A}\boldsymbol{X} = \displaystyle\sum_{i=1}^{n} X_i^2$, 故而

$$(n-1)S^2 = \sum_{i=1}^{n}(X_i - \overline{X})^2 = \sum_{i=1}^{n} X_i^2 - (\sqrt{n}\,\overline{X})^2$$

$$= \sum_{i=1}^{n} Y_i^2 - Y_1^2 = \sum_{i=2}^{n} Y_i^2,$$

由于 $Y_2, Y_3, \cdots, Y_n$ 独立同分布于 $N(0, \sigma^2)$, 于是由卡方分布的定义, 有

$$\frac{(n-1)S^2}{\sigma^2} = \sum_{i=2}^{n} \left(\frac{Y_i}{\sigma} \right)^2 \sim \chi^2(n-1),$$

这表明结论 (3) 成立.

(4) 由上面结论 (3) 的证明过程, 因为 $Y_1, Y_2, \cdots, Y_n$ 相互独立, 故 $\overline{X} = \frac{1}{\sqrt{n}} Y_1$ 与

$S^2 = \frac{1}{n-1} \sum_{i=2}^{n} Y_i^2$ 也相互独立, 即结论 (4) 获证.

下面是定理 5.3.1 应用的例子.

例 5.3.1　设 $X \sim N(10, 3^2)$, $X_1, X_2, \cdots, X_{25}$ 为取自总体 X 的一个样本, 求
(1) 样本均值 $\overline{X}$ 的数学期望与方差;
(2) $P(|\overline{X} - 10| \leqslant 0.3)$.

解　(1) 因为总体 $X \sim N(10, 3^2)$, 且样本容量 $n = 25$, 所以由定理 5.3.1 (2) 可知,

$$\overline{X} \sim N \left(10, \frac{3^2}{25} \right),$$

从而 $E(\overline{X}) = 10$, $D(\overline{X}) = \frac{3^2}{25} = 0.36$;

(2) 由 (1) 可知, $\overline{X} \sim N(10, 0.6^2)$, 经标准化后有 $\frac{\overline{X} - 10}{0.6} \sim N(0, 1)$, 故

$$P(|\overline{X} - 10| \leqslant 0.3) = P \left(\left| \frac{\overline{X} - 10}{0.6} \right| \leqslant 0.5 \right)$$

$$= P \left(-0.5 \leqslant \frac{\overline{X} - 10}{0.6} \leqslant 0.5 \right) = \Phi(0.5) - \Phi(-0.5)$$

$$= 2\Phi(0.5) - 1 = 0.383.$$

例 5.3.2　设 $X_1, X_2, \cdots, X_{17}$ 为取自正态总体 $N(\mu, \sigma^2)$ 的一个样本, 这里 μ 和 σ^2 均为未知, S^2 为此样本的样本方差, 求
(1) $P \left(0.5 \leqslant \frac{S^2}{\sigma^2} \leqslant 2 \right)$;
(2) $D(S^2)$.

解　(1) 由定理 5.3.1 (3) 可知,

$$\frac{(n-1)S^2}{\sigma^2} \sim \chi^2(n-1),$$

且样本容量 $n = 17$, 故

$$P(0.5 \leqslant \frac{S^2}{\sigma^2} \leqslant 2) = P\left(8 \leqslant \frac{16S^2}{\sigma^2} \leqslant 32\right)$$

$$= P(8 \leqslant \chi^2(16) \leqslant 32) = P(\chi^2(16) \geqslant 8) - P(\chi^2(16) \geqslant 32)$$

$$\approx 0.95 - 0.01 = 0.94.$$

(2) 由 (1) 的求解过程可知, $\frac{16S^2}{\sigma^2} \sim \chi^2(16)$, 故由 χ^2 分布的性质, 有

$$D\left(\frac{16S^2}{\sigma^2}\right) = 32,$$

从而

$$D(S^2) = \frac{32}{16^2}\sigma^4 = \frac{1}{8}\sigma^4.$$

例 5.3.3　设某厂生产的灯泡的使用寿命 $X \sim N(1000, \sigma^2)$ (单位: h). 现从中抽取一个容量为 9 的样本, 已知其样本标准差 $s = 100$ h, 求 $P(\overline{X} > 1062)$.

解　由式 (5.3.1) 可知, $\frac{\overline{X} - \mu}{S/\sqrt{n}} \sim t(n-1)$, 即

$$T = \frac{\overline{X} - 1000}{S/\sqrt{9}} \sim t(8),$$

故

$$P(\overline{X} > 1062) = P\left(\frac{\overline{X} - 1000}{100/3} > \frac{1062 - 1000}{100/3}\right)$$

$$= P(T > 1.86) \approx 0.05.$$

5.3.2　双正态总体的抽样分布

定理 5.3.2(两总体样本均值差的抽样分布)　设 $X_1, X_2, \cdots, X_{n_1}$ 是来自正态总体 $X \sim N(\mu_1, \sigma_1^2)$ 的一个样本, $\overline{X}$ 与 S_1^2 分别是该样本的样本均值与样本方差. $Y_1, Y_2, \cdots, Y_{n_2}$ 是来自正态总体 $Y \sim N(\mu_2, \sigma_2^2)$ 的一个样本, $\overline{Y}$ 与 S_2^2 分别是该样本的样本均值与样本方差. 总体 X 与总体 Y 相互独立, 则

(1)

$$\frac{(\overline{X} - \overline{Y}) - (\mu_1 - \mu_2)}{\sqrt{\frac{\sigma_1^2}{n_1} + \frac{\sigma_2^2}{n_2}}} \sim N(0, 1).$$

(2) 当 $\sigma_1^2 = \sigma_2^2 = \sigma^2$, 有

$$\frac{(\overline{X} - \overline{Y}) - (\mu_1 - \mu_2)}{S_w \sqrt{\frac{1}{n_1} + \frac{1}{n_2}}} \sim t(n_1 + n_2 - 2),$$

其中 $S_w = \sqrt{\dfrac{(n_1-1)S_1^2 + (n_2-1)S_2^2}{n_1+n_2-2}}$.

证明　(1) 由定理 5.3.1 (2) 可知,

$$\overline{X} \sim N\left(\mu_1, \frac{\sigma_1^2}{n_1}\right), \quad \overline{Y} \sim N\left(\mu_2, \frac{\sigma_2^2}{n_2}\right),$$

且由两个总体 X 与 Y 相互独立可知其样本均值 $\overline{X}$ 与 $\overline{Y}$ 也相互独立, 从而由正态分布的可加性, 有

$$\overline{X} - \overline{Y} \sim N\left(\mu_1 - \mu_2, \frac{\sigma_1^2}{n_1} + \frac{\sigma_2^2}{n_2}\right),$$

$$\frac{(\overline{X} - \overline{Y}) - (\mu_1 - \mu_2)}{\sqrt{\dfrac{\sigma_1^2}{n_1} + \dfrac{\sigma_2^2}{n_2}}} \sim N(0, 1).$$

(2) 由定理 5.3.1 (3) 可知,

$$\frac{(n_1-1)S_1^2}{\sigma^2} \sim \chi^2(n_1-1), \quad \frac{(n_2-1)S_2^2}{\sigma^2} \sim \chi^2(n_2-1),$$

且由两个总体 X 与 Y 相互独立可知 $\dfrac{(n_1-1)S_1^2}{\sigma^2}$ 与 $\dfrac{(n_2-1)S_2^2}{\sigma^2}$ 也相互独立. 由 χ^2 分布的可加性, 有

$$\frac{(n_1+n_2-2)S_w^2}{\sigma^2} \sim \chi^2(n_1+n_2-2), \tag{5.3.2}$$

其中 $S_w = \sqrt{\dfrac{(n_1-1)S_1^2 + (n_2-1)S_2^2}{n_1+n_2-2}}$. 进一步地, 由总体 X 与 Y 相互独立及其定理 5.3.1

(4) 可知, $\overline{X}, \overline{Y}, S_1^2$ 和 S_2^2 相互独立, 从而 $\overline{X}$ 和 $\overline{Y}$ 的函数 $\dfrac{(\overline{X} - \overline{Y}) - (\mu_1 - \mu_2)}{\sqrt{\dfrac{\sigma_1^2}{n_1} + \dfrac{\sigma_2^2}{n_2}}}$ 与 S_1^2 和

S_2^2 的函数 $\dfrac{(n_1+n_2-2)S_w^2}{\sigma^2}$ 也相互独立. 因此, 由定理 5.3.2 的结论 (1)、式 (5.3.2) 及 t 分布的定义, 有

$$\frac{(\overline{X} - \overline{Y}) - (\mu_1 - \mu_2)}{\sqrt{\dfrac{\sigma_1^2}{n_1} + \dfrac{\sigma_2^2}{n_2}}} \bigg/ \sqrt{\frac{(n_1+n_2-2)S_w^2}{\sigma^2} \bigg/ (n_1+n_2-2)} \sim t(n_1+n_2-2),$$

即

$$\frac{(\overline{X} - \overline{Y}) - (\mu_1 - \mu_2)}{S_w \sqrt{\dfrac{1}{n_1} + \dfrac{1}{n_2}}} \sim t(n_1+n_2-2).$$

定理 5.3.3(两总体样本方差比的抽样分布) 设 $X_1, X_2, \cdots, X_{n_1}$ 是来自正态总体 $X \sim N(\mu_1, \sigma_1^2)$ 的一个样本, $\overline{X}$ 与 S_1^2 分别是该样本的样本均值与样本方差. $Y_1, Y_2, \cdots, Y_{n_2}$ 是来自正态总体 $Y \sim N(\mu_2, \sigma_2^2)$ 的一个样本, $\overline{Y}$ 与 S_2^2 分别是该样本的样本均值与样本方差. 总体 X 与总体 Y 相互独立, 则

$$\frac{S_1^2/S_2^2}{\sigma_1^2/\sigma_2^2} \sim F(n_1 - 1, n_2 - 1).$$

证明 由定理 5.3.2 (2) 的证明过程可知,

$$\frac{(n_1 - 1)S_1^2}{\sigma_1^2} \sim \chi^2(n_1 - 1), \quad \frac{(n_2 - 1)S_2^2}{\sigma_2^2} \sim \chi^2(n_2 - 1),$$

且 $\dfrac{(n_1 - 1)S_1^2}{\sigma_1^2}$ 与 $\dfrac{(n_2 - 1)S_2^2}{\sigma_2^2}$ 相互独立, 故由 F 分布的定义, 有

$$\frac{S_1^2/S_2^2}{\sigma_1^2/\sigma_2^2} \sim F(n_1 - 1, n_2 - 1).$$

例 5.3.4 设 $X_1, X_2, \cdots, X_{16}$ 与 $Y_1, Y_2, \cdots, Y_9$ 分别取自两个独立总体 $N(5, 8^2)$ 与 $N(2, 3^2)$ 的样本, $\overline{X}$ 与 $\overline{Y}$ 分别表示这两个样本均值, 求 $P(|\overline{X} - \overline{Y}| > 3)$.

解 由定理 5.3.2 (1) 得,

$$\frac{(\overline{X} - \overline{Y}) - (5 - 2)}{\sqrt{\dfrac{8^2}{16} + \dfrac{3^2}{9}}} = \frac{\overline{X} - \overline{Y} - 3}{\sqrt{5}} \sim N(0, 1),$$

从而利用标准正态分布和概率的性质, 查标准正态分布表, 有

$$P(|\overline{X} - \overline{Y}| > 3) = 1 - P(|\overline{X} - \overline{Y}| \leqslant 3) = 1 - P\left(-\frac{6}{\sqrt{5}} \leqslant \frac{\overline{X} - \overline{Y} - 3}{\sqrt{5}} \leqslant 0\right)$$

$$= 1 - \left[\Phi(0) - \Phi\left(-\frac{6}{\sqrt{5}}\right)\right] \approx 1.5 - \Phi(2.68) = 0.5037.$$

例 5.3.5 A, B 两个厂家生产的手机电池的充电循环次数分别近似服从正态分布 $N(500, 10), N(500, 33)$, 若从 A 厂抽取 10 个电池, B 厂抽取 6 个电池, 求第一个样本方差小于第二个样本方差的概率.

解 设 S_1^2 和 S_2^2 分别表示这两个样本方差, 则由定理 5.3.3, 有

$$F = \frac{S_1^2/\sigma_1^2}{S_2^2/\sigma_2^2} = \frac{S_1^2/10}{S_2^2/33} = 3.3 \times \frac{S_1^2}{S_2^2} \sim F(10 - 1, 6 - 1) = F(9, 5),$$

因此

$$P(S_1^2 < S_2^2) = P\left(\frac{S_1^2}{S_2^2} < 1\right) = P\left(\frac{S_1^2/10}{S_2^2/33} < 3.3\right) = 1 - P(F(9, 5) \geqslant 3.3),$$

查表得

$$F_{0.1}(9,5) = 3.32, \text{即 } P(F(9,5) > 3.32) = 0.1,$$

故

$$P(S_1^2 < S_2^2) \approx 0.9.$$

5.3.3 一般总体的渐近抽样分布

对于一般总体 X, $E(X) = \mu$, $D(X) = \sigma^2$, $X_1, X_2, \cdots, X_n$ 是来自总体 X 的一个样本, $\overline{X}$ 与 S^2 分别是该样本的样本均值与样本方差, 则

$$E(\overline{X}) = \mu, \qquad D(\overline{X}) = \frac{\sigma^2}{n},$$

且

$$E(S^2) = E\left[\frac{1}{n-1}\left(\sum_{i=1}^{n} X_i^2 - n\overline{X}^2\right)\right] = \frac{1}{n-1}\left[\sum_{i=1}^{n} E(X_i^2) - nE(\overline{X}^2)\right]$$

$$= \frac{1}{n-1}\left[\sum_{i=1}^{n}(\sigma^2 + \mu^2) - n\left(\frac{\sigma^2}{n} + \mu^2\right)\right] = \sigma^2.$$

进一步地, 还可获得如下渐近分布.

定理 5.3.4 设 $X_1, X_2, \cdots, X_n$ 是来自总体 X 的一个样本, 且总体 X 的数学期望和方差都存在, 设 $E(X) = \mu$, $D(X) = \sigma^2$, $\overline{X}$ 与 S^2 分别是该样本的样本均值与样本方差, 则有

(1) 当 σ^2 已知时,

$$\lim_{n \to +\infty} P\left(\frac{\overline{X} - \mu}{\sigma/\sqrt{n}} \leqslant x\right) = \Phi(x);$$

(2) 当 σ^2 未知时,

$$\lim_{n \to +\infty} P\left(\frac{\overline{X} - \mu}{S/\sqrt{n}} \leqslant x\right) = \Phi(x),$$

其中 $\Phi(x)$ 为标准正态分布的分布函数.

注意: 定理 5.3.4 表明, 当样本容量 n 充分大时, 统计量 $\dfrac{\overline{X} - \mu}{\sigma/\sqrt{n}}$ 和 $\dfrac{\overline{X} - \mu}{S/\sqrt{n}}$ 都近似地服从标准正态分布. 该结果可用于对一般总体均值 μ 进行统计推断.

小 节 要 点

1. 了解抽样分布的概念.

2. 熟练掌握单正态总体的常用统计量 (样本均值和样本方差) 的抽样分布, 并会应用于相关问题的计算.

3. 熟悉双正态总体的常用统计量的抽样分布及一般总体的常用统计量的渐近分布.

应记应背

单正态总体的常用统计量 (样本均值和样本方差) 的抽样分布.

✍习 题 5.3

1. 设 $X_1, X_2, \cdots, X_n$ 是取自正态总体 $N(0,1)$ 的一个样本, 求
(1) $E(\overline{X}^2)$;
(2) $D(S^2)$.

2. 设总体 X 服从正态分布 $N(20, 4^2)$, $X_1, X_2, \cdots, X_9$ 是取自总体 X 的一个样本, 设
$$\overline{X} = \frac{1}{9} \sum_{i=1}^{9} X_i, \text{ 求}$$

(1) $\overline{X}$ 所服从的分布;
(2) $P(21 < \overline{X} < 23)$;
(3) $P(\overline{X} > 18)$.

3. 某厂生产的锂电池平均充电周期为 300 次, 标准差为 40 次, 假设这些锂电池的充电周期近似服从正态分布, 求
(1) 容量为 25 的样本平均充电周期落在 290 次和 305 次之间的概率.
(2) 容量为 100 的样本平均充电周期大于 301 次的概率.

4. 在总体 $N(3, 2^2)$ 中抽取一容量为 36 的样本, 记 S^2 为样本方差, $\overline{X}$ 为样本均值, 求
(1) $P\left(\dfrac{S^2}{\sigma^2} \leqslant 1.9648 \right)$;
(2) $E(S^2)$ 与 $D(S^2)$;
(3) $P\left(\dfrac{\overline{X} - 3}{2S} \leqslant 0.2272 \right)$.

5. 已知离散型均匀总体 X, 其分布律为

X	-1	1	3	5
P	0.2	0.3	0.4	0.1

取容量为 $n = 165$ 的样本, 求
(1) $E(\overline{X})$, $D(\overline{X})$;
(2) 样本均值 $\overline{X}$ 落于 1.9 到 2.1 之间的概率;
(3) 样本均值 $\overline{X}$ 小于 1.6 的概率.

进阶练习

6. 已知一批产品的某一数量指标 X 服从正态分布 $N(\mu, 0.6^2)$, 问样本容量 n 为多少时, 才能使样本均值与总体均值的差的绝对值小于 0.1 的概率达到 0.95.

7. 设 $X_1, X_2, \cdots, X_8$ 是总体 $X \sim N(\mu, 20)$ 的一个样本, $Y_1, Y_2, \cdots, Y_{10}$ 是总体 $Y \sim N(\mu, 35)$ 的一个样本, X 与 Y 相互独立, S_1^2 和 S_2^2 是各自的样本方差, 求 $P(S_1^2 \geqslant 2S_2^2)$.

8. A, B 两个厂家生产同一产品的重量 (单位: g) 分别近似服从正态分布 $N(120,18)$, $N(120,12)$, 若从 A 厂抽取 9 个产品, B 厂抽取 6 个产品, 求两个样本均值之差的绝对值小于 2 g 的概率.

本 章 总 结

1. 本章主要介绍数理统计的基础知识, 这是进入数理统计部分学习的第一章内容, 具有承前启后的作用. 通过介绍数理统计的基本概念和基础框架, 为后续学习统计推断 (参数估计和假设检验) 打下基础.

2. 数理统计是通过部分推断整体特征的学科, 故本章开始先给出总体 (全体)、样本 (部分) 等基本概念. 为了使抽取的样本能很好地反映总体的特征, 简单随机抽样是最常用的一种抽样方法, 由此获得的样本称为简单随机样本, 具有独立同分布性. 本章中的样本一般为简单随机样本.

3. 注意到总体和样本都可以看作随机变量, 因此它们都存在分布, 即总体分布和样本分布. 由样本的独立同分布性, 可以求出不同总体类型下样本的分布:

(1) 若总体 X 为离散型总体, 分布律为 $P(X = x_i) = p(x_i)$, $i = 1, 2, \cdots, n$, 则样本 $X_1, X_2, \cdots, X_n$ 的联合分布律为 $\prod_{i=1}^{n} p(x_i)$;

(2) 若总体 X 为连续型总体, 密度函数为 $f(x)$, 则样本 $X_1, X_2, \cdots, X_n$ 的联合密度函数为 $\prod_{i=1}^{n} f(x_i)$.

在给定总体的分布下, 要会求样本的联合分布律和联合密度函数. 这是后续第 6 章参数估计 (最大似然估计) 学习的重要基础.

4. 为了有效利用样本信息推断总体分布, 需要构造一些不含任何未知参数的样本的函数, 即为统计量. 常用的统计量为样本均值 $\overline{X} = \frac{1}{n} \sum_{i=1}^{n} X_i$、样本方差 $S^2 = \frac{1}{n-1} \sum_{i=1}^{n} (X_i - \overline{X})^2$、样本原点矩 $A_k = \frac{1}{n} \sum_{i=1}^{n} X_i^k$ 和样本中心矩 $B_k = \frac{1}{n} \sum_{i=1}^{n} (X_i - \overline{X})^k$ 等, 要熟记它们的定义, 它们在后续的参数估计和假设检验中具有重要的作用.

5. 由于统计量是样本 (随机变量) 的函数, 因此统计量也存在分布, 即抽样分布. 三大常见抽样分布: χ^2 分布、t 分布和 F 分布, 要掌握它们的定义和性质. 抽样分布中主要给出常用统计量 (样本均值和样本方差) 的抽样分布, 要熟练掌握单正态总体的样本均值和样本方差的抽样分布, 并会应用于相关问题的计算.

✍总 习 题 5

一、填空题

1. (1997, 数三) 设随机变量 X 和 Y 相互独立且都服从正态分布 $N(0, 3^2)$, 而 X_1, $X_2, \cdots, X_9$ 和 $Y_1, Y_2, \cdots, Y_9$ 分别是来自总体 X 和 Y 的简单随机样本, 那么统计量 $U =$

$\dfrac{X_1 + X_2 + \cdots + X_9}{\sqrt{Y_1^2 + Y_2^2 \cdots + Y_9^2}}$ 服从的分布为 (　　).

2. (1998, 数三) 设 X_1, X_2, X_3, X_4 是来自正态总体 $N(0, 2^2)$ 的简单随机样本, $X = a(X_1 - 2X_2)^2 + b(3X_3 - 4X_4)^2$, 则当 $a = ($　　$)$, $b = ($　　$)$ 时, 统计量 X 服从 χ^2 分布, 其自由度为 (　　).

3. (1999, 数三) 在天平上重复称量一重为 a 的物品, 假设各次称量结果相互独立且同服从正态分布 $N(a, 0.2^2)$, 若以 $\overline{X}_n$ 表示 n 次称量结果的算术平均值, 则为使 $P(|\overline{X}_n - a| < 0.1) \geqslant 0.95$, n 的最小值应不小于自然数 (　　).

4. (2001, 数三) 设总体 X 服从正态分布 $N(0, 0.2^2)$, 而 $X_1, X_2, \cdots, X_{15}$ 是来自总体 X 的简单随机样本, 则随机变量 $Y = \dfrac{X_1^2 + X_2^2 + \cdots + X_{10}^2}{2(X_{11}^2 + X_{12}^2 + \cdots + X_{15}^2)}$ 服从 (　　) 分布, 参数为 (　　).

5. (2004, 数三) 设总体 X 服从正态分布 $N(\mu_1, \sigma^2)$, 总体 Y 服从正态分布 $N(\mu_2, \sigma^2)$, $X_1, X_2, \cdots, X_{n_1}$ 和 $Y_1, Y_2, \cdots, Y_{n_2}$ 分别是来自总体 X 和 Y 的简单随机样本, 则

$$E\left[\frac{\sum\limits_{i=1}^{n_1}(X_i - \overline{X})^2 + \sum\limits_{j=1}^{n_2}(Y_j - \overline{Y})^2}{n_1 + n_2 - 2} \right] = (\qquad).$$

6. (2006, 数三) 设总体 X 的概率密度为 $f(x) = \dfrac{1}{2}\mathrm{e}^{-|x|}(-\infty < x < +\infty)$, $X_1, X_2, \cdots, X_n$ 为总体 X 的简单随机样本, 其样本方差为 S^2, 则 $ES^2 = (\qquad)$.

7. (2010, 数三) 设 $X_1, X_2, \cdots, X_n$ 是来自总体 $N(\mu, \sigma^2)(\sigma > 0)$ 的简单随机样本, 记统计量 $T = \dfrac{1}{n}\sum\limits_{i=1}^{n} X_i^2$, 则 $E(T) = (\qquad)$.

二、选择题

8. (1994, 数四) 设 $X_1, X_2, \cdots, X_n$ 是来自正态总体 $N(\mu, \sigma^2)$ 的简单随机样本, $\overline{X}$ 是样本均值, 记 $S_1^2 = \dfrac{1}{n-1}\sum\limits_{i=1}^{n}(X_i - \overline{X})^2$, $S_2^2 = \dfrac{1}{n}\sum\limits_{i=1}^{n}(X_i - \overline{X})^2$, $S_3^2 = \dfrac{1}{n-1}\sum\limits_{i=1}^{n}(X_i - \mu)^2$, $S_4^2 = \dfrac{1}{n}\sum\limits_{i=1}^{n}(X_i - \mu)^2$, 则服从自由度为 $n-1$ 的 t 分布的随机变量是 (　　).

(A) $t = \dfrac{\overline{X} - \mu}{S_1/\sqrt{n-1}}$;　　　　　　　　(B) $t = \dfrac{\overline{X} - \mu}{S_2/\sqrt{n-1}}$;

(C) $t = \dfrac{\widetilde{X} - \mu}{S_3/\sqrt{n}}$;　　　　　　　　(D) $t = \dfrac{\overline{X} - \mu}{S_4/\sqrt{n}}$.

9. (2005, 数一) 设 $X_1, X_2, \cdots, X_n(n \geqslant 2)$ 为来自总体 $N(0, 1)$ 的简单随机样本, $\overline{X}$ 为样本均值, S^2 为样本方差, 则 (　　).

(A) $n\overline{X} \sim N(0, 1)$;　　　　　　　　(B) $nS^2 \sim \chi^2(n)$;

(C) $\dfrac{(n-1)\overline{X}}{S} \sim t(n-1)$;

(D) $\dfrac{(n-1)X_1^2}{\sum\limits_{i=2}^{n} X_i^2} \sim F(1, n-1)$.

10. (2011, 数三) 设总体 X 服从参数为 $\lambda(\lambda > 0)$ 的泊松分布, $X_1, X_2, \cdots, X_n(n \geqslant 2)$ 为来自该总体的简单随机样本. 则对于统计量 $T_1 = \dfrac{1}{n}\sum\limits_{i=1}^{n} X_i$ 和 $T_2 = \dfrac{1}{n-1}\sum\limits_{i=1}^{n-1} X_i + \dfrac{1}{n}X_n$, 有 ( ).

(A) $E(T_1) > E(T_2), D(T_1) > D(T_2)$;

(B) $E(T_1) > E(T_2), D(T_1) < D(T_2)$;

(C) $E(T_1) < E(T_2), D(T_1) > D(T_2)$;

(D) $E(T_1) < E(T_2), D(T_1) < D(T_2)$.

11. (2012, 数三) 设 X_1, X_2, X_3, X_4 是来自总体 $N(1, \sigma^2)\ (\sigma > 0)$ 的简单随机样本, 则统计量 $\dfrac{X_1 - X_2}{|X_3 + X_4 - 2|}$ 的分布为 ( ).

(A) $N(0,1)$;   (B) $t(1)$;   (C) $\chi^2(1)$;   (D) $F(1,1)$.

12. (2014, 数三) 设 X_1, X_2, X_3 为来自正态总体 $N(0, \sigma^2)$ 的简单随机样本, 则统计量 $S = \dfrac{X_1 - X_2}{\sqrt{2}|X_3|}$ 服从的分布为 ( ).

(A) $F(1,1)$;   (B) $F(2,1)$;   (C) $t(1)$;   (D) $t(2)$.

13. (2015, 数三) 设总体 $X \sim b(m, \theta)$, $X_1, X_2, ..., X_n$ 为来自该总体的简单随机样本, $\overline{X}$ 为样本均值, 则 $E\left[\sum\limits_{i=1}^{n}(X_i - \overline{X})^2\right] =$ ( ).

(A) $(m-1)n\theta(1-\theta)$;   (B) $m(n-1)\theta(1-\theta)$;

(C) $(m-1)(n-1)\theta(1-\theta)$;   (D) $mn\theta(1-\theta)$.

14. (2017, 数一、三) 设 $X_1, X_2, \cdots, X_n(n \geqslant 2)$ 为来自总体 $N(\mu, 1)$ 的简单随机样本, 记 $\overline{X} = \dfrac{1}{n}\sum\limits_{i=1}^{n} X_i$, 则下列结论不正确的是 ( ).

(A) $\sum\limits_{i=1}^{n}(X_i - \mu)^2$ 服从 χ^2 分布;   (B) $2(X_n - X_1)^2$ 服从 χ^2 分布;

(C) $\sum\limits_{i=1}^{n}(X_i - \overline{X})^2$ 服从 χ^2 分布;   (D) $n(\overline{X} - \mu)^2$ 服从 χ^2 分布.

15. (2018, 数三) 设 $X_1, X_2, \cdots, X_n(n \geqslant 2)$ 为来自总体 $N(\mu, \sigma^2)$ 的简单随机样本, 令 $\overline{X} = \dfrac{1}{n}\sum\limits_{i=1}^{n} X_i$, $S = \sqrt{\dfrac{1}{n-1}\sum\limits_{i=1}^{n}(X_i - \overline{X})^2}$, $S^* = \sqrt{\dfrac{1}{n-1}\sum\limits_{i=1}^{n}(X_i - \mu)^2}$, 则 ( ).

(A) $\dfrac{\sqrt{n}(\overline{X} - \mu)}{S} \sim t(n)$;   (B) $\dfrac{\sqrt{n}(\overline{X} - \mu)}{S} \sim t(n-1)$;

(C) $\dfrac{\sqrt{n}(\overline{X}-\mu)}{S^*} \sim t(n)$; 　　　　　　　　　(D) $\dfrac{\sqrt{n}(\overline{X}-\mu)}{S^*} \sim t(n-1)$.

16. (2023, 数一、三) 设 $X_1,X_2,\cdots,X_n$ 为来自总体 $N(\mu_1,\sigma^2)$ 的简单随机样本, Y_1, $Y_2,\cdots,Y_m$ 为来自总体 $N(\mu_2,2\sigma^2)$ 的简单随机样本, 且两样本相互独立, 记 $\overline{X}=\dfrac{1}{n}\sum\limits_{i=1}^{n}X_i$, $\overline{Y}=\dfrac{1}{m}\sum\limits_{i=1}^{m}Y_i$, $S_1^2=\dfrac{1}{n-1}\sum\limits_{i=1}^{n}(X_i-\overline{X})^2$, $S_2^2=\dfrac{1}{m-1}\sum\limits_{i=1}^{m}(Y_i-\overline{Y})^2$ 则 (　　　).

(A) $\dfrac{S_1^2}{S_2^2} \sim F(n,m)$; 　　　　　　　　　(B) $\dfrac{2S_1^2}{S_2^2} \sim F(n,m)$;

(C) $\dfrac{S_1^2}{S_2^2} \sim F(n-1,m-1)$; 　　　　　　(D) $\dfrac{2S_1^2}{S_2^2} \sim F(n-1,m-1)$.

17. (2025, 数一) 设 $X_1,X_2,\cdots,X_{20}$ 是来自总体 $b(1,0.1)$ 的简单随机样本. 令 $T=\sum\limits_{i=1}^{20}X_i$, 利用泊松分布近似表示二项分布的方法可得 $P(T \leqslant 1) \approx (\quad)$.

(A) $\dfrac{1}{e^2}$; 　　　　(B) $\dfrac{2}{e^2}$; 　　　　(C) $\dfrac{3}{e^2}$; 　　　　(D) $\dfrac{4}{e^2}$.

18. (2025, 数三) 设总体 X 的分布函数为 $F(x)$, $X_1,X_2,\cdots,X_n$ 为来自总体 X 的简单随机样本, 样本的经验分布函数为 $F_n(x)$, 对于给定的 x $(0<F(x)<1)$, $D(F_n(x))=$ (　　　).

(A) $F(x)\big(1-F(x)\big)$; 　　　　　　(B) $\big(F(x)\big)^2$;

(C) $\dfrac{1}{n}F(x)\big(1-F(x)\big)$; 　　　　(D) $\dfrac{1}{n}\big(F(x)\big)^2$.

三、计算题

19. (1998, 数一) 从正态总体 $N\big(3.4,6^2\big)$ 中抽取容量为 n 的样本, 如果要求其样本均值位于区间 $(1.4,5.4)$ 内的概率不小于 0.95, 问样本容量 n 至少应取多大?

附表: 标准正态分布表 $\Phi(z)=\displaystyle\int_{-\infty}^{z}\dfrac{1}{\sqrt{2\pi}}e^{-\frac{t^2}{2}}\mathrm{d}t$

z	1.28	1.645	1.96	2.33
$\Phi(z)$	0.900	0.950	0.975	0.990

20. (2001, 数一) 设总体 X 服从正态分布 $N\big(\mu,\sigma^2\big)\,(\sigma>0)$, 从该总体中抽取简单随机样本, 其样本均值为 $\overline{X}=\dfrac{1}{2n}\sum\limits_{i=1}^{2n}X_i$, 求统计量 $Y=\sum\limits_{i=1}^{n}\big(X_i+X_{n+i}-2\overline{X}\big)^2$ 数学期望 $E(Y)$.

21. (2005, 数一、四) 设 $X_1,X_2,\cdots,X_n(n>2)$ 为独立同分布的随机变量, 且均服从 $N(0,1)$, 记 $\overline{X}=\dfrac{1}{n}\sum\limits_{i=1}^{n}X_i$, $Y_i=X_i-\overline{X}$, $i=1,2,\cdots,n$. 求

(1) Y_i 的方差 $D(Y_i)$, $i=1,2,\cdots,n$;

(2) Y_1 与 Y_n 的协方差 $\mathrm{Cov}(Y_1, Y_n)$;

(3) $P(Y_1 + Y_n \leqslant 0)$.

四、证明题

22. (1999, 数三) 设 $X_1, X_2, \cdots, X_9$ 是来自正态总体 X 的简单随机样本, $Y_1 = \dfrac{1}{6}(X_1 + \cdots + X_6)$, $Y_2 = \dfrac{1}{3}(X_7 + X_8 + X_9)$, $S^2 = \dfrac{1}{2} \sum_{i=7}^{9} (X_i - Y_2)^2$, $Z = \dfrac{\sqrt{2}(Y_1 - Y_2)}{S}$, 证明统计量 Z 服从自由度为 2 的 t 分布.

第 6 章 参数估计

【本章学习目标】

1. 熟练运用矩估计法、最大似然估计法来确定未知参数的点估计量, 熟知不同方法的优缺点与适用场景.

2. 了解从无偏性、有效性、一致性三个维度衡量估计量的优劣, 依据评估结果, 按需优化估计方案, 提升估计精准度.

3. 熟练构建总体均值、总体方差的置信区间, 了解置信水平、样本容量等因素对置信区间的影响.

4. 了解构建两正态总体均值之差及方差之比的置信区间的方法.

【课前导读】

上一章, 我们介绍了总体、样本、简单随机样本、统计量和抽样分布的概念, 介绍了统计中常用的三大分布, 给出了几个重要的抽样分布定理, 它们是进一步学习统计推断的基础.

在进行本章学习前, 首先需要明确总体原点矩、总体中心矩、样本原点矩和样本中心矩的计算公式, 会计算数学期望和方差; 接着需要掌握独立随机变量的联合分布律和联合密度函数的计算公式; 最后, 需要熟练掌握常用三大统计分布, 掌握正态总体样本均值、样本方差的分布结果. 主要公式如下所示.

1. 样本的概率分布:

当 X 为离散型总体时, 样本的联合分布律为 $P(X_1 = x_1, X_2 = x_2, \cdots, X_n = x_n) = \prod_{i=1}^{n} P(X_i = x_i)$;

当 X 为连续型总体时, 样本的联合密度函数为 $f(x_1, x_2, \cdots, x_n) = \prod_{i=1}^{n} f(x_i)$.

2. 分位数的常用结论:

(1) $P(-u_{\alpha/2} < X < u_{\alpha/2}) = 1 - \alpha$;

(2) $P(-t_{\alpha/2}(n) < X < t_{\alpha/2}(n)) = 1 - \alpha$;

(3) $P(\chi^2_{1-\alpha/2}(n-1) < X < \chi^2_{\alpha/2}(n-1)) = 1 - \alpha$;

(4) $P(F_{1-\alpha/2}(n_1, n_2) < X < F_{\alpha/2}(n_1, n_2)) = 1 - \alpha$.

3. 常用的抽样分布结论

(单正态总体) 设 $X_1, X_2, \cdots, X_n$ 是取自正态总体 $N(\mu, \sigma^2)$ 的样本, $\overline{X}$ 与 S^2 分别为样本均值和样本方差, 则有

(1) $\dfrac{\overline{X} - \mu}{\sigma/\sqrt{n}} \sim N(0, 1)$;   (2) $\dfrac{(n-1)S^2}{\sigma^2} = \dfrac{1}{\sigma^2} \sum_{i=1}^{n} (X_i - \overline{X})^2 \sim \chi^2(n-1)$;

(3) $\dfrac{\overline{X} - \mu}{S/\sqrt{n}} \sim t(n-1)$;　　(4) $\dfrac{1}{\sigma^2} \sum\limits_{i=1}^{n} (X_i - \mu)^2 \sim \chi^2(n)$.

(双正态总体) 设 $X_1, X_2, \cdots, X_{n_1}$ 是来自正态总体 $X \sim N(\mu_1, \sigma_1^2)$ 的一个样本, $\overline{X}$ 与 S_1^2 分别是样本均值和样本方差, 设 $Y_1, Y_2, \cdots, Y_{n_2}$ 为来自正态总体 $Y \sim N(\mu_2, \sigma_2^2)$ 的一个样本, $\overline{Y}$ 与 S_2^2 分别是样本均值和样本方差, 两样本相互独立. 则有

(1) $\dfrac{(\overline{X} - \overline{Y}) - (\mu_1 - \mu_2)}{\sqrt{\dfrac{\sigma_1^2}{n_1} + \dfrac{\sigma_2^2}{n_2}}} \sim N(0, 1)$;

(2) $\dfrac{(\overline{X} - \overline{Y}) - (\mu_1 - \mu_2)}{S_w \sqrt{\dfrac{1}{n_1} + \dfrac{1}{n_2}}} \sim t(n_1 + n_2 - 2)$, 其中 $S_w^2 = \dfrac{(n_1 - 1)S_1^2 + (n_2 - 1)S_2^2}{n_1 + n_2 - 2}$;

(3) $\dfrac{\sigma_2^2 S_1^2}{\sigma_1^2 S_2^2} \sim F(n_1 - 1, n_2 - 1)$.

在实际生活和科学研究中, 我们常常需要了解总体的一些特征参数, 如总体均值、总体方差等, 但由于总体往往很大, 甚至是无限的, 无法对其进行全面测量, 所以只能通过抽取样本, 利用样本提供的相关信息, 构造适当的统计量, 对总体的一个或多个未知参数做出合理推断. 例如, 要了解一个城市居民的平均收入, 不可能对所有居民进行调查, 只能抽取一部分居民作为样本, 通过样本的平均收入来估计总体居民的平均收入. 这种利用样本对总体分布中的未知参数进行估计的问题, 就是参数估计问题.

参数估计问题是一类重要的统计推断问题, 与众多学科相互交叉融合. 例如, 在经济学中用于估计经济模型的参数, 如需求弹性参数、生产函数参数等, 能预测经济发展和制定经济政策; 在工程学中用于估计模型的参数, 如信号处理中的滤波器参数、控制系统中的稳定性参数等, 能改进工程系统的设计和性能; 在生物医学中用于推断人群的有效性、药物效果、疾病发生率等的关键参数, 能帮助制定医疗政策和指导临床实践.

参数估计分为点估计与区间估计两类问题. 点估计是用某一个函数值作为总体未知参数的估计值; 区间估计是对未知参数给出一个范围, 并且在一定的可靠度下使这个范围包含未知参数. 例如, 从某总体选取容量为 30 的样本, 我们的任务是要根据选出的样本 (30 个数) 求出总体均值 μ 的估计. 而全部信息就由这 30 个数组成, 如果利用这 30 个数估计 μ 为 1.65, 就是点估计; 估计 μ 在区间 [1.56,1.81] 内, 就是区间估计.

6.1　点　估　计

点估计是用样本统计量来估计总体未知参数的一种方法, 它给出的是总体未知参数的一个具体的估计值, 这个估计值就像是一个 "点", 所以称为点估计.

定义 6.1.1　设 $X_1, X_2, \cdots, X_n$ 是取自总体 X 的一个样本, $x_1, x_2, \cdots, x_n$ 是相应的一个样本值, θ 是总体分布中的未知参数, 为估计未知参数 θ, 需构造一个适当的统计量 $\hat{\theta}(X_1, X_2, \cdots, X_n)$, 然后用其观察值 $\hat{\theta}(x_1, x_2, \cdots, x_n)$ 来估计 θ, 称 $\hat{\theta}(X_1, X_2, \cdots, X_n)$ 为 θ 的估计量, $\hat{\theta}(x_1, x_2, \cdots, x_n)$ 为 θ 的估计值, 估计量与估计值统称为点估计.

例如, 某炸药制造厂一天中发生着火现象的次数 X 是一个随机变量, 假设它服从参数

λ 的泊松分布 (λ 未知), 现有以下的样本值:1, 2, 3, 4, 2, 3, 5, 1, 2, 3, 试估计参数 λ.

由于 X 服从参数为 λ 的泊松分布, 有 $E(X) = \lambda$. 结合大数定律, 可以用样本均值估计总体期望, 即得 λ 的估计值为 $\widehat{\lambda} = \bar{x} = \dfrac{1+2+3+4+2+3+5+1+2+3}{10} = 2.6$.

6.1.1 矩估计

在统计学的发展历程中, 矩估计作为一种基本的点估计方法被广泛研究和应用, 它与其他统计推断方法 (如最大似然估计等) 一起构成了经典统计推断的重要组成部分.

早期的统计学家在研究点估计问题时, 认识到矩估计法的通用性和简洁性. 它不需要对总体分布做出严格的假设, 只要总体矩存在就可以进行估计, 这使得它在许多实际问题中能够发挥作用. 例如, 在一些复杂的工程或社会科学问题中, 可能很难确定总体的精确分布, 但可以通过样本矩来对相关参数进行初步估计. 随着时间的推移, 矩估计的理论不断完善, 其在实际应用中的地位也逐渐确立.

矩估计法是利用样本矩来估计总体未知参数的一种方法. 由英国统计学家卡尔·皮尔逊在 1900 年时首先提出. 样本是从总体中随机抽取的, 样本的分布及其各阶矩都在一定程度上反映了总体参数的特征. 根据切比雪夫大数定律, 有

$$\overline{X} \xrightarrow{p} E(X) \quad (n \to +\infty).$$

当样本容量 n 无限增大时, 样本均值与相应的总体期望任意接近的概率趋于 1. 因此, 用 $\bar{X}$ 估计 $E(X)$ 是很有说服力的选择. 将这一思想推广, 就得到用样本 k 阶矩去估计总体 k 阶矩的思想, 矩估计法正是基于这一思想形成的点估计方法.

计算步骤: 设总体 X 的分布函数 $F(x, \theta_1, \theta_2, \cdots, \theta_s)$ 含有 s 个未知参数 $\theta_1, \theta_2, \cdots, \theta_s$, 如果总体 X 的 k 阶原点矩 $E(X^k)$ 存在, 记

$$E(X^k) = \mu_k(\theta_1, \theta_2, \cdots, \theta_s), \quad k = 1, 2, \cdots, s,$$

其中 $X_1, X_2, \cdots, X_n$ 为来自总体 X 的一个样本, $A_k = \dfrac{1}{n}\sum_{i=1}^{n} X_i^k$ ($k = 1, 2, \cdots, s$) 为样本的 k 阶原点矩. 令 $E(X^k) = A_k$, 建立 s 个方程如下:

$$\begin{cases} \mu_1(\theta_1, \theta_2, \cdots, \theta_s) = \dfrac{1}{n}\sum_{i=1}^{n} X_i, \\[2ex] \mu_2(\theta_1, \theta_2, \cdots, \theta_s) = \dfrac{1}{n}\sum_{i=1}^{n} X_i^2, \\[1ex] \qquad\qquad\qquad \vdots \\[1ex] \mu_s(\theta_1, \theta_2, \cdots, \theta_s) = \dfrac{1}{n}\sum_{i=1}^{n} X_i^s. \end{cases}$$

解方程组即可求出 $\hat{\theta}_k = \hat{\theta}_k(X_1, X_2, \cdots, X_n)$ ($k = 1, 2, \cdots, s$), 将 $\hat{\theta}_k$ 作为 θ_k 的估计, 并称 $\hat{\theta}_k = \hat{\theta}_k(X_1, X_2, \cdots, X_n)$ 为参数 θ_k 的矩估计量; $\hat{\theta}_k = \hat{\theta}_k(x_1, x_2, \cdots, x_n)$ 为参数 θ_k 的矩估计值.

注意: 矩估计中, 原点矩和中心矩都可以使用, 具体取决于实际情况与需求, 若关注总体均值等未知参数的估计, 常采用原点矩, 如用样本一阶原点矩即样本均值来估计总体均值; 若重点在于估计总体方差等, 大多会用到中心矩, 如用样本二阶中心矩估计总体方差, 有时也会综合运用原点矩和中心矩来对多个参数进行估计, 如估计正态分布的均值和方差时, 就分别使用一阶原点矩和二阶中心矩.

下面通过几个简单的例子说明矩估计法这一过程.

例 6.1.1 已知总体 $X \sim P(\lambda), X_1, X_2, \cdots, X_n$ 为来自总体 X 的一个样本, 求参数 λ 的矩估计量.

解 (1) 选择矩: 由于只有一个未知参数, 只需要计算出一个总体矩即可. 这里选择一阶原点矩, 即 $E(X) = \lambda$;

(2) 列方程: 总体一阶原点矩等于样本一阶原点矩, 列方程为 $E(X) = \lambda = \dfrac{1}{n} \sum_{i=1}^{n} X_i$;

(3) 解方程: 求出 $\hat{\lambda} = \dfrac{1}{n} \sum_{i=1}^{n} X_i$, 即为参数 λ 的矩估计量.

注意: 如果只有一个未知参数, 且与均值直接相关, 通常选择一阶原点矩, 当然也可以选择其他矩.

例 6.1.2 已知总体 $X \sim e(\lambda), X_1, X_2, \cdots, X_n$ 为来自总体 X 的一个样本, 求参数 λ 的矩估计量.

解 选择一阶原点矩, 解方程 $E(X) = \dfrac{1}{\lambda} = \dfrac{1}{n} \sum_{i=1}^{n} X_i$, 得 $\hat{\lambda} = \dfrac{n}{\sum\limits_{i=1}^{n} X_i}$, 即为参数 λ 的矩估计量.

例 6.1.3 已知总体 $X \sim b(n, p), X_1, X_2, \cdots, X_{10}$ 为来自总体 X 的一个样本, 求参数 n, p 的矩估计量.

解 (1) 选择矩: 这里有两个未知参数, 需要计算出两个总体矩. 可选择一阶原点矩和二阶原点矩, 即

$$E(X) = np, \quad E(X^2) = D(X) + E^2(X) = np(1-p) + (np)^2.$$

(2) 列方程组: 总体 k 阶原点矩等于样本 k 阶原点矩, 可列出两个方程, 为

$$\begin{cases} np = \dfrac{1}{10} \sum_{i=1}^{10} X_i = A_1, \\ np(1-p) + (np)^2 = \dfrac{1}{10} \sum_{i=1}^{10} X_i^2 = A_2. \end{cases}$$

(3) 解方程组, 即可求出

$$\hat{n} = \frac{A_1^2}{A_1 + A_1^2 - A_2}, \quad \hat{p} = \frac{A_1 + A_1^2 - A_2}{A_1},$$

分别为参数 n, p 的矩估计量.

注意: 例 6.1.3 选择了一阶原点矩和二阶原点矩来构建方程组, 也可以选择一阶原点矩和二阶中心矩. 一般来说, 使用矩估计法估计总体未知参数时, 低阶矩更稳定且易于计算, 因此优先考虑使用这些矩来构造估计量.

例 6.1.4 已知总体 $X \sim N(\mu, \sigma^2)$, $X_1, X_2, \cdots, X_n$ 为来自总体 X 的一个样本, 求参数 μ, σ^2 的矩估计量.

解 估计正态分布的均值和方差时, 使用一阶原点矩和二阶中心矩更易于计算, 即 $E(X) = \mu, D(X) = \sigma^2$. 解方程组

$$
\begin{cases}
\mu = \dfrac{1}{n} \sum_{i=1}^{n} X_i, \\
\sigma^2 = \dfrac{1}{n} \sum_{i=1}^{n} (X_i - \overline{X})^2,
\end{cases}
$$

即可求出

$$
\hat{\mu} = \frac{1}{n} \sum_{i=1}^{n} X_i, \quad \hat{\sigma}^2 = \frac{1}{n} \sum_{i=1}^{n} (X_i - \overline{X})^2.
$$

注意: 这个例子中, 通过分析正态分布的特点, 选择了一阶原点矩和二阶中心矩来构建方程组, 从而实现对正态分布参数 μ 和 σ^2 的估计, 展示了矩估计法选择矩的具体过程和依据.

矩估计法的优点是计算简单, 在总体分布未知的情形下也可以使用, 不需要复杂的数学推导或计算过程, 只需要知道样本矩和总体矩的对应关系, 即可通过简单的计算得到参数的估计值. 原则上, 矩估计既可以用原点矩也可以用中心矩, 既可以用低阶矩也可以用高阶矩来构造估计量.

但矩估计法的结果会受到样本矩选择的影响, 不同的样本矩可能提供不同的估计结果, 从而导致参数估计的不确定性, 有时无法得到唯一的解. 例如, 泊松分布的数学期望和方差均为 λ, 如果选择样本一阶原点矩来估计总体一阶原点矩, 求出参数 λ 的估计量为 $\dfrac{1}{n} \sum_{i=1}^{n} X_i$;

如果选择样本二阶中心矩来估计总体二阶中心矩, 求出参数 λ 的估计量为 $\dfrac{1}{n} \sum_{i=1}^{n} (X_i - \overline{X})^2$,

这样就导致估计量不唯一. 而遇到多个估计量时, 我们需要进一步探究估计量的优劣, 这在下一节我们会做详细的介绍.

6.1.2 最大似然估计

最大似然估计法是在总体的分布类型已知的前提下, 使用的一种参数点估计法, 也称为极大似然估计法. 这种方法最早由德国数学家高斯在误差理论中提出, 1912 年英国统计学家费希尔证明了该方法的一些重要性质, 给出了现用之名. 实际上, 在各种估计方法中, 最大似然估计更为优良, 是目前仍然得到广泛应用的一种点估计方法.

在随机试验中, 许多事件都有可能发生, 概率大的事件发生的可能性大. 若在一次试验中, 某事件发生了, 则有理由认为此事件比其他事件发生的概率大. 例如, 某辆三轮车

上掉下来一个橘子, 已知此辆三轮车装有甲乙两筐橘子, 甲筐中有 80% 的清香橘, 20% 的蜜橘, 乙筐中有 50% 的清香橘, 50% 的蜜橘. 若掉下来的是清香橘, 这个清香橘是从哪个筐掉下来的呢? 大多数人会自然地认为它是从甲筐掉出来的. 因为 $P(清香橘|A筐) > P(清香橘|B筐)$, 这就是所谓的最大似然原理. 最大似然估计法就是依据这一原理得到的一种参数点估计方法.

下面分别就总体为离散型和连续型两种情形对最大似然估计法进行具体的讨论与归纳.

1. X 为离散型总体

设总体 X 的分布律为 $P(X = x) = p(x, \theta)$, 其中 θ 为未知参数, $X_1, X_2, \cdots, X_n$ 为来自总体 X 的一个样本, 则样本的联合分布律为

$$P(X_1 = x_1, X_2 = x_2, \cdots, X_n = x_n) = \prod_{i=1}^{n} P(X_i = x_i) = \prod_{i=1}^{n} p(x_i, \theta),$$

给定样本的观察值 $x_1, x_2, \cdots, x_n$ 后, 它是未知参数 θ 的函数, 记为 $L(\theta) = \prod_{i=1}^{n} p(x_i, \theta)$, 并称其为 θ 的**似然函数**.

若有 $\hat{\theta} = \hat{\theta}(x_1, x_2, \cdots, x_n)$ 能使得 $L(\hat{\theta}) = \max_{\theta} L(\theta)$, 则称 $\hat{\theta}(x_1, x_2, \cdots, x_n)$ 为 θ 的最大似然估计值, 相应的统计量 $\hat{\theta}(X_1, X_2, \cdots, X_n)$ 为 θ 的最大似然估计量.

求未知参数 θ 的最大似然估计问题, 归结为求似然函数 $L(\theta)$ 的最大值点的问题. 当似然函数关于未知参数 θ 可微时, 可利用微分学中求最大值的方法进行求解. 如果总体分布含有多个未知参数 $\theta_1, \theta_2, \cdots, \theta_k$, 则只需将似然函数对 θ 求导改为对 $\theta_1, \theta_2, \cdots, \theta_k$ 分别求偏导, 并令其等于 0, 得到 k 个方程, 解方程组即可.

例 6.1.5　已知总体 $X \sim P(\lambda), X_1, X_2, \cdots, X_n$ 为来自总体 X 的一个样本, 求参数 λ 的最大似然估计量.

解　(1) 写出联合分布律: 由于总体为离散型, 则样本的联合分布律为

$$P(X_1 = x_1, X_2 = x_2, \cdots, X_n = x_n) = \prod_{i=1}^{n} P(X_i = x_i) = \prod_{i=1}^{n} p(x_i, \lambda).$$

(2) 似然函数为

$$L(\lambda) = \prod_{i=1}^{n} p(x_i, \lambda) = \frac{\mathrm{e}^{-\lambda} \lambda^{x_1}}{x_1!} \cdot \frac{\mathrm{e}^{-\lambda} \lambda^{x_2}}{x_2!} \cdot \cdots \cdot \frac{\mathrm{e}^{-\lambda} \lambda^{x_n}}{x_n!} = \frac{\mathrm{e}^{-n\lambda} \lambda^{\sum\limits_{i=1}^{n} x_i}}{\prod\limits_{i=1}^{n}(x_i!)}.$$

(3) 求最大值点: 显然, $L(\lambda)$ 的最大值点一定是 $\ln L(\lambda)$ 的最大值点, 对其取对数得

$$\ln L(\lambda) = \ln \frac{\mathrm{e}^{-n\lambda} \lambda^{\sum\limits_{i=1}^{n} x_i}}{\prod\limits_{i=1}^{n}(x_i!)} = -n\lambda + \sum_{i=1}^{n} x_i \ln \lambda - \ln \prod_{i=1}^{n}(x_i!),$$

对 λ 求导, 并令其为 0, 即

$$\frac{\mathrm{d}\ln L}{\mathrm{d}\lambda} = -n + \frac{1}{\lambda} \cdot \sum_{i=1}^{n} x_i = 0,$$

解得 $\hat{\lambda} = \frac{1}{n}\sum_{i=1}^{n} x_i = \overline{x}$, 即 $\hat{\lambda} = \overline{X}$ 为参数 λ 的最大似然估计量. 结合例 6.1.1 和例 6.1.5, 我们发现, $\overline{X}$ 是 λ 的矩估计量, 也是 λ 的最大似然估计量.

注意: 对数似然函数和原似然函数在最大化时是等价的, 因为对数函数是严格递增的. 而对数似然函数通常比原始的似然函数更容易处理, 便于计算和优化.

例 6.1.6　已知总体 X 的分布律为 $P(X=1) = \frac{1-\alpha}{2}$, $P(X=2) = P(X=3) = \frac{1+\alpha}{4}$, 利用来自总体 X 的样本值 $1, 3, 2, 2, 1, 3, 1, 2$, 求 α 的最大似然估计值.

解　由于总体为离散型, 则样本的联合分布律为

$$P(X_1 = x_1, X_2 = x_2, \cdots, X_8 = x_8) = P(X_1 = 1)P(X_2 = 3)\cdots P(X_8 = 2),$$

则

$$L(\alpha) = \prod_{i=1}^{8} p(x_i, \alpha) = \frac{1-\alpha}{2} \times \frac{1+\alpha}{4} \times \cdots \times \frac{1+\alpha}{4} = \left(\frac{1-\alpha}{2}\right)^3 \times \left(\frac{1+\alpha}{4}\right)^5,$$

对其取对数得

$$\ln L(\alpha) = \ln \left(\frac{1-\alpha}{2}\right)^3 \times \left(\frac{1+\alpha}{4}\right)^5 = 3\ln\left(\frac{1-\alpha}{2}\right) + 5\ln\left(\frac{1+\alpha}{4}\right)$$

对 α 求导, 并令其为 0, 即

$$\frac{\mathrm{d}\ln L}{\mathrm{d}\alpha} = \frac{3}{\alpha-1} + \frac{5}{\alpha+1} = 0,$$

解得 $\hat{\alpha} = \frac{1}{4}$, 即为参数 α 的最大似然估计值.

2. X 为连续型总体

设总体 X 的密度函数为 $f(x, \theta)$, 其中 θ 为未知参数, $X_1, X_2, \cdots, X_n$ 为来自总体 X 的一个样本, 则样本的联合密度函数为

$$f(x_1, x_2, \cdots, x_n) = \prod_{i=1}^{n} f(x_i, \theta),$$

给定样本的观察值 $x_1, x_2, \cdots, x_n$ 后, 它是未知参数 θ 的函数, 记为 $L(\theta) = \prod_{i=1}^{n} f(x_i, \theta)$, 并称其为 θ 的似然函数. 若有 $\hat{\theta} = \hat{\theta}(x_1, x_2, \cdots, x_n)$, 使得 $L(\hat{\theta}) = \max_{\theta} L(\theta)$, 则称 $\hat{\theta}(x_1,$

$x_2, \cdots, x_n)$ 为 θ 的最大似然估计值, 相应的统计量 $\hat{\theta}(X_1, X_2, \cdots, X_n)$ 为 θ 的最大似然估计量.

例 6.1.7　已知总体 $X \sim e(\lambda), X_1, X_2, \cdots, X_n$ 为来自总体 X 的一个样本, 求参数 λ 的最大似然估计量.

解　(1) 写出样本联合密度函数为

$$f(x_1, x_2, \cdots, x_n) = \prod_{i=1}^{n} f(x_i, \lambda) = \begin{cases} \lambda^n \mathrm{e}^{-\lambda \sum\limits_{i=1}^{n} x_i}, & x_i > 0, \\ 0, & \text{其他}. \end{cases}$$

(2) 似然函数为 $L(\lambda) = \lambda^n \mathrm{e}^{-\lambda \sum\limits_{i=1}^{n} x_i} \ (x_i > 0, \ i = 1, 2, \cdots, n).$

(3) 求最大值点: 对 $L(\lambda)$ 取对数得 $\ln L(\lambda) = n \ln \lambda - \lambda \sum\limits_{i=1}^{n} x_i$, 对上式求导, 并令其为

0, 即 $\dfrac{\mathrm{d} \ln L}{\mathrm{d} \lambda} = n \cdot \dfrac{1}{\lambda} - \sum\limits_{i=1}^{n} x_i = 0.$ 解得 $\hat{\lambda} = \dfrac{1}{\overline{x}}$, 即 $\dfrac{1}{\overline{X}}$ 为参数 λ 的最大似然估计量.

例 6.1.8　假设我们有一个数据集 D, 这个数据集是由一个未知的正态分布生成的. 试求该正态分布的均值 μ 和方差 σ^2 的最大似然估计量.

解　总体为连续型, 则样本的联合密度函数为

$$f(x_1, x_2, \cdots, x_n) = \prod_{i=1}^{n} f(x_i, \mu, \sigma^2) = \frac{1}{\sqrt{2\pi}\,\sigma} \mathrm{e}^{-\frac{(x_1 - \mu)^2}{2\sigma^2}} \cdot \frac{1}{\sqrt{2\pi}\,\sigma} \mathrm{e}^{-\frac{(x_2 - \mu)^2}{2\sigma^2}}$$

$$\cdots \cdot \frac{1}{\sqrt{2\pi}\,\sigma} \mathrm{e}^{-\frac{(x_n - \mu)^2}{2\sigma^2}},$$

似然函数为 $L(\mu, \sigma^2) = \dfrac{1}{(\sqrt{2\pi}\sigma)^n} \mathrm{e}^{-\frac{1}{2\sigma^2} \sum\limits_{i=1}^{n} (x_i - \mu)^2}$, 对其取对数后, 分别求 μ, σ^2 的偏导, 并令其为 0, 得

$$\ln L(\mu, \sigma^2) = \ln \frac{1}{(\sqrt{2\pi}\sigma)^n} - \frac{1}{2\sigma^2} \sum_{i=1}^{n} (x_i - \mu)^2,$$

$$\begin{cases} \dfrac{\partial \ln L}{\partial \mu} = \dfrac{1}{\sigma^2} \sum\limits_{i=1}^{n} (x_i - \mu) = 0, \\[3mm] \dfrac{\partial \ln L}{\partial \sigma^2} = \dfrac{1}{2\sigma^4} \sum\limits_{i=1}^{n} (x_i - \mu)^2 - \dfrac{n}{2\sigma^2} = 0, \end{cases}$$

解得 $\hat{\mu} = \dfrac{1}{n} \sum\limits_{i=1}^{n} x_i = \overline{x}, \ \hat{\sigma}^2 = \dfrac{1}{n} \sum\limits_{i=1}^{n} (x_i - \overline{x})^2$, 即为参数 μ, σ^2 的最大似然估计值. 而 $\hat{\mu} = \dfrac{1}{n} \sum\limits_{i=1}^{n} X_i = \overline{X}, \ \hat{\sigma}^2 = \dfrac{1}{n} \sum\limits_{i=1}^{n} (X_i - \overline{X})^2$ 为参数 μ, σ^2 的最大似然估计量.

注意: 在最大似然估计中, 正态分布总体方差 σ^2 的估计值的分母是 n, 而样本方差中的分母是 $n-1$. 因此, 总体方差 σ^2 的最大似然估计可能不是无偏的, 下一节会介绍无偏性.

例 6.1.9 设总体 X 的密度函数为 $f(x,\theta) = \begin{cases} \dfrac{3x^2}{\theta^3}, & 0 \leqslant x \leqslant \theta, \\ 0, & \text{其他,} \end{cases}$ 其中 θ 是未知参数. $x_1, x_2, \cdots, x_n$ 是来自总体 X 的一组样本观察值, 试求 θ 的矩估计值和最大似然估计值.

解 (1) 矩估计值的计算.

由于只有一个未知参数, 这里选择一阶原点矩, 即

$$E(X) = \int_{-\infty}^{+\infty} xf(x)\mathrm{d}x = \int_0^\theta x \cdot 3x^2 \cdot \theta^{-3}\mathrm{d}x = \frac{3\theta}{4},$$

令 $E(X) = \overline{x}$, 得 $\dfrac{3\theta}{4} = \overline{x}$. 解方程求出 $\hat{\theta} = \dfrac{4\overline{x}}{3}$, 即为参数 θ 的矩估计值.

(2) 最大似然估计值的计算.

由于总体为连续型, 则样本的联合密度函数为

$$f(x_1, x_2, \cdots, x_n) = \prod_{i=1}^n f(x_i, \theta) = \begin{cases} 3^n \theta^{-3n} \prod_{i=1}^n x_i^2, & 0 \leqslant x_i \leqslant \theta, i = 1, 2, \cdots, n, \\ 0, & \text{其他,} \end{cases}$$

由似然函数 $L(\theta) = 3^n \theta^{-3n} \prod_{i=1}^n x_i^2 (0 \leqslant x_i \leqslant \theta, i = 1, 2, \cdots, n)$ 的表达式可以得出, 在所有 x_i 都满足 $0 \leqslant x_i \leqslant \theta$ 的条件下, $\theta \in [\max\{x_1, x_2, \cdots, x_n\}, +\infty)$, 则 θ 愈小时, $L(\theta)$ 愈大. 故取 $\hat{\theta} = \max\{x_1, x_2, \cdots, x_n\}$, 即为 θ 的最大似然估计值.

注意: 矩估计和最大似然估计求出来不一样的原因主要源于它们基于的原理和假设不同、计算方式上的差异及数据分布特性等因素的影响. 在实际应用中, 需要根据具体情况选择合适的估计方法.

6.1.3 估计量的评价标准

总体参数的估计量往往会有多个, 使用不同方法可能得到同一参数的不同估计量, 如例 6.1.9; 有时使用同一方法也可能得到同一参数的不同估计量. 例如, 泊松分布, 样本一阶原点矩 $\overline{X}$ 是均值 $E(X) = \lambda$ 的矩估计量, 样本二阶中心矩 $\dfrac{1}{n}\sum_{i=1}^n (X_i - \overline{X})^2$ 是方差 $D(X) = \lambda$ 的矩估计量, 即 $\overline{X}$ 和 $\dfrac{1}{n}\sum_{i=1}^n (X_i - \overline{X})^2$ 都可以作为参数 λ 的矩估计量, 那我们当然希望选择"较好"的估计量来对未知参数做出好的推断, 如何衡量一个估计量"优"还是"劣"呢?

一般来说, 评价一个估计量的优劣, 不能仅仅依据一次试验的结果, 而必须由多次试验结果来衡量. 因此, 一个好的估计量应在多次重复试验中体现出其优良性. 接下来介绍三个常用的评价估计量优劣的标准.

1. 无偏性

未知参数的估计量是一个随机变量, 不同的抽样, 所得的估计值往往也不相同, 而估计值会在一定范围内波动, 虽然无法保证这些波动的估计值就是未知参数的真值, 但是至少希望其以真值为中心左右摆动, 即估计量的均值等于未知参数的真值, 这就是无偏性标准.

定义 6.1.2 设 $\hat{\theta}(X_1, X_2, \cdots, X_n)$ 是总体未知参数 θ 的估计量, 若 $E(\hat{\theta}) = \theta$, 则称 $\hat{\theta}$ 为 θ 的无偏估计量; 若 $E(\hat{\theta}) \neq \theta$, 称 $\hat{\theta}$ 为 θ 的有偏估计量, 并称 $E(\hat{\theta}) - \theta$ 为估计量 θ 的系统误差; 如果 $\hat{\theta}$ 是有偏估计量, 但 $\lim\limits_{n \to +\infty} E(\hat{\theta}) = \theta$, 则称 $\hat{\theta}$ 为 θ 的渐近无偏估计量.

定理 6.1.1 设 $X_1, X_2, \cdots, X_n$ 为取自总体 X 的一个样本, 总体 X 的均值为 μ, 方差为 σ^2, 则

(1) 样本 k 阶原点矩 $\dfrac{1}{n}\sum\limits_{i=1}^{n} X_i^k$ 是总体 k 阶原点矩 $E(X^k)$ 的无偏估计量;

(2) 样本方差 S^2 是总体方差 σ^2 的无偏估计量.

证明 (1) 利用无偏性的定义, 得

$$E\left(\frac{1}{n}\sum_{i=1}^{n} X_i^k\right) = \frac{1}{n} E\left(\sum_{i=1}^{n} X_i^k\right) = \frac{1}{n}\sum_{i=1}^{n} E(X_i^k) = \frac{1}{n} \cdot n \cdot E(X_i^k) = E(X^k),$$

即样本 k 阶原点矩 $\dfrac{1}{n}\sum\limits_{i=1}^{n} X_i^k$ 是总体 k 阶原点矩 $E(X^k)$ 的无偏估计量. 特别地, 当 $k = 1$ 时, 样本均值是总体均值的无偏估计量.

(2) 同理, 利用无偏性的定义, 得

$$E(S^2) = E\left[\frac{1}{n-1}\sum_{i=1}^{n} (X_i - \overline{X})^2\right] = \frac{1}{n-1} E\left(\sum_{i=1}^{n} X_i^2 - n\overline{X}^2\right)$$

$$= \frac{1}{n-1}\left[E\left(\sum_{i=1}^{n} X_i^2\right) - E(n\overline{X}^2)\right] = \frac{1}{n-1}\left[\sum_{i=1}^{n} E(X_i^2) - nE(\overline{X}^2)\right]$$

$$= \frac{1}{n-1}\left[\sum_{i=1}^{n} (\sigma^2 + \mu^2) - n\left(\frac{\sigma^2}{n} + \mu^2\right)\right] = \frac{1}{n-1}[n(\sigma^2 + \mu^2) - \sigma^2 - n\mu^2] = \sigma^2,$$

即样本方差 $S^2 = \dfrac{1}{n-1}\sum\limits_{i=1}^{n} (X_i - \overline{X})^2$ 是总体方差的无偏估计量.

注意到, $E\left[\dfrac{1}{n}\sum\limits_{i=1}^{n} (X_i - \overline{X})^2\right] = E\left(\dfrac{n-1}{n}S^2\right) = \dfrac{n-1}{n}E(S^2) \to \sigma^2 (n \to +\infty)$, 故样本二阶中心矩 $\dfrac{1}{n}\sum\limits_{i=1}^{n} (X_i - \overline{X})^2$ 为总体方差 σ^2 的渐近无偏估计量.

注意: 无论总体服从什么分布, 样本原点矩是总体原点矩的无偏估计, 样本均值是总体均值的无偏估计, 样本方差是总体方差的无偏估计.

例 6.1.10 设 $X_1, X_2, \cdots, X_n$ 为取自总体 $X \sim P(\lambda)$ 的一个样本, 则证明: $\overline{X}$ 与 S^2 均为 λ 的无偏估计, 且对任意一 k 值 $(0 \leqslant k \leqslant 1)$, 统计量 $k\overline{X} + (1-k)S^2$ 也是 λ 的无偏估计.

证明 结合定理 6.1.1, 得

$$E(\overline{X}) = E(X) = \lambda, \ E(S^2) = D(X) = \lambda,$$

$$E[k\overline{X} + (1-k)S^2] = E(k\overline{X}) + E[(1-k)S^2] = k\lambda + (1-k)\lambda = \lambda,$$

故 $\overline{X}, S^2, k\overline{X} + (1-k)S^2$ 均为 λ 的无偏估计.

例 6.1.11 设 $(X_1, Y_1), (X_2, Y_2), \cdots, (X_n, Y_n)$ 为取自总体 $N(\mu_1, \mu_2, \sigma_1^2, \sigma_2^2, \rho)$ 的一个样本, 令 $\mu = \mu_1 - \mu_2, \overline{X} = \dfrac{1}{n}\sum\limits_{i=1}^{n} X_i, \overline{Y} = \dfrac{1}{n}\sum\limits_{i=1}^{n} Y_i, \hat{\mu} = \overline{X} - \overline{Y}$, 证明: $\hat{\mu}$ 是 μ 的无偏估计.

证明 由于 $(X_i, Y_i)(i = 1, 2, \cdots, n)$ 为取自总体 $N(\mu_1, \mu_2, \sigma_1^2, \sigma_2^2, \rho)$ 的一个样本, 故

$$X_i \sim N(\mu_1, \sigma_1^2), Y_i \sim N(\mu_2, \sigma_2^2),$$

结合无偏性的定义, 得

$$E(\hat{\mu}) = E(\overline{X} - \overline{Y}) = E(\overline{X}) - E(\overline{Y}) = \mu_1 - \mu_2 = \mu,$$

故 $\hat{\mu}$ 是 μ 的无偏估计.

例 6.1.12 已知总体 $X \sim P(\lambda), X_1, X_2, \cdots, X_n$ 为来自总体 X 的一个样本, 证明参数 λ 的矩估计量和最大似然估计量均是参数 λ 的无偏估计量.

解 结合例 6.1.1 和例 6.1.5, 参数 λ 的矩估计量和最大似然估计量均为 $\overline{X}$, 满足 $E(\overline{X}) = \lambda$, 即参数 λ 的矩估计量和最大似然估计量均为 λ 的无偏估计量.

2. 有效性

虽然无偏性是估计量的一个重要性质, 但仅有无偏性是不够的. 因为有时一个参数的无偏估计可能不存在, 或者对同一个参数可以有多个无偏估计. 在这些情况下, 我们还需要考虑估计量优劣的另一个重要指标——有效性. 估计量的有效性是指估计值在真值附近的波动程度, 主要通过方差来衡量. 方差越小, 说明估计值越集中, 波动越小, 从而估计量的有效性越高. 在数学上, 估计量的有效性通常是在保持估计量无偏 (即估计量的期望值等于真值) 的前提下进行比较的. 如果两个估计量都是无偏的, 那么方差较小的那个估计量就被认为是更有效的.

定义 6.1.3 设 $\hat{\theta}_1(X_1, X_2, \cdots, X_n)$ 和 $\hat{\theta}_2(X_1, X_2, \cdots, X_n)$ 是总体未知参数 θ 的两个无偏估计量, 若 $D(\hat{\theta}_1) \leqslant D(\hat{\theta}_2)$, 则称 $\hat{\theta}_1$ 比 $\hat{\theta}_2$ 有效; 如果一个无偏估计量 $\hat{\theta}_1$ 在所有无偏估计量中方差最小, 即 $D(\hat{\theta}_1) \leqslant D(\hat{\theta})$, 则称 $\hat{\theta}_1$ 是 θ 的最小方差无偏估计量, 这里 $\hat{\theta}$ 为任意一个无偏估计量.

例 6.1.13 设 $X_1, X_2, \cdots, X_n$ 为取自总体的一个样本, 证明:

(1) $\displaystyle\sum_{i=1}^{n} a_i X_i (a_i > 0, i = 1, 2, \cdots, n, \sum_{i=1}^{n} a_i = 1)$ 是 $E(X)$ 的无偏估计量;

(2) 在 $E(X)$ 的所有形如 $\displaystyle\sum_{i=1}^{n} a_i X_i$ 的无偏估计量中, $\overline{X}$ 最有效.

证明 (1) 结合无偏性, 得

$$E\left(\sum_{i=1}^{n} a_i X_i\right) = \sum_{i=1}^{n} a_i E(X_i) = \sum_{i=1}^{n} a_i E(X) = E(X).$$

(2) 结合柯西–施瓦茨不等式 $\left(\displaystyle\sum_{i=1}^{n} a_i b_i\right)^2 \leqslant \left(\sum_{i=1}^{n} a_i^2\right)\left(\sum_{i=1}^{n} b_i^2\right)$, 得

$$D\left(\sum_{i=1}^{n} a_i X_i\right) = \sum_{i=1}^{n} a_i^2 D(X_i) = \sum_{i=1}^{n} a_i^2 n D(\overline{X}) \geqslant \left(\sum_{i=1}^{n} a_i\right)^2 D(\overline{X}) = D(\overline{X}).$$

即 $\overline{X}$ 是无偏估计量中方差最小的, 故最有效.

3. 一致性

结合大数定律, 当样本容量足够大时, 我们希望估计量能够以很高的概率接近被估计的参数真值. 这是评价估计量优劣的又一个标准——相合性 (一致性). 例如, 假设总体是某工厂生产的零件的长度, 服从正态分布 $N(\mu, \sigma^2)$. 我们抽取一个样本容量为 20 的样本, 并计算样本均值 $\overline{X}_{20}$, 该值可能与总体均值 μ 有一定偏差. 当我们增大样本容量到 200, 再计算样本均值 $\overline{X}_{200}$, 此时样本均值更接近总体均值, 随着样本容量的不断增大, 样本均值会越来越接近总体均值 μ, 这种性质的准确表述如下.

定义 6.1.4 设 $\hat{\theta}(X_1, X_2, \cdots, X_n)$ 是总体未知参数 θ 的估计量, 若对任意的 $\varepsilon > 0$, 都有 $\displaystyle\lim_{n \to +\infty} P(|\hat{\theta} - \theta| < \varepsilon) = 1$ 成立, 则称 $\hat{\theta}$ 是 θ 的一致估计量, 也称为相合估计量.

点估计的一致性在统计学中具有深远的实际意义. 它不仅是评价估计量优劣的重要标准, 也是提高统计推断准确性和可靠性的关键所在.

例 6.1.14 设 $X_1, X_2, \cdots, X_n$ 为取自总体 X 的一个样本, 证明: 样本方差 S^2 是总体方差 σ^2 的一致估计量.

证明 由大数定律可知

$\dfrac{1}{n}\displaystyle\sum_{i=1}^{n} X_i = \overline{X} \xrightarrow{p} E(X), \dfrac{1}{n}\sum_{i=1}^{n} X_i^2 \xrightarrow{p} E(X^2)$, 而 $\displaystyle\lim_{n \to +\infty} \dfrac{n}{n-1} = 1$, 则

$$S^2 = \frac{1}{n-1}\sum_{i=1}^{n}(X_i - \overline{X})^2 = \frac{n}{n-1}\left(\frac{1}{n}\sum_{i=1}^{n} X_i^2 - \overline{X}^2\right) \xrightarrow{p} E(X^2) - [E(X)]^2 = \sigma^2,$$

即证.

小 节 要 点

1. 矩估计的原理是利用样本矩等于总体矩的原则来估计总体参数. 在进行矩估计时, 先计算出总体矩的表达式, 然后用样本矩替换总体矩, 最后求解得到参数的矩估计量.

2. 最大似然估计的原理是选择使似然函数达到最大值的参数值作为估计值. 在进行最大似然估计时, 先写出样本的似然函数 (联合分布律或联合密度函数), 然后求该函数的最大值点, 通常通过求对数似然函数的最大值点得到, 而最大值点常常可以通过求驻点的方法得到.

3. 无偏性、有效性和一致性是评价估计量优劣的三个核心标准. 无偏性是指估计量的数学期望等于被估计的总体未知参数; 有效性是指在无偏估计量中, 具有更小方差的估计量; 一致性是指随着样本量的增加, 估计量的值越来越接近被估计的总体未知参数.

应 记 应 背

1. 矩估计: 通常情况下, 只有一个未知参数时, 一般令 $E(X) = \overline{X}$; 有两个未知参数时, 可令

$$\begin{cases} E(X) = \overline{X}, \\ E(X^2) = \dfrac{1}{n}\sum_{i=1}^{n} X_i^2 \end{cases} \quad \text{或} \quad \begin{cases} E(X) = \overline{X}, \\ D(X) = \dfrac{1}{n}\sum_{i=1}^{n} \left(X_i - \overline{X}\right)^2. \end{cases}$$

2. 最大似然估计: 当总体 X 为离散型时, 其分布律为 $p(x, \theta)$, 其中 θ 为未知参数, $X_1, X_2, \cdots, X_n$ 为来自总体 X 的一个样本, 则似然函数为

$$L(\theta) = \prod_{i=1}^{n} p(x_i, \theta);$$

当总体 X 为连续型时, 其密度函数为 $f(x, \theta)$, 其中 θ 为未知参数, $X_1, X_2, \cdots, X_n$ 为来自总体 X 的一个样本, 则似然函数为

$$L(\theta) = \prod_{i=1}^{n} f(x_i, \theta).$$

3. 无偏性的判定: 估计量 $\hat{\theta}$ 的数学期望等于被估计的总体未知参数 θ, 即 $E(\hat{\theta}) = \theta$.

✎ 习 题 6.1

1. 设总体的均值为 μ, 方差为 σ^2, 从总体中抽取样本 X_1, X_2, X_3, 下列估计量中不是 μ 的无偏估计量的是 (　　).

(A) $\hat{\mu}_1 = \dfrac{1}{5}X_1 + \dfrac{3}{10}X_2 + \dfrac{1}{2}X_3$;　　　　(B) $\hat{\mu}_2 = \dfrac{1}{3}X_1 + \dfrac{1}{4}X_2 + \dfrac{5}{12}X_3$;

(C) $\hat{\mu}_3 = \dfrac{1}{3}X_1 + \dfrac{1}{6}X_2 + \dfrac{1}{2}X_3$;　　　　(D) $\hat{\mu}_4 = \dfrac{1}{2}X_1 + \dfrac{1}{3}X_2 + \dfrac{1}{4}X_3$.

2. 设 $\hat{\theta}_1$, $\hat{\theta}_2$, $\hat{\theta}_3$ 是总体分布中未知参数 θ 的无偏估计量, $\hat{\theta} = a\hat{\theta}_1 - 3\hat{\theta}_2 + 5\hat{\theta}_3$ 也是 θ 的无偏估计量, 求 a.

3. 假设我们有一个随机变量 X, 它服从参数为 θ 的指数分布, 现从该分布中随机抽取了一个样本 $x_1 = 2.5$, 试求参数 θ 的矩估计值和最大似然估计值.

4. 设总体 X 的密度函数为 $f(x, \alpha) = \begin{cases} \alpha x^{\alpha-1}, & 0 \leqslant x \leqslant 1, \\ 0, & \text{其他}, \end{cases}$ 其中 $\alpha > 0$ 是未知参数. 现有来自该总体的一个样本 $X_1, X_2, \cdots, X_n$, 试求参数 α 的矩估计量和最大似然估计量.

5. 设总体 X 的分布律为

X	0	1	2
P	$\dfrac{1-\theta}{2}$	$\dfrac{1+\theta}{4}$	$\dfrac{1+\theta}{4}$

利用来自总体的样本值 0, 1, 2, 1, 1, 2, 1, 0, 求参数 θ 的矩估计值和最大似然估计值.

进阶练习

6. 设总体 X 服从正态分布 $N(\mu, \sigma^2)$, 其中 μ 未知, $\sigma^2 = 4$. 现从该总体中随机抽取一个容量为 4 的样本 X_1, X_2, X_3, X_4.

(1) 求 μ 的矩估计量 $\hat{\mu}_{\mathrm{M}}$ 和最大似然估计量 $\hat{\mu}_{\mathrm{MLE}}$;

(2) 判断 $\hat{\mu}_{\mathrm{M}}$ 和 $\hat{\mu}_{\mathrm{MLE}}$ 是否为 μ 的无偏估计, 并说明理由.

7. 设总体 X 的密度函数为

$$f(x, \theta) = \begin{cases} \theta, & 0 < x < 1, \\ 1 - \theta, & 1 \leqslant x < 2, \\ 0, & \text{其他}, \end{cases}$$

其中 θ 是未知参数 ($0 < \theta < 1$), $X_1, X_2, \cdots, X_n$ 是来自总体 X 的一个样本, 记 N 为样本值中小于 1 的个数, 求

(1) θ 的矩估计;

(2) θ 的最大似然估计.

8. 假设有一个制造厂, 该厂生产的灯泡有一定的寿命, 这个寿命服从指数分布, 其密度函数为 $f(x) = \begin{cases} \lambda \mathrm{e}^{-\lambda x}, & x \geqslant 0, \\ 0, & \text{其他}, \end{cases}$ 其中 λ 是未知参数, 表示灯泡单位时间内的失效率 (即每单位时间失效的灯泡数与总灯泡数的比例). 现在, 我们从该厂随机抽取了 10 个灯泡, 并记录了它们的寿命 (以 h 为单位):500, 600, 650, 700, 750, 800, 850, 900, 950, 1000, 试求参数 λ 的矩估计值和最大似然估计值.

9. 假设有一个零件加工厂, 该厂生产的零件尺寸服从正态分布 $N(\mu, \sigma^2)$. 现从该厂随机抽取了 10 个零件, 并测量了它们的尺寸 (单位: mm): 10.1, 10.3, 9.9, 10.2, 10.0, 10.4,

9.8, 10.1, 10.5, 9.7. 试求参数 μ 和 σ^2 的矩估计值和最大似然估计值.

10. 设总体服从均匀分布 $U(0,b)$, $X_1, X_2, \cdots, X_n$ 是来自总体 X 的一个样本, 证明:
$$\widehat{b_1} = \frac{n+1}{n} X_{(n)} \text{ 和 } \widehat{b_2} = 2\overline{X} \text{ 均为 } b \text{ 的无偏估计量, 其中 } X_{(n)} = \max\{X_1, X_2, \cdots, X_n\}.$$

6.2 区 间 估 计

点估计是利用样本统计量计算出的值来估计未知参数. 其优点是简单, 易于计算, 可以知道未知参数大致是多少, 缺点是并未反映出估计的误差范围 (精度). 与点估计只给出一个单一的估计值不同, 区间估计能够提供总体参数可能所在的一个区间范围及这个范围的可靠程度. 例如, 企业在考虑市场定价时, 如果知道消费者对产品价格的接受区间 (通过对消费者价格接受程度的区间估计), 就可以更好地制定价格策略, 避免定价过高或过低. 又如, 在估计一个城市居民的平均收入时, 我们可以有这样两种表述方式: 第一种是 "居民平均收入是 5000 元"; 第二种是 "我们有 95% 的把握认为居民平均收入在 4500~5500 元". 显然, 前者为点估计, 后者为区间估计, 后者把可能出现的偏差也考虑在内了, 使之对总体参数的不确定性有更直观的认识. 因此, 区间估计比点估计提供了更多的信息, 在实际决策中更有实用价值.

6.2.1 置信区间

在区间估计理论中, 被广泛接受的一种做法是确定置信区间, 这个方法由美国著名统计学家耶日·奈曼提出. 要做区间估计, 首先要认识区间估计的一个核心概念——置信区间.

定义 6.2.1 设 $X_1, X_2, \cdots, X_n$ 是取自总体 X 的一个样本, $x_1, x_2, \cdots, x_n$ 是相应的一个样本值, θ 是总体分布中的未知参数, 为估计未知参数 θ, 由样本构造两个恰当的统计量 $\hat{\theta}_1(X_1, X_2, \cdots, X_n)$ 和 $\hat{\theta}_2(X_1, X_2, \cdots, X_n)$, 对给定的 $\alpha(0 < \alpha < 1)$, 若有

$$P(\hat{\theta}_1 < \theta < \hat{\theta}_2) = 1 - \alpha \tag{6.2.1}$$

成立, 则称 $(\hat{\theta}_1, \hat{\theta}_2)$ 为未知参数 θ 的一个置信区间, $1 - \alpha$ 为置信度 (置信水平), α 为显著性水平, α 通常在 $[0.001, 0.1]$ 上取值, $\hat{\theta}_1$ 和 $\hat{\theta}_2$ 分别称为置信水平 $1 - \alpha$ 的置信下限和置信上限.

注意: (1)$P(\hat{\theta}_1 < \theta < \hat{\theta}_2) = 1 - \alpha$ 的合理解释是随机区间 $(\hat{\theta}_1, \hat{\theta}_2)$ 包含未知参数 θ 的概率为 $1 - \alpha$.

(2) 置信度 $1 - \alpha$ 反映的是随机区间 $(\hat{\theta}_1, \hat{\theta}_2)$ 包含未知参数 θ 的可靠度. 例如, 取 $\alpha = 0.05$, 则 $1 - \alpha = 0.95$, 有 $P(\hat{\theta}_1 < \theta < \hat{\theta}_2) = 0.95$, 即对总体取 100 组样本容量为 n 的样本观察值, 可得到 100 个确定的区间: $(\hat{\theta}_1(x_1, x_2, \cdots, x_n), \hat{\theta}_2(x_1, x_2, \cdots, x_n))$, 这 100 个区间大约有 95 个区间包含 θ 的真值, 大约有 5 个区间不包含 θ 的真值.

(3) 作区间估计时, 除了要求具有一定的可靠度之外, 还要有一定的精确度才有应用价值. 一般地, 我们用区间长短刻画精确度, 区间越长, 精确度越低; 区间越短, 精确度越高. 实际上, 可靠度和精确度是相互制约的, 置信度 $1 - \alpha$ 越大, 置信区间 $(\hat{\theta}_1, \hat{\theta}_2)$ 包含 θ 的真

值的概率就越大, 但区间 $(\hat{\theta}_1, \hat{\theta}_2)$ 的长度就越大, 对未知参数 θ 的估计精度就越差; 反之, 对参数 θ 的估计精度越高, 置信区间 $(\hat{\theta}_1, \hat{\theta}_2)$ 的长度就越小, $(\hat{\theta}_1, \hat{\theta}_2)$ 包含 θ 的真值的概率就越低, 置信度 $1 - \alpha$ 越小.

例 6.2.1 已知总体 $X \sim N(\mu, \sigma^2)$, 其中 σ^2 为已知参数, μ 为未知参数, $X_1, X_2, \cdots,$ X_n 为来自总体 X 的一个样本, 对给定的 $\alpha = 0.05$, 求 μ 的置信区间.

解 由定义知, 要求的置信区间 $(\hat{\mu}_1, \hat{\mu}_2)$ 须满足 $P(\hat{\mu}_1 < \mu < \hat{\mu}_2) = 1 - \alpha = 0.95$, 而 $\overline{X}$ 是 μ 的无偏估计量, 利用 $\dfrac{\overline{X} - \mu}{\sigma / \sqrt{n}} \sim N(0,1)$ 这一抽样分布结论, 及 $\Phi(u_{0.025}) = 0.975$, $u_{0.025} = 1.96$, 有

$$P\left(-u_{0.025} < \frac{\overline{X} - \mu}{\sigma / \sqrt{n}} < u_{0.025}\right) = 2\Phi(u_{0.025}) - 1 = 0.95 = 1 - \alpha,$$

求解不等式 $-u_{0.025} < \dfrac{\overline{X} - \mu}{\sigma / \sqrt{n}} < u_{0.025}$, 有 $\overline{X} - u_{0.025} \cdot \dfrac{\sigma}{\sqrt{n}} < \mu < \overline{X} + u_{0.025} \cdot \dfrac{\sigma}{\sqrt{n}}$, 则

$$P\left(\overline{X} - u_{0.025} \cdot \frac{\sigma}{\sqrt{n}} < \mu < \overline{X} + u_{0.025} \cdot \frac{\sigma}{\sqrt{n}}\right) = 0.95,$$

故 $(\hat{\mu}_1, \hat{\mu}_2) = \left(\overline{X} - \dfrac{1.96\sigma}{\sqrt{n}}, \overline{X} + \dfrac{1.96\sigma}{\sqrt{n}}\right)$ 为 μ 的置信度为 0.95 的置信区间.

注意: 由例 6.2.1 可知, 给定 $\alpha = 0.05$ 时, 置信区间的长度为 $2u_{0.025} \cdot \dfrac{\sigma}{\sqrt{n}}$, 若 n 越大, 则置信区间就越短, 若置信度 $1 - \alpha$ 越大, 则 α 越小, $u_{\alpha/2}$ 越大, 从而置信区间就越长.

设 $X_1, X_2, \cdots, X_n$ 是取自总体 X 的一个样本, θ 是总体分布中的未知参数, 对给定的 $\alpha(0 < \alpha < 1)$, 则未知参数 θ 的置信度为 $1 - \alpha$ 的置信区间的**求解步骤**归纳如下.

第一步: 从待估参数 θ 的点估计出发, 寻求一个包含待估参数 θ, 不包含其他未知参数的样本的函数 $Q(X_1, X_2, \cdots, X_n, \theta)$ (称为枢轴量), Q 的分布已知, 并且不依赖任何未知参数, 当然也不能包括待估参数 θ (如 $Q \sim N(0,1)$, $Q \sim t(n-1)$ 等).

第二步: 给定置信度 $1 - \alpha(0 < \alpha < 1)$, 利用 Q 的抽样分布结论求出能满足

$$P(q_1 < Q(X_1, X_2, \cdots, X_n, \theta) < q_2) = 1 - \alpha \tag{6.2.2}$$

的两个点 q_1, q_2, 由于枢轴量 $Q(X_1, X_2, \cdots, X_n, \theta)$ 的分布已知 (多数情况下都是常见分布) 且不含任何未知参数, 因此 q_1, q_2 可以计算出来 (通过查表或利用统计分析软件).

第三步: 将 $P(q_1 < Q(X_1, X_2, \cdots, X_n, \theta) < q_2) = 1 - \alpha$ 改写成置信区间定义中的形式 $P(\hat{\theta}_1 < \theta < \hat{\theta}_2) = 1 - \alpha$, 即从不等式 $q_1 < Q(X_1, X_2, \cdots, X_n, \theta) < q_2$ 中解出等价的不等式 $\hat{\theta}_1 < \theta < \hat{\theta}_2$, 从而得到置信区间 $(\hat{\theta}_1, \hat{\theta}_2)$.

上述过程中, 比较困难的是如何选择满足条件的枢轴量, 并且确定出其分布. 这主要需要借助上一章的抽样分布定理. 下面先就单正态总体介绍常见的置信区间.

6.2.2 单正态总体参数的区间估计

设 $X_1, X_2, \cdots, X_n$ 为单正态总体 $X \sim N(\mu, \sigma^2)$ 的一个样本, $\bar{X}$ 与 S^2 分别是样本均值和样本方差, 下面讨论参数 μ, σ^2 的区间估计问题.

1. 总体均值 μ 的置信区间

总体均值 μ 的置信区间计算公式主要有两种, 以 σ^2 已知或未知为前提, 分别建立基于正态分布和 t 分布两种置信区间.

结合未知参数的置信度为 $1 - \alpha$ 的置信区间的**求解三步骤**, 均值 μ 的置信区间计算公式的推导分成如下几个步骤.

1) 选择枢轴量 $Q(X_1, X_2, \cdots, X_n, \mu)$

与 μ 相关的两个抽样分布结论为 $\dfrac{\overline{X} - \mu}{\sigma/\sqrt{n}} \sim N(0, 1)$, $\dfrac{\overline{X} - \mu}{S/\sqrt{n}} \sim t(n-1)$, 当 σ^2 已知时, 选择枢轴量 $Q(X_1, X_2, \cdots, X_n, \mu) = \dfrac{\overline{X} - \mu}{\sigma/\sqrt{n}}$, 当 σ^2 未知时, 选择枢轴量 $Q(X_1, X_2, \cdots, X_n, \mu) = \dfrac{\overline{X} - \mu}{S/\sqrt{n}}$.

2) 确定 q_1, q_2

当 σ^2 已知时, 结合正态分布分位数 u_α 的性质有

$$P(-u_{\alpha/2} < Q(X_1, X_2, \cdots, X_n, \mu) < u_{\alpha/2}) = 1 - \alpha,$$

当 σ^2 未知时, 结合 t 分布分位数 t_α 的性质有

$$P(-t_{\alpha/2}(n-1) < Q(X_1, X_2, \cdots, X_n, \mu) < t_{\alpha/2}(n-1)) = 1 - \alpha.$$

3) 求解不等式, 计算置信区间

当 σ^2 已知时, 解不等式 $-u_{\alpha/2} < \dfrac{\overline{X} - \mu}{\sigma/\sqrt{n}} < u_{\alpha/2}$, 得

$$\overline{X} - u_{\alpha/2} \cdot \frac{\sigma}{\sqrt{n}} < \mu < \overline{X} + u_{\alpha/2} \cdot \frac{\sigma}{\sqrt{n}},$$

当 σ^2 未知时, 解不等式 $-t_{\alpha/2}(n-1) < \dfrac{\overline{X} - \mu}{S/\sqrt{n}} < t_{\alpha/2}(n-1)$, 得

$$\overline{X} - t_{\alpha/2}(n-1) \cdot \frac{S}{\sqrt{n}} < \mu < \overline{X} + t_{\alpha/2}(n-1) \cdot \frac{S}{\sqrt{n}},$$

故当 σ^2 已知时, 参数 μ 的置信度为 $1 - \alpha$ 的置信区间 (正态分布法) 为

$$\left(\overline{X} - u_{\alpha/2} \cdot \frac{\sigma}{\sqrt{n}}, \ \overline{X} + u_{\alpha/2} \cdot \frac{\sigma}{\sqrt{n}} \right), \tag{6.2.3}$$

当 σ^2 未知时, 参数 μ 的置信度为 $1 - \alpha$ 的置信区间 (t 分布法) 为

$$\left(\overline{X} - t_{\alpha/2}(n-1) \cdot \frac{S}{\sqrt{n}}, \ \overline{X} + t_{\alpha/2}(n-1) \cdot \frac{S}{\sqrt{n}} \right). \tag{6.2.4}$$

例 6.2.2　已知某工厂生产的一种零件的长度服从正态分布 $X \sim N(\mu, 0.3^2)$, 现从该工厂生产的零件中随机抽取 25 个, 测得它们的平均长度为 20 cm, 求该零件平均长度 μ 的置信度为 0.95 的置信区间.

解　总体方差已知 ($\sigma^2 = 0.3^2$), 则总体标准差 $\sigma = 0.3$, 样本容量 $n = 25$, 样本均值 $\overline{x} = 20$, 利用 $\left(\overline{X} - u_{\alpha/2} \cdot \dfrac{\sigma}{\sqrt{n}}, \overline{X} + u_{\alpha/2} \cdot \dfrac{\sigma}{\sqrt{n}} \right)$ 来计算, 其中置信水平 $1 - \alpha$ 为 0.95, 则 $\alpha = 0.05$, $\dfrac{\alpha}{2} = 0.025$, 查标准正态分布表可得 $u_{0.025} = 1.96$, 将相应的值代入式 (6.2.3), 求出下限和上限分别为

$$\overline{x} - u_{\alpha/2} \cdot \frac{\sigma}{\sqrt{n}} = 20 - 1.96 \times \frac{0.3}{\sqrt{25}} = 19.8824,$$

$$\overline{x} + u_{\alpha/2} \cdot \frac{\sigma}{\sqrt{n}} = 20 + 1.96 \times \frac{0.3}{\sqrt{25}} = 20.1176,$$

故该零件平均长度 μ 的置信度为 0.95 的置信区间为 (19.8824, 20.1176).

注意: 关键步骤是根据方差已知和未知两种情况分别选用置信区间的构造方法.

例 6.2.3　某品牌饮料的糖分含量服从正态分布 $X \sim N(\mu, \sigma^2)$, 现从一批该饮料中随机抽取 9 瓶, 测得其糖分含量 (单位: g) 分别为 10.2, 9.7, 10.1, 9.8, 10.0, 9.9, 10.3, 9.6, 10.4. 求这批饮料平均糖分含量 μ 的置信度为 0.90 的置信区间.

解　总体方差未知, 样本容量 $n = 9$, 样本均值为

$$\overline{x} = \frac{10.2 + 9.7 + 10.1 + 9.8 + 10.0 + 9.9 + 10.3 + 9.6 + 10.4}{9} = 10,$$

样本方差为

$$s^2 = \frac{1}{n-1} \sum_{i=1}^{n} (x_i - \overline{x})^2 = \frac{1}{8}[(10.2 - 10)^2 + (9.7 - 10)^2 + \cdots + (10.4 - 10)^2] = 0.075,$$

利用 $\left(\overline{X} - t_{\alpha/2}(n-1) \cdot \dfrac{S}{\sqrt{n}}, \overline{X} + t_{\alpha/2}(n-1) \cdot \dfrac{S}{\sqrt{n}} \right)$ 来计算, 其中置信水平为 0.90, 则 $\alpha = 0.1$, $\alpha/2 = 0.05$, 查 t 分布表可得 $t_{0.05}(8) = 1.8595$, 将相应的值代入式 (6.2.4), 求出下限和上限分别为

$$\overline{x} - t_{\alpha/2}(n-1) \cdot \frac{s}{\sqrt{n}} = 10 - 1.8595 \times \frac{\sqrt{0.075}}{\sqrt{9}} \approx 9.8303,$$

$$\overline{x} + t_{\alpha/2}(n-1) \cdot \frac{s}{\sqrt{n}} = 10 + 1.8595 \times \frac{\sqrt{0.075}}{\sqrt{9}} \approx 10.1697,$$

故这批饮料平均糖分含量 μ 的置信度为 0.90 的置信区间是 (9.8303, 10.1697).

总体均值的置信区间在医学、社会科学、经济学、质量管理及市场调研等多个领域都有着广泛的应用. 它为我们提供了一种量化不确定性的方法, 并有助于我们评估试验结果的可靠性和精确性.

2. 总体方差 σ^2 的置信区间

总体方差的置信区间是用于估计总体方差的一个范围, 它表示在一定的置信水平下, 总体方差可能落在这个区间内. 例如, 如果我们说 "在 0.95 的置信水平下, 总体方差的置信区间是 (a,b)", 这意味着我们有 95% 的信心认为总体方差的真实值位于 a 和 b 之间. 在统计学中, 通常使用卡方分布来确定总体方差的置信区间. 总体方差的置信区间计算公式通过分析 μ 已知或未知两种情况, 可以归纳出两个计算公式, 具体推导过程分成如下几个步骤.

(1) 选择枢轴量 $Q(X_1, X_2, \cdots, X_n, \sigma^2)$: 与 σ^2 相关的两个抽样分布结论为

$$\frac{1}{\sigma^2} \sum_{i=1}^{n} (X_i - \mu)^2 \sim \chi^2(n), \quad \frac{1}{\sigma^2} \sum_{i=1}^{n} (X_i - \overline{X})^2 \sim \chi^2(n-1),$$

当 μ 已知时, 选择枢轴量 $Q(X_1, X_2, \cdots, X_n, \sigma^2) = \dfrac{1}{\sigma^2} \sum\limits_{i=1}^{n} (X_i - \mu)^2$, 当 μ 未知时, 选择枢

轴量 $Q(X_1, X_2, \cdots, X_n, \sigma^2) = \dfrac{1}{\sigma^2} \sum\limits_{i=1}^{n} (X_i - \overline{X})^2$.

(2) 结合 χ^2 分布的分位数 $\chi_\alpha^2(n)$ 的性质, 确定 q_1, q_2: 当 μ 已知时, $P(\chi_{1-\alpha/2}^2(n) < Q(X_1, X_2, \cdots, X_n, \sigma^2) < \chi_{\alpha/2}^2(n)) = 1 - \alpha$, 当 μ 未知时, $P(\chi_{1-\alpha/2}^2(n-1) < Q(X_1, X_2, \cdots, X_n, \sigma^2) < \chi_{\alpha/2}^2(n-1)) = 1 - \alpha$.

(3) 求解不等式, 计算置信区间: 当 μ 已知时, 解不等式 $\chi_{1-\alpha/2}^2(n) < \dfrac{1}{\sigma^2} \sum\limits_{i=1}^{n} (X_i - \mu)^2 < \chi_{\alpha/2}^2(n)$, 得

$$\frac{\sum\limits_{i=1}^{n} (X_i - \mu)^2}{\chi_{\alpha/2}^2(n)} < \sigma^2 < \frac{\sum\limits_{i=1}^{n} (X_i - \mu)^2}{\chi_{1-\alpha/2}^2(n)};$$

当 μ 未知时, 解不等式 $\chi_{1-\alpha/2}^2(n-1) < \dfrac{1}{\sigma^2} \sum\limits_{i=1}^{n} (X_i - \overline{X})^2 < \chi_{\alpha/2}^2(n-1)$, 得

$$\frac{\sum\limits_{i=1}^{n} (X_i - \overline{X})^2}{\chi_{\alpha/2}^2(n-1)} < \sigma^2 < \frac{\sum\limits_{i=1}^{n} (X_i - \overline{X})^2}{\chi_{1-\alpha/2}^2(n-1)},$$

故当 μ 已知时, 参数 σ^2 的置信度为 $1 - \alpha$ 的置信区间为

$$\left(\frac{\sum\limits_{i=1}^{n} (X_i - \mu)^2}{\chi_{\alpha/2}^2(n)}, \frac{\sum\limits_{i=1}^{n} (X_i - \mu)^2}{\chi_{1-\alpha/2}^2(n)} \right). \tag{6.2.5}$$

当 μ 未知时, 参数 σ^2 的置信度为 $1 - \alpha$ 的置信区间为

$$\left(\frac{\sum\limits_{i=1}^{n} (X_i - \overline{X})^2}{\chi_{\alpha/2}^2(n-1)}, \frac{\sum\limits_{i=1}^{n} (X_i - \overline{X})^2}{\chi_{1-\alpha/2}^2(n-1)} \right), \tag{6.2.6}$$

也可以表示为

$$\left(\frac{(n-1)S^2}{\chi^2_{\alpha/2}(n-1)}, \frac{(n-1)S^2}{\chi^2_{1-\alpha/2}(n-1)}\right). \tag{6.2.7}$$

注意: 这里 $\chi^2_{\alpha/2}(n)$ 和 $\chi^2_{1-\alpha/2}(n)$ 可以通过查自由度为 n 的卡方分布表来获取, 这两个分位数的示意图如图 6.2.1 所示.

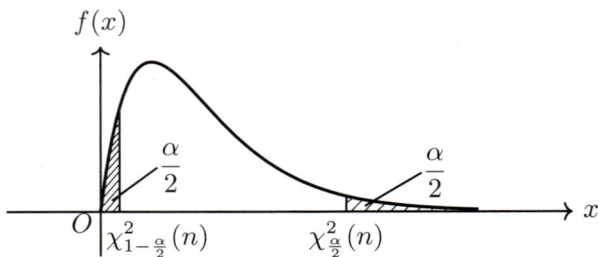

图 6.2.1 卡方分布的分位数示意图

例 6.2.4 设某产品的某项质量指标服从正态分布 $X \sim N(50, \sigma^2)$, 现随机抽取了容量为 10 的样本, 样本值为 48, 52, 49, 51, 50, 47, 53, 46, 54, 45, 求总体方差 σ^2 的置信度为 0.95 的置信区间.

解 总体均值 $(\mu = 50)$ 已知时, 采用

$$\left(\frac{\sum\limits_{i=1}^{n}(X_i-\mu)^2}{\chi^2_{\alpha/2}(n)}, \frac{\sum\limits_{i=1}^{n}(X_i-\mu)^2}{\chi^2_{1-\alpha/2}(n)}\right)$$

来计算, 其中样本容量 $n = 10$, 置信水平为 0.95, 则 $\alpha = 0.05$, $\dfrac{\alpha}{2} = 0.025$, 查卡方分布表可得 $\chi^2_{0.025}(10) = 20.4832$, $\chi^2_{0.975}(10) = 3.247$, 而

$$\sum_{i=1}^{n}(x_i-\mu)^2 = (48-50)^2 + (52-50)^2 + \cdots + (45-50)^2 = 85,$$

将相应的值代入式 (6.2.5), 可求出下限与上限分别为

$$\frac{\sum\limits_{i=1}^{n}(x_i-\mu)^2}{\chi^2_{\alpha/2}(n)} = \frac{85}{20.4832} \approx 4.1497, \quad \frac{\sum\limits_{i=1}^{n}(x_i-\mu)^2}{\chi^2_{1-\alpha/2}(n)} = \frac{85}{3.247} \approx 26.178.$$

故总体方差 σ^2 的置信度为 0.95 的置信区间是 $(4.1497, 26.178)$, 总体标准差 σ 的置信度为 0.95 的置信区间是 $(2.0371, 5.1164)$.

注意: 该例在计算总体方差的置信区间时, 需要首先根据置信水平 0.95 和样本大小 n 找到对应的卡方分布的分位数 $\chi^2_{0.025}(10) = 20.4832$, $\chi^2_{0.975}(10) = 3.247$, 然后代入式 (6.2.5) 即可计算总体方差的置信区间.

例 6.2.5 某工厂生产一种零件, 从一批产品中随机抽取了 25 个零件, 测得其尺寸的样本方差为 0.25, 假定零件尺寸总体服从正态分布, 试求总体方差 σ^2 的置信度为 0.90 的置信区间.

解 正态总体的均值未知时, 利用

$$\left(\frac{(n-1)S^2}{\chi_{\alpha/2}^2(n-1)}, \frac{(n-1)S^2}{\chi_{1-\alpha/2}^2(n-1)} \right)$$

来计算, 其中样本容量 $n = 25$, 置信水平为 0.90, 则 $\alpha = 0.1, \frac{\alpha}{2} = 0.05$, 查卡方分布表可得 $\chi_{0.05}^2(24) = 36.415, \chi_{0.95}^2(24) = 13.8484$, 将相应的值代入式 (6.2.7), 可求出下限与上限分别为

$$\frac{(n-1)s^2}{\chi_{\alpha/2}^2(n-1)} = \frac{24 \times 0.25}{36.415} \approx 0.1648, \quad \frac{(n-1)s^2}{\chi_{1-\alpha/2}^2(n-1)} = \frac{24 \times 0.25}{13.8484} \approx 0.4333,$$

故总体方差 σ^2 的置信度为 0.90 的置信区间是 (0.1648, 0.4333), 总体标准差 σ 的置信度为 0.90 的置信区间是 (0.4060, 0.6583).

注意: 置信区间 (0.4060, 0.6583) 表示在 0.90 的置信水平下, 总体标准差的真实值落在此范围内的概率为 0.9.

小 节 要 点

1. 理解未知参数 θ 的置信度为 $1 - \alpha$ 的置信区间的**三个步骤**:

(1) 建立枢轴量 $Q(X_1, X_2, \cdots, X_n, \theta)$;

(2) 给定置信度 $1 - \alpha (0 < \alpha < 1)$, 利用 Q 的抽样分布结论求出能满足 $P(q_1 < Q(X_1, X_2, \cdots, X_n, \theta) < q_2) = 1 - \alpha$ 的 q_1, q_2;

(3) 从不等式 $q_1 < Q(X_1, X_2, \cdots, X_n, \theta) < q_2$ 中解出等价的不等式 $\hat{\theta}_1 < \theta < \hat{\theta}_2$, 从而得到置信区间 $(\hat{\theta}_1, \hat{\theta}_2)$.

2. 掌握单正态总体均值和方差的置信区间的确定方法.

应 记 应 背

单正态总体均值和方差的置信区间计算公式见下表.

单正态总体	总体均值 μ 的置信区间	σ^2 已知时	$\left(\overline{X} - u_{\alpha/2} \cdot \frac{\sigma}{\sqrt{n}}, \overline{X} + u_{\alpha/2} \cdot \frac{\sigma}{\sqrt{n}} \right)$
		σ^2 未知时	$\left(\overline{X} - t_{\alpha/2}(n-1) \cdot \frac{S}{\sqrt{n}}, \overline{X} + t_{\alpha/2}(n-1) \cdot \frac{S}{\sqrt{n}} \right)$
	总体方差 σ^2 的置信区间	μ 已知时	$\left(\frac{\sum\limits_{i=1}^{n}(X_i - \mu)^2}{\chi_{\alpha/2}^2(n)}, \frac{\sum\limits_{i=1}^{n}(X_i - \mu)^2}{\chi_{1-\alpha/2}^2(n)} \right)$
		μ 未知时	$\left(\frac{(n-1)S^2}{\chi_{\alpha/2}^2(n-1)}, \frac{(n-1)S^2}{\chi_{1-\alpha/2}^2(n-1)} \right)$

习　题　6.2

1. 在构建总体均值的置信区间时, 若样本量 $n = 30$, 样本均值 $\bar{x} = 50$, 样本标准差 $s = 5$, 且要求 0.90 的置信水平, 则需要查找自由度为 (　　) 的 (　　) 分布的 (　　) 分位数来计算置信区间的上界.

2. 一个研究团队对某地区居民的月收入进行了随机抽样调查, 得到了一个包含 50 个样本的数据集. 样本方差为 1000 . 研究团队希望估计该地区居民月收入的总体方差, 并给出了 0.90 的置信水平. 则需要查找自由度为 (　　) 的 χ^2 分布的 (　　) 分位数和 (　　) 分位数.

3. 假设有一个包含 36 个观测值的样本, 样本均值为 10.5, 样本标准差为 2.3. 试计算总体均值的置信度为 0.95 的置信区间.

4. 某工厂生产了一批零件, 为了检验这批零件的平均尺寸是否符合设计要求 (假设设计要求为 10 cm), 工厂随机抽取了 50 个零件进行测量. 已知这批零件的尺寸总体方差为 $0.25\,\text{cm}^2$, 样本均值为 9.98 cm. 请根据这些样本数据, 求所有零件平均尺寸的置信度为 0.95 的置信区间.

进阶练习

5. 某公司为了评估新产品的客户满意度, 随机抽取了 200 名客户进行调查. 调查结果显示, 这 200 名客户对新产品的平均满意度为 8 分 (满分为 10 分), 样本标准差为 1.5 分. 请根据这些样本数据, 求所有客户对新产品的平均满意度的置信度为 0.95 的置信区间.

6. 设总体 $N(\mu, \sigma^2)$, 其中 μ 未知, σ^2 已知, $X_1, X_2, \cdots, X_n$ 是来自总体的一个样本.

(1) 求 μ 的置信水平为 $1 - \alpha$ 的置信区间;

(2) 若 $\bar{x} = 1$, $n = 16$, 要使 μ 的置信水平为 0.90 的置信区间长度不超过 1, 则 μ 的取值范围是多少?

7. 假设从一个正态分布总体中随机抽取了容量大小为 35 的样本, 并计算出了样本方差 $s^2 = 4$. 请计算总体方差 σ^2 的置信度为 0.98 的置信区间.

6.3　双正态总体参数的区间估计

双正态总体的区间估计主要涉及两个正态总体参数的区间估计, 包括均值差和方差比的置信区间. 接下来, 将对这两个方面进行详细阐述.

6.3.1　双正态总体均值之差的置信区间

在实际问题中, 往往想知道两个正态总体均值之间是否有差异, 从而需要研究两个正态总体的均值差的置信区间, 为我们在比较不同总体特征、做出合理决策、评估改进效果等诸多方面提供量化且有统计依据的参考信息, 帮助我们更好地认识和处理实际问题. 例如, 研究两种不同药物对某种疾病的治疗效果 (以某项指标衡量, 假设该指标服从正态分布), 计算两种药物治疗效果均值之差的置信区间, 若区间包含 0, 意味着暂时不能确定哪种药物的疗效更好; 若不包含 0, 就能依据区间判断出哪一种药物在改善病情方面更具优势, 从而为临床用药提供指导.

设 $X_1, X_2, \cdots, X_{n_1}$ 是来自正态总体 $X \sim N(\mu_1, \sigma_1^2)$ 的一个样本, $\overline{X}$ 与 S_1^2 分别表示样本均值和样本方差, 设 $Y_1, Y_2, \cdots, Y_{n_2}$ 为来自正态总体 $Y \sim N(\mu_2, \sigma_2^2)$ 的一个样本, $\overline{Y}$ 与 S_2^2 分别是样本均值和样本方差, 已知两样本相互独立. 下面讨论参数 $\mu_1 - \mu_2$ 的区间估计问题.

如果两个正态总体的方差已知, 可以使用正态分布来构造双正态总体均值差 $\mu_1 - \mu_2$ 的置信区间; 如果两个正态总体的方差未知但相等, 可以使用 t 分布来构造置信区间, 具体推导过程分成如下几个步骤.

1) 选择枢轴量 $Q(X_1, \cdots, X_{n_1}, Y_1, \cdots, Y_{n_2}, \mu_1, \mu_2)$

与 $\mu_1 - \mu_2$ 相关的两个抽样分布结论为

$$\frac{(\overline{X} - \overline{Y}) - (\mu_1 - \mu_2)}{\sqrt{\dfrac{\sigma_1^2}{n_1} + \dfrac{\sigma_2^2}{n_2}}} \sim N(0, 1),$$

$$\frac{(\overline{X} - \overline{Y}) - (\mu_1 - \mu_2)}{\sqrt{\dfrac{S_w^2}{n_1} + \dfrac{S_w^2}{n_2}}} \sim t(n_1 + n_2 - 2),$$

其中 $S_w^2 = \dfrac{(n_1 - 1)S_1^2 + (n_2 - 1)S_2^2}{n_1 + n_2 - 2}$, 故当 σ_1^2, σ_2^2 已知时, 选择枢轴量

$$Q(X_1, \cdots, X_{n_1}, Y_1, \cdots, Y_{n_2}, \mu_1, \mu_2) = \frac{(\overline{X} - \overline{Y}) - (\mu_1 - \mu_2)}{\sqrt{\dfrac{\sigma_1^2}{n_1} + \dfrac{\sigma_2^2}{n_2}}},$$

当 $\sigma_1^2 = \sigma_2^2 = \sigma^2$ 未知时, 选择枢轴量

$$Q(X_1, \cdots, X_{n_1}, Y_1, \cdots, Y_{n_2}, \mu_1, \mu_2) = \frac{(\overline{X} - \overline{Y}) - (\mu_1 - \mu_2)}{\sqrt{\dfrac{S_w^2}{n_1} + \dfrac{S_w^2}{n_2}}}.$$

2) 结合正态分布和 t 分布的分位数的性质, 确定 q_1, q_2

当 σ_1^2, σ_2^2 已知时, $P(-u_{\alpha/2} < Q(X_1, \cdots, X_{n_1}, Y_1, \cdots, Y_{n_2}, \mu_1, \mu_2) < u_{\alpha/2}) = 1 - \alpha$,

当 $\sigma_1^2 = \sigma_2^2 = \sigma^2$ 未知时, $P(-t_{\alpha/2}(n_1 + n_2 - 2) < Q(X_1, \cdots, X_{n_1}, Y_1, \cdots, Y_{n_2}, \mu_1, \mu_2) < t_{\alpha/2}(n_1 + n_2 - 2)) = 1 - \alpha$.

3) 计算置信区间

当 σ_1^2, σ_2^2 已知时, 解不等式 $-u_{\alpha/2} < \dfrac{(\overline{X} - \overline{Y}) - (\mu_1 - \mu_2)}{\sqrt{\dfrac{\sigma_1^2}{n_1} + \dfrac{\sigma_2^2}{n_2}}} < u_{\alpha/2}$, 得

$$(\overline{X} - \overline{Y}) - u_{\alpha/2} \cdot \sqrt{\frac{\sigma_1^2}{n_1} + \frac{\sigma_2^2}{n_2}} < \mu_1 - \mu_2 < (\overline{X} - \overline{Y}) + u_{\alpha/2} \cdot \sqrt{\frac{\sigma_1^2}{n_1} + \frac{\sigma_2^2}{n_2}},$$

当 $\sigma_1^2 = \sigma_2^2 = \sigma^2$ 未知时, 解不等式 $-t_{\alpha/2}(n_1 + n_2 - 2) < \dfrac{(\overline{X} - \overline{Y}) - (\mu_1 - \mu_2)}{\sqrt{\dfrac{S_w^2}{n_1} + \dfrac{S_w^2}{n_2}}} < t_{\alpha/2}(n_1 + n_2 - 2)$, 得

$$(\overline{X} - \overline{Y}) - t_{\alpha/2}(n_1 + n_2 - 2) \cdot \sqrt{\frac{S_w^2}{n_1} + \frac{S_w^2}{n_2}} < \mu_1 - \mu_2 < (\overline{X} - \overline{Y}) + t_{\alpha/2}(n_1 + n_2 - 2) \cdot \sqrt{\frac{S_w^2}{n_1} + \frac{S_w^2}{n_2}},$$

故当 σ_1^2, σ_2^2 已知时, 参数 $\mu_1 - \mu_2$ 的置信度为 $1 - \alpha$ 的置信区间为

$$\left((\overline{X} - \overline{Y}) - u_{\alpha/2} \cdot \sqrt{\frac{\sigma_1^2}{n_1} + \frac{\sigma_2^2}{n_2}}, \quad (\overline{X} - \overline{Y}) + u_{\alpha/2} \cdot \sqrt{\frac{\sigma_1^2}{n_1} + \frac{\sigma_2^2}{n_2}} \right), \tag{6.3.1}$$

当 $\sigma_1^2 = \sigma_2^2 = \sigma^2$ 未知时, 参数 $\mu_1 - \mu_2$ 的置信度为 $1 - \alpha$ 的置信区间为

$$\left((\overline{X} - \overline{Y}) - t_{\alpha/2}(n_1 + n_2 - 2) \cdot \sqrt{\frac{S_w^2}{n_1} + \frac{S_w^2}{n_2}}, (\overline{X} - \overline{Y}) + t_{\alpha/2}(n_1 + n_2 - 2) \cdot \sqrt{\frac{S_w^2}{n_1} + \frac{S_w^2}{n_2}} \right). \tag{6.3.2}$$

例 6.3.1 有两个正态总体, 总体 $X \sim N(\mu_1, 7.1)$, 总体 $Y \sim N(\mu_2, 6)$. 从总体 X 中抽取样本容量为 10 的样本, 样本数据为 $x_1, x_2, \cdots, x_{10}$, 经计算样本均值 $\overline{x} = 12$; 从总体 Y 中抽取样本容量为 12 的样本, 样本数据为 $y_1, y_2, \cdots, y_{12}$, 经计算样本均值 $\overline{y} = 10$, 求均值之差 $\mu_1 - \mu_2$ 的置信水平为 0.90 的置信区间.

解 双正态总体的方差 σ_1^2, σ_2^2 已知时, 利用

$$\left((\overline{X} - \overline{Y}) - u_{\alpha/2} \cdot \sqrt{\frac{\sigma_1^2}{n_1} + \frac{\sigma_2^2}{n_2}}, (\overline{X} - \overline{Y}) + u_{\alpha/2} \cdot \sqrt{\frac{\sigma_1^2}{n_1} + \frac{\sigma_2^2}{n_2}} \right)$$

来计算, 其中样本容量 $n_1 = 10, n_2 = 12$, 样本均值 $\overline{x} = 12, \overline{y} = 10$, 而置信水平为 0.90, 则 $\alpha = 0.10, \dfrac{\alpha}{2} = 0.05$, 查标准正态分布表可得 $u_{0.05} = 1.65$, 将相应的值代入式 (6.3.1) 可得下限和上限分别为

$$(\overline{x} - \overline{y}) - u_{\alpha/2} \cdot \sqrt{\frac{\sigma_1^2}{n_1} + \frac{\sigma_2^2}{n_2}} = 12 - 10 - 1.65 \times \sqrt{\frac{7.1}{10} + \frac{6}{12}} = 0.185,$$

$$(\overline{x} - \overline{y}) + u_{\alpha/2} \cdot \sqrt{\frac{\sigma_1^2}{n_1} + \frac{\sigma_2^2}{n_2}} = 12 - 10 + 1.65 \times \sqrt{\frac{7.1}{10} + \frac{6}{12}} = 3.815,$$

故双正态总体均值之差 $\mu_1 - \mu_2$ 的置信水平为 0.90 的置信区间为 $(0.185, 3.815)$.

注意: 根据题目条件判断是使用正态分布法还是 t 分布法, 确定出正确的公式, 计算置信区间的上下限.

例 6.3.2 在医学研究中,要对比两种治疗某疾病的药物 A 和药物 B 的疗效.疗效指标可量化,且假设该疗效指标分别服从正态分布 $X \sim N(\mu_1, \sigma^2)$, $Y \sim N(\mu_2, \sigma^2)$, 对服用药物 A 的 20 名患者进行观察,得到疗效的样本均值 $\overline{x} = 75$, 样本方差 $s_1^2 = 20$; 对服用药物 B 的 20 名患者进行观察,得到疗效的样本均值 $\overline{y} = 70$, 样本方差 $s_2^2 = 25$. 求两种药物疗效均值之差 $\mu_1 - \mu_2$ 的置信水平为 0.95 的置信区间.

解 已知双正态总体的方差 $\sigma_1^2 = \sigma_2^2 = \sigma^2$ 未知,则 $\mu_1 - \mu_2$ 的置信度为 $1 - \alpha$ 的置信区间计算公式为

$$\left((\overline{X} - \overline{Y}) - t_{\alpha/2}(n_1 + n_2 - 2) \cdot \sqrt{\frac{S_w^2}{n_1} + \frac{S_w^2}{n_2}}, \ (\overline{X} - \overline{Y}) + t_{\alpha/2}(n_1 + n_2 - 2) \cdot \sqrt{\frac{S_w^2}{n_1} + \frac{S_w^2}{n_2}} \right),$$

且 $S_w^2 = \dfrac{(n_1 - 1)S_1^2 + (n_2 - 1)S_2^2}{n_1 + n_2 - 2}$, 其中样本容量 $n_1 = 20$, $n_2 = 20$, 样本均值 $\overline{x} = 75$, $\overline{y} = 70$, 样本方差 $s_1^2 = 20$, $s_2^2 = 25$, 则

$$s_w^2 = \frac{(n_1 - 1)s_1^2 + (n_2 - 1)s_2^2}{n_1 + n_2 - 2} = \frac{(20 - 1) \times 20 + (20 - 1) \times 25}{20 + 20 - 2} = 22.5,$$

而置信水平为 0.95, 则 $\alpha = 0.05$, $\dfrac{\alpha}{2} = 0.025$, 查 t 分布表可得 $t_{0.025}(38) = 2.0244$. 将相应的值代入置信区间公式分别求得下限和上限为

$$(\overline{x} - \overline{y}) - t_{\alpha/2}(n_1 + n_2 - 2) \cdot \sqrt{\frac{s_w^2}{n_1} + \frac{s_w^2}{n_2}} = 75 - 70 - 2.0244 \times \sqrt{\frac{22.5}{20} + \frac{22.5}{20}} = 1.9634,$$

$$(\overline{x} - \overline{y}) + t_{\alpha/2}(n_1 + n_2 - 2) \cdot \sqrt{\frac{s_w^2}{n_1} + \frac{s_w^2}{n_2}} = 75 - 70 + 2.0244 \times \sqrt{\frac{22.5}{20} + \frac{22.5}{20}} = 8.0366,$$

故两种药物疗效均值之差 $\mu_1 - \mu_2$ 的置信水平为 0.95 的置信区间为 $(1.9634, 8.0366)$.

注意: 该例求出的置信区间是正数区间,不包含 0, 在统计学的角度上,我们可以认为其中一种药物的疗效显著优于另一种药物. 然而,需要注意的是,仅仅因为置信区间是正数区间,并不意味着这种差异在临床上具有实际意义. 临床意义的判断需要基于具体的疾病背景、疗效评估标准及患者的具体情况. 因此,在解读这一结果时,应综合考虑多个方面的信息.

6.3.2 双正态总体方差之比的置信区间

双正态总体方差之比 (通常表示为 $\dfrac{\sigma_1^2}{\sigma_2^2}$, 其中 σ_1^2 和 σ_2^2 分别是两个总体的方差) 是衡量两个正态总体变异程度的重要指标. 通过计算这一比值的置信区间,我们可以比较两个总体的离散程度. 这在生物医学研究、社会科学调查及质量控制等领域中具有重要意义. 例如,在进行物理量测量时,有两种不同的测量方法,测量结果分别服从正态分布,其方差代表了测量方法的精度 (方差越小,精度越高). 计算出两种测量方法方差之比的置信区间,若

区间包含 1, 不能判定哪种测量方法更精确; 若区间不包含 1, 就可以根据区间判断出哪一种测量方法的精度更高, 进而在后续试验中优先选择精度高的测量方法, 以提高试验数据的质量.

设 $X_1, X_2, \cdots, X_{n_1}$ 是来自正态总体 $X \sim N(\mu_1, \sigma_1^2)$ 的一个样本, $\overline{X}$ 与 S_1^2 分别是样本均值和样本方差, 设 $Y_1, Y_2, \cdots, Y_{n_2}$ 为来自正态总体 $Y \sim N(\mu_2, \sigma_2^2)$ 的一个样本, $\overline{Y}$ 与 S_2^2 分别是样本均值和样本方差, 两样本相互独立. 下面讨论参数 $\dfrac{\sigma_1^2}{\sigma_2^2}$ 的区间估计问题.

要计算两个正态总体方差之比的置信区间, 通常使用 F 分布. 结合抽样分布理论 $F = \dfrac{\sigma_2^2 S_1^2}{\sigma_1^2 S_2^2} \sim F(n_1 - 1, n_2 - 1)$, 这里可选择枢轴量为

$$Q(X_1, \cdots, X_{n_1}, Y_1, \cdots, Y_{n_2}, \sigma_1^2, \sigma_2^2) = \frac{\sigma_2^2 S_1^2}{\sigma_1^2 S_2^2},$$

而

$$P(F_{1-\alpha/2}(n_1 - 1, n_2 - 1) < Q(X_1, \cdots, X_{n_1}, Y_1, \cdots, Y_{n_2}, \sigma_1^2, \sigma_2^2) < F_{\alpha/2}(n_1 - 1, n_2 - 1))$$
$$= 1 - \alpha,$$

即

$$P\left(F_{1-\alpha/2}(n_1 - 1, n_2 - 1) < \frac{\sigma_2^2 S_1^2}{\sigma_1^2 S_2^2} < F_{\alpha/2}(n_1 - 1, n_2 - 1)\right) = 1 - \alpha,$$

故

$$P\left(\frac{1}{F_{\alpha/2}(n_1 - 1, n_2 - 1)} \cdot \frac{S_1^2}{S_2^2} < \frac{\sigma_1^2}{\sigma_2^2} < \frac{1}{F_{1-\alpha/2}(n_1 - 1, n_2 - 1)} \cdot \frac{S_1^2}{S_2^2}\right) = 1 - \alpha,$$

满足 $P(\hat{\theta}_1 < \theta < \hat{\theta}_2) = 1 - \alpha$, 故参数 $\dfrac{\sigma_1^2}{\sigma_2^2}$ 的置信度为 $1 - \alpha$ 的置信区间为

$$\left(\frac{1}{F_{\alpha/2}(n_1 - 1, n_2 - 1)} \cdot \frac{S_1^2}{S_2^2}, \frac{1}{F_{1-\alpha/2}(n_1 - 1, n_2 - 1)} \cdot \frac{S_1^2}{S_2^2}\right). \tag{6.3.3}$$

例 6.3.3 两家不同的机器制造商生产了相同类型的机床, 并声称它们的机床在加工零件时的尺寸精度 (即加工零件尺寸的离散程度) 相近. 为了验证这一说法, 我们随机抽取了两家制造商生产的机床加工的零件样本, 并测量了零件尺寸的方差. 从制造商 A 生产的机床中随机抽取了 10 个零件样本, 测得样本方差为 $s_1^2 = 0.4$ mm^2; 从制造商 B 生产的机床中随机抽取了 9 个零件样本, 测得样本方差为 $s_2^2 = 0.2$ mm^2. 假设两家制造商生产的机床加工的零件尺寸均服从正态分布, 但均值和方差均未知. 求两家制造商生产的机床加工的零件尺寸方差之比的置信度为 0.90 的置信区间.

解 已知 $n_1 = 10, s_1^2 = 0.4, n_2 = 9, s_2^2 = 0.2$, 置信水平为 0.90, $\alpha = 0.10$, 故 $\dfrac{\alpha}{2} = 0.05$, 查 F 分布表可得 $F_{0.05}(9, 8) = 3.39, F_{0.05}(8, 9) = 3.23$, 从而

$$\frac{1}{F_{0.95}(9, 8)} = F_{0.05}(8, 9) = 3.23,$$

将相应的值代入式 (6.3.3) 可求出下限和上限分别为

$$\frac{1}{F_{\alpha/2}(n_1-1,n_2-1)} \cdot \frac{s_1^2}{s_2^2} = \frac{1}{F_{0.05}(9,8)} \cdot \frac{4}{2} \approx 0.59,$$

$$\frac{1}{F_{1-\alpha/2}(n_1-1,n_2-1)} \cdot \frac{s_1^2}{s_2^2} = \frac{1}{F_{0.95}(9,8)} \cdot \frac{4}{2} = 6.46,$$

故置信水平为 0.90 的方差之比的置信区间是 (0.59, 6.46).

注意: 该例求出的置信区间包含 1, 这通常意味着在所选的置信水平下, 我们不能拒绝两个总体方差相等的假设. 换句话说, 根据样本数据, 我们没有足够的证据认为两家制造商生产的机床加工的零件尺寸方差之比有显著差异, 即两家制造商的机床在尺寸精度上可能是相近的.

例 6.3.4 研究由机器 A 和机器 B 生产的钢管的内径, 随机地抽取机器 A 生产的管子 21 只, 测得样本方差 $s_1^2 = 0.04 \text{ mm}^2$; 抽取机器 B 生产的管子 31 只, 测得样本方差 $s_2^2 = 0.6 \text{ mm}^2$. 设两样本相互独立, 且两机器生产的管子的内径分别服从正态分布 $N(\mu_1,\sigma_1^2)$ 和 $N(\mu_2,\sigma_2^2)$, 这里 $\mu_1,\mu_2,\sigma_1^2,\sigma_2^2$ 均未知. 求方差之比 $\dfrac{\sigma_1^2}{\sigma_2^2}$ 的置信度为 0.95 的置信区间.

解 已知 $n_1 = 21, s_1^2 = 0.04, n_2 = 31, s_2^2 = 0.6$, 置信水平为 0.95, 故 $\alpha = 0.05$, $\dfrac{\alpha}{2} = 0.025$, 查 F 分布表可得 $F_{0.025}(20,30) = 2.2, F_{0.025}(30,20) = 2.35$, 从而

$$\frac{1}{F_{0.975}(20,30)} = F_{0.025}(30,20) = 2.35,$$

将相应的值代入式 (6.3.3) 可求得下限和上限分别为

$$\frac{1}{F_{\alpha/2}(n_1-1,n_2-1)} \cdot \frac{s_1^2}{s_2^2} = \frac{1}{F_{0.025}(20,30)} \cdot \frac{0.04}{0.6} \approx 0.0303,$$

$$\frac{1}{F_{1-\alpha/2}(n_1-1,n_2-1)} \cdot \frac{s_1^2}{s_2^2} = \frac{1}{F_{0.975}(20,30)} \cdot \frac{0.04}{0.6} \approx 0.1567,$$

故置信水平为 0.95 的方差之比的置信区间是 (0.0303, 0.1567).

注意: 该例求出的置信区间不包含 1, 这表明在 0.95 的置信水平下, 两台机器生产的钢管的内径方差有显著差异, 即两台机器在尺寸精度上不相近.

小 节 要 点

学会计算双正态总体均值之差和方差之比的置信区间. 对于双正态总体 $N(\mu_1,\sigma_1^2)$ 和 $N(\mu_2,\sigma_2^2)$, 其均值之差 $\mu_l - \mu_2$ 的置信区间, 在方差 σ_1^2, σ_2^2 已知的情况下, 可利用正态分布确定置信区间; 而当方差未知但 $\sigma_1^2 = \sigma_2^2$ 时, 可借助 t 分布确定置信区间. 而方差之比 $\dfrac{\sigma_1^2}{\sigma_2^2}$ 的置信区间可通过 F 分布来确定.

应记应背

双正态总体均值之差和方差之比的置信区间计算公式如下表.

双正态总体	$\mu_1 - \mu_2$ 的置信区间	σ_1^2, σ_2^2 已知时	$\left((\overline{X} - \overline{Y}) - u_{\alpha/2}\sqrt{\dfrac{\sigma_1^2}{n_1} + \dfrac{\sigma_2^2}{n_2}},\ (\overline{X} - \overline{Y}) + u_{\alpha/2}\sqrt{\dfrac{\sigma_1^2}{n_1} + \dfrac{\sigma_2^2}{n_2}} \right)$
		$\sigma_1^2 = \sigma_2^2 = \sigma^2$ 未知时	$\left((\overline{X} - \overline{Y}) - t_{\alpha/2}(n_1 + n_2 - 2)\sqrt{\dfrac{S_w^2}{n_1} + \dfrac{S_w^2}{n_2}},\ (\overline{X} - \overline{Y}) + t_{\alpha/2}(n_1 + n_2 - 2)\sqrt{\dfrac{S_w^2}{n_1} + \dfrac{S_w^2}{n_2}} \right),$ 其中 $S_w^2 = \dfrac{(n_1 - 1)S_1^2 + (n_2 - 1)S_2^2}{n_1 + n_2 - 2}$
	$\dfrac{\sigma_1^2}{\sigma_2^2}$ 的置信区间		$\left(\dfrac{1}{F_{\alpha/2}(n_1 - 1, n_2 - 1)} \cdot \dfrac{S_1^2}{S_2^2}, \dfrac{1}{F_{1-\alpha/2}(n_1 - 1, n_2 - 1)} \cdot \dfrac{S_1^2}{S_2^2} \right)$

✐ 习 题 6.3

1. 有两个独立样本分别来自正态总体 $X \sim N(\mu_1, 4)$ 和 $Y \sim N(\mu_2, 9)$. 现在从两个总体中分别抽取样本量为 20 和 30 的样本, 经计算样本均值分别为 $\overline{x} = 2, \overline{y} = 3$, 求均值之差 $\mu_1 - \mu_2$ 的置信水平为 0.90 的置信区间.

2. 有两个独立样本分别来自正态总体 $N(\mu_1, \sigma^2)$ 和 $N(\mu_2, \sigma^2)$, 样本 1 的容量大小 $n_1 = 22$, 均值 $\overline{x}_1 = 6$, 方差 $s_1^2 = 1$; 样本 2 的容量大小 $n_2 = 20$, 均值 $\overline{x}_2 = 4$, 方差 $s_2^2 = 2$. 请计算这两个正态总体均值之差 $\mu_1 - \mu_2$ 的置信度为 0.98 的置信区间.

3. 某学校为了比较两个班级学生的数学成绩, 从甲班随机抽取了 25 名学生, 其数学成绩的平均分为 85 分, 标准差为 12 分; 从乙班随机抽取了 36 名学生, 其数学成绩的平均分为 80 分, 标准差为 10 分. 假设两个班级学生的数学成绩分别服从正态分布 $N(\mu_1, \sigma_1^2)$ 和 $N(\mu_2, \sigma_2^2)$, 且两总体方差相等, 求两个班级学生数学成绩均值之差 $\mu_1 - \mu_2$ 的置信水平为 0.99 的置信区间.

4. 有两个独立且分别来自正态分布的样本, 样本 1 的容量大小为 $n_1 = 31$, 方差 $s_1^2 = 20$; 样本 2 的容量大小为 $n_2 = 26$, 方差 $s_2^2 = 36$. 请计算这两个正态总体方差之比 $\dfrac{\sigma_1^2}{\sigma_2^2}$ 的置信度为 0.90 的置信区间.

5. 某工厂生产两种型号的灯泡, 分别记为型号 A 和型号 B. 从型号 A 的灯泡中随机抽取 17 个, 测得样本方差为 6.4; 从型号 B 的灯泡中随机抽取 21 个, 测得样本方差为 4.9. 假设两种型号灯泡的使用寿命分别服从正态分布 $N(\mu_1, \sigma_1^2)$ 和 $N(\mu_2, \sigma_2^2)$, 求方差之比 $\dfrac{\sigma_1^2}{\sigma_2^2}$ 的置信水平为 0.95 的置信区间.

本 章 总 结

1. 本章主要介绍参数估计. 这是统计学的重要内容之一, 旨在通过样本数据来推断总体分布中的未知参数, 这些参数通常反映了总体的某些特征, 如均值、方差等. 参数估计分为点估计和区间估计两大类. 点估计通过选择一个统计量来近似总体参数的值, 而区间估计则是根据样本数据给出一个包含总体参数的区间范围, 并给出该区间的置信水平. 两种方法在实际应用中都有优势和适用场景.

2. 6.1 节主要介绍点估计的常用方法及评价标准. 在点估计中, 常用的方法包括矩估计法和最大似然估计法. 矩估计法基于样本矩与总体矩之间的关系来估计总体参数, 其简单易行, 但依赖于样本矩与总体矩之间的对应关系. 最大似然估计法则是通过最大化似然函数来找到总体参数的最大似然估计值, 这种方法在样本量较大时通常具有较好的估计效果. 而对于点估计的评价, 我们主要关注其无偏性、有效性和一致性. 无偏性要求估计量的期望值等于总体参数的真值, 有效性要求估计量的方差尽可能小, 而一致性则保证了在大样本下, 估计量能够依概率收敛于总体参数的真值. 这些性质是衡量估计量优劣的重要标准.

3. 6.2 节和 6.3 节则主要介绍区间估计. 与点估计只给出一个单一的估计值不同, 区间估计更侧重于给出一个包含总体参数的区间范围, 并给出该区间的置信水平. 对于单正态总体均值 μ 的置信区间, 以 σ^2 已知或未知为前提, 可分别建立基于正态分布和 t 分布两种置信区间; 单正态总体方差 σ^2 的置信区间计算公式则通过分析 μ 已知或未知两种情况归纳出两个计算公式; 而双正态总体 $N(\mu_1, \sigma_1^2)$ 和 $N(\mu_2, \sigma_2^2)$, 其均值之差 $\mu_1 - \mu_2$ 的置信区间, 在方差 σ_1^2, σ_2^2 已知的情况下, 可利用正态分布确定置信区间; 当方差 σ_1^2, σ_2^2 未知但相等时, 可借助 t 分布确定置信区间; 方差之比 $\dfrac{\sigma_1^2}{\sigma_2^2}$ 的置信区间则可通过 F 分布确定.

4. 参数估计在统计学、数据分析、机器学习等领域有广泛应用. 通过参数估计, 我们可以从数据中提取有用的信息, 对总体进行推断和预测. 随着统计学的发展, 参数估计的方法也在不断拓展和完善, 如贝叶斯估计、经验贝叶斯方法等. 这些方法为我们提供了更多样化的选择, 以适应不同问题和数据特性的需求. 因此, 掌握参数估计的核心知识点和方法对统计学的学习与实践具有重要意义.

✍总 习 题 6

一、填空题

1. (1993, 数四) 设总体 X 的方差为 1, 根据来自 X 的容量为 100 的简单随机样本, 测得样本均值为 5, 则 X 的数学期望的置信度近似等于 0.95 的置信区间为 (   ).

2. (1996, 数四) 设由来自正态总体 $N(\mu, 0.9^2)$, 容量为 9 的简单随机样本, 得样本均值 $\overline{x} = 5$, 则未知参数 μ 的置信度为 0.95 的置信区间为 (   ).

3. (2003, 数一) 已知一批零件的长度 X (单位: cm) 服从正态分布 $N(\mu, 1)$, 从中随机地抽取 16 个零件, 得到长度的平均值为 40cm, 则 μ 的置信度为 0.95 的置信区间为 (   ). (注: 标准正态分布函数值 $\Phi(1.96) = 0.975$, $\Phi(1.645) = 0.95$.)

4. (2014, 数一) 设总体 X 的概率密度为 $f(x; \theta) = \begin{cases} \dfrac{2x}{3\theta^2}, & \theta < x < 2\theta, \\ 0, & \text{其他}, \end{cases}$ 其中 θ 是未

知参数, $X_1, X_2, \cdots, X_n$ 为来自总体 X 的简单随机样本, 若 $c \sum\limits_{i=1}^{n} X_i^2$ 是 θ^2 的无偏估计, 则 $c = ($　　$)$.

5. (2016, 数一) 设 $X_1, X_2, \cdots, X_n$ 为来自总体 $N(\mu, \sigma^2)$ 的简单随机样本, 样本均值 $\overline{x} = 9.5$, 参数 μ 的置信度为 0.95 的双侧置信区间的置信上限为 10.8, 则 μ 的置信度为 0.95 的双侧置信区间为 ($　　$).

二、选择题

6. (2005, 数三) 设一批零件的长度服从正态分布 $N(\mu, \sigma^2)$, 其中 μ, σ^2 均未知, 现从中随机抽取 16 个零件测得样本均值 $\overline{x} = 20\text{cm}$, 样本标准差 $s = 1\text{cm}$, 则 μ 的置信度为 0.90 的置信区间是 ($　　$).

(A) $(20 - \dfrac{1}{4} t_{0.05}(16), 20 + \dfrac{1}{4} t_{0.05}(16))$;　　(B) $(20 - \dfrac{1}{4} t_{0.1}(16), 20 + \dfrac{1}{4} t_{0.1}(16))$;

(C) $(20 - \dfrac{1}{4} t_{0.05}(15), 20 + \dfrac{1}{4} t_{0.05}(15))$;　　(D) $(20 - \dfrac{1}{4} t_{0.1}(15), 20 + \dfrac{1}{4} t_{0.1}(15))$.

7. (2021, 数一) 设 $(X_1, Y_1), (X_2, Y_2), \cdots, (X_n, Y_n)$ 为取自总体 $N(\mu_1, \mu_2, \sigma_1^2, \sigma_2^2, \rho)$ 的简单随机样本, 令 $\theta = \mu_1 - \mu_2$, $\overline{X} = \dfrac{1}{n} \sum\limits_{i=1}^{n} X_i$, $\overline{Y} = \dfrac{1}{n} \sum\limits_{i=1}^{n} Y_i$, $\hat{\theta} = \overline{X} - \overline{Y}$, 则 ($　　$).

(A) $\hat{\theta}$ 是 θ 的无偏估计, $D(\hat{\theta}) = \dfrac{\sigma_1^2 + \sigma_2^2}{n}$;

(B) $\hat{\theta}$ 不是 θ 的无偏估计, $D(\hat{\theta}) = \dfrac{\sigma_1^2 + \sigma_2^2}{n}$;

(C) $\hat{\theta}$ 是 θ 的无偏估计, $D(\hat{\theta}) = \dfrac{\sigma_1^2 + \sigma_2^2 - 2\rho\sigma_1\sigma_2}{n}$;

(D) $\hat{\theta}$ 不是 θ 的无偏估计, $D(\hat{\theta}) = \dfrac{\sigma_1^2 + \sigma_2^2 - 2\rho\sigma_1\sigma_2}{n}$.

8. (2023, 数一) 设 X_1, X_2 为来自总体 $N(\mu, \sigma^2)$ 的简单随机样本, 其中 $\sigma(\sigma > 0)$ 是未知参数, 若 $\hat{\sigma} = a \mid X_1 - X_2 \mid$ 为 σ 的无偏估计, 则 $a = ($　　$)$.

(A) $\dfrac{\sqrt{\pi}}{2}$;　　　　(B) $\dfrac{\sqrt{2\pi}}{2}$;　　　　(C) $\sqrt{\pi}$;　　　　(D) $\sqrt{2\pi}$.

二、计算题

9. (2010, 数一) 设总体 X 的概率分布为

X	1	2	3
P	$1-\theta$	$\theta - \theta^2$	θ^2

, 其中参数 $\theta \in (0, 1)$ 未知, 以 N_i 表示来自总体的简单随机样本 (样本容量为 n) 中等于 i 的个数 $(i=1,2,3)$, 试求常数 a_1, a_2, a_3, 使 $T = \sum\limits_{i=1}^{3} a_i N_i$ 为 θ 的无偏估计量, 并求 T 的方差.

10. (2015, 数三) 设总体 X 的概率密度为 $f(x; \theta) = \begin{cases} \dfrac{1}{1-\theta}, & \theta \leqslant x \leqslant 1, \\ 0, & \text{其他}, \end{cases}$ 其中 θ 是未知参数, $X_1, X_2, \cdots, X_n$ 为来自总体 X 的简单随机样本, 试求 θ 的矩估计量和最大似然估计量.

11. (2016, 数一) 设总体 X 的概率密度为 $f(x;\theta) = \begin{cases} \dfrac{3x^2}{\theta^3}, & 0 < x < \theta, \\ 0, & 其他, \end{cases}$ 其中 $\theta \in$ $(0, +\infty)$ 是未知参数, X_1, X_2, X_3 为来自总体 X 的简单随机样本, 令 $T = \max\{X_1, X_2, X_3\}$, 试确定 a, 使得 aT 为 θ 的无偏估计.

12. (2017, 数一、三) 某工程师为了解一台天平的精度, 用该天平对一物体的质量做 n 次测量, 该物体的质量 μ 是已知的, 设 n 次测量结果 $X_1, X_2, \cdots, X_n$ 相互独立且均服从正态分布 $N(\mu, \sigma^2)$, 该工程师记录的是 n 次测量的绝对误差 $Z_i = |X_i - \mu| \ (i = 1, 2, \cdots, n)$, 利用 $Z_1, Z_2, \cdots, Z_n$ 估计 σ^2.

(1) 利用一阶矩求 σ 的矩估计量;

(2) 求 σ 的最大似然估计量.

13. (2018, 数三) 设总体 X 的概率密度为 $f(x;\sigma) = \dfrac{1}{2\sigma} \mathrm{e}^{-\frac{|x|}{\sigma}}$, 其中 $\sigma \in (0, +\infty)$ 是未知参数, $X_1, X_2, \cdots, X_n$ 为来自总体 X 的简单随机样本, 记 σ 的最大似然估计量为 $\hat{\sigma}$, 试求 $\hat{\sigma}, E(\hat{\sigma}), D(\hat{\sigma})$.

14. (2019, 数一、三) 设总体 X 的概率密度为 $f(x;\sigma^2) = \begin{cases} \dfrac{A}{\sigma} \mathrm{e}^{-\frac{(x-\mu)^2}{2\sigma^2}}, & x \geqslant \mu, \\ 0, & 其他, \end{cases}$ 其中 μ 是已知参数, $\sigma > 0$ 是未知参数, A 是常数, $X_1, X_2, \cdots, X_n$ 为来自总体 X 的简单随机样本.

(1) 求 A;

(2) 求 σ^2 的最大似然估计量.

15. (2022, 数一、三) 设 $X_1, X_2, \cdots, X_n$ 是来自均值为 θ 的指数分布总体的简单随机样本, $Y_1, Y_2, \cdots, Y_m$ 为来自均值是 2θ 的指数分布总体的简单随机样本, 且两样本相互独立, 其中 $\theta(\theta > 0)$ 是未知参数, 利用样本 $X_1, X_2, \cdots, X_n, Y_1, Y_2, \cdots, Y_m$ 求 θ 的最大似然估计量 $\hat{\theta}$, 并求 $D(\hat{\theta})$.

16. (2000, 数三) 设 0.50, 1.25, 0.08, 2.00 为来自总体 X 的简单随机样本值, 已知 $Y = \ln X$ 服从正态分布 $N(\mu, 1)$, 试求

(1) X 的数学期望 (记 $E(X) = b$);

(2) 参数 μ 的置信度为 0.95 的置信区间;

(3) 利用上述结果求 b 的置信度为 0.95 的置信区间.

第 7 章 假 设 检 验

【本章学习目标】

1. 理解假设检验的基本思想.

2. 掌握假设检验的基本概念, 如原假设和备择假设, 拒绝域和接受域, 检验水平, 两类错误等概念.

3. 了解检验的 p 值的含义.

4. 掌握单正态总体的均值和方差的假设检验方法与步骤.

5. 掌握双正态总体的均值差和方差比的假设检验方法与步骤.

6. 能利用检验方法对实际问题提出恰当的假设并完成检验.

【课前导读】

除参数估计外, 统计推断的另一个重要问题是假设检验. 本章主要学习参数假设检验, 需要用到小概率原理和正态分布总体的抽样分布的有关结论.

1. 小概率事件和小概率原理

设 $P(A) = \alpha$, 若 α 小于某个给定的很小的数 c, 则该事件称为小概率事件. 在数理统计中常用的 c 有三个, $c = 0.01$, $c = 0.05$ 和 $c = 0.1$. 当然 c 等于多少要根据实际情况来定, 不能一概而论. 一个小概率事件在一次试验中是几乎不会发生的, 但在多次重复试验中几乎是必然发生的, 数学上称为小概率原理.

小概率原理指出小概率事件在一次试验中几乎不会发生, 但这并不等于说该事件永远不会发生. 例如, 购买彩票中奖是个小概率事件, 但总是有人会中奖, 还有人会中奖两次. 还有很多例子说明这类小概率事件会发生.

2. 正态分布总体的抽样分布

(1) 设 $X_1, X_2, \cdots, X_n$ 是来自总体 $N(\mu, \sigma^2)$ 的样本, 则 $U = \dfrac{\overline{X} - \mu}{\sigma/\sqrt{n}} \sim N(0, 1)$, $\chi^2 = \dfrac{(n-1)S^2}{\sigma^2} \sim \chi^2(n-1)$, $T = \dfrac{\overline{X} - \mu}{S/\sqrt{n}} \sim t(n-1)$.

(2) 设 $X_1, X_2, \cdots, X_{n_1}$ 为来自总体 $X \sim N(\mu_1, \sigma_1^2)$ 的样本, $Y_1, Y_2, \cdots, Y_{n_2}$ 为来自总体 $Y \sim N(\mu_2, \sigma_2^2)$ 的样本, 且两个样本相互独立, 则 ① σ_1^2 和 σ_2^2 已知时, $U = \dfrac{(\overline{X} - \overline{Y}) - (\mu_1 - \mu_2)}{\sqrt{\dfrac{\sigma_1^2}{n_1} + \dfrac{\sigma_2^2}{n_2}}} \sim N(0, 1)$; ② 当 σ_1^2 和 σ_2^2 未知, 但 $\sigma_1^2 = \sigma_2^2 = \sigma^2$ 时, $T = \dfrac{(\overline{X} - \overline{Y}) - (\mu_1 - \mu_2)}{S_w \sqrt{\dfrac{1}{n_1} + \dfrac{1}{n_2}}} \sim t(n_1 + n_2 - 2)$, 其中, $S_w^2 = \dfrac{(n_1-1)S_1^2 + (n_2-1)S_2^2}{n_1 + n_2 - 2}$; ③ $F =$

$$\frac{S_1^2/\sigma_1^2}{S_2^2/\sigma_2^2} \sim F(n_1-1, n_2-1).$$

7.1 假设检验的基本思想与概念

在总体分布未知, 或只知道总体的分布类型但总体参数未知的情况下, 为了推断总体的某些未知特性, 常常提出某些关于总体的假设. 我们需要根据样本信息对所提出的假设给出判断, 做出拒绝或接受的决策, 这个过程就是**假设检验**. 假设检验分为两类: 参数假设检验和非参数假设检验. 参数假设检验是对总体分布函数中的未知参数提出的假设进行检验, 非参数假设检验是对总体的分布函数形式或分布类型提出的假设进行检验. 本章主要介绍参数假设检验. 下面我们先结合一个例子来说明假设检验的思想.

7.1.1 假设检验的基本思想

例 7.1.1 已知某种复合材料的含碳量 X (单位: %) 在正常情况下服从正态分布 $N(4.51, 0.24^2)$, 现对复合材料抽查检测了 9 次, 测得样本的平均含碳量为 $\bar{x} = 4.35$. 若方差无变化, 问该复合材料含碳量是否正常?

解 我们分以下四个步骤来分析上述问题.

(1) 提出假设.

由题设可知复合材料的含碳量的方差是比较稳定的, 所以若含碳量 X 的均值 $\mu = 4.51$, 则认为复合材料的含碳量是正常的. 于是, 可以提出假设

$$H_0: \mu = \mu_0 = 4.51, \quad H_1: \mu \neq \mu_0 = 4.51, \tag{7.1.1}$$

这样的假设称为统计假设.

(2) 构造假设检验法则.

对于假设式 (7.1.1), 给出一个检验的法则, 根据这一法则, 利用抽取的样本数据作出接受 H_0 还是拒绝 H_0 的决策.

要检验的假设涉及总体均值 μ, 所以我们优先考虑用样本均值这个统计量. 由于 $\overline{X}$ 是 μ 的无偏估计量, 因此 $\overline{X}$ 的观察值 $\bar{x}$ 在一定程度上反映了 μ 的大小. 若 H_0 为真时, 则观察值 $\bar{x}$ 与 μ_0 的偏差 $|\bar{x} - \mu_0|$ 不应该太大. 如果这个偏差太大, 那么有理由怀疑 H_0 的真实性, 从而做出拒绝 H_0 的决策. 基于上述分析, 我们可以依据一定的法则选定一个正数 k (临界值), 若 $|\bar{x} - \mu_0| \geqslant k$, 则拒绝 H_0; 若 $|\bar{x} - \mu_0| < k$, 则接受 H_0.

(3) 确定临界值 k.

本例中的总体方差是已知的, 所以衡量 $|\bar{x} - \mu_0|$ 的大小可以等价为衡量 $\dfrac{|\bar{x} - \mu_0|}{\sigma/\sqrt{n}}$ 的大小, 且当 H_0 为真时, $\dfrac{\overline{X} - \mu_0}{\sigma/\sqrt{n}} \sim N(0,1)$. 因此, 由上述检验法则, 我们依据样本数据, 可以采用 "若 $\dfrac{|\bar{x} - \mu_0|}{\sigma/\sqrt{n}} \geqslant k$, 则拒绝 H_0; 若 $\dfrac{|\bar{x} - \mu_0|}{\sigma/\sqrt{n}} < k$, 则接受 H_0" 的原则.

考虑到样本的随机性, 仍有可能在 H_0 为真的时候作出拒绝 H_0 的决策, 因此我们希望将犯这类错误的概率控制在一定的限度之内, 即给定一个很小的数 α (称为**显著性水平**, 通

常取 0.1, 0.05, 0.01 等), 使得

$$P\left(\frac{|\overline{X}-\mu_0|}{\sigma/\sqrt{n}}\geqslant k\,\Big|\,H_0\text{为真}\right)\leqslant\alpha,$$

当 H_0 为真时, $\dfrac{\overline{X}-\mu_0}{\sigma/\sqrt{n}}\sim N(0,1)$, 由标准正态分布分位数的定义, 如图 7.1.1 所示, 可知 $k=u_{\alpha/2}$.

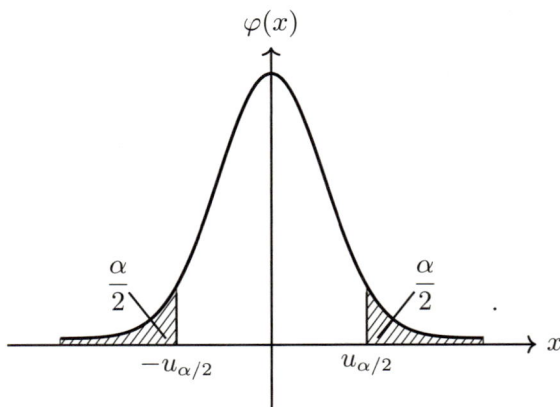

图 7.1.1　标准正态分布示意图

(4) 根据样本对假设做出检验结论.

在本例中 $\overline{x}=4.35$, 于是计算得

$$|u|=\frac{|\overline{x}-\mu_0|}{\sigma/\sqrt{n}}=\frac{|4.35-4.51|}{0.24/\sqrt{9}}=2.$$

如果给定 $\alpha=0.05$, 查标准正态分布表可知 $k=u_{\alpha/2}=u_{0.025}=1.96$, 因为 $2>1.96$, 所以拒绝 H_0, 即认为该复合材料含碳量是不正常的.

在上述检验过程中, 用到的就是小概率原理: 小概率事件在一次试验中几乎不会发生. 在例 7.1.1 中, 当 H_0 为真的条件下, $\left\{\dfrac{|\overline{X}-\mu_0|}{\sigma/\sqrt{n}}\geqslant u_{\alpha/2}\right\}$ 是一个小概率事件. 而这个小概率事件在一次抽样中居然发生了, 与小概率原理矛盾, 所以我们有理由怀疑 H_0 的真实性, 从而在显著性水平 $\alpha=0.05$ 下, 我们给出拒绝 H_0 的结论.

假设检验的基本思想实质上就是某种带有概率性质的反证法. 为了检验一个假设 H_0 是否正确, 首先假定该假设 H_0 是正确的, 然后根据抽取到的样本对假设 H_0 作出拒绝还是接受的决策. 如果样本观察值导致了小概率事件发生, 就应该拒绝 H_0, 否则应该接受 H_0.

7.1.2　假设检验中的基本概念

一个假设检验问题需要使用原假设、备择 (对立) 假设、检验统计量、拒绝域、两类错误等术语. 下面我们分别介绍这些概念.

1. 原假设与备择假设

在参数假设中, 我们把关于总体分布中某个参数的假设命题称为一个假设. 在例 7.1.1 中, 假设 H_0 称为**原假设**或**零假设**, H_1 称为**备择假设**或**对立假设**. H_0 与 H_1 中有且只有一个是真的, 二者必选其一. 不论是原假设还是备择假设, 其中的假设只有一个参数值, 就称为简单假设, 否则称为复合假设. 例如, $H_0 : \mu = 4.51$ 中参数 μ 只有一个值, 所以 H_0 是简单假设, 而 $H_1 : \mu \neq 4.51$ 中参数 μ 不止一个值, 所以 H_1 是复合假设.

注意: 假设检验问题中的一个难点是如何设立原假设和备择假设, 这需要具体问题具体分析, 实际中经常采用保护原假设的原则. 常用的方法是: ① 若问题只提出一个假设, 且检验的目的仅仅是为了判别这个假设是否成立, 并不同时研究其他假设, 则直接取该假设作为原假设; ②把久经考验的事实放在原假设; ③把希望得到的事实放在备择假设, 因为如果在保护原假设的条件下还是拒绝了原假设, 那么就有理由说明备择假设成立; ④使得数学上的处理更方便地作为原假设.

2. 检验统计量与拒绝域

在检验一个假设时用到的统计量称为**检验统计量**. 例如, 在例 7.1.1 中的统计量 $U = \dfrac{\overline{X} - \mu_0}{\sigma/\sqrt{n}}$ 就是检验统计量. 当有了具体的样本后, 就可以根据检验统计量的分布, 按照法则决定拒绝 H_0 还是接受 H_0, 即检验就等价于把样本空间分成两个互不相交的部分 W 和 $\overline{W}$, 当样本属于 W 时, 拒绝 H_0; 当样本属于 $\overline{W}$ 时, 接受 H_0. 于是, 我们称 W 为该检验的**拒绝域**, 而 $\overline{W}$ 称为**接受域**. 例如, 在例 7.1.1 中, 当 H_0 为真的条件下, $\left\{ \dfrac{|\overline{X} - \mu_0|}{\sigma/\sqrt{n}} \geqslant u_{\alpha/2} \right\}$ 是一个小概率事件. 当样本值使得 $\dfrac{|\overline{x} - \mu_0|}{\sigma/\sqrt{n}} \geqslant u_{\alpha/2}$ 时, 则拒绝 H_0, 即 $\left\{ \dfrac{|\overline{X} - \mu_0|}{\sigma/\sqrt{n}} \geqslant u_{\alpha/2} \right\}$ 为该检验的拒绝域, 而 $u_{\alpha/2}$ 称为检验的临界值.

3. 两类错误

由于样本的随机性, 故当我们应用某种检验作判断时, 可能作出正确的判断, 也可能作出错误的判断, 因此可能犯如下两种错误: 一类是当 H_0 是真时, 样本由于随机性却落入了拒绝域 W 中, 于是我们作出了拒绝 H_0 的错误判断, 称这种"弃真"的错误为**第一类错误**, 其发生的概率通常记作 α, 表示为

$$P(拒绝 H_0 \mid H_0 为真) = \alpha.$$

另一类是当 H_0 为假的时候, 样本确落入了接受域 $\overline{W}$ 中, 于是我们接受了 H_0, 这种"纳伪"错误称为**第二类错误** (表 7.1.1), 其发生的概率通常记为 β, 表示为

$$P(接受 H_0 \mid H_0 为假) = \beta.$$

事实上, 每一个检验都无法避免犯错误, 我们希望在确定检验法则的时候, 使得犯两类错误的概率 α 与 β 都尽可能小. 对固定的样本容量 n, 使得 α 与 β 都很小是无法实现的. 一般情况下, 在样本容量固定时, 减小犯第一类错误的概率 α, 会增加犯第二类错误的概率

β, 它们之间的关系是此消彼长的. 既然我们不可能同时控制一个检验的犯第一类、第二类错误的概率, 那么只能采取折中方案, 通常的做法就是控制犯第一类错误的概率, 使得其不超过事先给定的显著性水平 α, 称这类假设检验为显著性水平为 α 的**显著性检验**, 简称水平为 α 的检验.

表 7.1.1 两类错误

决策	事实	
	H_0 为真	H_1 为真
接受 H_0	正确	第二类错误
拒绝 H_0	第一类错误	正确

提出显著性检验的概念就是要控制犯第一类错误的概率 α, 但也不能使 α 过小 (α 过小会导致 β 过大), 在适当控制 α 中尽可能减小 β, 最常见的选择是 $\alpha = 0.05$, 有时也选择 $\alpha = 0.10$ 或 $\alpha = 0.01$.

7.1.3 假设检验的基本步骤

通过上面的分析, 我们给出假设检验的基本步骤.

(1) 根据实际问题的要求, 提出原假设 H_0 和备择假设 H_1;

(2) 选择显著性水平 α, 并构造检验统计量, 根据 P (拒绝 $H_0 \mid H_0$ 为真) $\leqslant \alpha$ 给出拒绝域;

(3) 根据样本值计算检验统计量的值;

(4) 作出判断, 若检验统计量的值落入拒绝域中, 则拒绝 H_0, 否则接受 H_0.

注意: (1) 假设检验是二选一的问题, 即只有拒绝原假设和接受原假设两种选择, 且拒绝还是接受原假设与我们设定的显著性水平有关, 同时无论作出哪种结论都可能出错, 这就是考虑两类错误的原因.

(2) 拒绝或接受原假设是在一定的显著性水平下作出的, 所以在不同的水平下可以得出不同的结论, 完全可能在较大水平下拒绝原假设, 在较小水平下接受原假设. 在实际中要保持公认的水平, 而不必追求太小的水平.

(3) 在显著性检验中, 由于只控制了犯第一类错误的概率, 没有考虑犯第二类错误的概率, 所以接受原假设是一个模糊的结论, 不表示原假设一定正确, 仅仅是无法拒绝原假设而已. 而拒绝原假设是有充分理由的, 所以我们往往把需要的结论放在备择假设, 希望通过拒绝原假设来比较明确地得到所需的结论.

7.1.4 检验的 p 值

前面我们介绍的检验法则都是给定临界值, 然后比较由样本值得到的检验统计量的值和临界值的大小关系, 来决定是否拒绝原假设. 现在换一个角度来看, 费希尔提出**检验 p 值**的概念:

p 值 $= P$ (得到在当前样本下检验统计量的值或更极端值 $\mid H_0$ 为真).

例如, 在例 7.1.1 中, 当 $\mu = 4.51$ 时, 检验统计量 $U = \dfrac{\overline{X} - \mu_0}{\sigma / \sqrt{n}}$ 的分布是 $N(0, 1)$, 此时

由样本算得 U 的绝对值 $|u| = 2$, 于是

$$p值 = P(|U| \geqslant 2) = 1 - P(|U| < 2) = 2[1 - \varPhi(2)] = 0.0456.$$

若以此为基准来看检验问题, 亦可以做出判断, 具体如下:

(1) 当 $\alpha < 0.0456$ 时, 有 $u_{\alpha/2} > 2$, 由于拒绝域是 $W = \{|U| \geqslant u_{\alpha/2}\}$, 于是观察值 u 不在拒绝域里, 应接受原假设;

(2) 当 $\alpha \geqslant 0.0456$ 时, 有 $u_{\alpha/2} \leqslant 2$, 由于拒绝域是 $W = \{|U| \geqslant u_{\alpha/2}\}$, 于是观察值 u 在拒绝域里, 应拒绝原假设.

因此, 由检验的 p 值与事先给定的显著性水平 α 进行比较, 可以很容易作出检验结论: 如果 p 值 $\leqslant \alpha$, 则拒绝原假设 H_0; 如果 p 值 $> \alpha$, 则接受原假设 H_0.

当 p 值越接近 0, 拒绝原假设的证据越充分; 反之, p 值越接近 1, 接受原假设的证据越充分.

做假设检验时, p 值的判断方法与前面利用临界值确定拒绝域的判断方法是等价的. p 值在实际中很有用, 尤其是在如今的统计软件中对检验问题一般都会给出检验的 p 值, 但我们在后面的检验问题中重点使用给出拒绝域的形式作出决策.

小 节 要 点

1. 理解假设检验的基本思想.
2. 掌握假设检验的相关概念, 如原假设、备择假设、拒绝域、两类错误等.
3. 熟悉假设检验的基本步骤.
4. 了解检验的 p 值的含义.

✍ 习 题 7.1

1. 在假设检验中, 如何确定原假设 H_0 和备择假设 H_1?
2. 简述假设检验的基本步骤.
3. 如何理解假设检验的显著性水平?

进阶练习

4. 设总体 $X \sim N(\mu, 1)$, $X_1, X_2, \cdots, X_{16}$ 是来自总体 X 的样本, 假设检验问题

$$H_0 : \mu = 0 \longleftrightarrow H_1 : \mu = 1,$$

若检验由拒绝域 $W = \{\overline{X} \geqslant 0.6\}$ 确定, 求检验犯两类错误的概率.

7.2 单正态总体参数的假设检验

设 θ 为参数, 常见关于 θ 的假设形式有

$$(1) \quad H_0 : \theta \leqslant \theta_0 \longleftrightarrow H_1 : \theta > \theta_0.$$

(2) $\quad H_0 : \theta \geqslant \theta_0 \longleftrightarrow H_1 : \theta < \theta_0.$

(3) $\quad H_0 : \theta = \theta_0 \longleftrightarrow H_1 : \theta \neq \theta_0,$

其中 θ_0 为给定的常数. (1) 和 (2) 称为**单侧检验**或单边检验, (3) 称为**双侧检验**或双边检验. 在实际问题中还会遇到下面两种假设形式:

(4) $\quad H_0 : \theta = \theta_0 \longleftrightarrow H_1 : \theta > \theta_0.$

(5) $\quad H_0 : \theta = \theta_0 \longleftrightarrow H_1 : \theta < \theta_0.$

(4) 与 (1) 的拒绝域相同, (5) 与 (2) 的拒绝域相同. 所以本节重点介绍关于参数 θ 的假设 (1)~(3) 的三种检验问题.

正态总体是最重要的总体之一, 对其参数的假设检验问题进行讨论在应用中是常见和重要的, 其方法对其他总体的参数检验问题也具有启示作用.

7.2.1 单个正态总体均值的检验

设 $X_1, X_2, \cdots, X_n$ 是来自总体 $N(\mu, \sigma^2)$ 的样本, 考虑如下三种关于 μ 的检验问题:

I $\qquad H_0 : \mu \leqslant \mu_0 \longleftrightarrow H_1 : \mu > \mu_0,$ $\qquad\qquad$ (7.2.1)

II $\qquad H_0 : \mu \geqslant \mu_0 \longleftrightarrow H_1 : \mu < \mu_0,$ $\qquad\qquad$ (7.2.2)

III $\qquad H_0 : \mu = \mu_0 \longleftrightarrow H_1 : \mu \neq \mu_0,$ $\qquad\qquad$ (7.2.3)

其中 μ_0 是已知的常数. 据 H_1 的形式, 称第一个检验问题为右侧检验, 第二个为左侧检验, 前两个均为单侧检验; 第三个检验称为双侧检验. 由于正态总体含有两个参数, 总体方差 σ^2 是否已知对检验问题有影响, 下面我们分 σ^2 已知和未知两种情况讨论.

1. $\sigma^2 = \sigma_0^2$ 已知的情形

对于式 (7.2.1) 所示的检验问题 I: $H_0 : \mu \leqslant \mu_0 \longleftrightarrow H_1 : \mu > \mu_0$, 由于 μ 的点估计是 $\overline{X}$, 且 $\overline{X} \sim N(\mu, \frac{\sigma_0^2}{n})$, 故选择检验统计量

$$U = \frac{\overline{X} - \mu_0}{\sigma_0/\sqrt{n}}. \qquad\qquad (7.2.4)$$

当 H_0 为真时, 应该有 $\overline{X} \leqslant \mu_0$, 从而 U 的值太大了就不合理, 所以存在一个临界值 k, 拒绝域为

$$W = \{U \geqslant k\},$$

若检验的显著性水平为 α, 则 k 满足 $P(U \geqslant k) = \alpha$, 即 $P\left(\dfrac{\overline{X} - \mu_0}{\sigma_0/\sqrt{n}} \geqslant k\right) = \alpha$. 由于在 $\mu = \mu_0$ 时, $U \sim N(0,1)$, 故由标准正态分布的分位数表, 可知 $k = u_\alpha$. 故检验问题 I 的拒绝域为 (图 7.2.1)

$$W = \{U \geqslant u_\alpha\}.$$

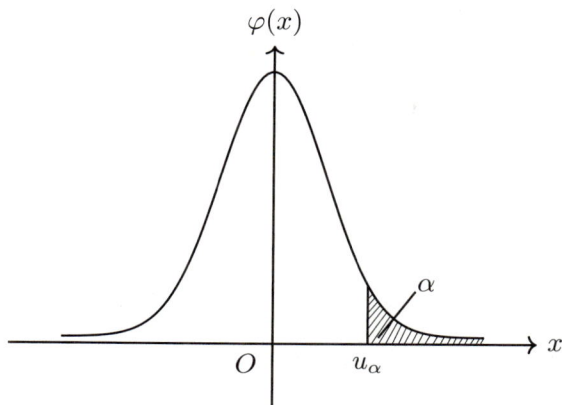

图 7.2.1 问题 I 的拒绝域

检验法则: 根据样本值计算统计量 U 的值 u, 当 $u \geqslant u_\alpha$ 时, 拒绝 H_0; 当 $u < u_\alpha$ 时, 接受 H_0.

对于式 (7.2.2) 所示的检验问题 II: $H_0 : \mu \geqslant \mu_0 \longleftrightarrow H_1 : \mu < \mu_0$, 与检验问题 I 的讨论完全类似, 仍选择式 (7.2.4) 中的 U 作为检验统计量. 当 H_0 为真时, 应该有 $\overline{X} \geqslant \mu_0$, 从而 U 的值太小了就不合理, 所以存在一个临界值 k, 拒绝域为

$$W = \{U \leqslant k\},$$

在 $\mu = \mu_0$ 时, $U \sim N(0,1)$, 对给定的显著性水平 α, 故由标准正态分布的分位数表, 可知 $k = u_{1-\alpha}$. 故检验问题 II 的拒绝域为 (图 7.2.2)

$$W = \{U \leqslant u_{1-\alpha}\}.$$

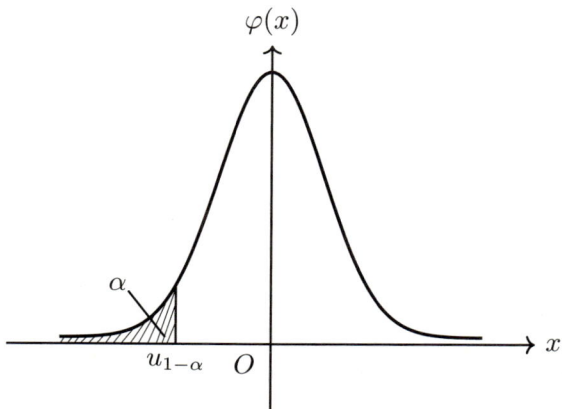

图 7.2.2 问题 II 的拒绝域

检验法则: 根据样本值计算统计量 U 的值 u, 当 $u \leqslant u_{1-\alpha}$ 时, 拒绝 H_0; 当 $u > u_{1-\alpha}$ 时, 接受 H_0.

对于式 (7.2.3) 所示的检验问题 III: $H_0 : \mu = \mu_0 \longleftrightarrow H_1 : \mu \neq \mu_0$, 也可类似进行讨论, 仍然选择式 (7.2.4) 中的 U 作为检验统计量. 当 H_0 为真时, 应该有 $\overline{X} = \mu_0$, 从而 $|U|$ 的值太大就不合理, 所以拒绝域应该分散在两侧, 即拒绝域有如下形式

$$W = \{|U| \geqslant k\},$$

在 $\mu = \mu_0$ 时, $U \sim N(0,1)$, 对给定的显著性水平 α, 故由标准正态分布的分位数表, 可知 $k = u_{\alpha/2}$. 故检验问题 III 的拒绝域为 (图 7.2.3)

$$W = \{|U| \geqslant u_{\alpha/2}\}.$$

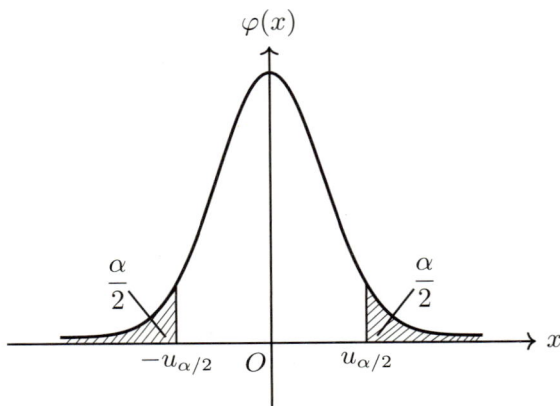

图 7.2.3 问题 III 的拒绝域

检验法则: 根据样本值计算统计量 U 的值 u, 当 $|u| \geqslant u_{\alpha/2}$ 时, 拒绝 H_0; 当 $|u| < u_{\alpha/2}$ 时, 接受 H_0.

以上三类检验问题, 采用的检验统计量相同, 都是以 $U = \dfrac{\overline{X} - \mu_0}{\sigma_0/\sqrt{n}}$ 作为检验统计量, 而 U 是服从 $N(0,1)$ 的检验统计量, 所以此检验方法也称为 U 检验法.

例 7.2.1 由经验知某零件质量 $X \sim N(15, 0.05^2)$ (单位: g), 技术革新后抽取 6 个零件, 测得质量为

$$14.7 \quad 15.1 \quad 14.8 \quad 15.0 \quad 15.2 \quad 14.6$$

已知方差不变, 问平均质量 μ 是否仍为 15 g?

解 这是一个双侧假设检验问题. 提出假设

$$H_0 : \mu = 15 \longleftrightarrow H_1 : \mu \neq 15,$$

检验的拒绝域为 $W = \{|U| \geqslant u_{\alpha/2}\}$, 取检验的显著性水平 $\alpha = 0.05$, 查标准正态分布表得 $u_{\alpha/2} = u_{0.025} = 1.96$. 由样本值计算得

$$\overline{x} = 14.9, \quad u = \frac{14.9 - 15}{0.05} \times \sqrt{6} = -4.8990,$$

因为 $|u| = 4.8990 > 1.96$, 所以拒绝 H_0, 即不能认为产品平均质量仍为 15 g.

例 7.2.2 有一批枪弹, 出厂时其初速度 $\nu \sim N(950, 100)$ (单位: m/s). 经过较长时间储存, 取 9 发进行测试, 得样本值 (单位: m/s) 如下:

$$914 \quad 920 \quad 910 \quad 934 \quad 953 \quad 945 \quad 912 \quad 924 \quad 940$$

据经验, 枪弹经储存后期初速度仍服从正态分布, 且标准差保持不变, 问是否可以认为这批枪弹的初速度有显著降低? ($\alpha = 0.05$.)

解 这是一个单侧假设检验问题, 且总体的方差已知. 提出假设

$$H_0 : \mu = 950 \longleftrightarrow H_1 : \mu < 950,$$

在显著性水平为 $\alpha = 0.05$ 下, 检验的拒绝域为 $W = \{U \leqslant u_{1-\alpha}\}$. 查标准正态分布表得 $u_{1-\alpha} = u_{0.95} = -1.645$. 由样本值计算得

$$\overline{x} = 928, \quad u = \frac{928 - 950}{10/\sqrt{9}} = -6.6,$$

因为 $u = -6.6 < -1.645$, 所以拒绝 H_0, 可以认为这批枪弹的初速度有显著降低.

注意: 本例中的一对假设 $H_0 : \mu = 950 \longleftrightarrow H_1 : \mu < 950$ 的检验与另一对假设 $H_0 : \mu \geqslant 950 \longleftrightarrow H_1 : \mu < 950$ 的检验有完全相同的拒绝域, 这是因为它们的备择假设 H_1 是相同的, 当 H_0 为真时, U 的值太小了就不合理. 该现象不是偶然的, 具有普遍性.

2. σ^2 未知的情形

由于 σ^2 未知, 无法使用式 (7.2.4) 作为检验统计量, 一个自然的想法就是用样本标准差 S 代替式 (7.2.4) 中的 σ, 这就是 t 检验统计量

$$T = \frac{\overline{X} - \mu_0}{S/\sqrt{n}}. \tag{7.2.5}$$

由式 (5.3.1) 知, 当 $\mu = \mu_0$ 时, $T \sim t(n-1)$. 从而对于式 (7.2.1) 所示的检验问题 I: $H_0 : \mu \leqslant \mu_0 \longleftrightarrow H_1 : \mu > \mu_0$, 当 H_0 为真时, 应该有 $\overline{X} \leqslant \mu_0$, 从而 T 的值太大了就不合理, 所以存在一个临界值 k, 拒绝域为

$$W = \{T \geqslant k\},$$

若检验的显著性水平为 α, 则 k 满足 $P(T \geqslant k) = \alpha$, 即 $P\left(\dfrac{\overline{X} - \mu_0}{S/\sqrt{n}} \geqslant k\right) = \alpha$. 由于在 $\mu = \mu_0$ 时, $T \sim t(n-1)$, 故由 t 分布的分位数表, 可知 $k = t_\alpha(n-1)$. 故检验问题 I 的拒绝域为 (图 7.2.4)

$$W = \{T \geqslant t_\alpha(n-1)\}.$$

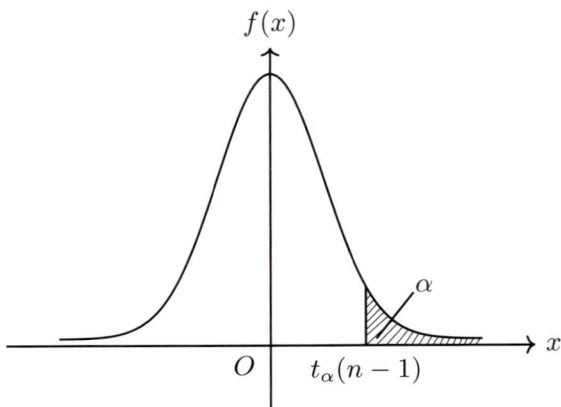

图 7.2.4　问题 I 的拒绝域

检验法则: 根据样本值计算统计量 T 的值 t, 当 $t \geqslant t_\alpha(n-1)$ 时, 拒绝 H_0; 当 $t < t_\alpha(n-1)$ 时, 接受 H_0.

对于式 (7.2.2) 所示的检验问题 II: $H_0 : \mu \geqslant \mu_0 \longleftrightarrow H_1 : \mu < \mu_0$, 与检验问题 I 的讨论完全类似, 仍选择式 (7.2.5) 中的 T 作为检验统计量, 从而检验问题 II 的拒绝域为 (图 7.2.5)

$$W = \{T \leqslant t_{1-\alpha}(n-1)\}.$$

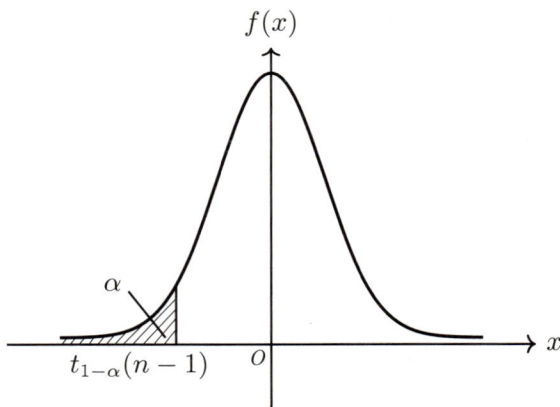

图 7.2.5　问题 II 的拒绝域

检验法则: 根据样本值计算统计量 T 的值 t, 当 $t \leqslant t_{1-\alpha}(n-1)$ 时, 拒绝 H_0; 当 $t > t_{1-\alpha}(n-1)$ 时, 接受 H_0.

对于式 (7.2.3) 所示的检验问题 III: $H_0 : \mu = \mu_0 \longleftrightarrow H_1 : \mu \neq \mu_0$, 也可类似进行讨论, 仍选择式 (7.2.5) 中的 T 作为检验统计量, 从而检验问题 III 的拒绝域为 (图 7.2.6)

$$W = \{|T| \geqslant t_{\alpha/2}(n-1)\}.$$

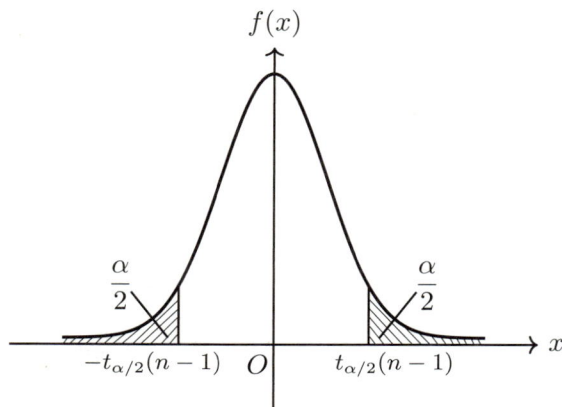

图 7.2.6 问题 III 的拒绝域

检验法则: 根据样本值计算统计量 T 的值 t, 当 $|t| \geqslant t_{\alpha/2}(n-1)$ 时, 拒绝 H_0; 当 $|t| < t_{\alpha/2}(n-1)$ 时, 接受 H_0.

以上三类检验问题, 采用的都是 $T = \dfrac{\overline{X} - \mu_0}{S/\sqrt{n}}$ 作为检验统计量, 所以此检验方法也称为 t 检验法.

例 7.2.3 考察一鱼塘中鱼的含汞量, 随机地取了 10 条鱼测得各条鱼的含汞量 (单位: mg) 为

$$0.8 \quad 1.6 \quad 0.9 \quad 0.8 \quad 1.2 \quad 0.4 \quad 0.7 \quad 1.0 \quad 1.2 \quad 1.1$$

设鱼的含汞量服从正态分布 $N(\mu, \sigma^2)$, 在显著性水平 $\alpha = 0.05$ 下, 试检验假设

$$H_0: \mu \leqslant 0.95 \longleftrightarrow H_1: \mu > 0.95.$$

解 这是一个单侧假设检验问题, 但总体方差 σ^2 是未知的, 于是检验的拒绝域为 $W = \{T \geqslant t_\alpha(n-1)\}$. 取检验的显著性水平 $\alpha = 0.05$, 查 t 分布表得 $t_\alpha(9) = t_{0.05}(9) = 1.8331$. 由样本值计算得

$$\overline{x} = 0.97, \ s = 0.3302,$$

于是 $t = \dfrac{0.97 - 0.95}{0.3302}\sqrt{10} = 0.1915 < 1.8331$, 所以接受 H_0.

例 7.2.4 假定考生成绩服从正态分布, 在某地一次数学考试中随机抽取了 36 位考生的成绩, 算得平均成绩为 66.5 分, 标准差为 15 分, 问在显著性水平 0.05 下, 是否可以认为这次考试全体考生的平均成绩为 70 分?

解 这是一个双侧假设检验问题. 提出假设

$$H_0: \mu = 70 \longleftrightarrow H_1: \mu \neq 70.$$

由于总体方差未知, 故检验的拒绝域为 $W = \{|T| \geqslant t_{\alpha/2}(n-1)\}$. 取检验的显著性水平 $\alpha = 0.05$, 查 t 分布表得 $t_{0.025}(35) = 2.0301$. 由样本值计算得

$$t = \dfrac{66.5 - 70}{15}\sqrt{36} = -1.4,$$

因为 $|t| = 1.4 < 2.0301$, 所以接受 H_0, 即可以认为这次考试全体考生的平均成绩与 70 分无显著差异.

注意: 正态总体均值的假设检验中, 总体的方差是否已知决定所选择的检验方法. 在总体方差已知时, 用的是 U 检验法; 而总体方差未知时, 用的是 t 检验法. 这两个检验方法是有差别的.

7.2.2　单个正态总体方差的检验

设 $X_1, X_2, \cdots, X_n$ 是来自总体 $N(\mu, \sigma^2)$ 的样本, 考虑如下三种关于 σ^2 的检验问题:

$$\text{I} \qquad H_0 : \sigma^2 \leqslant \sigma_0^2 \longleftrightarrow H_1 : \sigma^2 > \sigma_0^2, \tag{7.2.6}$$

$$\text{II} \qquad H_0 : \sigma^2 \geqslant \sigma_0^2 \longleftrightarrow H_1 : \sigma^2 < \sigma_0^2, \tag{7.2.7}$$

$$\text{III} \qquad H_0 : \sigma^2 = \sigma_0^2 \longleftrightarrow H_1 : \sigma^2 \neq \sigma_0^2, \tag{7.2.8}$$

其中 σ_0^2 是已知的常数. 当 μ 已知而 σ^2 未知的情形在实际问题中比较少见, 所以通常假设 μ 是未知的.

对于式 (7.2.6) 所示的检验问题 I: $H_0 : \sigma^2 \leqslant \sigma_0^2 \longleftrightarrow H_1 : \sigma^2 > \sigma_0^2$, 由于样本方差 S^2 是 σ^2 的无偏估计, 故选择检验统计量

$$\chi^2 = \frac{(n-1)S^2}{\sigma_0^2}. \tag{7.2.9}$$

由定理 5.3.1 知, 当 $\sigma^2 = \sigma_0^2$ 时, $\chi^2 \sim \chi^2(n-1)$. 当 H_0 为真时, 应该有 $S^2 \leqslant \sigma_0^2$, 从而 χ^2 的值太大了就不合理, 所以存在一个临界值 k, 拒绝域为

$$W = \{\chi^2 \geqslant k\},$$

若检验的显著性水平为 α, 则 k 满足 $P(\chi^2 \geqslant k) = \alpha$, 由 χ^2 分布的分位数表, 可知 $k = \chi_\alpha^2(n-1)$. 故检验问题 I 的拒绝域为 (图 7.2.7)

$$W = \{\chi^2 \geqslant \chi_\alpha^2(n-1)\}.$$

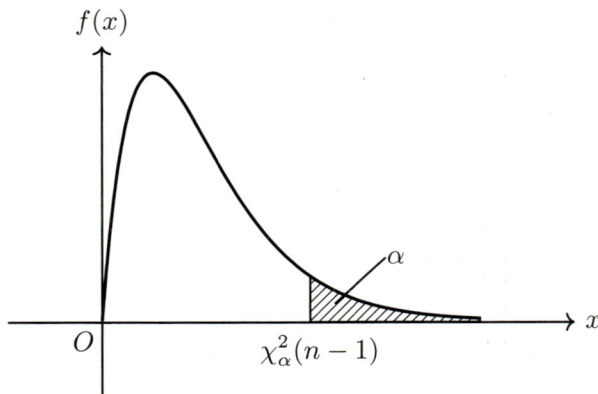

图 7.2.7　问题 I 的拒绝域

检验法则: 根据样本值计算统计量 χ^2 的值, 当 $\chi^2 \geqslant \chi_\alpha^2(n-1)$ 时, 拒绝 H_0; 当 $\chi^2 < \chi_\alpha^2(n-1)$ 时, 接受 H_0.

对于式 (7.2.7) 所示的检验问题 II: $H_0 : \sigma^2 \geqslant \sigma_0^2 \longleftrightarrow H_1 : \sigma^2 < \sigma_0^2$, 与检验问题 I 的讨论完全类似, 仍选择式 (7.2.9) 中的 χ^2 作为检验统计量, 从而检验问题 II 的拒绝域为 (图 7.2.8)

$$W = \{\chi^2 \leqslant \chi_{1-\alpha}^2(n-1)\}.$$

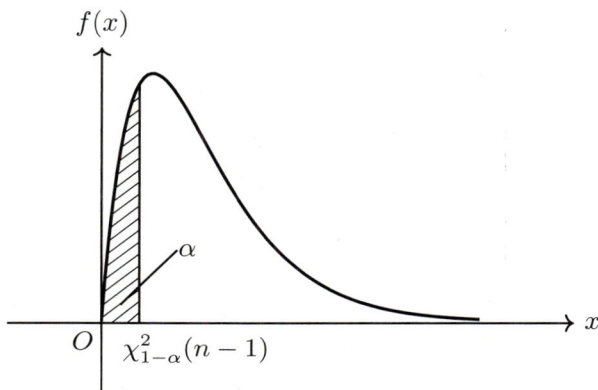

图 7.2.8 问题 II 的拒绝域

检验法则: 根据样本值计算统计量 χ^2 的值, 当 $\chi^2 \leqslant \chi_{1-\alpha}^2(n-1)$ 时, 拒绝 H_0; 当 $\chi^2 > \chi_{1-\alpha}^2(n-1)$ 时, 接受 H_0.

对于式 (7.2.8) 所示的检验问题 III: $H_0 : \sigma^2 = \sigma_0^2 \longleftrightarrow H_1 : \sigma^2 \neq \sigma_0^2$, 与检验问题 I 的讨论完全类似, 仍选择式 (7.2.9) 中的 χ^2 作为检验统计量, 从而检验问题 III 的拒绝域为 (图 7.2.9)

$$W = \{\chi^2 \leqslant \chi_{1-\alpha/2}^2(n-1) \text{ 或 } \chi^2 \geqslant \chi_{\alpha/2}^2(n-1)\}.$$

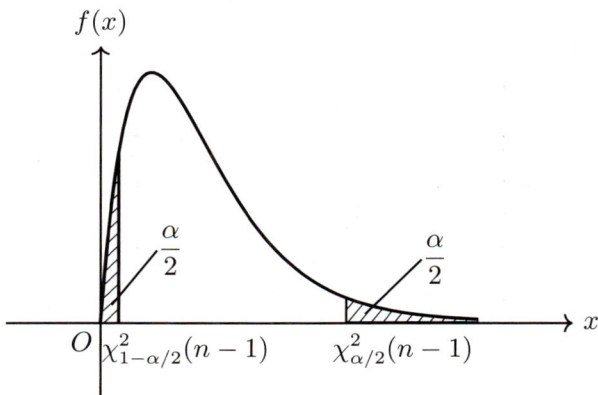

图 7.2.9 问题 III 的拒绝域

检验法则: 根据样本值计算统计量 χ^2 的值, 当 $\chi^2 \leqslant \chi^2_{1-\alpha/2}(n-1)$ 或 $\chi^2 \geqslant \chi^2_{\alpha/2}(n-1)$, 拒绝 H_0; 当 $\chi^2_{1-\alpha/2}(n-1) < \chi^2 < \chi^2_{\alpha/2}(n-1)$ 时, 接受 H_0.

以上三类检验问题, 采用的都是 $\chi^2 = \dfrac{(n-1)S^2}{\sigma_0^2}$ 作为检验统计量, 所以此检验方法也称为 χ^2 检验法.

例 7.2.5　已知维纶纤度在正常条件下服从正态分布, 且标准差是 0.048. 从某天产品中抽取 5 根纤维, 测得其纤度为

$$1.32 \quad 1.55 \quad 1.36 \quad 1.40 \quad 1.44$$

问这天纤度的总体标准差是否正常? ($\alpha = 0.05$.)

解　这是一个关于正态总体方差的双侧假设检验问题. 提出假设

$$H_0: \sigma^2 = 0.048^2 \longleftrightarrow H_1: \sigma^2 \neq 0.048^2,$$

检验的显著性水平 $\alpha = 0.05$, 查 χ^2 分布表得 $\chi^2_{0.025}(4) = 11.1433$, $\chi^2_{0.975}(4) = 0.4844$, 故检验的拒绝域为 $W = \{\, \chi^2 \leqslant 0.4844 \text{ 或 } \chi^2 \geqslant 11.1433 \}$. 由样本值计算得

$$\overline{x} = 1.414, \ s^2 = 0.0078,$$

于是 $\chi^2 = \dfrac{(n-1)s^2}{\sigma_0^2} = \dfrac{0.0312}{0.048^2} = 13.5417 > 11.1433$, 所以拒绝 H_0, 认为这一天纤度的总体标准差不正常.

小 节 要 点

1. 掌握单正态总体均值、方差的假设检验的方法和步骤.
2. 学会根据具体情况来确定是单侧检验还是双侧检验, 从而提出假设.
3. 对单正态总体均值做假设检验时, 需判断总体方差是否已知, 从而选择正确的检验统计量.

应 记 应 背

检验法	H_0	H_1	检验统计量	拒绝域
U 检验	$\mu \leqslant \mu_0$ $\mu \geqslant \mu_0$ $\mu = \mu_0$	$\mu > \mu_0$ $\mu < \mu_0$ $\mu \neq \mu_0$	$U = \dfrac{\overline{X} - \mu_0}{\sigma_0/\sqrt{n}}$	$\{U \geqslant u_\alpha\}$ $\{U \leqslant u_{1-\alpha}\}$ $\{\vert U \vert \geqslant u_{\alpha/2}\}$
t 检验	$\mu \leqslant \mu_0$ $\mu \geqslant \mu_0$ $\mu = \mu_0$	$\mu > \mu_0$ $\mu < \mu_0$ $\mu \neq \mu_0$	$T = \dfrac{\overline{X} - \mu_0}{S/\sqrt{n}}$	$\{T \geqslant t_\alpha(n-1)\}$ $\{T \leqslant t_{1-\alpha}(n-1)\}$ $\{\vert T \vert \geqslant t_{\alpha/2}(n-1)\}$
χ^2 检验	$\sigma^2 \leqslant \sigma_0^2$ $\sigma^2 \geqslant \sigma_0^2$ $\sigma^2 = \sigma_0^2$	$\sigma^2 > \sigma_0^2$ $\sigma^2 < \sigma_0^2$ $\sigma^2 \neq \sigma_0^2$	$\chi^2 = \dfrac{(n-1)S^2}{\sigma_0^2}$	$\{\chi^2 \geqslant \chi^2_\alpha(n-1)\}$ $\{\chi^2 \leqslant \chi^2_{1-\alpha}(n-1)\}$ $\{\chi^2 \leqslant \chi^2_{1-\alpha/2}(n-1)$ 或 $\chi^2 \geqslant \chi^2_{\alpha/2}(n-1)\}$

✍ 习 题 7.2

1. 化肥厂用自动包装机包装化肥, 每包的质量服从正态分布, 其平均质量为 100 kg, 标准差为 1.2 kg, 为了确定这天包装机工作是否正常, 随机抽取 10 袋化肥, 称得质量如下:

$$99.3 \quad 98.7 \quad 100.5 \quad 101.2 \quad 98.3 \quad 99.7 \quad 99.5 \quad 102.1 \quad 100.5 \quad 101.5$$

设方差稳定不变, 问这一天包装机的工作是否正常? ($\alpha = 0.05$.)

2. 正常人的脉搏平均 72 次/min, 现对某种疾病患者 9 人测量其脉搏 (次/min) 的数据, 经计算得样本平均数 78 次/min, 样本标准差 6 次/min, 假定患者每分钟脉搏次数服从正态分布 $N(\mu, \sigma^2)$. 问该种疾病患者平均脉搏次数与正常人有无显著性差异? ($\alpha = 0.05$.)

3. 在木材中抽出 36 根, 测其小头直径, 得样本平均数为 11.2 cm, 样本标准差为 2.4 cm. 假设木材小头直径服从正态分布, 问该批木材小头的平均直径能否认为不低于 12 cm? ($\alpha = 0.10$.)

4. 设一种型号的铁钉长度 (单位: cm) 服从正态分布, 现从一批铁钉中抽取 25 枚, 测得样本均值为 1.265 cm, 样本标准差为 0.04 cm. 在显著性水平 $\alpha = 0.05$ 下, 问是否能认为这批铁钉平均长度大于 1.25 cm?

5. 过去经验显示, 高三学生完成标准考试的时间为正态分布变量, 其标准差为 6 min. 若随机抽取 20 位学生, 其标准差为 4.5 min. 在显著性水平 0.05 下, 检验假设: $H_0 : \sigma \geqslant 6 \longleftrightarrow H_1 : \sigma < 6$.

进阶练习

6. 一个小学校长在报纸上看到这样的报道: "这一城市的小学生平均每周看电视的时间至少为 8 h". 他认为他所在学校的学生看电视的时间明显小于 8 h, 为此他在该校随机调查了 100 个学生, 得知平均每周看电视的时间 $\overline{x} = 6.8$ h, 样本标准差 $s = 2$ h. 问是否可以认为这位校长的看法是对的? ($\alpha = 0.05$.)

7. 设某种电子元件的寿命 (单位: h) 服从正态分布, 现测得 16 只元件的寿命如下:

$$159 \quad 280 \quad 101 \quad 212 \quad 224 \quad 379 \quad 179 \quad 264 \quad 222 \quad 362 \quad 168 \quad 250 \quad 149 \quad 260 \quad 485 \quad 170$$

在显著性水平 $\alpha = 0.05$ 下, 问
(1) 能否认为元件的平均寿命大于 225 h?
(2) 能否认为这种元件寿命的方差为 85^2 h^2?

7.3 两正态总体参数的假设检验

上节我们讨论了单正态总体的参数假设检验问题, 在实际工作中还经常遇到两个正态总体的参数检验. 与单正态总体的参数假设检验不同的是, 这里着重考虑两个正态总体之间的差异.

设总体 $X \sim N(\mu_1, \sigma_1^2)$, $Y \sim N(\mu_2, \sigma_2^2)$, $X_1, X_2, \cdots, X_{n_1}$ 为取自 $N(\mu_1, \sigma_1^2)$ 的一个样本, $Y_1, Y_2, \cdots, Y_{n_2}$ 为取自 $N(\mu_2, \sigma_2^2)$ 的一个样本, 并且两个样本相互独立. $\overline{X}$ 和 S_1^2 是样

本 $X_1, X_2, \cdots, X_{n_1}$ 的样本均值和样本方差, $\overline{Y}$ 和 S_2^2 是样本 $Y_1, Y_2, \cdots, Y_{n_2}$ 的样本均值和样本方差.

7.3.1 两个正态总体均值差的假设检验

我们主要考虑如下三种关于 $\mu_1 - \mu_2$ 的检验问题:

$$\text{I} \quad H_0 : \mu_1 - \mu_2 \leqslant \mu_0 \longleftrightarrow H_1 : \mu_1 - \mu_2 > \mu_0, \tag{7.3.1}$$

$$\text{II} \quad H_0 : \mu_1 - \mu_2 \geqslant \mu_0 \longleftrightarrow H_1 : \mu_1 - \mu_2 < \mu_0, \tag{7.3.2}$$

$$\text{III} \quad H_0 : \mu_1 - \mu_2 = \mu_0 \longleftrightarrow H_1 : \mu_1 - \mu_2 \neq \mu_0, \tag{7.3.3}$$

其中 μ_0 是已知的常数. 下面我们分两个总体的方差已知和未知两种情况讨论.

1. 方差 σ_1^2 和 σ_2^2 已知

对于式 (7.3.1) 所示的检验问题 I: $H_0 : \mu_1 - \mu_2 \leqslant \mu_0 \longleftrightarrow H_1 : \mu_1 - \mu_2 > \mu_0$, 选择检验统计量

$$U = \frac{(\overline{X} - \overline{Y}) - \mu_0}{\sqrt{\dfrac{\sigma_1^2}{n_1} + \dfrac{\sigma_2^2}{n_2}}}. \tag{7.3.4}$$

由定理 5.3.2 知, 当 $\mu_1 - \mu_2 = \mu_0$ 时, $U \sim N(0, 1)$. 基于与单正态总体参数检验相同的思想, 当 H_0 为真时, 应该有 $\overline{X} - \overline{Y} \leqslant \mu_0$, 从而 U 的值太大了就不合理, 所以存在一个临界值 k, 拒绝域为

$$W = \{U \geqslant k\},$$

若检验的显著性水平为 α, 则 k 满足 $P(U \geqslant k) = \alpha$. 由标准正态分布的分位数表, 可知 $k = u_\alpha$. 故检验问题 I 的拒绝域为

$$W = \{U \geqslant u_\alpha\}.$$

检验法则: 根据样本值计算统计量 U 的值 u, 当 $u \geqslant u_\alpha$ 时, 拒绝 H_0; 当 $u < u_\alpha$ 时, 接受 H_0.

对于式 (7.3.2) 所示的检验问题 II: $H_0 : \mu_1 - \mu_2 \geqslant \mu_0 \longleftrightarrow H_1 : \mu_1 - \mu_2 < \mu_0$ 与检验问题 I 的讨论完全类似, 仍选择式 (7.3.4) 中的 U 作为检验统计量. 当 H_0 为真时, 应该有 $\overline{X} - \overline{Y} \geqslant \mu_0$, 从而 U 的值太小了就不合理, 所以存在一个临界值 k, 拒绝域为

$$W = \{U \leqslant k\},$$

对给定的显著性水平 α, 由标准正态分布的分位数表, 可知 $k = u_{1-\alpha}$. 故检验问题 II 的拒绝域为

$$W = \{U \leqslant u_{1-\alpha}\}.$$

检验法则: 根据样本值计算统计量 U 的值 u, 当 $u \leqslant u_{1-\alpha}$ 时, 拒绝 H_0; 当 $u > u_{1-\alpha}$ 时, 接受 H_0.

对于式 (7.3.3) 所示的检验问题 III: $H_0 : \mu_1 - \mu_2 = \mu_0 \longleftrightarrow H_1 : \mu_1 - \mu_2 \neq \mu_0$, 也可类似进行讨论, 仍然选择式 (7.3.4) 中的 U 作为检验统计量. 当 H_0 为真时, 应该有 $\overline{X} - \overline{Y} = \mu_0$, 从而 $|U|$ 的值太大就不合理, 所以拒绝域应该分散在两侧, 即拒绝域有如下形式:

$$W = \{|U| \geqslant k\},$$

对给定的显著性水平 α, 故由标准正态分布的分位数表, 可知 $k = u_{\alpha/2}$. 故检验问题 III 的拒绝域为

$$W = \{|U| \geqslant u_{\alpha/2}\}.$$

检验法则: 根据样本值计算统计量 U 的值 u, 当 $|u| \geqslant u_{\alpha/2}$ 时, 拒绝 H_0; 当 $|u| < u_{\alpha/2}$ 时, 接受 H_0.

例 7.3.1 设甲、乙两厂生产相同的灯泡, 其寿命 X, Y 分别服从正态分布. 已知它们寿命的标准差分别是 64 h 和 80 h, 现从两厂生产的灯泡中各取 50 只, 测得平均寿命分别为 1295 h 和 1255 h, 能否认为两厂生产的灯泡寿命无显著性差异? ($\alpha = 0.05$.)

解 这是一个关于两个正态总体均值差的双侧假设检验问题. 提出假设

$$H_0 : \mu_1 - \mu_2 = 0 \longleftrightarrow H_1 : \mu_1 - \mu_2 \neq 0,$$

检验的拒绝域为 $W = \{|U| \geqslant u_{\alpha/2}\}$. 对检验的显著性水平 $\alpha = 0.05$, 查标准正态分布表得 $u_{\alpha/2} = u_{0.025} = 1.96$. 由样本值计算得

$$u = \frac{1295 - 1255}{\sqrt{\dfrac{64^2 + 80^2}{50}}} = 2.7608,$$

因为 $|u| = 2.7608 > 1.96$, 所以拒绝 H_0, 即认为两厂生产的灯泡寿命有显著性差异.

2. 方差 σ_1^2 和 σ_2^2 未知, 但 $\sigma_1^2 = \sigma_2^2 = \sigma^2$

由于 σ_1^2 和 σ_2^2 未知, 无法使用式 (7.3.4) 作为检验统计量, 一个自然的想法就是用样本方差 S_1^2 和 S_2^2 分别代替 σ_1^2 和 σ_2^2, 这就是 t 检验统计量

$$T = \frac{(\overline{X} - \overline{Y}) - \mu_0}{S_w \sqrt{\dfrac{1}{n_1} + \dfrac{1}{n_2}}}, \tag{7.3.5}$$

其中 $S_w^2 = \dfrac{(n_1 - 1)S_1^2 + (n_2 - 1)S_2^2}{n_1 + n_2 - 2}$. 由定理 5.3.2 知, 当 $\mu_1 - \mu_2 = \mu_0$ 时, $T \sim t(n_1 + n_2 - 2)$. 从而对于式 (7.3.1) 所示的检验问题 I: $H_0 : \mu_1 - \mu_2 \leqslant \mu_0 \longleftrightarrow H_1 : \mu_1 - \mu_2 > \mu_0$, 拒绝域为

$$W = \{T \geqslant t_\alpha(n_1 + n_2 - 2)\}.$$

检验法则: 根据样本值计算统计量 T 的值 t, 当 $t \geqslant t_\alpha(n_1 + n_2 - 2)$ 时, 拒绝 H_0; 当 $t < t_\alpha(n_1 + n_2 - 2)$ 时, 接受 H_0.

类似于检验问题 I 的讨论, 对于式 (7.3.2) 所示的检验问题 II: $H_0: \mu_1 - \mu_2 \geqslant \mu_0 \longleftrightarrow H_1: \mu_1 - \mu_2 < \mu_0$, 拒绝域为

$$W = \{T \leqslant t_{1-\alpha}(n_1 + n_2 - 2)\}.$$

对于式 (7.3.3) 所示的检验问题 III: $H_0: \mu_1 - \mu_2 = \mu_0 \longleftrightarrow H_1: \mu_1 - \mu_2 \neq \mu_0$, 拒绝域为

$$W = \{|T| \leqslant t_{\alpha/2}(n_1 + n_2 - 2)\}.$$

例 7.3.2　设学生 A, B 的各门课程成绩服从正态分布, 学生 A, B 的成绩有相同的方差. 现观测到本学期学生 A, B 的几门专业课程成绩如下:

A 学生: 86　　92　　85　　78　　88　　90
B 学生: 94　　80　　85　　76　　86

能否认为 A 学生的成绩更好一点? ($\alpha = 0.05$.)

解　不妨设 A 学生的成绩为 $X \sim N(\mu_1, \sigma_1^2)$, B 学生的成绩为 $Y \sim N(\mu_2, \sigma_2^2)$, 这是一个关于两个正态总体均值差的单侧假设检验问题. 提出假设

$$H_0: \mu_1 - \mu_2 \leqslant 0 \longleftrightarrow H_1: \mu_1 - \mu_2 > 0,$$

由于两个总体方差均未知但相等, 故检验的拒绝域为 $W = \{T \geqslant t_\alpha(n_1 + n_2 - 2)\}$. 在本例中 $n_1 = 6, n_2 = 5$, 于是对检验的显著性水平 $\alpha = 0.05$, 查自由度为 9 的 t 分布表, 得 $t_\alpha(9) = t_{0.05}(9) = 1.8331$. 由样本值计算得

$$\overline{x} = 86.5, \ s_1^2 = 23.9; \ \overline{y} = 84.2, \ s_2^2 = 46.2; \ s_w = \sqrt{\frac{5 \times 23.9 + 4 \times 46.2}{9}} = 5.8147,$$

检验统计量的值

$$t = \frac{86.5 - 84.2}{5.8147\sqrt{\dfrac{1}{6} + \dfrac{1}{5}}} = 0.6532,$$

因为 $t = 0.6532 < 1.8331$, 所以接受 H_0, 即不能认为 A 学生的成绩更好一点.

例 7.3.3　从某锌矿的东、西两支矿脉中, 各抽取样本容量分别为 9 与 8 的样本进行测试, 得样本含锌平均数及样本方差如下:

东支: $\overline{x} = 0.230$, $s_1^2 = 0.1337$;　西支: $\overline{y} = 0.269$, $s_2^2 = 0.1736$.

若东、西两支矿脉的含锌量都服从正态分布且方差相等, 问两支矿脉含锌的均值是否可以看作一样? ($\alpha = 0.05$.)

解　这是一个关于两个正态总体均值差的双侧假设检验问题. 提出假设

$$H_0: \mu_1 - \mu_2 = 0 \longleftrightarrow H_1: \mu_1 - \mu_2 \neq 0,$$

由于两个总体方差均未知但相等, 故检验的拒绝域为 $W = \{|T| \geqslant t_{\alpha/2}(n_1 + n_2 - 2)\}$. 在本例中 $n_1 = 9, n_2 = 8$, 于是对检验的显著性水平 $\alpha = 0.05$, 查自由度为 15 的 t 分布表, 得 $t_{\alpha/2}(15) = t_{0.025}(15) = 2.1314$. 由样本值计算得

$$s_w = \sqrt{\frac{8 \times 0.1337 + 7 \times 0.1736}{15}} = 0.3903,$$

检验统计量的值

$$t = \frac{0.230 - 0.269}{0.3903\sqrt{\dfrac{1}{9} + \dfrac{1}{8}}} = -0.2056,$$

因为 $|t| = 0.2056 < 2.1314$, 所以接受 H_0, 即可以认为两支矿脉含锌量的均值是一样的.

7.3.2 两个正态总体方差比的假设检验

我们主要考虑如下三个检验问题:

$$\text{I} \quad H_0 : \sigma_1^2 \leqslant \sigma_2^2 \longleftrightarrow H_1 : \sigma_1^2 > \sigma_2^2, \tag{7.3.6}$$

$$\text{II} \quad H_0 : \sigma_1^2 \geqslant \sigma_2^2 \longleftrightarrow H_1 : \sigma_1^2 < \sigma_2^2, \tag{7.3.7}$$

$$\text{III} \quad H_0 : \sigma_1^2 = \sigma_2^2 \longleftrightarrow H_1 : \sigma_1^2 \neq \sigma_2^2, \tag{7.3.8}$$

其中两个正态总体的均值 μ_1, μ_2 均未知.

对于式 (7.3.6) 所示的检验问题 I: $H_0 : \sigma_1^2 \leqslant \sigma_2^2 \longleftrightarrow H_1 : \sigma_1^2 > \sigma_2^2$, 因为样本方差 S_1^2 和 S_2^2 分别是 σ_1^2 和 σ_2^2 的无偏估计量, 所以可选择检验统计量

$$F = \frac{S_1^2}{S_2^2}. \tag{7.3.9}$$

由定理 5.3.2 知, 当 $\sigma_1^2 = \sigma_2^2$ 时, $F \sim F(n_1 - 1, n_2 - 1)$. 当 H_0 为真时, 应该有 $S_1^2 \leqslant S_2^2$, 从而 F 的值太大了就不合理, 所以存在一个临界值 k, 拒绝域为

$$W = \{F \geqslant k\},$$

若检验的显著性水平为 α, 则 k 满足 $P(F \geqslant k) = \alpha$. 由 F 分布的分位数表, 可知 $k = F_\alpha(n_1 - 1, n_2 - 1)$. 故检验问题 I 的拒绝域为 (图 7.3.1)

$$W = \{F \geqslant F_\alpha(n_1 - 1, n_2 - 1)\}.$$

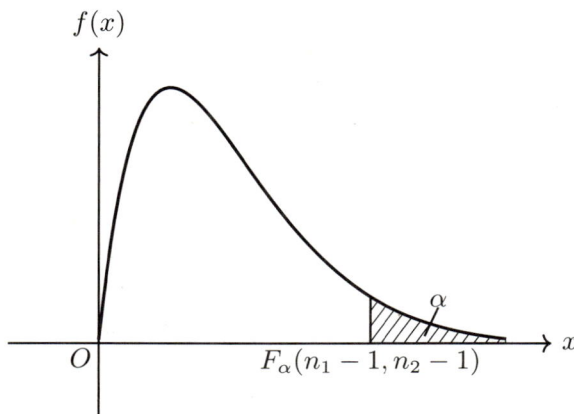

图 7.3.1 问题 I 的拒绝域

检验法则: 根据样本值计算统计量 F 的值, 当 $F \geqslant F_\alpha(n_1 - 1, n_2 - 1)$ 时, 拒绝 H_0; 当 $F < F_\alpha(n_1 - 1, n_2 - 1)$ 时, 接受 H_0.

对于式 (7.3.7) 所示的检验问题 II: $H_0 : \sigma_1^2 \geqslant \sigma_2^2 \longleftrightarrow H_1 : \sigma_1^2 < \sigma_2^2$, 与检验问题 I 的讨论完全类似, 仍选择式 (7.3.9) 中的 F 作为检验统计量, 于是拒绝域为 (图 7.3.2)

$$W = \{F \leqslant F_{1-\alpha}(n_1 - 1, n_2 - 1)\}.$$

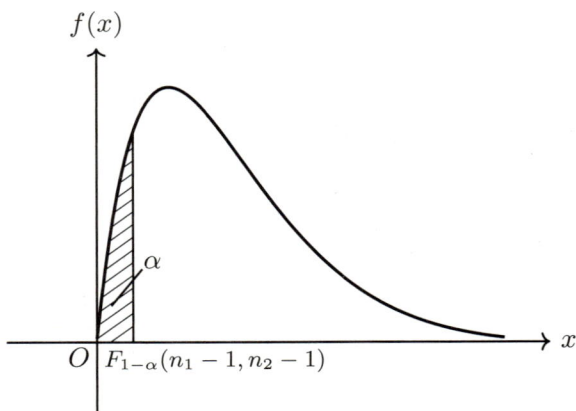

图 7.3.2　问题 II 的拒绝域

对于式 (7.3.8) 所示的检验问题 III: $H_0 : \sigma_1^2 = \sigma_2^2 \longleftrightarrow H_1 : \sigma_1^2 \neq \sigma_2^2$, 拒绝域为 (图 7.3.3)

$$W = \{F \leqslant F_{1-\alpha/2}(n_1 - 1, n_2 - 1) \text{ 或 } F \geqslant F_{\alpha/2}(n_1 - 1, n_2 - 1)\}.$$

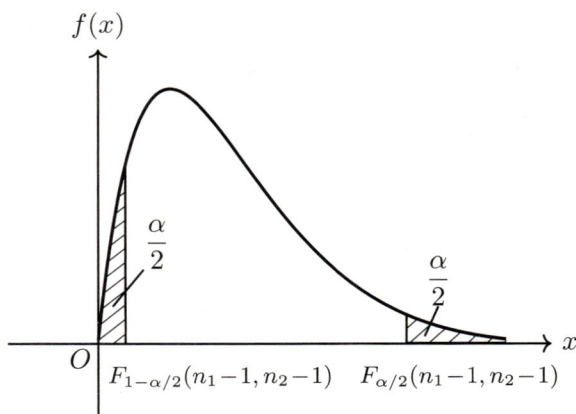

图 7.3.3　问题 III 的拒绝域

以上三类检验问题, 采用的都是 F 分布的统计量作为检验统计量, 所以此检验方法也称为 F 检验法.

例 7.3.4 为比较不同季节出生的女婴体重的方差, 从某年 12 月和 6 月出生的女婴中分别随机地抽取 6 名及 10 名, 测得体重如下 (单位: g):

12 月: 3520　2960　2560　2960　3260　3960

6 月: 3220　3220　3760　3000　2920　3740　3060　3080　2940　3060

假定新生女婴体重服从正态分布, 问新生女婴体重的方差是否是 "冬季的比夏季的小"? ($\alpha = 0.05$.)

解 设冬季、夏季新生女婴的体重分别服从 $N(\mu_1, \sigma_1^2)$, $N(\mu_2, \sigma_2^2)$. 提出假设

$$H_0 : \sigma_1^2 \geqslant \sigma_2^2 \longleftrightarrow H_1 : \sigma_1^2 < \sigma_2^2,$$

检验统计量 $F = \dfrac{S_1^2}{S_2^2} \sim F(n_1 - 1, n_2 - 1)$, 故拒绝域为 $W = \{F \leqslant F_{1-\alpha}(n_1 - 1, n_2 - 1)\}$. 本例中 $n_1 = 6, n_2 = 10$, 于是对检验的显著性水平 $\alpha = 0.05$, 查 F 分布表, 得 $F_{0.95}(5, 9) = \dfrac{1}{F_{0.05}(9, 5)} = \dfrac{1}{4.77} = 0.2096$. 由样本值计算得

$$s_1^2 = 241666.667, \quad s_2^2 = 93955.556$$

检验统计量的值

$$F = \frac{241666.667}{93955.556} = 2.5721 > 0.2096,$$

所以接受 H_0, 不能认为女婴体重的方差是 "冬季比夏季的小".

例 7.3.5 某厂使用两种不同的原料生产同一类型产品, 随机选取使用原料 A 生产的样品 26 件, 测得其平均质量为 2.36 kg, 样本标准差为 0.57 kg. 取使用原料 B 生产的样品 21 件, 测得其平均质量为 2.55 kg, 样本标准差为 0.48 kg. 设产品质量服从正态分布, 两个样本独立. 问能否认为使用原料 B 生产的产品平均质量较使用原料 A 显著大? ($\alpha = 0.05$.)

解 设 X 为使用原料 A 生产的产品质量, Y 为使用原料 B 生产的产品质量, 则 $X \sim N(\mu_1, \sigma_1^2), Y \sim N(\mu_2, \sigma_2^2)$. 由题意提出假设

$$H_0 : \mu_1 \geqslant \mu_2 \longleftrightarrow H_1 : \mu_1 < \mu_2, \tag{7.3.10}$$

为完成此假设检验, 应先对两总体的方差是否相等进行检验. 于是又提出假设

$$H_{00} : \sigma_1^2 = \sigma_2^2 \longleftrightarrow H_{01} : \sigma_1^2 \neq \sigma_2^2,$$

本例中 $n_1 = 26, n_2 = 21$, 于是对 $\alpha = 0.05$, 检验统计量 $F = \dfrac{S_1^2}{S_2^2} \sim F(25, 20)$, 故拒绝域为 $W = \{F \leqslant F_{0.975}(25, 20) \text{ 或 } F \geqslant F_{0.025}(25, 20)\}$. 查 F 分布表得

$$F_{0.025}(25, 20) = 2.40, F_{0.975}(25, 20) = \frac{1}{F_{0.025}(20, 25)} = \frac{1}{2.30} = 0.4348,$$

由样本值计算检验统计量的值

$$F = \frac{0.57^2}{0.48^2} = 1.4102,$$

观测值未落入拒绝域中, 所以接受 H_{00}, 由此可以认为两个总体的方差相等. 下面我们在方差相等的假定下检验式 (7.3.10), 这是一个单侧检验, 检验统计量为

$$T = \frac{\overline{X} - \overline{Y}}{S_w \sqrt{\dfrac{1}{n_1} + \dfrac{1}{n_2}}} \sim t(45),$$

对 $\alpha = 0.05$, $t_{0.95}(45) \approx u_{0.95} = -1.645$, 故拒绝域为 $W = \{T \leqslant t_{0.95}(45)\} = \{T \leqslant -1.645\}$. 由样本值计算得

$$s_w = \sqrt{\frac{25 \times 0.57^2 + 20 \times 0.48^2}{25 + 20}} = 0.5319,$$

$$t = \frac{2.36 - 2.55}{0.5319 \sqrt{\dfrac{1}{26} + \dfrac{1}{21}}} = -1.2175,$$

由于 $t = -1.2175 > -1.645$, 所以接受 H_0, 即使用原料 B 生产的产品平均质量没有显著比使用原料 A 生产的产品平均质量大.

小 节 要 点

1. 掌握两个正态总体均值差、方差比的假设检验的方法和步骤.
2. 学会根据具体情况来确定是单侧检验还是双侧检验, 从而提出假设.
3. 对两个正态总体均值差做假设检验时, 需判断总体方差是否已知, 从而选择正确的检验统计量.

应 记 应 背

检验法	H_0	H_1	检验统计量	拒绝域
U 检验 ($\sigma_1^2,\ \sigma_2^2$ 已知)	$\mu_1 - \mu_2 \leqslant \mu_0$	$\mu_1 - \mu_2 > \mu_0$	$U = \dfrac{(\overline{X} - \overline{Y}) - \mu_0}{\sqrt{\dfrac{\sigma_1^2}{n_1} + \dfrac{\sigma_2^2}{n_2}}}$	$\{U \geqslant u_\alpha\}$
	$\mu_1 - \mu_2 \geqslant \mu_0$	$\mu_1 - \mu_2 < \mu_0$		$\{U \leqslant u_{1-\alpha}\}$
	$\mu_1 - \mu_2 = \mu_0$	$\mu_1 - \mu_2 \neq \mu_0$		$\{|U| \geqslant u_{\alpha/2}\}$
t 检验 ($\sigma_1^2,\ \sigma_2^2$ 未知)	$\mu_1 - \mu_2 \leqslant \mu_0$	$\mu_1 - \mu_2 > \mu_0$	$T = \dfrac{(\overline{X} - \overline{Y}) - \mu_0}{S_w \sqrt{\dfrac{1}{n_1} + \dfrac{1}{n_2}}}$	$\{T \geqslant t_\alpha(n_1 + n_2 - 2)\}$
	$\mu_1 - \mu_2 \geqslant \mu_0$	$\mu_1 - \mu_2 < \mu_0$		$\{T \leqslant t_{1-\alpha}(n_1 + n_2 - 2)\}$
	$\mu_1 - \mu_2 = \mu_0$	$\mu_1 - \mu_2 \neq \mu_0$		$\{|T| \geqslant t_{\alpha/2}(n_1 + n_2 - 2)\}$
F 检验	$\sigma_1^2 \leqslant \sigma_2^2$	$\sigma_1^2 > \sigma_2^2$	$F = \dfrac{S_1^2}{S_2^2}$	$\{F \geqslant F_\alpha(n_1 - 1, n_2 - 1)\}$
	$\sigma_1^2 \geqslant \sigma_2^2$	$\sigma_1^2 < \sigma_2^2$		$\{F \leqslant F_{1-\alpha}(n_1 - 1, n_2 - 1)\}$
	$\sigma_1^2 = \sigma_2^2$	$\sigma_1^2 \neq \sigma_2^2$		$\{F \leqslant F_{1-\alpha/2}(n_1 - 1, n_2 - 1)$ 或 $F \geqslant F_{\alpha/2}(n_1 - 1, n_2 - 1)\}$

✍ 习 题 7.3

1. 欲知某种新血清是否能抑制白细胞过多症，选择已患该病的老鼠 9 只，并将其中的 5 只施予此种血清，另外 4 只则不然. 从实验开始，其存活年限如下表：

接受血清	2.1	5.3	1.4	4.6	0.9
未接受血清	1.9	0.5	2.8	3.1	

假定两总体均服从方差相等的正态分布，试在显著性水平 0.05 下检验此种血清是否有效.

2. 某地某年高考后随机抽取 15 名男生、12 名女生的物理成绩如下：

男生：49 48 47 53 51 43 39 57 56 46 42 44 55 44 40

女生：46 40 32 52 43 36 43 38 48 54 28 34

假定这个地区男女生的物理成绩均服从方差相等的正态分布，问这 27 名学生的成绩能说明男女生的物理成绩不相上下吗？$(\alpha = 0.05.)$

3. 有两台车床生产同一型号的滚珠，根据过去的经验，可以认为这两台车床生产的滚珠的直径都服从正态分布. 现要比较两台车床所生产滚珠的直径的方差，分别抽出 8 个和 9 个样品，测得滚珠直径如下 (单位: mm)：

甲车床：15.0 14.5 15.2 15.5 14.8 15.1 15.3 14.8

乙车床：15.2 15.0 14.8 15.2 15.0 15.0 14.8 15.2 15.2

问乙车床生产的滚珠的直径的方差是否比甲车床的小？$(\alpha = 0.05.)$

进阶练习

4. 一药厂生产一种新的止痛片，厂方希望验证服用新药后至开始起作用的时间间隔较原有止痛片至少缩短一半，因此，厂方提出需检验假设：

$$H_0 : \mu_1 \geqslant 2\mu_2 \longleftrightarrow H_1 : \mu_1 < 2\mu_2,$$

其中 μ_1, μ_2 分别为服用原有止痛片和服用新止痛片后至开始起作用的时间间隔的总体均值. 设两总体均服从正态分布，且方差分别为已知值 σ_1^2, σ_2^2，现分别在两总体中取样 X_1, $X_2, \cdots, X_{n_1}$ 和 $Y_1, Y_2, \cdots, Y_{n_2}$，设两个样本独立. 试给出上述假设 H_0 的拒绝域.$(\alpha = 0.05.)$

5. 为比较正常成年男女所含红细胞的差异，对某地区 152 名成年男性进行测量，其红细胞的样本均值为 465.12(万/mm²)，样本方差为 54.6²；对该地区 76 名成年女性进行测量，其红细胞的样本均值为 424.16(万/mm²)，样本方差为 50.8². 试检验该地区正常男女所含红细胞的平均值是否有差异？$(\alpha = 0.05.)$

本 章 总 结

1. 本章首先着重介绍假设检验的基本思想、基本概念和做假设检验的基本步骤，涉及基本概念包括原假设、备择假设、检验统计量、拒绝域、两类错误、显著性水平、显著性检验等. 检验基本步骤为提出假设、选择检验统计量、根据显著性水平给出拒绝域、根据样本值计算统计量的值并给出检验结论.

2. 在单正态总体中, 考虑总体参数的两个单侧检验问题和一个双侧检验问题, 具体又分为两个部分.

(1) 总体均值的假设检验:

I. 总体方差已知的情形下, 使用 U 检验法;

II. 总体方差未知的情形下, 使用 t 检验法.

(2) 总体方差的假设检验: 在总体均值未知的情形下 (总体均值已知, 方差未知的情形在实际问题中很少见), 使用 χ^2 检验法.

3. 在两个正态总体中, 分别考虑均值差和方差比的两个单侧检验问题和一个双侧检验问题. 具体也分为两个部分.

(1) 两个总体均值差的假设检验:

I. 两个总体方差已知的情形下, 使用 U 检验法;

II. 两个总体方差未知但相等的情形下, 使用 t 检验法.

(2) 两个总体的方差比的假设检验: 在两个总体均值均未知的情形下, 使用 F 检验法.

✍ 总 习 题 7

一、填空题

1. (1995, 数四) 设 $X_1, X_2, \cdots, X_n$ 是来自正态总体 $N(\mu, \sigma^2)$ 的简单随机样本, 其中参数 μ, σ^2 未知, 记 $\overline{X} = \dfrac{1}{n} \sum_{i=1}^{n} X_i$, $Q^2 = \sum_{i=1}^{n} (X_i - \overline{X})^2$, 则假设 $H_0 : \mu = 0$ 的 t 检验使用的统计量 $T = ($　$)$.

二、选择题

2. (2018, 数一) 设总体 X 服从正态分布 $N(\mu, \sigma^2)$, $X_1, X_2, \cdots, X_n$ 是来自总体 X 的简单随机样本, 据此检验假设 $H_0 : \mu = \mu_0 \longleftrightarrow H_1 : \mu \neq \mu_0$, 则 ($\quad$).

(A) 如果在显著性水平 $\alpha = 0.05$ 下拒绝 H_0, 那么在显著性水平 $\alpha = 0.01$ 下必拒绝 H_0;

(B) 如果在显著性水平 $\alpha = 0.05$ 下拒绝 H_0, 那么在显著性水平 $\alpha = 0.01$ 下必接受 H_0;

(C) 如果在显著性水平 $\alpha = 0.05$ 下接受 H_0, 那么在显著性水平 $\alpha = 0.01$ 下必拒绝 H_0;

(D) 如果在显著性水平 $\alpha = 0.05$ 下接受 H_0, 那么在显著性水平 $\alpha = 0.01$ 下必接受 H_0.

3. (2021, 数一) 设 $X_1, X_2, \cdots, X_{16}$ 是来自正态总体 $N(\mu, 2^2)$ 的简单随机样本, 考虑假设检验问题 $H_0 : \mu \leqslant 10 \longleftrightarrow H_1 : \mu > 10$. $\Phi(x)$ 表示标准正态分布函数, 若该检验问题的拒绝域为 $W = \{\overline{X} \geqslant 11\}$, 其中 $\overline{X} = \dfrac{1}{16} \sum_{i=1}^{16} X_i$, 则当 $\mu = 11.5$ 时, 该检验犯第二类错误的概率为 ($\quad$).

(A) $1 - \Phi(0.5)$;　　　(B) $1 - \Phi(1)$;　　　(C) $1 - \Phi(1.5)$;　　　(D) $1 - \Phi(2)$.

4. (2025, 数一) 设 $X_1, X_2, \cdots, X_n$ 是来自正态总体 $N(\mu, 2)$ 的简单随机样本, 记 $\overline{X} = \frac{1}{n} \sum_{i=1}^{n} X_i$, u_α 表示标准正态分布的上 α 分位数, 假设检验问题 $H_0: \mu \leqslant 1 \longleftrightarrow H_1: \mu > 1$ 的显著性为 α 的检验的拒绝域为 (   ).

(A) $\left\{ (X_1, X_2, \cdots, X_n) | \overline{X} > 1 + \frac{2}{n} u_\alpha \right\}$;

(B) $\left\{ (X_1, X_2, \cdots, X_n) | \overline{X} > 1 + \frac{\sqrt{2}}{n} u_\alpha \right\}$;

(C) $\left\{ (X_1, X_2, \cdots, X_n) | \overline{X} > 1 + \frac{2}{\sqrt{n}} u_\alpha \right\}$;

(D) $\left\{ (X_1, X_2, \cdots, X_n) | \overline{X} > 1 + \sqrt{\frac{2}{n}} u_\alpha \right\}$.

第 8 章　方差分析与回归分析

【本章学习目标】

1. 了解单因素方差分析的背景和适用条件, 掌握单因素方差分析方法.

2. 了解一元线性回归的背景, 掌握最小二乘估计方法及回归方程的显著性检验方法, 并会利用回归方程进行预测.

【课前导读】

我们在第 7 章学习了两正态总体均值是否相等的检验, 本章学习多正态总体均值是否相等的检验, 此内容是第 7 章内容的推广和深化, 另外, 我们还将学习一元线性回归模型的概念和分析方法, 它们都涉及估计和检验的基本概念, 此外, 需要注意以下几个知识点.

(1) 设总体 X 的期望和方差均存在, 且 $X_1, X_2, \cdots, X_n$ 为 X 的样本, 则 X 的期望和方差的矩估计分别为

$$\overline{X} = \frac{1}{n} \sum_{i=1}^{n} X_i, S^2 = \frac{1}{n-1} \sum_{i=1}^{n} (X_i - \overline{X})^2.$$

在本章中, 我们把 $\sum_{i=1}^{n} (X_i - \overline{X})^2$ 称为数据 $X_1, X_2, \cdots, X_n$ 的偏差平方和, 换言之, S^2 为偏差平方和除以 $n-1$.

(2) 相互独立的正态随机变量的线性组合仍为正态随机变量: 设 $X_1, X_2, \cdots, X_n$ 为相互独立的随机变量, 且 $X_i \sim N(\mu_i, \sigma_i^2), 1 \leqslant i \leqslant n$, 则 $\sum_{i=1}^{n} a_i X_i \sim N\left(\sum_{i=1}^{n} a_i \mu_i, \sum_{i=1}^{n} a_i^2 \sigma_i^2\right)$, 其中 $a_1, a_2, \cdots, a_n$ 为常数;

(3) 如果 $X_1, X_2, \cdots, X_n$ 相互独立且有共同的分布 $N(\mu, \sigma^2)$, 则 $\overline{X} \sim N\left(\mu, \frac{\sigma^2}{n}\right)$, $\frac{(n-1)S^2}{\sigma^2} \sim \chi^2(n-1)$ 且 $\overline{X}$ 与 S^2 相互独立.

方差分析 (analysis of variance, ANOVA) 是一种用于检验多个总体均值是否存在显著差异的统计方法, 检验的结果有显著和不显著两种, 如果不显著, 可以认为总体均值相同, 否则说明总体的均值存在差异, 所以方差分析被广泛应用于不同总体的比较. 例如, 比较不同班级的学生某门课程的 (平均) 成绩, 比较不同药物的疗效, 比较不同新能源车的性能, 比较不同学习或者教学方法的效果, 等等.

回归分析是研究变量之间的关系并由此对变量进行预测和控制的一种统计工具. 例如, 父辈和子辈身高或者智商之间的关系, 粮食产量与施肥量的关系, 生产力提高与生活水平提升的关系, 新能源车的价格与电池的续航能力的关系, 等等.

本章学习单因素方差分析和一元线性回归, 为进一步学习多因素方差分析和多元线性回归打下基础.

8.1 单因素方差分析

8.1.1 问题提出与方差分析模型

方差分析中把考察的对象的某种特征称为指标. 例如, 比较不同班级的学生某门课程的成绩中的成绩; 影响指标的条件称为因素 (又称**因子**), 如此例中的班级; 因素的不同状态称为水平, 如此例中的不同班级就是不同的水平; 如果影响指标的因素只有 1 个, 如此例中仅仅班级这个因素, 就称为单因素方差分析, 如果多于 1 个因素, 如此例中如果除了班级外, 还要考虑性别, 就变成多因素方差分析.

例 8.1.1 某果树研究所在提高果树结果量 (即结果的总重量, 单位: kg) 的研究中, 提出三种施肥方案: A_1 为施肥方案一, A_2 为施肥方案二, A_3 为施肥方案三. 为比较三种施肥方案的效果, 选取 30 棵果树随机分为三组, 每组使用相应的施肥方案, 果树收获时观察它们的结果量. 试验结果如表 8.1.1 所示.

表 8.1.1   各种施肥方案下果树结果量数据

施肥方案 A	结果量										
A_1	100	101	103	98	101	95	98	102	99		
A_2	110	109	108	111	109	108	112	101	103	112	107
A_3	101	102	99	100	102	100	103	98	103	99	

在例 8.1.1 中, 我们要比较的是三种施肥方案对果树的结果量的作用是否相同. 施肥方案为因素, 记为 A, 三种不同的施肥方案称为因素 A 的三个水平, 记为 A_1, A_2, A_3, 每个水平对应一个总体, 使用施肥方案 A_i 时第 j 颗果树的结果量用 y_{ij} 表示, $i = 1,2,3$, $j = 1,2,\cdots,n_i$, $n_1 = 9, n_2 = 11, n_3 = 10$, $\{y_{ij}\}$ 为方差分析时用到的数据 (样本), 换言之, $y_{ij}, j = 1,2,3,\cdots,n_i$ 为总体 A_i 下的样本, 这些样本合在一起构成方差分析的总样本, 我们的主要目的是通过方差分析方法比较三种不同施肥方案下果树的平均结果量是否相等. 由于方差分析通常用于比较不同水平或者试验方案下的平均结果是否相等, 故方差分析中的数据也被称为试验数据.

方差分析方法依赖于方差分析模型 (即方差分析的适用条件), 模型中对总体和样本有一些要求, 要点是总体服从正态分布且每个总体的方差相同, 且样本相互独立.

在单因素试验中, 记因子为 A, 设其有 r 个水平, 记为 $A_1, A_2, \cdots, A_r$, 在每一水平下考察的指标可以看成一个总体, 现有 r 个水平, 故有 r 个总体, $y_{ij}, j = 1,2,\cdots,n_i$ 为总体 A_i 的样本, $i = 1,2,\cdots,r$. **单因素方差分析模型**假定:

(1) 每一总体均服从同方差的正态分布, 记为 $N(\mu_i, \sigma^2), i = 1, \cdots, r$;

(2) 样本 $\{y_{ij}, i = 1,2,\cdots,r; j = 1,2,\cdots,n_i\}$ 相互独立.

可以利用正态性检验和方差齐次性验证第一个条件, 试验结果 y_{ij} 的独立性可由随机化试验实现.

由假设 $y_{ij} \sim N(\mu_i, \sigma^2)$ 知 $y_{ij} - \mu_i \sim N(0, \sigma^2)$, 记 $\varepsilon_{ij} = y_{ij} - \mu_i$, 称 ε_{ij} 为随机误差. 于是有

$$y_{ij} = \mu_i + \varepsilon_{ij},$$

故单因素方差分析模型变为

$$\begin{cases} y_{ij} = \mu_i + \varepsilon_{ij}, \, i = 1, 2, \cdots, r, \, j = 1, 2, \cdots, n_i; \\ \text{诸 } \{\varepsilon_{ij}\} \text{ 相互独立, 且都服从 } N(0, \sigma^2). \end{cases}$$

方差分析的目标之一是检验各水平下的均值是否相等, 即检验如下假设:

$$H_0: \mu_1 = \mu_2 = \cdots = \mu_r, \tag{8.1.1}$$

其备择假设为

$$H_1: \mu_1, \mu_2, \cdots, \mu_r \text{ 不全相等},$$

在不会引起误解的情况下, 备择假设可省略不写.

如果 H_0 成立, 因子 A 的 r 个水平均值相等, 称因子 A 的 r 个水平间没有显著差异, 简称因子 A **不显著**; 反之, 当 H_0 不成立时, 因子 A 的 r 个水平均值不全相等, 这时称因子 A 的不同水平间有显著差异, 简称因子 A **显著**.

方差分析还有一个目标是给出模型中参数 $\mu_1, \mu_2, \cdots, \mu_r, \sigma^2$ 的估计, 本章主要介绍检验方法.

为了更详细地描述数据, 常在方差分析中引入总均值与效应的概念. 设总样本容量为 n, 即 $n = \sum\limits_{i=1}^{r} n_i$, 称各 μ_i 的加权平均值

$$\mu = \frac{1}{n}(n_1 \mu_1 + \cdots + n_r \mu_r) = \frac{1}{n} \sum_{i=1}^{r} n_i \mu_i \tag{8.1.2}$$

为总均值, 称第 i 水平下的均值 μ_i 与总均值 μ 的差

$$a_i = \mu_i - \mu \tag{8.1.3}$$

为因子 A 的第 i 水平 A_i 的效应, $i = 1, 2, \cdots, r$.

容易看出,

$$\sum_{i=1}^{r} n_i a_i = 0, \tag{8.1.4}$$

$$\mu_i = \mu + a_i, \tag{8.1.5}$$

这表明所有效应的加权和为 0, 且第 i 个总体均值是由总均值与该水平的效应叠加而成的, 从而单因素方差分析模型可以改写为

$$\begin{cases} y_{ij} = \mu + a_i + \varepsilon_{ij}, \quad i = 1, 2, \cdots, r, \, j = 1, 2, \cdots, n_i; \\ \sum\limits_{i=1}^{r} n_i a_i = 0; \\ \{\varepsilon_{ij}\} \text{ 相互独立, 且都服从 } N(0, \sigma^2). \end{cases} \tag{8.1.6}$$

假设式 (8.1.1) 可改写为

$$H_0: a_1 = a_2 = \cdots = a_r = 0, \tag{8.1.7}$$

相应的备择假设为

$$H_1: a_1, a_2, \cdots, a_r \text{ 不全为 } 0,$$

也就是说, 各水平下的均值相等等价于各水平下的效应均为 0.

8.1.2 偏差平方和分解

设 $\overline{y}$ 为总样本均值, 即

$$\overline{y} = \frac{1}{n} \sum_{i=1}^{r} \sum_{j=1}^{n_i} y_{ij},$$

各 y_{ij} 与 $\overline{y}$ 的偏差为 $y_{ij} - \overline{y}$, 其平方为 $(y_{ij} - \overline{y})^2$, 所有的偏差平方相加的结果称为**总偏差平方和**, 用 S_{T} 表示 (字母 S 和 T 的含义分别为 sum 和 total), 即

$$S_{\mathrm{T}} = \sum_{i=1}^{r} \sum_{j=1}^{n_i} (y_{ij} - \overline{y})^2, \tag{8.1.8}$$

总偏差平方和用来度量各个个体之间的差异程度, 它反映了全部数据之间的差异.

用 $\overline{y}_{i\cdot}$ 记水平 A_i (又称第 i 组) 数据的样本均值, 即

$$\overline{y}_{i\cdot} = \frac{1}{n_i} \sum_{j=1}^{n_i} y_{ij}, i = 1, 2, \cdots, r,$$

则数据 y_{ij} 与总平均 $\overline{y}$ 间的偏差 $y_{ij} - \overline{y}$ 可分解为两个偏差之和:

$$y_{ij} - \overline{y} = (y_{ij} - \overline{y}_{i\cdot}) + (\overline{y}_{i\cdot} - \overline{y}),$$

于是将总偏差平方和分解为

$$
\begin{aligned}
S_{\mathrm{T}} &= \sum_{i=1}^{r} \sum_{j=1}^{n_i} (y_{ij} - \overline{y})^2 = \sum_{i=1}^{r} \sum_{j=1}^{n_i} [(y_{ij} - \overline{y}_{i\cdot}) + (\overline{y}_{i\cdot} - \overline{y})]^2 \\
&= \sum_{i=1}^{r} \sum_{j=1}^{n_i} (y_{ij} - \overline{y}_{i\cdot})^2 + \sum_{i=1}^{r} \sum_{j=1}^{n_i} (\overline{y}_{i\cdot} - \overline{y})^2 + 2 \sum_{i=1}^{r} \sum_{j=1}^{m} (y_{ij} - \overline{y}_{i\cdot})(\overline{y}_{i\cdot} - \overline{y}) \\
&= \sum_{i=1}^{r} \sum_{j=1}^{n_i} (y_{ij} - \overline{y}_{i\cdot})^2 + \sum_{i=1}^{r} \sum_{j=1}^{n_i} (\overline{y}_{i\cdot} - \overline{y})^2 \\
&= \sum_{i=1}^{r} \sum_{j=1}^{n_i} (y_{ij} - \overline{y}_{i\cdot})^2 + \sum_{i=1}^{r} n_i (\overline{y}_{i\cdot} - \overline{y})^2 \\
&= S_{\mathrm{e}} + S_{\mathrm{A}},
\end{aligned}
$$

其中

$$S_e = \sum_{i=1}^{r} \sum_{j=1}^{n_i} (y_{ij} - \overline{y}_{i\cdot})^2, S_A = \sum_{i=1}^{r} n_i (\overline{y}_{i\cdot} - \overline{y})^2.$$

S_A 和 S_e 分别称为**组间 (偏差) 平方和**和**误差 (偏差) 平方和** (字母 A 和 e 的含义分别为 among 和 error), 组间 (偏差) 平方和又称因素 A 的偏差平方和, 误差 (偏差) 平方和又称组内 (偏差) 平方和.

在进行方差分析的过程中, 需要计算出总偏差平方和、组间 (偏差) 平方和及误差 (偏差) 平方和, 除了上述定义中的计算公式外, 还常用下列公式计算

$$\begin{cases} S_T = \sum_{i=1}^{r} \sum_{j=1}^{n_i} y_{ij}^2 - \dfrac{1}{n} \left(\sum_{i=1}^{r} \sum_{j=1}^{n_i} y_{ij} \right)^2, \\ S_A = \sum_{i=1}^{r} \left[\dfrac{1}{n_i} \left(\sum_{j=1}^{n_i} y_{ij} \right)^2 \right] - \dfrac{1}{n} \left(\sum_{i=1}^{r} \sum_{j=1}^{n_i} y_{ij} \right)^2, \\ S_e = S_T - S_A. \end{cases} \tag{8.1.9}$$

8.1.3 检验方法

在给出检验方法之前, 我们需要知道各个偏差平方和的分布.

定理 8.1.1 在单因素方差分析模型式 (8.1.6) 下, 如果 H_0 成立, 则有

(1) $S_T/\sigma^2 \sim \chi^2(n-1)$;

(2) $S_e/\sigma^2 \sim \chi^2(n-r)$;

(3) $S_A/\sigma^2 \sim \chi^2(r-1)$;

(4) S_A 与 S_e 相互独立.

分析: 为证明上述结论, 我们需要如下正态总体的抽样分布和卡方分布的性质: ① 如果 $z_1, z_2, \cdots, z_n$ 独立且有共同的分布 $N(\mu, \sigma^2)$, 则 $\dfrac{1}{\sigma^2} \sum_{i=1}^{n} (z_i - \overline{z})^2 \sim \chi^2(n-1)$ 且 $\dfrac{1}{\sigma^2} \sum_{i=1}^{n} (z_i - \overline{z})^2$ 与 $\overline{z}$ 独立, 其中 $\overline{z} = \dfrac{1}{n} \sum_{i=1}^{n} z_i$; ② 如果 $X \sim \chi^2(k), Y \sim \chi^2(m)$ 且 X 与 Y 独立, 则 $X + Y \sim \chi^2(k+m)$; ③ 如果 X 与 Y 独立, $X \sim \chi^2(k), X + Y \sim \chi^2(k+m)$, 则 $Y \sim \chi^2(m)$. 前面两个结论在本书的第 5 章有证明, 我们在这里仅证明 ③: 用 $\phi_X(t)$ 记随机变量 X 的特征函数, 由 X 与 Y 独立知 $\phi_{X+Y}(t) = \phi_X(t)\phi_Y(t)$, 又 $\phi_X(t) = (1 - 2it)^{-k/2}, \phi_{X+Y}(t) = (1 - 2it)^{-(k+m)/2}$, 故 $\phi_Y(t) = (1 - 2it)^{-m/2}$, 它正好是 $\chi^2(m)$ 的特征函数, 由特征函数的唯一性知, $Y \sim \chi^2(m)$.

证明 首先证明结论 (1). 在 H_0 之下, $y_{ij}, i = 1, 2, \cdots, r, j = 1, 2, \cdots, n_i$ 独立且服从同一个正态分布 $N(\mu, \sigma^2)$, 而 $S_T = \sum_{i=1}^{r} \sum_{j=1}^{n_i} (y_{ij} - \overline{y})^2$ 为上述样本方差的 $n - 1$ 倍, 由正态总体的抽样分布的结论知, $S_T/\sigma^2 \sim \chi^2(n-1)$, 此即结论 (1).

下面证明结论 (2) 和结论 (4). 由于 $S_e = \sum\limits_{i=1}^{r}\sum\limits_{j=1}^{n_i}(y_{ij}-\overline{y}_{i.})^2$, 又 y_{ij}, $i=1,2,\cdots,r$, $j=1,2,\cdots,n_i$ 独立, 故 $\dfrac{1}{\sigma^2}\sum\limits_{j=1}^{n_i}(y_{ij}-\overline{y}_{i.})^2$, $i=1,2,\cdots,r$ 相互独立. 对于给定的 $i(1 \leqslant i \leqslant r)$, $\sum\limits_{j=1}^{n_i}(y_{ij}-\overline{y}_{i.})^2$ 为第 i 个水平 (总体) 下数据的偏差平方和, 由正态总体的抽样分布的结论知 $\dfrac{1}{\sigma^2}\sum\limits_{j=1}^{n_i}(y_{ij}-\overline{y}_{i.})^2$ 的分布为 $\chi^2(n_i-1)$, 由卡方分布的可加性知 $\dfrac{S_e}{\sigma^2} \sim \chi^2(n-r)$, 且有 $E(S_e/\sigma^2) = n-r$, 这就证明了结论 (2). 另外, 由正态总体的抽样分布的结论可知, 对于给定的 $i(1 \leqslant i \leqslant r)$, $\sum\limits_{j=1}^{n_i}(y_{ij}-\overline{y}_{i.})^2$ 与 $\overline{y}_{i.}$ 独立, 又由 y_{ij}, $i=1,2,\cdots,r$, $j=1,2,\cdots,n_i$ 独立知, S_e 与 $\overline{y}_{i.}$, $1 \leqslant i \leqslant r$ 独立, 而 $S_A = \sum\limits_{i=1}^{r} n_i(\overline{y}_{i.}-\overline{y})^2$ 为 $\overline{y}_{i.}$, $1 \leqslant i \leqslant r$ 的函数 $\left(\overline{y} = \dfrac{1}{n}\sum\limits_{i=1}^{r} n_i\overline{y}_{i.}\right)$, 从而 S_A 与 S_e 相互独立, 故结论 (4) 成立.

最后证明结论 (3). 由结论 (1), 结论 (2), 结论 (4), $S_T = S_A + S_e$ 及卡方分布的性质知结论 (3) 成立.

如果组间差异 (用组间平方和反映) 比组内差异 (用组内平方和反映) 大得多, 说明因素的各水平之间有显著差异, 即各个水平代表的总体不能认为是同一个正态总体, 此时认为 H_0 不成立, 我们用比值度量两个量的差异, 即选用统计量

$$F = \frac{S_A/(r-1)}{S_e/(n-r)},$$

作为检验统计量, 由上述定理可知, 在 H_0 成立时, 统计量 F 服从自由度为 $(r-1, n-r)$ 的 F 分布, 即

$$F \sim F(r-1, n-r).$$

给定检验水平 $0 < \alpha < 1$, 由此得到 H_0 的拒绝域为

$$W = \{F \geqslant F_\alpha(r-1, n-r)\}, \tag{8.1.10}$$

其中 $F_\alpha(r-1, n-r)$ 为 $F(r-1, n-r)$ 的 (上侧)α 分位数.

方差分析的基础是建立在上面的各个偏差平方和基础上的, 这些平方和都与样本方差的表达式相似, 这也是方差分析这一术语的出处. 在方差分析的实际操作过程中, 为表述简洁, 我们把 S_T, S_e 和 S_A 统称为平方和, 分开表述为总平方和、组内平方和和组间平方和, 将 $S_T/(n-1)$, $S_e/(n-r)$ 和 $S_A/(r-1)$ 统称为均方和, 可以类似地分开表述, 另外, 我们把 S_T/σ^2, S_A/σ^2 和 S_e/σ^2 的分布的自由度分别称为 S_T, S_A 和 S_e 的自由度, 并且将这些自由度分别记为 f_T, f_A 和 f_e. 通常将上述计算过程列成一张表格, 称为方差分析表, 见表 8.1.2.

表 8.1.2　单因素方差分析表

来源	平方和	自由度	均方和	统计量
因子	S_A	$f_A = r - 1$	$\mathrm{MS}_A = S_A/f_A$	$F = \mathrm{MS}_A/\mathrm{MS}_e$
误差	S_e	$f_e = n - r$	$\mathrm{MS}_e = S_e/f_e$	
总和	S_T	$f_T = n - 1$		

对给定的 α, 可作如下判断:

(1) 如果 $F \geqslant F_\alpha(f_A, f_e)$, 则拒绝 H_0, 说明因子 A 显著;

(2) 若 $F < F_\alpha(f_A, f_e)$, 则接受 H_0, 认为因子 A 不显著.

该检验的 p 值也可利用统计软件求出, 若以 Y 记服从 $F(f_A, f_e)$ 的随机变量, 则检验的 p 值为 $p = P(Y \geqslant F)$, 对给定的 α, 利用 p 值作出如下判断.

(1) 如果 $p > \alpha$, 则接受 H_0, 认为因子 A 不显著;

(2) 若 $p \leqslant \alpha$, 则拒绝 H_0, 说明因子 A 显著.

例 8.1.2　采用例 8.1.1 的数据, 由偏差平方和的公式可以看出, 对数据作同一个线性变换不影响方差分析的结果, 本例中, 我们将原始数据同时减去 100, 并用列表的办法给出计算过程:

表 8.1.3　例 8.1.2 的计算表

水平	数据 (原始数据 -100)											$T_i = \sum\limits_{j=1}^{n_i} y_{ij}$	T_i^2	$\sum\limits_{j=1}^{n_i} y_{ij}^2$
A_1	0	1	3	-2	1	-5	-2	2	-1			-3	9	49
A_2	10	9	8	11	9	8	12	1	3	12	7	90	8100	858
A_3	1	2	-1	0	2	0	3	-2	3	-1		7	49	33
求和												94		940

利用式 (8.1.9), 可算得各偏差平方和为

$$S_T = 940 - \frac{94^2}{30} = 645.47, \qquad f_T = 30 - 1 = 29,$$

$$S_A = \frac{9}{9} + \frac{8100}{11} + \frac{49}{10} - \frac{94^2}{30} = 447.73, \qquad f_A = 3 - 1 = 2,$$

$$S_e = S_T - S_A = 645.47 - 447.73 = 197.74, \qquad f_e = 30 - 3 = 27.$$

把上述平方和及其自由度填入方差分析表, 并计算得到各均方和以及 F 比, 见表 8.1.4.

表 8.1.4　例 8.1.2 的方差分析表

来源	平方和	自由度	均方和	F 比
因子 A	447.73	2	223.87	30.58
误差 e	197.74	27	7.32	
总和	645.47	29		

若取 $\alpha = 0.05$, 则 $F_{0.05}(2, 27) = 3.36$, 由于 $F = 30.58 > 3.36$, 故认为因子 A(施肥方案) 的影响显著, 即三种施肥方案对果树的产量有显著影响.

在因素 A 显著时, 通常还需要对各水平下的均值作参数估计, 在因子 A 不显著情形, 参数估计无须进行. 在因素 A 显著时, 通常用相应水平下的样本均值估计该水平下的平均水平, 即用

$$\hat{\mu}_i = \frac{1}{n_i} \sum_{j=1}^{n_i} y_{ij}$$

估计 $\mu_i, i = 1, 2, \cdots, r$. 例如, 在例 8.1.2 中, 由表 8.1.3 可知, 各个水平 A_1, A_2 和 A_3 下的平均产量的估计值分别为 $100 - \dfrac{3}{9} = 99.67, 100 + \dfrac{90}{11} = 108.8$ 和 $100 + \dfrac{7}{10} = 100.7$.

小 节 要 点

1. 单因素方差分析 (ANOVA) 是一种用于比较三个或三个以上总体均值差异的统计方法, 目的是检验一个因素的不同水平是否对指标产生显著影响, 适用条件: 各样本之间相互独立, 各水平的观测值均来自正态分布的总体且各水平的总体方差相等.

2. 方差分析的步骤:

(1) 确定假设: $H_0 : \mu_1 = \mu_2 = \cdots = \mu_r$.

(2) 计算 (偏差) 平方和: S_T, S_e 和 S_A, 并得到方差分析表:

来源	平方和	自由度	均方和	统计量
因子	S_A	$f_A = r - 1$	$\mathrm{MS}_A = S_A/f_A$	$F = \mathrm{MS}_A/\mathrm{MS}_e$
误差	S_e	$f_e = n - r$	$\mathrm{MS}_e = S_e/f_e$	
总和	S_T	$f_T = n - 1$		

(3) 最后给出结论: 如果 $F \geqslant F_\alpha(f_A, f_e)$, 则拒绝 H_0, 否则接受 H_0.

应 记 应 背

1. 方差分析的背景、适用条件和实施步骤.

2. 单因素方差分析表.

✍习 题 8.1

1. 用三种工艺生产一种芯片, 设每种工艺生产芯片的合格品率服从同方差的正态分布, 各工艺和批次芯片的合格品率数据如下:

工艺	数据			
1	80%	85%	75%	82%
2	85%	90%	90%	92%
3	82%	85%	77%	

试在显著性水平 $\alpha = 0.05$ 下对工艺是否显著作出检验.

2. 某食用油加工厂试验三种榨油方法对出油率有无显著影响, 得到不同批次的出油率数据如下表:

榨油方法	出油率数据				
A_1	73%	80%	76%	84%	
A_2	54%	74%	71%	69%	60%
A_3	79 %	75%	70%	80%	60%

假定各种方法的出油率服从正态分布, 且方差相等, 试在 $\alpha = 0.05$ 水平下检验这三种方法对出油率有无显著影响.

8.2　一元线性回归

8.2.1　变量之间的两类关系

变量间常见的关系有两类, 一类称为**确定性关系**: 这些变量间的关系完全是已知的, 可以用函数 $y = f(x)$ 来表示, x(可以是向量) 给定后, y 的值就唯一确定了, 如直角三角形的面积 S 与两个直角边边长 a, b 之间有关系 $S = \frac{1}{2}ab$, 电路中的电压 V 与电流和电阻 I, R 之间的关系 $V = IR$ 等.

另一类称为**相关关系**, 虽然可以看出变量间有关系, 但是这种关系不能用函数来表示, 如人的身高 x 与体重 y, 两者间有相关关系, 一般而言, 身高较高的人体重也较重, 但是同样身高的人的体重也可以是不同的, 这样 y 就不能表示成 x 的函数, 但医学上利用这两个变量间的相关关系, 给出了一些经验指标, 如用体质指数 (body mass index, BMI) 指数来确定一个人是否"过重"或"过轻"; 另外, 人的脚掌的长度 x 与身高 y, 两者间也有相关关系, 公安机关在破案时, 常根据案犯留下的脚印来推测罪犯的身高.

变量间的相关关系不能用完全确切的函数形式表示, 但在平均意义下有一定的定量关系表达式, 寻找这种定量关系表达式就是回归分析的主要任务. 回归分析是研究变量间相关关系的一门学科, 通过对客观世界中变量的大量观察或试验获得的数据, 去寻找隐藏在数据背后的相关关系, 给出它们的表达形式——回归函数的估计. 例如, 变量 y 和 x 之间虽然没有确定的函数关系, 但可能是 y 为随机变量 (我们假定 x 为可控变量, 即为非随机变量), $E(y)$ 就是非随机变量, 如果认为 $E(y)$ 与 x 之间有函数关系: $E(y) = m(x)$, 这样就可以通过 x 的值预测 y 的值, 这个预测值就是 y 的平均值, 即预测值回归到均值. 回归分析的思想渗透到数理统计的其他分支, 并在实际中被广泛应用.

回归起源于英国生物学家兼统计学家高尔顿, 早在 19 世纪, 高尔顿在研究父与子身高的遗传问题时, 观察了 1078 对父与子, 用 x 表示父亲身高 (单位: 英寸; 1 英寸为 2.54 厘米), y 表示成年儿子的身高 (单位: 英寸), 发现将 (x, y) 放在直角坐标系中, 这 1078 个点基本在一条直线附近, 并求出了该直线的方程 $E(y) = 33.73 + 0.516x$, 通过方程进行预测发现: 高个子父辈有生高个子儿子的趋势, 但高个子父辈的儿子们的平均高度要低于父辈的平均高度, 同时, 低个子父辈的儿子们虽为低个子, 但是其平均身高要比父辈高一些, 即子代的预测高度向中心 (均值) 回归.

8.2.2 一元线性回归模型

设有两个变量 y 和 x, 且假定 x 为可控变量 (非随机变量), 而 y 为随机变量, 称 x 为**自变量** (协变量), y 为**因变量** (响应变量). 在实际应用中, 自变量和因变量的选取原则是因变量为主要变量, 或者目标变量, 而自变量则是影响因变量的因素, 例如, 如果我们关心的是粮食产量及其影响因素 (如施肥量和农药使用量等), 则将粮食产量设为因变量, 而施肥量和农药使用量则为自变量, 假设 y 和 x 间有相关关系, 如果它们均为非随机变量, 我们希望用函数关系表示它们之间的关系: $y = m(x)$, 但在 y 为随机变量时, 需要考虑随机因素的影响, 故引入如下模型:

$$y = m(x) + \varepsilon, E(\varepsilon) = 0, \tag{8.2.1}$$

由此模型易知:

$$E(y) = m(x), \tag{8.2.2}$$

另外, 如果 $E(y) = m(x)$, 我们用 ε 记 $y - m(x)$, 则可得到式 (8.2.1), 因此模型式 (8.2.1) 和式 (8.2.2) 本质上是一样的. 在模型式 (8.2.1) 中, 称 ε 为模型误差, $m(x)$ 为回归函数, 并且称此模型为回归模型, 在进行回归分析时首先是回归函数形式的选择, 如果 $m(x)$ 是 x 的线性函数, 即 $m(x) = \beta_0 + \beta_1 x$, 则称此模型为线性 (回归) 模型, 在实际应用中, 当只有一个自变量 (即 $x \in R$) 时, 通常可采用画散点图的方法对回归函数的形式进行选择, 具体见下例.

例 8.2.1 在医药试验中, 人们发现某种药品用量 x 与空腹血糖值 y 有关, 需要解决的问题是

(1) 已知药用量, 如何预测血糖值?

(2) 为了把血糖控制在一定范围内, 应该如何控制药用量?

为解决这类问题就需要研究两个变量间的关系, 首先是收集数据, 我们把收集到的数据记为 (x_i, y_i), $i = 1, 2, \cdots, n$. 本例中, 我们收集到 12 组数据, 列于表 8.2.1 中.

表 8.2.1 血糖 y 与用药量 x 的数据

序号	x	y	序号	x	y
1	0.10	4.2	7	0.16	4.9
2	0.11	4.3	8	0.17	5.3
3	0.12	4.5	9	0.18	5.4
4	0.13	4.5	10	0.19	5.4
5	0.14	4.5	11	0.20	5.5
6	0.15	4.7	12	0.21	5.6

为找出两个变量间存在的回归函数的形式, 可以画一张图: 把每一对数 (x_i, y_i) 看成直角坐标系中的一个点, 在图上画出 n 个点, 称这张图为散点图, 如图 8.2.1 所示.

从散点图我们发现 12 个点基本在一条直线附近, 这说明两个变量之间有一个线性相关关系, 若记 y 轴方向上的误差为 ε, y 与 x 的相关关系可以表示为

$$y = \beta_0 + \beta_1 x + \varepsilon. \tag{8.2.3}$$

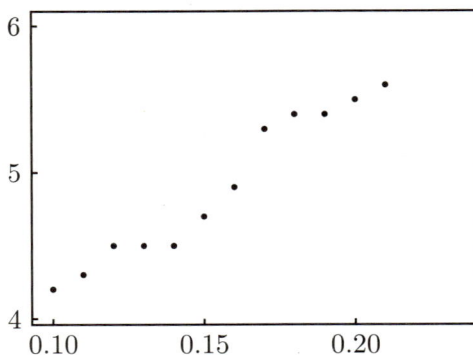

图 8.2.1 血糖及用药量的散点图

这就是 y 关于 x 的一元线性回归模型. 本节假定 x 为非随机变量, 其值是可以精确测量或严格控制的, β_0, β_1 为未知参数, β_1 是直线的斜率, 它表示 x 每增加一个单位时 $E(y)$ 的增加量. ε 是随机误差, 通常假定

$$E(\varepsilon) = 0, D(\varepsilon) = \sigma^2. \tag{8.2.4}$$

在对未知参数进行区间估计或假设检验时, 还需要假定误差服从正态分布, 故

$$y \sim N(\beta_0 + \beta_1 x, \sigma^2). \tag{8.2.5}$$

由于 β_0, β_1 均未知, 需要我们从收集到的数据 $(x_i, y_i), i = 1, 2, \cdots, n$ 出发进行估计, 在收集数据时, 我们一般要求观察独立地进行, 即假定 $y_1, y_2, \cdots, y_n$ 相互独立.

综上所述, 我们可以给出最简单、常用的一元线性回归模型:

$$\begin{cases} y_i = \beta_0 + \beta_1 x_i + \varepsilon_i, & i = 1, 2, \cdots, n; \\ \{\varepsilon_i\} \ \text{独立同分布, 其分布为} N(0, \sigma^2), \end{cases} \tag{8.2.6}$$

其中 β_0, β_1 和 σ^2 均未知, β_0, β_1 为回归系数, ε 为模型误差, σ^2 为误差方差. 特别注意, $(x_i, y_i), i = 1, 2, \cdots, n$ 是观察到的数据, $\varepsilon_i, i = 1, 2, \cdots, n$ 为不可观测的随机变量序列, 我们称其为随机误差序列, 或者称为模型误差序列.

由数据 $(x_i, y_i), i = 1, 2, \cdots, n$, 可以获得 β_0, β_1 的估计 $\hat{\beta}_0, \hat{\beta}_1$, 称

$$\hat{y} = \hat{\beta}_0 + \hat{\beta}_1 x, \tag{8.2.7}$$

为 y 关于 x 的经验回归函数, 或称为回归方程, 其图形称为回归直线. 给定 $x = x_0$ 后, 称 $\hat{y}_0 = \hat{\beta}_0 + \hat{\beta}_1 x_0$ 为自变量为 x_0 时的回归值 (在不同场合也称其为拟合值、预测值等).

8.2.3　回归系数的最小二乘估计

给定样本 $(x_i, y_i), i = 1, 2, \cdots, n$, 设 $\hat{\beta}_0, \hat{\beta}_1$ 为回归系数 β_0, β_1 的估计值, 我们自然希望样本点的估计值与观察值的偏离度比较小, 对每个 x_i, $\delta_i = y_i - \hat{y}_i = y_i - (\hat{\beta}_0 + \hat{\beta}_1 x_i)$ 刻画

了第 i 个样本点处的偏离度, 为了消除正负偏离度相互抵消的影响, 我们将偏离度平方并求和得到总的样本偏离度为

$$\sum_{i=1}^{n} \delta_i^2 = \sum_{i=1}^{n} (y_i - \hat{y}_i)^2 = \sum_{i=1}^{n} \{y_i - (\hat{\beta}_0 + \hat{\beta}_1 x_i)\}^2.$$

我们把使得上述总偏离度达到最小的 $\hat{\beta}_0, \hat{\beta}_1$ 称为 β_0, β_1 的最小二乘估计, 换言之, 下述 (目标) 函数

$$Q(\beta_0, \beta_1) = \sum_{i=1}^{n} (y_i - \beta_0 - \beta_1 x_i)^2,$$

的最小值点 $\hat{\beta}_0, \hat{\beta}_1$ 称为 β_0, β_1 的最小二乘估计 (least squares estimate, LSE).

由于 Q 对 β_0, β_1 的导数存在, 故可以通过求奇异点的方法求 LSE , 为此通过求偏导数并令其为 0 得

$$\begin{cases} \dfrac{\partial Q}{\partial \beta_0} = -2 \sum_{i=1}^{n} (y_i - \beta_0 - \beta_1 x_i) = 0, \\ \dfrac{\partial Q}{\partial \beta_1} = -2 \sum_{i=1}^{n} (y_i - \beta_0 - \beta_1 x_i) x_i = 0, \end{cases} \tag{8.2.8}$$

这组方程称为 **正规方程组**, 整理得

$$\begin{cases} n\beta_0 + \left(\sum\limits_{i=1}^{n} x_i \right) \beta_1 = \sum\limits_{i=1}^{n} y_i, \\ \left(\sum\limits_{i=1}^{n} x_i \right) \beta_0 + \left(\sum\limits_{i=1}^{n} x_i^2 \right) \beta_1 = \sum\limits_{i=1}^{n} x_i y_i. \end{cases} \tag{8.2.9}$$

解上述正规方程得 LSE 如下:

$$\begin{cases} \hat{\beta}_0 = \dfrac{\left(\sum\limits_{i=1}^{n} y_i \right) \left(\sum\limits_{i=1}^{n} x_i^2 \right) - \left(\sum\limits_{i=1}^{n} x_i \right) \left(\sum\limits_{i=1}^{n} x_i y_i \right)}{n \left(\sum\limits_{i=1}^{n} x_i^2 \right) - \left(\sum\limits_{i=1}^{n} x_i \right)^2}, \\[4mm] \hat{\beta}_1 = \dfrac{n \left(\sum\limits_{i=1}^{n} x_i y_i \right) - \left(\sum\limits_{i=1}^{n} x_i \right) \left(\sum\limits_{i=1}^{n} y_i \right)}{n \left(\sum\limits_{i=1}^{n} x_i^2 \right) - \left(\sum\limits_{i=1}^{n} x_i \right)^2}. \end{cases} \tag{8.2.10}$$

为了方便记忆, 我们引入下列记号:

$$\overline{x} = \frac{1}{n} \sum_{i=1}^{n} x_i, \quad \overline{y} = \frac{1}{n} \sum_{i=1}^{n} y_i,$$

$$l_{xy} = \sum_{i=1}^{n}(x_i - \overline{x})(y_i - \overline{y}) = \sum_{i=1}^{n} x_i y_i - n\overline{x} \cdot \overline{y} = \sum_{i=1}^{n} x_i y_i - \frac{1}{n}\sum_{i=1}^{n} x_i \sum_{i=1}^{n} y_i,$$

$$l_{xx} = \sum_{i=1}^{n}(x_i - \overline{x})^2 = \sum_{i=1}^{n} x_i^2 - n\overline{x}^2 = \sum_{i=1}^{n} x_i^2 - \frac{1}{n}\Big(\sum_{i=1}^{n} x_i\Big)^2,$$

$$l_{yy} = \sum_{i=1}^{n}(y_i - \overline{y})^2 = \sum_{i=1}^{n} y_i^2 - n\overline{y}^2 = \sum_{i=1}^{n} y_i^2 - \frac{1}{n}\Big(\sum_{i=1}^{n} y_i\Big)^2.$$

可以看出, l_{xx} 和 l_{yy} 分别为数据 $\{x_i, 1 \leqslant i \leqslant n\}$ 和 $\{y_i, 1 \leqslant i \leqslant n\}$ 的偏差平方和, 它们度量了数据的分散程度.

由式 (8.2.10) 得 LSE 为

$$\begin{cases} \hat{\beta}_1 = l_{xy}/l_{xx}, \\ \hat{\beta}_0 = \overline{y} - \hat{\beta}_1 \overline{x}. \end{cases} \tag{8.2.11}$$

现在回到例 8.2.1, 我们回答此例中的问题 (1), 实际上就是要求出此例的估计方程. 我们可以通过下面的回归分析计算表 (表 8.2.2) 求 LSE.

表 8.2.2　例 8.2.1中 LSE 计算表

	x	y	xy	x^2
	0.10	4.2	0.420	0.0100
	0.11	4.3	0.473	0.0121
	0.12	4.5	0.540	0.0144
	0.13	4.5	0.585	0.0169
	0.14	4.5	0.630	0.0196
	0.15	4.7	0.705	0.0225
	0.16	4.9	0.784	0.0256
	0.17	5.3	0.901	0.0289
	0.18	5.4	0.972	0.0324
	0.19	5.4	1.026	0.0361
	0.20	5.5	1.100	0.0400
	0.21	5.6	1.176	0.0441
求和	1.86	58.8	9.312	0.3026
均值	0.155	4.9		

于是

$$l_{xx} = \sum_{i=1}^{n} x_i^2 - \frac{1}{n}\Big(\sum_{i=1}^{n} x_i\Big)^2 = 0.3026 - \frac{1}{12} \times 1.86^2 = 0.0143,$$

$$l_{xy} = \sum_{i=1}^{n} x_i y_i - \frac{1}{n}\sum_{i=1}^{n} x_i \sum_{i=1}^{n} y_i = 9.312 - \frac{1}{12} \times 1.86 \times 58.8 = 0.198,$$

$$\hat{\beta}_1 = l_{xy}/l_{xx} = \frac{0.198}{0.0143} = 13.846, \quad \hat{\beta}_0 = \overline{y} - \hat{\beta}_1 \overline{x} = 4.9 - 13.846 \times 0.155 = 2.754,$$

最后得到估计方程:

$$\hat{y} = 2.754 + 13.846x.$$

于是, 只要给定药量 x 就可以通过估计方程得到血糖的估计值, 如 $x = 0.145$, 则 $\hat{y} = 2.754 + 13.846 \times 0.145 = 4.76$.

下面是最小二乘估计的一些性质.

定理 8.2.1 在模型式 (8.2.6) 下, 有

(1) $\hat{\beta}_0 \sim N\left(\beta_0, \left(\dfrac{1}{n} + \dfrac{\overline{x}^2}{l_{xx}}\right)\sigma^2\right)$, $\quad \hat{\beta}_1 \sim N\left(\beta_1, \dfrac{\sigma^2}{l_{xx}}\right)$.

(2) $\mathrm{Cov}\left(\hat{\beta}_0, \hat{\beta}_1\right) = -\dfrac{\overline{x}}{l_{xx}}\sigma^2$.

(3) 对于给定的 $x_0, \hat{y}_0 = \hat{\beta}_0 + \hat{\beta}_1 x_0 \sim N\left(\beta_0 + \beta_1 x_0, \left(\dfrac{1}{n} + \dfrac{(x_0 - \overline{x})^2}{l_{xx}}\right)\sigma^2\right)$.

分析: 由模型的假定知, $\{y_i, 1 \leqslant i \leqslant n\}$ 相互独立且均服从正态分布. 由第 5 章的知识知道, 独立正态随机变量的线性组合仍服从正态分布, 所以证明的主线是将回归系数的估计写成 $\{y_i, 1 \leqslant i \leqslant n\}$ 的线性组合的形式.

证明 利用 $\sum\limits_{i=1}^{n}(x_i - \overline{x}) = 0$, 可以把 $\hat{\beta}_1$ 和 $\hat{\beta}_0$ 改写为

$$\hat{\beta}_1 = \frac{l_{xy}}{l_{xx}} = \sum_{i=1}^{n} \frac{x_i - \overline{x}}{l_{xx}} y_i$$

$$\hat{\beta}_0 = \overline{y} - \hat{\beta}_1 \overline{x} = \sum_{i=1}^{n} \left[\frac{1}{n} - \frac{(x_i - \overline{x})\overline{x}}{l_{xx}}\right] y_i.$$

它们是独立正态变量 $y_1, y_2, \cdots, y_n$ 的线性组合, 故都服从正态分布, 由于期望和方差确定了正态分布, 下面分别求其期望与方差.

$$E(\hat{\beta}_1) = \sum_{i=1}^{n} \frac{x_i - \overline{x}}{l_{xx}} E(y_i) = \sum_{i=1}^{n} \frac{x_i - \overline{x}}{l_{xx}}(\beta_0 + \beta_1 x_i) = \beta_1,$$

$$D(\hat{\beta}_1) = \sum_{i=1}^{n} \left(\frac{x_i - \overline{x}}{l_{xx}}\right)^2 D(y_i) = \sum_{i=1}^{n} \frac{(x_i - \overline{x})^2}{l_{xx}^2} \sigma^2 = \frac{\sigma^2}{l_{xx}},$$

$$E(\hat{\beta}_0) = E(\overline{y}) - E(\hat{\beta}_1)\overline{x} = \beta_0 + \beta_1 \overline{x} - \beta_1 \overline{x} = \beta_0,$$

$$D(\hat{\beta}_0) = \sum_{i=1}^{n} \left[\frac{1}{n} - \frac{(x_i - \overline{x})\overline{x}}{l_{xx}}\right]^2 D(y_i) = \left(\frac{1}{n} + \frac{\overline{x}^2}{l_{xx}}\right)\sigma^2.$$

这就证明了 (1). 进一步, 考虑到诸 y_i 之间的独立性, 可得

$$\mathrm{Cov}(\hat{\beta}_0, \hat{\beta}_1) = \mathrm{Cov}\left(\sum_{i=1}^{n} \left[\frac{1}{n} - \frac{(x_i - \overline{x})\overline{x}}{l_{xx}}\right] y_i, \sum_{i=1}^{n} \frac{x_i - \overline{x}}{l_{xx}} y_i\right)$$

$$= \sum_{i=1}^{n} \left[\frac{1}{n} - \frac{(x_i - \overline{x})\overline{x}}{l_{xx}} \right] \frac{x_i - \overline{x}}{l_{xx}} \sigma^2 = -\frac{\overline{x}}{l_{xx}} \sigma^2.$$

这就证明了 (2). 为证明 (3), 注意到 $\hat{y}_0 = \hat{\beta}_0 + \hat{\beta}_1 x_0$ 也是 $y_1, y_2, \cdots, y_n$ 的线性组合, 它也服从正态分布, 只需求出其期望与方差即可.

$$E(\hat{y}_0) = E(\hat{\beta}_0) + E(\hat{\beta}_1)x_0 = \beta_0 + \beta_1 x_0 = E(y_0),$$

$$D(\hat{y}_0) = D(\hat{\beta}_0) + D(\hat{\beta}_1)x_0^2 + 2\mathrm{Cov}(\hat{\beta}_0, \hat{\beta}_1)x_0$$

$$= \left[\left(\frac{1}{n} + \frac{\overline{x}^2}{l_{xx}} \right) + \frac{x_0^2}{l_{xx}} - 2\frac{x_0 \overline{x}}{l_{xx}} \right] \sigma^2 = \left[\frac{1}{n} + \frac{(x_0 - \overline{x})^2}{l_{xx}} \right] \sigma^2.$$

由定理 8.2.1 可得出如下结论:

(1) $\hat{\beta}_0, \hat{\beta}_1$ 分别是 β_0, β_1 的无偏估计;

(2) $\hat{y}_0$ 是 $E(y_0) = \beta_0 + \beta_1 x_0$ 的无偏估计;

(3) 除 $\overline{x} = 0$ 外, $\hat{\beta}_0$ 与 $\hat{\beta}_1$ 相关;

(4) 要提高 $\hat{\beta}_0, \hat{\beta}_1$ 的估计精度 (即降低它们的方差) 就要求 n 较大或者 l_{xx} 较大 (即要求 $x_1, x_2, \cdots, x_n$ 较分散).

8.2.4 回归方程的显著性检验

前面关于回归系数的 LSE 的讨论是在数据满足线性模型的假设下进行的, 对任意给出的 n 对数据 (x_i, y_i), 都可以求出 $\hat{\beta}_0, \hat{\beta}_1$, 从而给出回归方程 $\hat{y}_i = \hat{\beta}_0 + \hat{\beta}_1 x_i$, 但是这样给出的回归方程不一定有意义. 建立回归方程的目的是寻找 y 的均值随 x 变化的规律, 即找出回归方程 $E(y) = \beta_0 + \beta_1 x$. 如果 $\beta_1 = 0$, 那么不管 x 如何变化, $E(y)$ 不随 x 的变化而变化, 那么这时求得的一元线性回归方程就没有意义, 此时称回归方程不显著. 如果 $\beta_1 \neq 0$, 那么当 x 变化时, $E(y)$ 随 x 的变化而出现线性变化, 那么这时求得的回归方程就有意义, 此时称回归方程是显著的. 因此, 回归方程是否有意义的问题转化为对如下假设的检验问题:

$$H_0: \beta_1 = 0 \quad \text{vs} \quad H_1: \beta_1 \neq 0,$$

拒绝 H_0 表示回归方程是显著的. 在一元线性回归中有三种等价的检验方法, 分别为 t 检验 (法)、F 检验 (法) 和相关系数检验 (法), 使用中只要任选其中之一即可. 在介绍这些检验方法之前, 我们先学习一些预备知识: 回归平方和、残差平方和及其统计性质.

1. 预备知识: 回归平方和、残差平方和及其统计性质

采用方差分析的思想, 我们从数据出发研究数据 $\{y_i\}$ 的总偏差平方和的变化情况. 首先引入记号: 记 $\hat{y}_i = \hat{\beta}_0 + \hat{\beta}_1 x_i$ 为**回归值**, 我们称 $\hat{\varepsilon}_i = y_i - \hat{y}_i$ 为**残差**, $1 \leqslant i \leqslant n$.

数据 $\{y_i, 1 \leqslant i \leqslant n\}$ 总的波动用总偏差平方和

$$S_{\mathrm{T}} = \sum_{i=1}^{n} (y_i - \overline{y})^2 = l_{yy} \tag{8.2.12}$$

表示. 将偏差 $y_i - \overline{y}$ 作如下分解:

$$y_i - \overline{y} = y_i - \hat{y}_i + \hat{y}_i - \overline{y} = \hat{\varepsilon}_i + \hat{y}_i - \overline{y}, 1 \leqslant i \leqslant n,$$

也就是说, 数据偏差可以分解为残差与回归偏差的和. 下面将总偏差平方和分解为回归平方和加上残差平方和.

注意到: $\hat{\beta}_0, \hat{\beta}_1$ 满足正规方程组 (8.2.8), 因此有

$$\sum_{i=1}^{n} \left(y_i - \hat{\beta}_0 - \hat{\beta}_1 x_i \right) = 0, \sum_{i=1}^{n} \left(y_i - \hat{\beta}_0 - \hat{\beta}_1 x_i \right) x_i = 0.$$

于是有

$$\sum_{i=1}^{n} (y_i - \hat{y}_i) = 0, \sum_{i=1}^{n} (y_i - \hat{y}_i) x_i = 0.$$

利用 $\hat{y}_i = \hat{\beta}_0 + \hat{\beta}_1 x_i = \overline{y} + \hat{\beta}_1 (x_i - \overline{x})$, 可得

$$\sum_{i=1}^{n} (y_i - \hat{y}_i)(\hat{y}_i - \overline{y}) = \sum_{i=1}^{n} (y_i - \hat{y}_i) \left[\hat{\beta}_1 (x_i - \overline{x}) \right]$$
$$= \hat{\beta}_1 \left[\sum_{i=1}^{n} (y_i - \hat{y}_i) x_i - \sum_{i=1}^{n} (y_i - \hat{y}_i) \overline{x} \right] = 0,$$

从而

$$S_{\mathrm{T}} = \sum_{i=1}^{n} (y_i - \overline{y})^2 = \sum_{i=1}^{n} (y_i - \hat{y}_i + \hat{y}_i - \overline{y})^2 = \sum_{i=1}^{n} (y_i - \hat{y}_i)^2 + \sum_{i=1}^{n} (\hat{y}_i - \overline{y})^2,$$

即

$$S_{\mathrm{T}} = S_{\mathrm{e}} + S_{\mathrm{R}}, \tag{8.2.13}$$

其中

$$S_{\mathrm{e}} = \sum_{i=1}^{n} (y_i - \hat{y}_i)^2, \quad S_{\mathrm{R}} = \sum_{i=1}^{n} (\hat{y}_i - \overline{y})^2. \tag{8.2.14}$$

我们分别称 S_{e} 和 S_{R} 为残差平方和及回归平方和. 式 (8.2.13) 为一元线性回归场合下的**平方和分解式**.

下面的结果给出了 S_{R} 和 S_{e} 的期望.

定理 8.2.2 设 $y_i = \beta_0 + \beta_1 + \varepsilon_i$, 其中 $\varepsilon_1, \cdots, \varepsilon_n$ 相互独立, 且

$$E(\varepsilon_i) = 0, D(y_i) = \sigma^2, i = 1, \cdots, n,$$

沿用上面的记号, 有

$$E(S_{\mathrm{R}}) = \sigma^2 + \beta_1^2 l_{xx}, \tag{8.2.15}$$

$$E(S_e) = (n-2)\sigma^2, \tag{8.2.16}$$

由此结果可知, $\hat{\sigma}^2 = S_e/(n-2)$ 是 σ^2 的无偏估计.

　　证明　利用 $\hat{y}_i = \hat{\beta}_0 + \hat{\beta}_1 x_i = \overline{y} + \hat{\beta}_1 (x_i - \overline{x})$ 得

$$S_R = \sum_{i=1}^n (\hat{y}_i - \overline{y})^2 = \sum_{i=1}^n \left[\overline{y} + \hat{\beta}_1 (x_i - \overline{x}) - \overline{y} \right]^2 = \hat{\beta}_1^2 l_{xx}, \tag{8.2.17}$$

从而结合定理 8.2.1 知

$$E(S_R) = E\left(\hat{\beta}_1^2\right) l_{xx} = \left[D\left(\hat{\beta}_1\right) + \left(E\hat{\beta}_1\right)^2 \right] \cdot l_{xx}$$

$$= \left(\frac{\sigma^2}{l_{xx}} + \beta_1^2 \right) l_{xx} = \sigma^2 + \beta_1^2 l_{xx}.$$

又记 $\overline{\varepsilon} = \dfrac{1}{n} \sum_{i=1}^n \varepsilon_i$, 则

$$S_T = \sum_{i=1}^n (y_i - \overline{y})^2$$

$$= \sum_{i=1}^n (\beta_0 + \beta_1 x_i + \varepsilon_i - \beta_0 - \beta_1 \overline{x} - \overline{\varepsilon})^2$$

$$= \sum_{i=1}^n [\beta_1 (x_i - \overline{x}) + \varepsilon_i - \overline{\varepsilon}]^2$$

$$= \sum_{i=1}^n \left[\beta_1^2 (x_i - \overline{x})^2 + (\varepsilon_i - \overline{\varepsilon})^2 + 2\beta_1 (x_i - \overline{x})(\varepsilon_i - \overline{\varepsilon}) \right],$$

故

$$E(S_T) = \beta_1^2 l_{xx} + E\left[\sum_{i=1}^n (\varepsilon_i - \overline{\varepsilon})^2 \right] = \beta_1^2 l_{xx} + (n-1)\sigma^2,$$

从而,

$$E(S_e) = E(S_T) - E(S_R) = (n-2)\sigma^2.$$

这就完成了证明.

　　进一步, 有关 S_R 和 S_e 的分布, 有如下定理.

　　定理 8.2.3　设 $y_1 \cdots, y_n$ 相互独立, 且 $y_i \sim N(\beta_0 + \beta_1 x_i, \sigma^2), i = 1 \cdots, n$, 则在上述记号下, 有

　　(1) $S_e/\sigma^2 \sim \chi^2(n-2)$;

　　(2) 若 H_0 成立, 则有 $S_R/\sigma^2 \sim \chi^2(1)$;

　　(3) $S_R, S_e, \overline{y}$ 相互独立, $\hat{\beta}_1, S_e, \overline{y}$ 相互独立.

证明 取 $n \times n$ 的正交矩阵 $\boldsymbol{A}$, 具有如下形式:

$$
\boldsymbol{A} = \begin{pmatrix}
a_{11} & a_{12} & \cdots & a_{1n} \\
\vdots & \vdots & & \vdots \\
a_{n-2,1} & a_{n-2,2} & \cdots & a_{n-2,n} \\
(x_1 - \overline{x})/\sqrt{l_{xx}} & (x_2 - \overline{x})/\sqrt{l_{xx}} & \cdots & (x_n - \overline{x})/\sqrt{l_{xx}} \\
1/\sqrt{n} & 1/\sqrt{n} & \cdots & 1/\sqrt{n}
\end{pmatrix} .
$$

由正交性, 可得如下一些约束条件

$$
\sum_{j=1}^{n} a_{ij} = 0, \ \sum_{j=1}^{n} a_{ij} x_j = 0, \ \sum_{j=1}^{n} a_{ij}^2 = 1, \ i = 1, 2, \cdots, n-2,
$$

$$
\sum_{k=1}^{n} a_{ik} a_{jk} = 0, \quad 1 \leqslant i < j \leqslant n-2,
$$

这里共有 $n(n-2)$ 个未知参数, 约束条件有 $3(n-2) + \dbinom{n-2}{2} = (n-2)(n+3)/2$ 个, 只要 $n \geqslant 3$, 未知参数个数就不少于约束条件数, 因此必定有解. 令

$$
\boldsymbol{Z} = \begin{pmatrix} z_1 \\ z_2 \\ \vdots \\ z_n \end{pmatrix} = \boldsymbol{AY} = \boldsymbol{A} \begin{pmatrix} y_1 \\ y_2 \\ \vdots \\ y_n \end{pmatrix} = \begin{pmatrix} \displaystyle\sum_{j=1}^{n} a_{1j} y_j \\ \vdots \\ \displaystyle\sum_{j=1}^{n} a_{n-2,j} y_j \\ \displaystyle\sum_{j=1}^{n} \frac{x_j - \overline{x}}{\sqrt{l_{xx}}} y_j \\ \displaystyle\sum_{j=1}^{n} \frac{1}{\sqrt{n}} y_j \end{pmatrix},
$$

其中

$$
z_{n-1} = \frac{\displaystyle\sum_{j=1}^{n} (x_j - \overline{x}) y_j}{\sqrt{l_{xx}}} = \frac{\displaystyle\sum_{j=1}^{n} (x_j - \overline{x})(y_j - \overline{y})}{\sqrt{l_{xx}}} = \frac{l_{xy}}{\sqrt{l_{xx}}} = \sqrt{l_{xx}} \hat{\beta}_1,
$$

$$
z_n = \frac{1}{\sqrt{n}} \sum_{j=1}^{n} y_j = \sqrt{n} \overline{y}.
$$

则 $\boldsymbol{Z}$ 仍然服从正态分布, 且其期望与协方差矩阵分别为

$$
E(Z) = \begin{pmatrix} 0 \\ \vdots \\ \beta_1 \sqrt{l_{xx}} \\ \sqrt{n}(\beta_0 + \beta_1 \overline{x}) \end{pmatrix}, \quad \mathrm{cov}(\boldsymbol{Z}) = \boldsymbol{A}\,\mathrm{cov}(Y)\boldsymbol{A}^{\mathrm{T}} = \sigma^2 I_n,
$$

这表明 $z_1, z_2, \cdots, z_n$ 相互独立, $z_1, z_2, \cdots, z_{n-2}$ 的共同分布为 $N(0, \sigma^2)$, $z_{n-1} \sim N(\beta_1 \sqrt{l_{xx}}, \sigma^2)$, $z_n \sim N(\sqrt{n}(\beta_0 + \beta_1 \overline{x}), \sigma^2)$.

由于 $\sum\limits_{i=1}^{n} z_i^2 = \sum\limits_{i=1}^{n} y_i^2 = S_\mathrm{T} + n\overline{y}^2 = S_\mathrm{R} + S_\mathrm{e} + n\overline{y}^2$, 而 $z_n = \sqrt{n}\,\overline{y}$, $z_{n-1} = \sqrt{l_{xx}}\,\hat{\beta}_1 = \sqrt{S_\mathrm{R}}$, 于是 $z_1^2 + z_2^2 + \cdots + z_{n-2}^2 = S_\mathrm{e}$, 所以 $S_\mathrm{e}, S_\mathrm{R}, \overline{y}$ 三者相互独立, 并有

$$S_\mathrm{e}/\sigma^2 = \sum_{i=1}^{n-2} \left(\frac{z_i}{\sigma}\right)^2 \sim \chi^2(n-2),$$

$$\text{在} \beta_1 = 0 \text{ 时,} \frac{S_\mathrm{R}}{\sigma^2} = \left(\frac{z_{n-1}}{\sigma}\right)^2 \sim \chi^2(1),$$

证明完成.

2. t 检验

对 $H_0 : \beta_1 = 0$ 的检验可基于 t 分布进行. 由于在 $H_0 : \beta_1 = 0$ 下, $\hat{\beta}_1 \sim N\left(0, \dfrac{\sigma^2}{l_{xx}}\right)$, $\dfrac{S_\mathrm{e}}{\sigma^2} \sim \chi^2(n-2)$, 且 S_e 与 $\hat{\beta}_1$ 相互独立, 因此在 H_0 为真时, 有

$$t = \frac{\hat{\beta}_1}{\hat{\sigma}/\sqrt{l_{xx}}} \sim t(n-2), \tag{8.2.18}$$

其中 $\hat{\sigma} = \sqrt{S_\mathrm{e}/(n-2)}$ 为标准差 σ 的估计. 式 (8.2.18) 表示的 t 统计量可用来检验假设 H_0. 对给定的显著性水平 α, 拒绝域为

$$W = \left\{ |t| \geqslant t_{\alpha/2}(n-2) \right\}.$$

以例 8.2.1 中数据为例, 可以计算得到

$$t = \frac{13.846}{\sqrt{0.01385225}/\sqrt{0.0143}} = 14.068.$$

若取 $\alpha = 0.01$, 则 $t_{0.005}(10) = 3.1698$, 由于 $14.068 > 3.1698$, 因此, 在显著性水平 0.01 下回归方程是显著的.

3. F 检验

类似于方差分析, 我们可以考虑采用 F 作为检验统计量:

$$F = \frac{S_\mathrm{R}}{S_\mathrm{e}/(n-2)},$$

在 $\beta_1 = 0$ 时, $F \sim F(1, n-2)$, 其中 $f_\mathrm{R} = 1, f_\mathrm{e} = n-2$. 对于给定的显著性水平 α, 拒绝域为

$$W = \{ F \geqslant F_\alpha(1, n-2) \}.$$

注意到: $t^2 = F$, 因此, t 检验与 F 检验等价.

此检验也可列成一张方差分析表.

例 8.2.2 在例 8.2.1中，我们已求出了回归方程，这里我们考虑关于回归方程的显著性检验. 经计算有

$$
\begin{aligned}
S_\mathrm{T} &= l_{yy} = 2.88, & f_\mathrm{T} &= 11, \\
S_\mathrm{R} &= \hat{\beta}_1^2 l_{xx} = 13.846^2 \times 0.0143 = 2.741478, & f_\mathrm{R} &= 1, \\
S_\mathrm{e} &= S_\mathrm{T} - S_\mathrm{R} = 2.88 - 2.741478 = 0.138522, & f_\mathrm{e} &= 10.
\end{aligned}
$$

于是得到方差分析表，即表 8.2.3.

表 8.2.3　例 8.2.1的回归方程的方差分析表

来源	平方和	自由度	均方和	F 比
回归	$S_\mathrm{R} = 2.741478$	$f_\mathrm{R} = 1$	$\mathrm{MS}_\mathrm{R} = 2.741478$	197.9092
残差	$S_\mathrm{e} = 0.138522$	$f_\mathrm{e} = 10$	$\mathrm{MS}_\mathrm{e} = 0.0138522$	
总计	$S_\mathrm{T} = 2.88$	$f_\mathrm{T} = 11$		

若取 $\alpha = 0.01$，则 $F_{0.01}(1, 10) = 10$. 由于 $197.9092 > 10$，因此，在显著性水平 0.01 下回归方程是显著的.

4. 相关系数检验

当一元线性回归方程是反映两个随机变量 x 与 y 之间的线性相关关系时，它的显著性检验还可通过对二维总体相关系数 ρ 检验进行. 需要检验的假设是

$$
H_0 : \rho = 0 \quad \text{vs} \quad H_1 : \rho \neq 0, \tag{8.2.19}
$$

所用的检验统计量为样本相关系数

$$
r = \frac{\sum\limits_{i=1}^{n} (x_i - \overline{x})(y_i - \overline{y})}{\sqrt{\sum\limits_{i=1}^{n} (x_i - \overline{x})^2 \sum\limits_{j=1}^{n} (y_j - \overline{y})^2}} = \frac{l_{xy}}{\sqrt{l_{xx} l_{yy}}}, \tag{8.2.20}
$$

其中 $(x_i, y_i), i = 1, \cdots, n$ 是容量为 n 的二维样本.

检验式(8.2.19) 中原假设 $H_0 : \rho = 0$ 的拒绝域为

$$
W = \{ |r| \geqslant c \},
$$

其中临界值 c 可由 $H_0 : \rho = 0$ 成立时样本相关系数的分布定出，该分布与自由度 $n - 2$ 有关.

对给定的显著性水平 α，由 $P(W) = P(|r| \geqslant c) = \alpha$ 可知，临界值 c 应是 $H_0 : \rho = 0$ 成立下 $|r|$ 的分布的 α 分位数，故记为 $c = r_\alpha(n-2)$. 还可以用 F 分布来确定临界值 c，理由如下.

由样本相关系数的定义可以得到统计量 r 与 F 之间的关系:

$$
r^2 = \frac{l_{xy}^2}{l_{xx} l_{yy}} = \frac{S_\mathrm{R}}{S_\mathrm{T}} = \frac{S_\mathrm{R}}{S_\mathrm{R} + S_\mathrm{e}} = \frac{S_\mathrm{R}/S_\mathrm{e}}{S_\mathrm{R}/S_\mathrm{e} + 1},
$$

而

$$F = \frac{\mathrm{MS_R}}{\mathrm{MS_e}} = \frac{S_R}{S_e/(n-2)} = \frac{(n-2)S_R}{S_e},$$

两者综合, 可得

$$r^2 = \frac{F}{F + (n-2)},$$

这表明, $|r|$ 是 F 的严格单调增函数, 故 F 检验与相关系数检验等价. 为实际使用方便, 人们对 $r_\alpha(n-2)$ 编制了专门的表, 见附表 9. 以例 8.2.1 中数据为例, 可以计算得到

$$|r| = \frac{|l_{xy}|}{\sqrt{l_{xx}} \times \sqrt{l_{yy}}} = \frac{0.198}{\sqrt{0.0143 \times 2.88}} \approx 0.9757.$$

若取 $\alpha = 0.01$, 则查附表 9 知 $r_{0.01}(10) = 0.708$, 由于 $0.9757 > 0.708$, 因此, 在显著性水平 0.01 下回归方程是显著的.

8.2.5 估计和预测

当回归方程经过检验是显著的之后, 可用来做估计和预测. 问题的描述如下:

当 $x = x_0$ 时, 寻求均值 $E(y_0) = \beta_0 + \beta_1 x_0$ 的点估计与区间估计, 这是估计问题.

当 $x = x_0$ 时, y_0 的观察值在什么范围内? 由于 y_0 是随机变量, 为此只能求一个区间, 使 y_0 落在这一区间的概率为 $1 - \alpha$, 即要求 δ, 使 $P(|y_0 - \hat{y}_0| < \delta) = 1 - \alpha$, 称区间 $[\hat{y}_0 - \delta, \hat{y}_0 + \delta]$ 为 y_0 的概率为 $1 - \alpha$ 的预测区间, 这是预测问题.

1. $E(y_0)$ 的点估计与区间估计

在 $x = x_0$ 时, 其对应的因变量 y_0 是一个随机变量, 有一个分布, 我们经常需要对该分布的均值给出估计. 我们知道, 该分布的均值 $E(y_0) = \beta_0 + \beta_1 x_0$, 因此, 一个直观的估计应为

$$\hat{E}(y_0) = \hat{\beta}_0 + \hat{\beta}_1 x_0,$$

有时为了简单起见, 我们习惯上将上述估计记为 $\hat{y}_0$, 我们称其为 y 在 x_0 处的预测值.

为得到 $E(y_0)$ 的区间估计, 我们需要知道 $\hat{y}_0$ 的分布. 由定理 8.2.1 可得

$$\hat{y}_0 = \hat{\beta}_0 + \hat{\beta}_1 x_0 \sim N\left(\beta_0 + \beta_1 x_0, \left[\frac{1}{n} + \frac{(x_0 - \overline{x})^2}{l_{xx}}\right]\sigma^2\right),$$

又由定理 8.2.3 知, $S_e/\sigma^2 \sim \chi^2(n-2)$, 且与 $\hat{y}_0 = \overline{y} + \hat{\beta}_1(x_0 - \overline{x})$ 相互独立, 记

$$\hat{\sigma}^2 = \frac{S_e}{n-2},$$

则

$$\frac{(\hat{y}_0 - E(y_0))/\sqrt{\frac{1}{n} + \frac{(x_0 - \overline{x})^2}{l_{xx}}}\,\sigma}{\sqrt{\frac{S_e}{\sigma^2}/(n-2)}} = \frac{\hat{y}_0 - E(y_0)}{\hat{\sigma}\sqrt{\frac{1}{n} + \frac{(x_0 - \overline{x})^2}{l_{xx}}}} \sim t(n-2).$$

于是 $E(y_0)$ 的 $1 - \alpha$ 的置信区间是

$$(\hat{y}_0 - \delta_0, \hat{y}_0 + \delta_0), \tag{8.2.21}$$

其中

$$\delta_0 = t_{\alpha/2}(n-2)\hat{\sigma}\sqrt{\frac{1}{n} + \frac{(x_0 - \overline{x})^2}{l_{xx}}}. \tag{8.2.22}$$

2. y_0 的预测区间

式 (8.2.21) 给出了 $x = x_0$ 时对应的因变量的均值 $E(y_0)$ 的区间估计, 实际中往往更关心 $x = x_0$ 时对应的因变量 y_0 的取值范围.

$y_0 = E(y_0) + \varepsilon$, 由于通常假定 $\varepsilon \sim N(0, \sigma^2)$, 我们可以使用以 $\hat{y}_0$ 为中心的一个区间

$$(\hat{y}_0 - \delta, \hat{y}_0 + \delta), \tag{8.2.23}$$

作为 y_0 的取值范围. 为确定 δ 的值, 我们需要如下结果: 由于 y_0 与 $\hat{y}_0$ 独立, 故

$$y_0 - \hat{y}_0 \sim N\left(0, \left[1 + \frac{1}{n} + \frac{(x_0 - \overline{x})^2}{l_{xx}}\right]\sigma^2\right).$$

因此有

$$\frac{y_0 - \hat{y}_0}{\hat{\sigma}\sqrt{1 + \dfrac{1}{n} + \dfrac{(x_0 - \overline{x})^2}{l_{xx}}}} \sim t(n-2),$$

从而式 (8.2.23) 表示的预测区间中 δ 的表达式为

$$\delta = \delta(x_0) = t_{a/2}(n-2)\hat{\sigma}\sqrt{1 + \frac{1}{n} + \frac{(x_0 - \overline{x})^2}{l_{xx}}}. \tag{8.2.24}$$

上述预测区间与 $E(y_0)$ 的置信区间式 (8.2.22) 的差别就在于根号里多了 1, 计算时要注意到这个差别, 这个差别导致预测区间要比置信区间宽一些.

在例 8.2.1 中, 如果 $x_0 = 0.16$, 则得到 y_0 的预测值为

$$\hat{y}_0 = \hat{\beta}_0 + \hat{\beta}_1 x_0 = 2.754 + 13.846 \times 0.16 = 4.96936.$$

若取 $\alpha = 0.05$, 则 $t_{0.975}(10) = 2.2281$, 又 $\hat{\sigma} = \sqrt{0.1385225/(12-2)} = 0.01385225$, 由式 (8.2.22) 可知,

$$\delta_0 = 0.01385225 \times 2.2281 \times \sqrt{\frac{1}{12} + \frac{(0.16 - 0.01385225)^2}{0.0143}} = 0.009986488.$$

故 $x_0 = 0.16$ 对应因变量 y_0 的均值 $E(y_0)$ 的 0.95 置信区间为

$$4.96936 \pm 0.009986488 \approx (4.9594, 4.9793).$$

由式 (8.2.24)可知,

$$\delta = 0.01385225 \times 2.2281 \times \sqrt{1 + \frac{1}{12} + \frac{(0.16 - 0.01385225)^2}{0.0143}} = 0.03243963,$$

从而 y_0 的概率为 0.95 的预测区间为

$$4.96936 \pm 0.03243963 \approx (4.9369, 5.0018).$$

我们可以清楚地看到, $E(y_0)$ 的 0.95 置信区间比 y_0 的概率为 0.95 的预测区间窄一些, 这是因为随机变量的均值相对于随机变量本身而言要更容易估计出来.

小 节 要 点

1. 一元线性回归模型是一种简单而实用的工具, 用于建立两个变量之间的线性回归方程, 进而进行预测和控制, 其中的最小二乘估计方法被广泛应用到其他回归模型;

2. 一元线性回归分析的步骤:

(1) 首先绘制数据的散点图, 如果从散点图发现数据点基本在一条直线附近, 这说明两个变量之间有一个线性相关关系 (此为直观判定法, 定量判定方法见本节的回归方程的显著性检验), 由此可以假设数据满足线性回归模型: $y_i = \beta_0 + \beta_1 x_i + \varepsilon_i, 1 \leqslant i \leqslant n$;

(2) 通过最小二乘法估计回归系数 β_0, β_1:

$$\hat{\beta}_1 = l_{xy}/l_{xx}, \hat{\beta}_0 = \overline{y} - \hat{\beta}_1 \overline{x},$$

其中

$$l_{xy} = \sum_{i=1}^{n} (x_i - \overline{x})(y_i - \overline{y}), l_{xx} = \sum_{i=1}^{n} (x_i - \overline{x})^2;$$

(3) 当给定 $x = x_0$ 时, 均值 $E(y_0) = \beta_0 + \beta_1 x_0$ 的点估计与区间估计, 特别记住点估计为 $\hat{\beta}_0 + \hat{\beta}_1 x_0$.

应 记 应 背

一元线性回归模型的背景、适用条件和实施步骤.

✍ 习 题　8.2

1. 假设回归直线过原点, 即一元线性回归模型为

$$y_i = \beta x_i + \varepsilon_i, \quad i = 1, \cdots, n,$$

$E(\varepsilon_i) = 0, D(\varepsilon_i) = \sigma^2$, 诸观测值相互独立.

(1) 写出 β, σ^2 的最小二乘估计;

(2) 对给定的 x_0, 其对应的因变量均值的估计为 $\hat{y}_0$, 求 $D(\hat{y}_0)$.

2. 设变量 (x, y) 的数据如下:

x	18	20	22	24	26	28	30
y	26	28	28	28	29	30	30

(1) 作散点图;

(2) 求样本相关系数;

(3) 建立一元线性回归方程;

(4) 对建立的回归方程作显著性检验 $(\alpha = 0.05)$.

进阶练习

3. 设回归模型为

$$y_i = \beta_0 + \beta_1 x_i + \varepsilon_i, i = 1, 2, \cdots, n, \{\varepsilon_i\} \text{ 独立同分布}, \text{其分布为} N(0, \sigma^2).$$

试求 β_0, β_1 的最大似然估计并将其与最小二乘估计作比较.

本 章 总 结

1. 本章有两个主要内容: 一是单因素方差分析, 另一个是一元线性回归模型, 都是常用的数据分析工具, 都涉及应用背景、适用条件和实施步骤.

2. 应用背景: 方差分析是一种用于检验多个总体均值是否存在显著差异的统计方法, 回归分析是研究变量之间的关系并由此对变量进行预测和控制的一种统计工具.

3. 适用条件: 方差分析要求所有样本都独立且服从同方差的正态分布, 回归分析要求两变量之间线性相关.

4. 实施步骤: 见每节小节要点.

习题参考答案及提示

✍习 题 1.1

1. (1) $\Omega = \{\text{HHH, HHT, HTH, HTT, THH, THT, TTH, TTT}\}$.

(2) $\Omega = \{\text{H1, H2, H3, H4, H5, H6, T1, T2, T3, T4, T5, T6}\}$.

(3) $\Omega = \{x | x$ 为非负整数$\}$.

(4) $\Omega = \{x | x \geqslant 0\}$.

2. (1) $ABC \cup \overline{A}\,\overline{B}\,\overline{C}$.

(2) $\overline{A}\,\overline{B}\,\overline{C} \cup \overline{A}\,BC \cup A\overline{B}C \cup AB\overline{C}$.

(3) $\overline{A} \cup \overline{B} \cup \overline{C}$.

(4) $AB \cup AC \cup BC$.

3. (1) $\overline{A} = $ "掷两枚硬币, 至少有一个反面".

(2) $\overline{B} = $ "射击三次, 至少有一次未命中目标".

(3) $\overline{C} = $ "加工四个零件, 全部为不合格品".

4. (1) 不成立.

(2) 成立.

(3) 不成立.

(4) 不成立.

✍习 题 1.2

1. (1) $\dfrac{C_{13}^4}{C_{52}^4} = \dfrac{715}{270725} \approx 0.0026$.

(2) $\dfrac{4 \times C_{13}^4}{C_{52}^4} = \dfrac{4 \times 715}{270725} \approx 0.0106$.

2. $\dfrac{C_5^2 + C_3^2}{C_8^2} = \dfrac{13}{28}$.

3. $\dfrac{57^2 + 58^2}{2 \times 3600} \approx 0.9185$. 提示: 分别设甲、乙信号的到达时间为 x 和 y, 则 $0 \leqslant x, y \leqslant 60$, 两信号互不干扰, 需要满足 $y - x > 2, x - y > 3$.

4. $p = \dfrac{1 + 2 + 4 + 6 + 6}{6^2} = \dfrac{19}{36}, q = \dfrac{2}{6^2} = \dfrac{1}{18}$. 提示: 有实根的条件是 $B^2 - 4C \geqslant 0$, 分别在 $B = 1, \cdots, 6$ 的情况下确定满足此条件的 C 的个数, 然后求出满足条件的 (B, C) 的总数.

5. (1) $\dfrac{6}{6^2} = \dfrac{1}{6}$.

(2) $\dfrac{4 + 3 + 2 + 1}{6^2} = \dfrac{5}{18}$.

(3) $\dfrac{6}{6^2} = \dfrac{1}{6}$. 提示: 在第 1 颗骰子的点数分别为 $1, \cdots, 6$ 时, 分别看满足题目条件的第 2 颗骰子的可能的点数, 然后求出满足条件的两颗骰子点数组合的总数.

6. $\dfrac{C_{12}^3 \times 2^9}{3^{12}} \approx 0.2119$. 提示: 每个球有 3 种选择, 因此总的放置方式总数为 3^{12}, 第一个盒子中恰有 3 个球的方式总数为 $C_{12}^3 \times 2^9$, 其中 C_{12}^3 是从 12 个球中选择 3 个放入第一个盒子的放法数, 2^9 是剩下的 9 个球放入另外两个盒子的方式总数.

✍ 习　题　1.3

1. $P(A\overline{B}\,\overline{C}) = 0.3$.

2. $1 - \dfrac{C_7^3}{C_{11}^3} = \dfrac{26}{33}$.

3. $1 - \dfrac{C_{12}^6 6!}{12^6} = \dfrac{1343}{1728}$.

4. 0.6.

5. $p_0 - p_1, p_0 - p_1, 1 - 2p_0 + p_1$.

6. (1) $\dfrac{3^3}{6^3} = \dfrac{1}{8}$.

(2) $\dfrac{3^3 - 2^3}{6^3} = \dfrac{19}{216}$. 提示: 分别用 A_i 和 B_i 表示最大点数不超过 i 和最大点数恰好为 i 的事件 $(i = 2, 3)$, 则 $B_3 = A_3 - A_2$ 且 $A_2 \subset A_3$.

7. 当 $A \cup B = \Omega$ 时, $P(AB)$ 取得最小值 0.4. 提示: $P(AB) = P(A) + P(B) - P(A \cup B)$, 当 $A \cup B = \Omega$ 时 $P(A \cup B)$ 取得最大值, 此时 $P(AB)$ 取得最小值.

✍ 习　题　1.4

1. (1) 0.25.

(2) 0.5.

2. $\dfrac{1}{65}$.

3. $\dfrac{13}{15}$.

4. 0.43.

5. (1) 0.0239.

(2) 0.9415.

6. (1) 0.1.

(2) $\dfrac{1}{11}$. 提示: 用 A_i 表示第 i 次摸到一等奖, 则 $P(\overline{A}_1 A_2) = P(\overline{A}_1)P(A_2|\overline{A}_1) = \dfrac{90}{100} \times \dfrac{10}{99} = \dfrac{1}{11}$.

7. $\dfrac{2}{3}$. 提示: 分别用 A, B 记原口袋中的球是白球和取到的球是白球, 则

$$P(A|B) = \dfrac{P(A)P(B|A)}{P(A)P(B|A) + P(\overline{A})P(B|\overline{A})} = \dfrac{\dfrac{1}{2} \times 1}{\dfrac{1}{2} \times 1 + \dfrac{1}{2} \times \dfrac{1}{2}}.$$

8. 略. 提示: 利用数学归纳法和全概率公式.

9. 略. 提示: 利用条件概率的定义、$AB = \varnothing$ 及公式 $P(A\overline{B}) = P(A) - P(AB)$.

✍ 习　题　1.5

1. (1) 0.72.

(2) 0.98.

(3) 0.26.

2. (1) 0.388.

(2) 0.003.

(3) 0.212.

3. $\dfrac{15}{22}$. 提示: 利用条件概率的定义.

4. 0. 提示: 利用 A, B 独立和不相容知 $P(A)P(B) = 0$.

5. (1) 0.3.

(2) 0.5.

(3) 0.7. 提示: 利用概率的加法公式及题目的条件.

6. 5 局 3 胜制对甲更有利. 提示: 分别在两种赛制下求甲胜的概率.

7. 略. 提示: 利用独立和条件概率的定义, 注意利用公式 $P(\overline{B}) = 1 - P(B)$, $P(A\overline{B}) = P(A) - P(AB)$.

8. 略. 提示: 利用条件概率的定义.

✍总 习 题 1

1. $\dfrac{1}{4}$. 提示: 利用概率的加法公式和独立性: 由于 A, B, C 两两独立且 $ABC = \varnothing$, 根据概率加法公式知 $P(A \cup B \cup C) = P(A) + P(B) + P(C) - P(A)P(B) - P(A)P(C) - P(B)P(C) = \dfrac{9}{16}$, 设 $P(A) = P(B) = P(C) = p$, 代入上式得 $3p - 3p^2 = \dfrac{9}{16}$.

2. $\dfrac{2}{3}$. 提示: 利用独立性和题目的条件, 由题意知 $P(\overline{A}\,\overline{B}) = \dfrac{1}{9}$, 且 $P(A\overline{B}) = P(B\overline{A})$, 由独立性得 $P(A) = P(B)$(记为 p) 且 $P(\overline{A}\,\overline{B}) = (1-p)^2 = \dfrac{1}{9}$.

3. $\dfrac{3}{4}$. 提示: 利用几何概率模型.

4. $\dfrac{3}{4}$. 提示: 利用条件概率的定义及 A 与 C 互不相容知 $P(AB|\overline{C}) = \dfrac{P(AB\overline{C})}{1 - P(C)} = \dfrac{P(AB) - P(ABC)}{1 - P(C)}$ $= \dfrac{P(AB)}{1 - P(C)}$.

5. $\dfrac{2}{9}$. 提示: 前三次取球恰好取到两种颜色, 第四次取到第三种颜色. 记事件 $A = $ "取球次数恰好为 4", 则 $n(A) = 3 \times (2^3 - 2) \cdot 1$, 其中, 3 为从 3 种颜色的球中选取 2 种颜色的球的取法数, 2 为颜色相同的取法数 (需要排除), 1 为第 4 次的取法数 (由于前 3 次已经选定了 2 种颜色, 最后 1 次只有 1 种选择), 另外, $n(\Omega) = 3^4$, 所求概率为 $\dfrac{n(A)}{n(\Omega)}$.

6. $\dfrac{1}{4}$. 提示: 利用条件概率的定义、概率的加法公式及独立性知

$P(AC|AB \cup C) = \dfrac{P(AC)}{P(AB) + P(C) - P(ABC)} = \dfrac{P(A)P(C)}{P(A)P(B) + P(C)} = \dfrac{1}{4}$, 解得 $P(C) = \dfrac{1}{4}$.

7. $\dfrac{1}{3}$. 提示: 同上题.

8. $\dfrac{5}{8}$. 提示: 同上题.

9. $\dfrac{4}{5}$. 提示: 同上题.

10. $\dfrac{2}{3}$. 提示: 同上题.

11. B.

12. C. 提示: 利用条件概率的定义和概率的加法公式.

13. C. 提示: 第 4 次射击恰好第 2 次命中目标等价于前 3 次中恰好有一次击中目标且第 4 次击中目标.

14. D.

15. C. 提示: 利用概率的减法公式: 由 $P(A-B) = P(A)-P(AB) = 0.3$, 得 $P(AB) = 0.2$, 故 $P(B-A) = P(B)-P(AB) = 0.3$.

16. C. 提示: 利用概率的加法公式及 $P(A \cup B) \geqslant P(AB)$.

17. A. 提示: 利用条件概率的定义和概率的性质.

18. A. 提示: 同上题.

19. C. 提示: 利用独立的定义.

20. C. 提示: 利用 $P(A\overline{B}) = P(A) - P(AB), P(B\overline{A}) = P(B) - P(AB)$.

21. D. 提示: 恰有一件发生等价于事件 $(A \cup B \cup C)-(AB \cup AC \cup BC)$, 又 $AB \cup AC \cup BC \subset A \cup B \cup C$, 故所求概率为 $P(A \cup B \cup C) - P(AB \cup AC \cup BC)$, 然后利用概率的加法公式.

22. A. 提示: 利用条件概率的定义、$P(A\overline{B}) = P(A) - P(AB), P(\overline{B}) = 1 - P(B)$ 知, 若 $P(A \mid B) > P(A)$, 则 $P(A \mid \overline{B}) < P(A)$.

23. A.

24. D. 提示: $A \cup B = B$ 等价于 $A \subset B$.

25. C. 提示: 利用独立的定义.

26. 略. 提示: 利用条件概率的定义和概率的性质.

✑ 习 题 2.1

1. 略. 提示: 只需验证满足分布函数的性质 (单调非减性、有界性和右连续性) 即可.

2. $\dfrac{2}{3}, \dfrac{2}{3}, 1$. 提示: 利用公式 $P(X > a) = 1 - F(a), P(a < X \leqslant b) = F(b) - F(a)$.

3. (1) $A = 1, B = -1$. 提示: 利用性质 $\lim\limits_{x \to +\infty} F(x) = 1$ 及 $\lim\limits_{x \to 0^+} F(x) = F(0)$.

(2) $1 - \mathrm{e}^{-2}$.

4. (1) $\dfrac{1}{6}, \dfrac{5}{6}$. 提示: 利用性质 $\lim\limits_{x \to +\infty} F(x) = 1$ 及 $P(X = 2) = F(2) - F(2 - 0)$, 即 $a + b = 1$ 及 $a + b - \left(\dfrac{2}{3} - a\right) = \dfrac{1}{2}$.

(2) $\dfrac{1}{2}$. 提示: 利用公式 $P(-1 \leqslant X \leqslant 1) = F(1) - F(-1 - 0)$.

5. $F(x) = \begin{cases} 0, & x < 0, \\ \dfrac{6x^2 - x^3}{32}, & 0 \leqslant x < 4, \\ 1, & x \geqslant 4. \end{cases}$ 提示: 首先求出曲线与 x 轴的交点, 令 $4x - x^2 = 0$, 解得 $x = 0$

或 $x = 4$, 从而区域 G 的 x 的范围为 $0 \leqslant x \leqslant 4$, 由此可以计算区域 G 的面积 S_G 为 $\displaystyle\int_0^4 (4t - t^2)\mathrm{d}t$.

注意到 $\xi \leqslant x$ 所对应的曲线与 x 轴围成的区域 G_1 的面积 S_{G_1} 为 $\displaystyle\int_0^x (4t - t^2)\mathrm{d}t$, 从而 ξ 的分布函数

$F(x) = P(\xi \leqslant x) = \dfrac{S_{G_1}}{S_G}$, 最后对 x 的取值分 $x < 0, 0 \leqslant x < 4$ 和 $x \geqslant 4$ 三种情况分别讨论即可得.

6. (1) $F_1(x) + F_2(x)$ 不是分布函数, 因为 $\lim\limits_{x \to +\infty} [F_1(x) + F_2(x)] = 2$, 不满足性质 (2).

(2) 略. 提示: 只需结合已知条件验证 $a_1 F_1(x) + a_2 F_2(x)$ 满足分布函数的性质 (单调非减性、有界性

和右连续性) 即可.

✍习 题 2.2

1. $a = 4.5$, $P(X > 2 | X \neq 6) = \dfrac{2}{3}$.

2. $\dfrac{3}{10}, \dfrac{3}{5}, \dfrac{1}{10}$.

3.

ξ	0	1	2	3
P	$\dfrac{1}{14}$	$\dfrac{3}{7}$	$\dfrac{3}{7}$	$\dfrac{1}{14}$

提示: 利用古典概型的概率计算公式可得 $P(\xi = k) = \dfrac{C_3^k \cdot C_5^{4-k}}{C_8^4}$, $k = 0, 1, 2, 3$.

4. X 的分布律为

X	1	2	3
P	$\dfrac{3}{5}$	$\dfrac{3}{10}$	$\dfrac{1}{10}$

X 的分布函数为 $F(x) = \begin{cases} 0, & x < 1, \\ \dfrac{3}{5}, & 1 \leqslant x < 2, \\ \dfrac{9}{10}, & 2 \leqslant x < 3, \\ 1, & x \geqslant 3. \end{cases}$

提示: 首先确定 X 的取值, 由于袋中有 5 个球, 编号为 1 到 5, 取出 3 个球的最小号码 X 的所有可能取值为 1, 2, 3. 接着利用古典概型的概率计算公式——算出每个可能取值点处的概率, 因为 $X = 1$ 表示取出的 3 个球中最小号码为 1, 这意味着 1 号球必须被取出, 另外 2 个球从剩下的 4 个球 (2, 3, 4, 5) 中取出, 故 $P(X = 1) = \dfrac{C_4^2}{C_5^3}$, 类似地有 $P(X = 2) = \dfrac{C_3^2}{C_5^3}$, $P(X = 3) = \dfrac{C_2^2}{C_5^3}$. 最后由离散型随机变量的分布律, 直接求出分布函数即可.

5.

X	-1	2	3
P	0.3	0.4	0.3

6. 设随机变量 X 表示一次投篮的命中次数, 则 X 的分布律为

X	0	1
P	0.4	0.6

7. (1) $P(\xi = k) = C_3^k (0.05)^k (0.95)^{3-k}$, $k = 0, 1, 2, 3$.

(2) $P(\xi = k) = \dfrac{C_5^k \cdot C_{95}^{3-k}}{C_{100}^3}$, $k = 0, 1, 2, 3$.

提示: (1) 中为有放回抽样, 各次试验是独立的, 可构成伯努利概型, 而每次试验取到次品的概率 0.05, 故 $\xi \sim b(3, 0.05)$. (2) 中为不放回抽样, 各次试验条件不同, 不能构成伯努利概型, 只能用古典概型来求解.

8. (1) 0.0512.

(2) 0.0067.

(3) 0.9933.

提示: 设射击 5 次中靶的次数为 X, 故 $X \sim b(5, 0.8)$. 利用二项分布可以计算概率.

(1) $P(X=2) = C_5^2 (0.8)^2 (0.2)^3$.

(2) $P(X \leqslant 1) = P(X=0) + P(X=1) = C_5^0 (0.8)^0 (0.2)^5 + C_5^1 (0.8)^1 (0.2)^4$.

(3) $P(X \geqslant 2) = 1 - P(X \leqslant 1)$.

9. (1) 0.03.

(2) 0.003.

10. 产品为废品的概率约为 0.001; 产品价值的分布律为

X	0	8	10
P	0.001	0.19	0.809

11. 0.095. 提示: 设 X 表示 100 块部件中损坏的部件数, 则 $X \sim b(100, 0.001)$. 由于计算机停止工作的条件是至少有一块部件损坏, 故所求概率即为 $P(X \geqslant 1) = 1 - P(X=0)$. 因为 $np = 0.1 < 10$, 所以可以使用参数为 0.1 的泊松分布来近似二项分布计算可得.

12. 0.997. 提示: 设 X 表示 2000 个投保人中死亡的人数, 则 $X \sim b(2000, 0.002)$. 故所求概率为 $P(X \leqslant 10) = \sum_{i=0}^{10} P(X=i)$, 由 $np = 4 < 10$, 可以使用参数为 4 的泊松分布来近似计算可得.

13. $P(X=k) = (0.6)^{k-1} \times 0.4, \ k = 1, 2, 3, \cdots$.

提示: 由于每次取出的产品都放回, 因此各次试验间是独立的, 且每次取到次品的概率均为 0.4, 取到正品的概率均为 0.6. 当 $X=1$ 时, 即第一次就取到了次品, $P(X=1) = 0.4$; 当 $X=2$ 时, 即第一次取到的是正品, 第二次才取到次品, 由于每次取产品是相互独立的事件, 根据独立事件概率公式可得 $P(X=2) = 0.6 \times 0.4 = 0.24$; 当 $X=3$ 时, 即前两次取到的是正品, 第三次才取到次品, 同理可得 $P(X=3) = 0.6^2 \times 0.4 = 0.144$; 以此类推, 可得所求概率.

14. 第一种考核方式更受到学生的青睐.

提示: 需要比较两种考核方式的通过概率, 以确定哪种方式更受到学生的青睐. 第一种考核方式中, 设 X 表示 4 次小测验中及格的次数, 则 $X \sim b(4, 0.8)$, 故至少 3 次及格的概率为 $P(X \geqslant 3) = P(X=3) + P(X=4)$, 利用二项分布计算概率并与第二种考核通过概率 0.8 比较可得.

习 题 2.3

1. 不能. 因为 $f(x)$ 在 $\pi < x \leqslant \frac{3\pi}{2}$ 上取负值, 不满足密度函数的非负性条件.

2. (1) $k=2$.

(2) $F(x) = \begin{cases} 0, & x \leqslant 0, \\ x^2, & 0 < x < 1, \\ 1, & x \geqslant 1. \end{cases}$

(3) 0.25.

3. (1) $\ln 2, 1, \ln \left(\frac{5}{4} \right)$.

$(2)\ f(x)=\begin{cases}\dfrac{1}{x}, & 1\leqslant x<\mathrm{e},\\ 0, & \text{其他}.\end{cases}$

4. $f_R(r)=\begin{cases}\dfrac{1}{200}, & 800\leqslant r\leqslant 1000,\\ 0, & \text{其他}.\end{cases}$ $\qquad P(850\leqslant R\leqslant 950)=0.5.$

5. $\dfrac{5}{8}$. 提示: 方程 $4x^2+4Kx+K+2=0$ 有实根的充要条件是 $\Delta\geqslant 0$, 即

$$\Delta=(4K)^2-4\times 4(K+2)=16(K-2)(K+1)\geqslant 0.$$

解得 $K\geqslant 2$ 或 $K\leqslant -1$. 故所求概率 $P(\text{方程有实根})=P(K\geqslant 2)+P(K\leqslant -1)$, 最后结合 K 的密度函数计算即可得.

6. $1-\mathrm{e}^{-1}$. 提示: 先利用指数分布计算出任一元件在使用最初 200h 内就损坏的概率, 即寿命 X 不超过 200 的概率 $p=P(X\leqslant 200)$, 故 3 个元件中使用最初 200h 内损坏的元件个数 Y 服从二项分布 $b(3,p)$, 从而所求概率为 $P(Y\geqslant 1)=1-C_3^0 p^0(1-p)^3$.

7. (1) 0.1587.

(2) 0.1408.

(3) 0.6977.

8. 0.2. 提示: 首先利用已知条件求出 σ, 将 X 标准化后有

$$P(2<X<4)=P\left(\frac{2-2}{\sigma}<\frac{X-2}{\sigma}<\frac{4-2}{\sigma}\right)=\Phi\left(\frac{2}{\sigma}\right)-\Phi(0)=0.3,$$

可得 $\Phi\left(\dfrac{2}{\sigma}\right)=0.8$, 进而所求 $P(X<0)=\Phi\left(-\dfrac{2}{\sigma}\right)=1-\Phi\left(\dfrac{2}{\sigma}\right)$.

9. (1) 0.5461. 提示: 即为求 $P(|\xi|\leqslant 30)$, 只需标准化及查正态分布表即可得所求概率.

(2) 0.9065. 提示: 利用 (1) 的结果, 可得测量误差的绝对值超过 30 的概率为 $p=1-P(|\xi|\leqslant 30)$, 进而 $P(\text{至少有 1 次测量误差的绝对值不超过 }30)=1-P(3\text{ 次测量误差的绝对值都超过 }30)=1-p^3$.

10. (1) 0.6293, 0.4972.

(2) 164.2. 提示: 利用概率的性质及标准化把 $P(X>x)\leqslant 0.1$ 转化为 $\Phi\left(\dfrac{x-145}{15}\right)\geqslant 0.9$, 再查标准正态分布表和由分布函数的单调性即可得.

11. 0.2304. 提示: 先利用均匀分布计算出 $p=P(X>4)$ 的值, 由于 5 次独立试验中 X 的观察值大于 4 的次数 Y 服从二项分布 $b(5,p)$, 从而所求概率为 $P(Y=2)=C_5^2 p^2(1-p)^3$.

12. e^{-5}. 提示: 先利用指数分布求一只电子管寿命超过 1000 h 的概率, 即为 $p=P(X>1000)$, 只有当 5 只电子管皆工作在 1000 h 以上, 仪器才能工作 1000 h 以上. 又 "每只电子管工作 1000 h 以上" 是相互独立的, 故所求的概率为 p^5.

13. $5.8792\mathrm{e}^{-2.28}$. 提示: 先计算一个男子与车门碰头的概率 $p=P(X\geqslant 182)$, 而 100 个男子中碰头的人数 Y 服从二项分布 $b(100,p)$, 故所求概率为 $P(Y\leqslant 2)$, 由于 n 很大, p 很小, 此时可以通过泊松分布来进行近似计算.

14. (1) $\mu=70,\ \sigma=12.5$. 提示: 由正态分布密度函数的对称性, 且 $P(X\leqslant 70)=0.5$ 可得 $\mu=70$; 进一步地经标准化后有 $P(X>60)=P\left(\dfrac{X-70}{\sigma}>\dfrac{60-70}{\sigma}\right)=\Phi\left(\dfrac{10}{\sigma}\right)=0.7881$, 查标准正态分布表即可获得.

(2) 0.5612. 提示: 先利用正态分布计算出一个男子体重超过 75 kg 的概率 $p=P(X>75)$, 而 5 名男子中体重超过 75 kg 的人数 Y 服从二项分布 $b(5,p)$, 故所求概率为 $P(Y\geqslant 2)=1-P(Y=0)-P(Y=1)$,

最后利用二项分布计算可得.

✍ 习 题 2.4

1. (1)

Y_1	0	1	2	4
P	0.1	0.2	0.3	0.4

(2)

Y_2	-5	1	4	7
P	0.4	0.3	0.2	0.1

(3)

Y_3	0	1	2
P	0.3	0.2	0.5

2. (1)

Y_1	$\dfrac{\sqrt{2}}{2}$	1
P	0.3	0.7

(2)

Y_2	$\sqrt{2}+1$	1	$-\sqrt{2}+1$
P	0.2	0.7	0.1

3. $f_Y(y) = \begin{cases} \dfrac{y-8}{32}, & 8 < y < 16, \\ 0, & \text{其他.} \end{cases}$

提示: 本题可用分布函数法或公式法来求解.

4. $f_Y(y) = \begin{cases} \dfrac{1}{2\sqrt{\pi(y+1)}}\mathrm{e}^{-\frac{y+1}{4}}, & y \geqslant -1, \\ 0, & y < -1. \end{cases}$

提示: 先求 Y 的分布函数 $F_Y(y) = P(Y \leqslant y) = P(2X^2 - 1 \leqslant y) = P\left(X^2 \leqslant \dfrac{y+1}{2}\right)$, 考虑到解出 X, 此时要注意对 y 的取值范围进行讨论, 分 $y \geqslant -1$ 和 $y < -1$ 两种情况.

5. $f_Y(y) = \begin{cases} \dfrac{1}{y^2}, & y > 1, \\ 0, & y \leqslant 1. \end{cases}$

提示: 由 X 的密度函数 $f_X(x) = \begin{cases} \mathrm{e}^{-x}, & x > 0, \\ 0, & x \leqslant 0. \end{cases}$, 且 $y = \mathrm{e}^x$, 分 $y > 1$ 和 $y \leqslant 1$ 两种情况分别讨论.

6. $f_Y(y) = \begin{cases} \dfrac{1}{2\sqrt{3y}}, & 75 < y < 108, \\ 0, & \text{其他.} \end{cases}$

提示: 由 X 的密度函数 $f_X(x) = \begin{cases} 1, & 5 < x < 6, \\ 0, & \text{其他.} \end{cases}$, 且 $y = 3x^2$, 分 $75 < y < 108$ 和其他两种情况分别

讨论.

7.

Y	-1	0	1
P	$\dfrac{2}{15}$	$\dfrac{1}{3}$	$\dfrac{8}{15}$

提示: 把 X 的所有可能取值代入 $Y = \sin\left(\dfrac{\pi}{2}X\right)$ 有 $\sin\left(\dfrac{n\pi}{2}\right) = \begin{cases} -1, & n = 4k-1, \\ 0, & n = 2k, \\ 1, & n = 4k-3, \end{cases}$ k 为自然数, 所以

Y 的所有可能取值为 $-1, 0, 1$. 接着分别求出每个取值点处的概率值,

$$P(Y = -1) = \sum_{k=1}^{\infty} P(X = 4k-1) = \sum_{k=1}^{\infty} \left(\dfrac{1}{2}\right)^{4k-1} = \dfrac{2}{15},$$

类似可获得 $P(Y = 0)$ 及 $P(Y = 1)$.

8. 略. 提示: 分 $c > 0$ 和 $c < 0$ 两种情况分别求解, 即当 $c > 0$ 时,

$$F_Y(y) = P(Y \leqslant y) = P(cX + d \leqslant y) = P\left(X \leqslant \dfrac{y-d}{c}\right) = F_X\left(\dfrac{y-d}{c}\right),$$

故 $f_Y(y) = F_Y'(y) = \dfrac{1}{c} f_X\left(\dfrac{y-d}{c}\right)$; 同理, 当 $c < 0$ 时, $F_Y(y) = 1 - F_X\left(\dfrac{y-d}{c}\right)$, 从而 $f_Y(y) = -\dfrac{1}{c} f_X\left(\dfrac{y-d}{c}\right)$. 最后代入 X 的密度 $f_X(x)$, 综合即可得.

9. $F_Y(y) = \begin{cases} 1 - \dfrac{1}{y^3}, & y > 1, \\ 0, & y \leqslant 1. \end{cases}$ $f_Y(y) = \begin{cases} \dfrac{3}{y^4}, & y > 1, \\ 0, & y \leqslant 1. \end{cases}$

提示: 由分布函数的定义, $F_Y(y) = P(Y \leqslant y) = P\left(\dfrac{1}{X} \leqslant y\right)$, 注意到 $0 < X < 1$, 这里需要对 y 进行讨论. 当 $y \leqslant 1$ 时, $F_Y(y) = P(\phi) = 0$; 当 $y > 1$ 时, $F_Y(y) = 1 - F_X\left(\dfrac{1}{y}\right)$, 故 $f_Y(y) = \dfrac{1}{y^2} f_X\left(\dfrac{1}{y}\right)$. 代入 $f_X(x)$ 可得 $f_Y(y)$, 最后由 $F_Y(y) = \displaystyle\int_{-\infty}^{y} f_Y(u)\mathrm{d}u$ 可求出 $F_Y(y)$.

总 习 题 2

1. $F(x) = \begin{cases} \dfrac{1}{2}\mathrm{e}^x, & x < 0, \\ 1 - \dfrac{1}{2}\mathrm{e}^{-x}, & x \geqslant 0. \end{cases}$ 提示: 直接按连续型随机变量的分布函数定义 $F(x) = \displaystyle\int_{-\infty}^{x} f(t)\mathrm{d}t$

进行计算. 由于密度函数中包含自变量的绝对值, 故积分时分 $x < 0$ 和 $x \geqslant 0$ 两种情况分别进行讨论.

2. 0.2. 提示: 把正态分布的随机变量标准化后有 $P(2 < X < 4) = \Phi\left(\dfrac{2}{\sigma}\right) - \Phi(0) = 0.3$, 故有 $\Phi\left(\dfrac{2}{\sigma}\right) = 0.8$. 注意到要求的概率 $P(X < 0) = 1 - \Phi\left(\dfrac{2}{\sigma}\right)$, 最后代入即可得.

3.

X	-1	1	3
P	0.4	0.4	0.2

提示: 分布律可由分布函数唯一确定: 分布函数的跳跃点为 X 所有可能取值点, 每个取值点处的概率为相应的跳跃度.

4. $\dfrac{1}{4\sqrt{y}}$. 提示: 当 $0 < y < 4$ 时, $F_Y(y) = P(X^2 \leqslant y) = P(-\sqrt{y} \leqslant X \leqslant \sqrt{y}) = \int_0^{\sqrt{y}} \dfrac{1}{2}\mathrm{d}x = \dfrac{\sqrt{y}}{2}$, 进而利用 $f_Y(y) = F_Y'(y)$.

5. $\dfrac{9}{64}$. 提示: 先计算 $p = P\left(X \leqslant \dfrac{1}{2}\right) = \int_0^{\frac{1}{2}} 2x\mathrm{d}x$, 因为 $Y \sim b(3,p)$, 故由二项分布的概率计算公式即可得.

6. $[1,3]$. 提示: 因为 $P(X \geqslant k) = \int_k^{+\infty} f(x)\mathrm{d}x = \dfrac{2}{3} < 1$, 再结合密度函数 $f(x)$ 的表达式可知, k 最可能的取值范围是包含在区间 $[0,6]$ 之内的区间 $[1,3]$.

7. 4. 提示: 由已知条件, 二次方程无实根即为判别式 $\Delta = 16 - 4X < 0$, 解得 $X > 4$, 故 $P(X > 4) = \dfrac{1}{2}$, 进一步结合正态分布的密度函数关于 $x = \mu$ 对称及密度函数的正则性即可得.

8. $\dfrac{13}{48}$. 提示: 利用全概率公式 $P(Y = 2) = \sum_{i=1}^{4} P(X = i)P(Y = 2 | X = i)$.

9. $1 - \dfrac{1}{\mathrm{e}}$. 提示: 利用条件概率公式及指数分布的密度函数, 即 $P(Y \leqslant \alpha + 1 | Y > \alpha) = $

$$\dfrac{P(\alpha < Y \leqslant \alpha + 1)}{P(Y > \alpha)} = \dfrac{\displaystyle\int_\alpha^{\alpha+1} \mathrm{e}^{-x}\mathrm{d}x}{\displaystyle\int_\alpha^{+\infty} \mathrm{e}^{-x}\mathrm{d}x}.$$

10. $2\mathrm{e}^2$. 提示: 利用标准正态分布的密度函数及随机变量函数的期望公式, 有 $E(X\mathrm{e}^{2X}) = \int_{-\infty}^{+\infty} x\mathrm{e}^{2x} \cdot$

$\dfrac{1}{\sqrt{2\pi}}\mathrm{e}^{-\frac{x^2}{2}}\mathrm{d}x = \dfrac{\mathrm{e}^2}{\sqrt{2\pi}}\int_{-\infty}^{+\infty} x\mathrm{e}^{-\frac{(x-2)^2}{2}}\mathrm{d}x = \dfrac{\mathrm{e}^2}{\sqrt{2\pi}}\int_{-\infty}^{+\infty} y\mathrm{e}^{-\frac{y^2}{2}}\mathrm{d}y + 2\mathrm{e}^2\int_{-\infty}^{+\infty}\dfrac{1}{\sqrt{2\pi}}\mathrm{e}^{-\frac{y^2}{2}}\mathrm{d}y$, 其中 $y = x-2$, 注意到第一个积分是奇函数在对称区间上积分为 0, 而第二个积分是标准正态分布的密度函数在 $(-\infty,+\infty)$ 上积分为 1, 最后综合即可得.

11. $\dfrac{2}{3}$. 提示: 设随机变量 X 表示三次试验中成功的次数, 则 $X \sim b(3,p)$, 再由条件概率公式有 $P(X = 3 | X \geqslant 1) = \dfrac{P(X = 3)}{P(X \geqslant 1)} = \dfrac{C_3^3 P^3}{1 - C_3^0(1 - P)^3} = \dfrac{4}{13}$, 解出 P 即可.

12. B. 提示: 由连续型随机变量的分布函数定义及积分的性质, 有 $F(-a) = \int_{-\infty}^{-a} \varphi(x)\mathrm{d}x \overset{\diamondsuit x = -t}{=====}$

$\int_a^{+\infty} \varphi(t)\mathrm{d}t = \int_0^{+\infty} \varphi(t)\mathrm{d}t - \int_0^a \varphi(t)\mathrm{d}t$, 最后由密度函数的对称性及正则性可得.

13. C. 提示: $P\left(\left|\dfrac{X-\mu}{\sigma}\right|<1\right)=2\Phi(1)-1$ 与 σ 无关.

14. D. 提示: 由于 X 服从指数分布, 故 $X>0$. 当 $0\leqslant y<2$ 时, $F_Y(y)=P(\min\{X,2\}\leqslant y)=$
$P(X\leqslant y)$, 进一步可以计算出 $F_Y(y)=\begin{cases}0, & y<0,\\ 1-\mathrm{e}^{-\lambda y}, & 0\leqslant y<2,\\ 1, & y\geqslant 2.\end{cases}$ 由 $F_Y(y)$ 的表达式即可得.

15. C. 提示: 由标准正态分布密度函数的对称性有, $1-P(|X|\geqslant x)=1-2P(X\geqslant x)=\alpha$, 故
$P(X\geqslant x)=\dfrac{1-\alpha}{2}$, 再结合 u_α 的定义即可得.

16. C. 提示: 利用 $P(X=1)=F(1)-F(1-0)$.

17. A. 提示: 由密度函数的正则性及 $f(x)$ 的定义有 $\displaystyle\int_{-\infty}^{+\infty}f(x)\mathrm{d}x=a\int_{-\infty}^{0}\varphi(x)\mathrm{d}x+b\int_0^3\dfrac{1}{4}\mathrm{d}x=$
$\dfrac{1}{2}a+\dfrac{3}{4}b=1$, 整理即可得.

18. A. 提示: 由已知条件知, $f(x)$ 关于 $x=1$ 对称, 故 $P(X<0)=\displaystyle\int_{-\infty}^0 f(x)\mathrm{d}x=\int_{-\infty}^1 f(x)\mathrm{d}x-$
$\displaystyle\int_0^1 f(x)\mathrm{d}x=\dfrac{1}{2}-\dfrac{1}{2}\int_0^2 f(x)\mathrm{d}x.$

19. B. 提示: $p=P\left(\dfrac{X-\mu}{\sigma}\leqslant\sigma\right)=\Phi(\sigma)$, 再由分布函数的单调性即可得.

20. D. 提示: 验证其满足非负性和正则性即可.

21. 0.682. 提示: 设 X 为考生的外语成绩, 则 $X\sim N(72,\sigma^2)$. 由标准正态分布函数概率的计算公式, 有 $P(X>96)=1-\Phi\left(\dfrac{24}{\sigma}\right)=0.023$, 结合附表得 $\sigma=12$. 故所求概率为 $P(60\leqslant X\leqslant 84)=$
$2\Phi(1)-1$.

22. (1) 0.064. 提示: 设电子元件损坏为事件为 A, 则由全概率公式有, $P(A)=P(A|X\leqslant 200)$
$P(X\leqslant 200)+P(A|200<X\leqslant 240)P(200<X\leqslant 240)+P(A|X>240)P(X>240)$. 利用标准正态分布计算出相应概率, 代入全概率公式即可得.

(2) 0.009. 提示: 根据条件概率公式有
$$\beta=P(200<X\leqslant 240|A)=\dfrac{P(A|200<X\leqslant 240)P(200<X\leqslant 240)}{P(A)},$$ 把 (1) 的结果和已知数据代入即可得.

23. 0.87. 提示: 先利用正态分布计算出每次测量中测量误差的绝对值大于 19.6 的概率, 即 $P(|X|>$
$19.6)=1-P\left(-1.96\leqslant\dfrac{X}{10}\leqslant 1.96\right)=2-2\Phi(1.96)=0.05$. 设 Y 为在 100 次独立重复测量中测量误差的绝对值大于 19.6 的次数, 则 $Y\sim b(100,0.05)$. 因为 $np=5<10$, 所以可以用参数 $\lambda=5$ 的泊松分布来近似二项分布, 即 $\alpha=P(Y\geqslant 3)\approx 1-\displaystyle\sum_{k=0}^2 \mathrm{e}^{-\lambda}\dfrac{\lambda^k}{k!}$, 查表代入计算即可得.

24. (1) T 服从参数为 λ 的指数分布. 提示: 当 $t<0$ 时, $F(t)=P(T\leqslant t)=0$; 当 $t\geqslant 0$ 时, $F(t)=P(T\leqslant t)=1-P(T>t)$, 注意到事件 $\{T>t\}$ 表示时间 t 内没有发生故障, 这等价于事件 $\{N(t)=0\}$. 故 $F(t)=1-P(N(t)=0)$, 利用 $N(t)\sim P(\lambda t)$, 即可求出 T 的分布函数.

(2) $\mathrm{e}^{-8\lambda}$. 提示: 利用指数分布具有无记忆性, $Q=P(T\geqslant 16|T\geqslant 8)=P(T\geqslant 8)=1-P(T<8)$, 利用 (1) 中求出的分布函数即可得.

25. $P(V_n=k)=C_n^k(0.01)^k(0.99)^{n-k}, \quad k=0,1,2,\cdots,n$. 提示: 先利用 X 的密度函数计算在一次

观测中 X 的值不大于 0.1 的概率, 即 $P(X \leqslant 0.1) = \int_0^{0.1} 2x\mathrm{d}x = 0.01$, 故 $V_n \sim b(n, 0.01)$.

26. $f_Y(y) = \begin{cases} \dfrac{1}{y^2}, & y > 1, \\ 0, & y \leqslant 1. \end{cases}$ 提示: 可用分布函数法或公式法来求解.

27. $G(y) = \begin{cases} 0, & y < 0, \\ y, & 0 \leqslant y < 1, \\ 1, & y \geqslant 1. \end{cases}$ 提示: 设 $G(y)$ 为随机变量 $Y = F(X)$ 的分布函数, 注意到 $0 \leqslant$

$F(X) \leqslant 1$, 需对 y 分段讨论. 当 $y < 0$ 时, $G(y) = P(Y \leqslant y) = 0$; 当 $y \geqslant 1$ 时, $G(y) = 1$; 当 $0 \leqslant y < 1$ 时, $G(y) = P(Y \leqslant y) = P(X \leqslant F^{-1}(y)) = F(F^{-1}(y)) = y$.

28. (1) $F(x) = \begin{cases} 0, & x < -1, \\ \dfrac{5x + 7}{16}, & -1 \leqslant x < 1, \\ 1, & x \geqslant 1. \end{cases}$ 提示: 由于 X 的绝对值不大于 1, 故当 $x < -1$ 时,

$F(x) = P(X \leqslant x) = 0$; 当 $x \geqslant 1$ 时, $F(x) = P(X \leqslant x) = 1$; 当 $-1 \leqslant x < 1$ 时, $F(x) = P(X \leqslant x) = P(X = -1) + P(X < -1) + P(-1 < X \leqslant x) = \dfrac{1}{8} + P(-1 < X \leqslant x)$, 由已知条件可知,

$P(-1 < X < 1) = \dfrac{5}{8}$, $P(-1 < X \leqslant x \mid -1 < X < 1) = \dfrac{x+1}{2}$, 利用条件概率公式代入即可得 $F(x)$.

(2) $\dfrac{7}{16}$. 提示: $p = P(X < 0) = F(0)$.

29. 证明略. 提示: 利用分布函数的定义 $F_Y(y) = P(Y \leqslant y) = P(\mathrm{e}^{-2X} \geqslant 1 - y)$, 为了解出 X, 这里需对 y 进行讨论. 利用已知条件 $f_X(x) = \begin{cases} 2\mathrm{e}^{-2x}, & x > 0, \\ 0, & x \leqslant 0. \end{cases}$ 因为 $X > 0$ 时, $0 < \mathrm{e}^{-2X} < 1$, 所以当

$y \leqslant 0$ 时, $F_Y(y) = 0$; 当 $y \geqslant 1$ 时, $F_Y(y) = 1$; 当 $0 < y < 1$ 时, $F_Y(y) = P\left(X \leqslant -\dfrac{1}{2}\ln(1 - y)\right) = F_X\left(-\dfrac{1}{2}\ln(1 - y)\right)$, 最后利用 $f_Y(y) = F_Y'(y)$ 求出 $f_Y(y)$.

✍ 习 题 3.1

1. (1) 0.1.

(2) 0.4.

2. (1) $\mathrm{e}^{-1} - 2\mathrm{e}^{-2} + \mathrm{e}^{-3}$.

(2) $f(x, y) = \begin{cases} \mathrm{e}^{-(x+y)}, & x > 0, y > 0, \\ 0, & \text{其他}. \end{cases}$

3. (1) 4.

(2) 0.5.

4. 提示: 先确定 X 和 Y 的可能取值, 然后画出二维表格, 根据等可能性给出对应的概率.

X	Y		
	0	1	2
-1	0	$\dfrac{1}{7}$	$\dfrac{1}{7}$
0	$\dfrac{1}{7}$	$\dfrac{1}{7}$	0
2	$\dfrac{1}{7}$	$\dfrac{1}{7}$	$\dfrac{1}{7}$

5. $1 + \mathrm{e}^{-1} - 2\mathrm{e}^{-\frac{1}{2}}$. 提示: 先做出 $f(x, y)$ 的非零区域与 $\{x + y \leqslant 1\}$ 的交集, 再利用性质 3.1.8.

6. 提示: $\{X = i, \ Y = j\}$ 表示: 取出的 2 件中有 i 件一等品, j 件二等品, $2 - i - j$ 件三等品, 当 $i + j > 2$ 时, $p_{ij} = 0$; 当 $i + j \leqslant 2$ 时, $p_{ij} = C_2^i C_{2-i}^j \left(\dfrac{6}{10}\right)^i \left(\dfrac{3}{10}\right)^j \left(\dfrac{1}{10}\right)^{2-i-j}$.

X	Y		
	0	1	2
0	0.01	0.06	0.09
1	0.12	0.36	0
2	0.36	0	0

7. $\dfrac{7}{8}$. 提示: $P(\{X > 0.5\} \cup \{Y > 0.5\}) = 1 - P(X \leqslant 0.5, Y \leqslant 0.5)$.

✐习 题 3.2

1.

X	Y			$P(X = x_i)$
	1	2	3	
0	0.05	0.18	0.25	0.48
1	0.15	0.22	0.15	0.52
$P(Y = y_j)$	0.2	0.4	0.4	1

2.

X	Y			$P(X = x_i)$
	0	1	2	
-1	0	$\dfrac{1}{3}$	$\dfrac{1}{12}$	$\dfrac{5}{12}$
0	$\dfrac{1}{6}$	$\dfrac{5}{12}$	0	$\dfrac{7}{12}$
$P(Y = y_j)$	$\dfrac{1}{6}$	$\dfrac{3}{4}$	$\dfrac{1}{12}$	1

3. $f_X(x) = \begin{cases} 2x, & 0 < x < 1, \\ 0, & \text{其他.} \end{cases} \quad f_Y(y) = \begin{cases} 2y, & 0 < y < 1, \\ 0, & \text{其他.} \end{cases}$

4. $f_X(x) = \begin{cases} \mathrm{e}^{-x}, & x > 0, \\ 0, & \text{其他.} \end{cases} \quad f_Y(y) = \begin{cases} y\mathrm{e}^{-y}, & y > 0, \\ 0, & \text{其他.} \end{cases}$

5. (1) $f_X(x) = \begin{cases} \dfrac{3}{4}(1 - x^2), & -1 < x < 1, \\ 0, & \text{其他.} \end{cases} \quad f_Y(y) = \begin{cases} \dfrac{3}{2}\sqrt{y}, & 0 < y < 1, \\ 0, & \text{其他.} \end{cases}$

提示: D 的面积 $S = \displaystyle\int_{-1}^{1} (1 - x^2)\mathrm{d}x = \dfrac{4}{3}$, $\quad f(x, y) = \begin{cases} \dfrac{3}{4}, & x^2 < y < 1, \\ 0, & \text{其他.} \end{cases}$

(2) $\dfrac{7}{8}$. 提示: $P(Y > 0.25) = \displaystyle\int_{0.25}^{1} f_Y(y)\mathrm{d}y$.

6.

X	Y			$P(X=x_i)$
	0	1	2	
0	$\dfrac{1}{28}$	$\dfrac{1}{7}$	$\dfrac{1}{28}$	$\dfrac{3}{14}$
1	$\dfrac{2}{7}$	$\dfrac{2}{7}$	0	$\dfrac{4}{7}$
2	$\dfrac{3}{14}$	0	0	$\dfrac{3}{14}$
$P(Y=y_j)$	$\dfrac{15}{28}$	$\dfrac{3}{7}$	$\dfrac{1}{28}$	1

提示: $\{X=i, Y=j\}$ 表示: 取出的 2 件中有 i 件一等品, j 件二等品, $2-i-j$ 件三等品, 当 $i+j>2$ 时, $p_{ij}=0$; 当 $i+j\leqslant 2$ 时, $p_{ij}=\dfrac{C_4^i C_2^j C_2^{2-i-j}}{C_8^2}$.

习 题 3.3

1. 独立.

2. 0.5. 提示: $P(X=Y)=P(X=-1,Y=-1)+P(X=1,Y=1)$.

3. 独立. 提示:

$$f_X(x)=\begin{cases}2x, & 0<x<1,\\ 0, & \text{其他}.\end{cases} \qquad f_Y(y)=\begin{cases}2y, & 0<y<1,\\ 0, & \text{其他}.\end{cases}$$

4. 不独立. 提示:

$$f_X(x)=\begin{cases}3x^2, & 0<x<1,\\ 0, & \text{其他}.\end{cases} \qquad f_Y(y)=\begin{cases}\dfrac{3}{2}(1-y^2), & 0<y<1,\\ 0, & \text{其他}.\end{cases}$$

5. $a=\dfrac{1}{18}, b=\dfrac{2}{9}, c=\dfrac{1}{6}$. 提示: 先对联合分布律求行和与列和得出边缘分布律, 利用独立性与正则性列出方程组 $\begin{cases}a+b+c=\dfrac{4}{9},\\ b=\left(b+\dfrac{4}{9}\right)\left(b+\dfrac{1}{9}\right),\\ \dfrac{1}{9}=\left(b+\dfrac{4}{9}\right)\left(a+\dfrac{1}{9}\right).\end{cases}$

6. (1) $f(x,y)=\begin{cases}\mathrm{e}^{-y}, & 0<x<1, y>0,\\ 0, & \text{其他}.\end{cases}$ 提示: 利用独立性有 $f(x,y)=f_X(x)f_Y(y)$.

(2) e^{-1}. 提示: $P(X\geqslant Y)=\displaystyle\int_0^1\int_0^x \mathrm{e}^y \mathrm{d}y\mathrm{d}x$.

7. $\dfrac{2}{9}$. 提示: X 和 Y 分别表示左右两个随机点, 则 $X\sim U\left(0,\dfrac{a}{2}\right), Y\sim U\left(\dfrac{a}{2},a\right)$, 由独立性写出 X 和 Y 的联合概率密度函数 $f(x,y)$, 所以 $P\left(|Y-X|<\dfrac{a}{3}\right)=\displaystyle\iint\limits_{D} f(x,y)\mathrm{d}x\mathrm{d}y$, 计算时要注意将 $f(x,y)$ 的非零区域与 $\left\{|y-x|<\dfrac{a}{3}\right\}$ 取交集.

✍习　题　3.4

1. (1)

$X = k$	1	2	3
$P(X = k \mid Y = 0)$	$\dfrac{1}{3}$	$\dfrac{1}{2}$	$\dfrac{1}{6}$

(2)

$Y = k$	0	1
$P(Y = k \mid X = 2)$	$\dfrac{3}{4}$	$\dfrac{1}{4}$

2. 提示: 利用条件概率定义以及古典概率计算公式.

$Y = k$	1	2	3
$P(Y = k \mid X = 1)$	$\dfrac{1}{6}$	$\dfrac{2}{3}$	$\dfrac{1}{6}$

3. 当 $0 < x < 1$ 时, $f_{Y \mid X}(y \mid x) = \begin{cases} \dfrac{1}{x}, & 0 < y < x, \\ 0, & \text{其他.} \end{cases}$

当 $0 < y < 1$ 时, $f_{X \mid Y}(x \mid y) = \begin{cases} \dfrac{2x}{1 - y^2}, & y < x < 1, \\ 0, & \text{其他.} \end{cases}$

提示: 先计算两个边缘密度函数, 再利用条件密度函数的定义.

4. 当 $0 < x < 1$ 时, $f_{Y \mid X}(y \mid x) = \begin{cases} \dfrac{1}{2x}, & -x < y < x, \\ 0, & \text{其他.} \end{cases}$

当 $-1 < y < 1$ 时 $f_{X \mid Y}(x \mid y) = \begin{cases} \dfrac{1}{1 - |y|}, & |y| < x < 1, \\ 0, & \text{其他.} \end{cases}$

提示: 先计算两个边缘密度函数, 再利用条件密度函数的定义.

5. $\dfrac{4}{5}$. 提示: 先计算 X 的边缘密度函数 $f_X(x) = \dfrac{21}{8} x^2 (1 - x^4)$, $-1 < x < 1$, 然后当 $0 < |x| < 1$ 时求出条件密度函数 $f_{Y \mid X}(y \mid x) = \dfrac{2y}{1 - x^4}$, $x^2 < y < 1$, 再将 $x = 0.5$ 代入得到函数 $f_{Y \mid X}(y \mid x = 0.5) = \dfrac{32}{15} y$, $\dfrac{1}{4} < y < 1$, 最后利用定积分计算条件概率 $P(Y \geqslant 0.5 \mid X = 0.5) = \displaystyle\int_{0.5}^1 \dfrac{32}{15} y \, dy = \dfrac{4}{5}$.

6. $\dfrac{47}{64}$. 提示: 先利用 $f_Y(y)$ 和 $f_{X \mid Y}(x \mid y)$ 求出联合概率密度函数 $f(x, y) = 15 x^2 y$, $0 < x < y < 1$, 然后用二重积分计算 $P(x > 0.5) = \displaystyle\int_{0.5}^1 \int_x^1 15 x^2 y \, dy \, dx = \dfrac{47}{64}$.

✍习　题　3.5

1. (1)

$X + Y$	1	2	3	4	5
P	0.05	0.22	0.35	0.29	0.09

(2)

XY	0	1	2	3	4	6
P	0.4	0.07	0.15	0.22	0.07	0.09

(3)

$\dfrac{X}{Y}$	0	$\dfrac{1}{2}$	$\dfrac{1}{3}$	$\dfrac{2}{3}$	1	2
P	0.4	0.11	0.22	0.09	0.14	0.04

(4)

$\min\{X,Y\}$	0	1	2
P	0.4	0.44	0.16

2.

$\max\{X,Y\}$	0	1
P	$\dfrac{1}{4}$	$\dfrac{3}{4}$

3. $f_Z(z)=\begin{cases} 1-\mathrm{e}^{-z}, & 0<z<1,\\ \mathrm{e}^{-z}(\mathrm{e}-1), & z>1,\\ 0, & \text{其他.} \end{cases}$

提示: 使用卷积公式 (3.5.4) 时被积函数大于 0 的区域是 $\{0<x<1\}$ 与 $\{z-x>0\}$ 的交集.

4. (1) $f_Z(z)=\begin{cases} z\mathrm{e}^{-z}, & z>0,\\ 0, & \text{其他.} \end{cases}$

(2) $f_Z(z)=\begin{cases} 2(1-\mathrm{e}^{-z})\mathrm{e}^{-z}, & z>0,\\ 0, & \text{其他.} \end{cases}$

提示: (1) 可直接利用式 (3.5.2) 或式 (3.5.3); (2) 先求出两个边缘概率密度函数, 由此判断两个随机变量是独立的, 接下来求出边缘分布函数, 再利用式 (3.5.6) 求出最大值变量的分布函数, 最后求导即可.

5. $f_Z(z)=\begin{cases} \dfrac{1}{6}z^3\mathrm{e}^{-z}, & z>0,\\ 0, & \text{其他.} \end{cases}$ 提示: 使用卷积公式 (3.5.4) 时被积函数大于 0 的区域是 $\{0<x<1\}$ 与 $\{z-x>0\}$ 的交集.

6. $f(t)=\begin{cases} 8\mathrm{e}^{-8t}, & t>0,\\ 0, & t\leqslant 0. \end{cases}$ 提示: 设备正常工作的时间 $T=\min\{X_1,X_2,X_3,X_4\}$ 直接利用式 (3.5.8) 求出 T 的分布函数, 最后求导即可.

✍总 习 题 3

1. $\dfrac{1}{4}$. 提示: $P(X+Y\leqslant 1)=\displaystyle\int_0^{\frac{1}{2}}\mathrm{d}x\int_x^{1-x}6x\,\mathrm{d}y$.

2. $\dfrac{1}{9}$. 提示: $P(\max\{X,Y\}\leqslant 1)=P(X\leqslant 1,Y\leqslant 1)=P(X\leqslant 1)P(Y\leqslant 1)$.

3. $\dfrac{1}{2}$. 提示: $X\sim N(1,1),Y\sim N(0,1)$, 且 X 与 Y 独立,
$$P(XY-Y<0)=P(X-1>0,Y<0)+P(X-1<0,Y>0).$$

4. $\frac{1}{3}$. 提示: $P(X=Y)=P(X=0,Y=0)+P(X=1,Y=1)$, 且 X 与 Y 独立.

5. B. 提示: 由独立性有 $P(X+Y=1)=P(X+Y=1|X=0)$, 可知 $a+b=a+0.1$, 得 $b=0.1$, 又 $a+b=0.5$, 所以 $a=0.4$.

6. A. 提示: 利用独立性先求出联合密度函数, 然后用二重积分求概率.

7. D. 提示: 同第 6 题, 或者利用均匀分布的特性, $P\left(X^2+Y^2\leqslant 1\right)=\dfrac{\text{单位圆的面积}\times\frac{1}{4}}{\text{正方形面积}}=\dfrac{\frac{\pi}{4}}{1}=\dfrac{\pi}{4}$.

8. C. 提示: $P(X+Y=2)=P(X=1,Y=1)+P(X=2,Y=0)+P(X=3,Y=-1)$.

9. A. 提示: $X-Y\sim N(0,2\sigma^2)$, $P\{|X-Y|<1\}=2\Phi\left(\dfrac{1}{\sqrt{2}\sigma}\right)-1$.

10. B. 提示: $2X+Y\sim N(-2,10)$, $Y-X\sim N(-2,2^2)$, $P(2X+Y<a)=\Phi\left(\dfrac{a+2}{\sqrt{10}}\right)$, $P(X>Y)=P(Y-X<0)=\Phi(1)$, 即 $\dfrac{a+2}{\sqrt{10}}=1$.

11. D. 提示: $P(Z\leqslant z)=\iint\limits_{|x-y|\leqslant z}f(x,y)\mathrm{d}x\mathrm{d}y=2\int_0^\infty\mathrm{d}y\int_y^{y+z}\lambda e^{-\lambda x}\lambda e^{-\lambda y}\mathrm{d}x$.

12. B. 提示: $Y-2X\sim N(-1,9)$, $X-2Y\sim N(2,6)$, $p_1=P(Y-2X<0)=\Phi\left(\dfrac{1}{3}\right)$, $p_2=1-\Phi\left(-\dfrac{1}{\sqrt{6}}\right)=\Phi\left(\dfrac{1}{\sqrt{6}}\right)$.

13. $g(u)=0.3f(u-1)+0.7f(u-2)$. 提示: 利用分布函数的定义, 先求 U 的分布函数, 计算时依据 X 的取值情况应用全概率公式, 然后对 U 的分布函数求导数.

14. (1) $\dfrac{7}{24}$. 提示: $P(X>2Y)=\int_0^1\mathrm{d}x\int_0^{\frac{x}{2}}(2-x-y)\mathrm{d}y$.

(2) $f_Z(z)=\begin{cases}z(2-z), & 0<z<1,\\ (2-z)^2, & 1\leqslant z<2,\\ 0, & \text{其他}.\end{cases}$ 提示: 使用和的分布的一般公式 (3.5.3) 时, 被积函数大于 0 的区域是 $\{0<x<1\}$ 与 $\{0<z-x<1\}$ 的交集.

15. (1) $f_{Y|X}(y\,|\,x)=\begin{cases}\dfrac{1}{x}, & 0<y<x,\\ 0, & \text{其他}.\end{cases}$ 提示: 先计算 X 的边缘密度函数.

(2) $\dfrac{e-2}{e-1}$. 提示: 利用条件概率的定义.

16. (1) $\dfrac{4}{9}$. 提示: 利用缩减样本空间法, $P(X=1\,|\,Z=0)=\dfrac{C_2^1\times 2}{C_3^1 C_3^1}$.

(2)

X	Y		
	0	1	2
0	$\frac{1}{4}$	$\frac{1}{3}$	$\frac{1}{9}$
1	$\frac{1}{6}$	$\frac{1}{9}$	0
2	$\frac{1}{36}$	0	0

提示: 利用古典概率公式, 例如: $P(X=0, Y=1) = \dfrac{2\mathrm{C}_2^1 \mathrm{C}_3^1}{6 \times 6} = \dfrac{1}{3}$.

17. (1) $f_X(x) = \begin{cases} x, & 0 < x < 1, \\ 2 - x, & 1 \leqslant x < 2, \\ 0, & \text{其他}. \end{cases}$ 提示: 先计算 G 的面积, 依据均匀分布定义写出联合概率密度函数.

(2) 当 $0 < y < 1$ 时, $f_{X|Y}(x \mid y) = \begin{cases} \dfrac{1}{2 - 2y}, & y < x < 2 - y, \\ 0, & \text{其他}. \end{cases}$ 提示: 先计算 Y 的边缘概率密度函数.

18. (1) $F_Y(y) = \begin{cases} 0, & y < 1, \\ \dfrac{y^3 + 18}{27}, & 1 \leqslant y < 2, \\ 1, & y \geqslant 2. \end{cases}$ 提示: 由 Y 的定义知 $1 \leqslant Y \leqslant 2$, 于是对 $1 \leqslant y \leqslant 2$, 有

$$F_Y(y) = P(Y \leqslant y) = P(Y = 1) + P(1 < Y \leqslant y) = P(X \geqslant 2) + P(1 < X \leqslant y).$$

(2) $\dfrac{8}{27}$. 提示: $P(X \leqslant Y) = P(X < 2)$.

19. (1) $f(x, y) = f_X(x) f_{Y|X}(y \mid x) = \begin{cases} \dfrac{9 y^2}{x}, & 0 < y < x < 1, \\ 0, & \text{其他}. \end{cases}$

(2) $f_Y(y) = \displaystyle\int_{-\infty}^{+\infty} f(x, y) \mathrm{d}x = \begin{cases} -9 y^2 \ln y, & 0 < y < 1, \\ 0, & \text{其他}. \end{cases}$

(3) $\dfrac{1}{8}$. 提示: $P(X > 2Y) = \displaystyle\int_0^1 \mathrm{d}x \int_0^{\frac{x}{2}} \dfrac{9 y^2}{x} \mathrm{d}y$.

20. $f_Z(z) = \begin{cases} z, & 0 < z < 1, \\ z - 2, & 2 < z < 3, \\ 0, & \text{其他}. \end{cases}$ 提示: 利用分布函数的定义, 先求 Z 的分布函数, 计算时依据 X 的取值情况应用全概率公式, 得

$$F_Z(z) = \frac{1}{2} P(Y \leqslant z) + \frac{1}{2} P(Y \leqslant z - 2)$$

$$= \begin{cases} 0, & z < 0, \\ \dfrac{1}{2} P(Y \leqslant z), & 0 \leqslant z < 1, \\ \dfrac{1}{2}, & 1 \leqslant z < 2, \\ \dfrac{1}{2} + \dfrac{1}{2} P(Y \leqslant z - 2), & 2 \leqslant z < 3, \\ 1, & z \geqslant 3 \end{cases} = \begin{cases} 0, & z < 0, \\ \dfrac{z^2}{2}, & 0 \leqslant z < 1, \\ \dfrac{1}{2}, & 1 \leqslant z < 2, \\ \dfrac{1}{2} + \dfrac{1}{2}(z - 2)^2, & 2 \leqslant z < 3, \\ 1, & z \geqslant 3. \end{cases}$$

21. (1) $F(x, y) = \dfrac{1}{2} \Phi(x) \Phi(y) + \dfrac{1}{2} \Phi(\min\{x, y\})$. 提示: 利用联合分布函数的定义, 计算时依据 X_3 的取值情况应用全概率公式.

(2) 略. 提示: 类似于 (1).

22. (1) $f_X(x) = \begin{cases} 1, & 0 < x < 1, \\ 0, & 其他. \end{cases}$ 提示：$X + Y = 2, Y > X > 0$，X 服从 $(0, 1)$ 上均匀分布.

(2) $f_Z(z) = \begin{cases} \dfrac{2}{(z+1)^2}, & z \geqslant 1, \\ 0, & z < 1. \end{cases}$ 提示：当 $z \geqslant 1$ 时，

$$P(Z \leqslant z) = P\left(\frac{2-X}{X} \leqslant z\right) = P\left(\frac{z+1}{2} \leqslant X < 1\right).$$

✍ 习 题 4.1

1. 3, 2.1.

2. e^{-1}. 提示：$E(X) = \lambda = 1$，问题变成求 $P(X = 1)$.

3. 1, 0.

4. $\dfrac{1}{4}$

5. 0, 4. 提示：X 的线性组合的期望和方差公式是不一样的. $E(X - 10) = E(X) - 10 = 0$. 而 $D(X + 10) = D(X) = 4$.

6. $\dfrac{3}{4}, \dfrac{3}{80}$. 提示：利用归一性先求出 $k = 3$，然后代入公式 $E(X) = \displaystyle\int_{-\infty}^{+\infty} xf(x)dx$，$E(X^2) = \displaystyle\int_{-\infty}^{+\infty} x^2 f(x)\mathrm{d}x$，$D(X) = E(X^2) - [E(X)]^2$.

7. 6.24. 提示：先求出 Y 的分布律，再利用公式 $E(Y) = \displaystyle\sum_{i=1}^{+\infty} y_i p_i$，$D(Y) = E(Y^2) - [E(Y)]^2$.

8. 40, 8. 提示：$X \sim b(50, 0.8)$.

9. 0.1587, 5000.

10. 99 元. 提示：设购买一注彩票的收益为随机变量 X，求其概率分布.

11. 45. 提示：将 $P(65 \leqslant X \leqslant 85)$ 改写为 $P(|X - 75| \leqslant 10)$ 确定 $\varepsilon = 10$.

12. 22, 保险公司根据赔付额的方差，来确定保费费率，以确保公司的稳健运营和客户的合理负担. 提示：方差大，保险公司需要准备更多的资金来应对可能出现的高额赔付，或者需要提高保费来覆盖这种不确定性带来的风险.

13. (1) 生产线 B 的产品质量更加稳定. (2) 公司应该重点关注生产线 A，以提高产品质量稳定性. 提示：方差越小，数据的离散程度越小，则该生产线的产品质量波动越小，产品质量更加稳定.

✍ 习 题 4.2

1. 12.

2. $\dfrac{4}{3}$. 提示：(XY) 的联合密度函数为 $f(x,y) = \begin{cases} 2, 0 \leqslant x \leqslant 1, 1 - x \leqslant y \leqslant 1, \\ 0, 其他. \end{cases}$ 利用公式 $E(X + Y) = \displaystyle\int_0^1 \int_{1-x}^1 2(x+y)\mathrm{d}x\mathrm{d}y$.

3. 5. 提示：$\mathrm{Cov}(X, Y) = E(XY) - E(X)E(Y)$.

4. 0. 提示：独立随机变量的相关系数为 0.

5. 0.09, 1.56. 提示：$E(X) = 1.9$，$E(Y) = -0.1$，$E(X^2) = 4.3$，$E(Y^2) = 0.7$，$E(XY) = -0.1$，代入 $\mathrm{Cov}(X, Y) = E(XY) - E(X)E(Y)$，$D(X + Y) = D(X) + D(Y) + 2\mathrm{Cov}(X, Y)$.

6. 0. 提示: 利用随机变量函数的期望公式求出 $E(X) = \dfrac{2}{3}$, $E(Y) = 1$, $E(X^2) = \dfrac{1}{2}$, $E(Y^2) = \dfrac{4}{3}$, $E(XY) = \dfrac{2}{3}$.

7. $\dfrac{\mu(a+b)}{2}$. 提示: 由 X 和 Y 的独立性知 $E(XY) = E(X) \cdot E(Y)$.

8. 17.8. 提示: 利用公式 $\rho_{XY} = \dfrac{\text{Cov}(X,Y)}{\sqrt{D(X)D(Y)}}$, 求出 $\text{Cov}(X,Y) = 0.2$, 利用公式 $D(X+Y) = D(X) + D(Y) + 2\text{Cov}(X,Y)$.

9. $\dfrac{1}{6}$. 提示: X, Y 均服从参数为 $0, 1$ 的均匀分布, 且相互独立.

10. $-\dfrac{4}{45}$. 提示: (X,Y) 的联合概率分布为

X	Y		
	0	1	2
0	$\dfrac{1}{5}$	$\dfrac{2}{5}$	$\dfrac{1}{15}$
1	$\dfrac{1}{5}$	$\dfrac{2}{15}$	0

11. (1) 意味着当产品 A 的销售量增加时, 产品 B 的销售量也往往增加.

(2) 协方差 150 > 0, 可以判断产品 A 和产品 B 的销售量之间存在正相关关系.

✍习 题 4.3

1. C. 提示: 根据林德伯格–列维中心极限定理, 当 n 充分大时, 选项 C 将 $\sum\limits_{i=1}^{n} X_i$ 标准化后, 近似服从标准正态分布.

2. $\Phi(\sqrt{2})$. 提示: $P(Y \leqslant 220)$ 转化为 $P\left(Z \leqslant \dfrac{220 - 200}{\sqrt{200}}\right)$.

3. 是. 提示: 根据大数定律, 对于任意给定的正数 ε, $\lim\limits_{n \to +\infty} P\left(\left|\dfrac{X_n}{n} - p\right| < \varepsilon\right) = 1$.

4. $N(8000, 400^2)$. 提示: 这 25 名员工月薪近似服从正态分布, 利用公式 $N(n\mu, n\sigma^2)$.

5. 0.2387. 提示: X 表示在随机抽查的 50 个索赔户中因被盗向保险公司索赔的户数, 由于每个索赔户是否因被盗索赔是独立的, 并且概率相同, 因此 $X \sim b(50, 0.2)$.

6. 0.9876. 提示: $9.8 \leqslant \dfrac{1}{100}\sum\limits_{i=1}^{100} X_i \leqslant 10.2$ 转化为 $-2.5 \leqslant Z \leqslant 2.5$.

7. A. 提示: 对于选项 A 和 B, $P\left(\sum\limits_{i=1}^{100} X_i \leqslant 45\right)$ 对应的 Z 值为 $\dfrac{45 - 50}{5} = -1$; 对于选项 C 和 D, $P\left(\sum\limits_{i=1}^{100} X_i \leqslant 55\right)$ 和 $P\left(\sum\limits_{i=1}^{100} X_i \geqslant 55\right)$ 对应的 Z 值分别为 $\dfrac{55 - 50}{5} = 1$ 和其补集.

8. 提示: 根据切比雪夫大数定律的公式, 将 $\lim\limits_{n \to +\infty} P\left(\left|\dfrac{1}{n}\sum\limits_{i=1}^{n} X_i - \dfrac{1}{n}\sum\limits_{i=1}^{n} E(X_i)\right| < \varepsilon\right) = 1$ 转换成 $\lim\limits_{n \to +\infty} P\left(\left|\dfrac{1}{n}\sum\limits_{i=1}^{n} X_i^2 - \dfrac{1}{n}\sum\limits_{i=1}^{n} E(X_i^2)\right| < \varepsilon\right) = 1$.

9. (1) 0.1587.

(2) 每位志愿者每月积极参与志愿服务, 体现他们的无私奉献精神. 总志愿服务时长虽不高, 但他们的集体力量不可忽视, 当志愿者团结一心, 共同为公益事业努力时, 他们的力量汇聚成一股强大的正能量, 推动社会公益事业的发展.

✍ 总 习 题 4

1. 2. 提示: 运用 $\sum\limits_{k=0}^{+\infty} p_k = 1$ 求出 $C = \mathrm{e}^{-1}$.

2. $2\mu\rho\sigma^2 + \mu\sigma^2 + \mu^3$. 提示: $X \sim N(\mu, \sigma^2)$, $Y \sim N(\mu, \sigma^2)$.

3. $2\mathrm{e}^2$. 提示: $X \sim N(0, 1)$.

4. $\dfrac{9}{2}$. 提示: 运用数学期望的定义及 $\sum\limits_{k=0}^{+\infty} p_k = 1$ 求出 $a = b = \dfrac{1}{4}$.

5. 2. 提示: 求出 X 的密度函数.

6. $\dfrac{8}{7}$. 提示: Y 表示 X 被 3 除的余数, 则 Y 的可能取值为 0, 1, 2, 运用离散型随机变量函数的分布归纳出 Y 的分布律, 即可求得 Y 的数学期望.

7. 9. 提示: 运用公式 $D(X + Y) = D(X) + D(Y) + 2\mathrm{Cov}(X, Y)$.

8. B. 提示: 独立性可推出 $E(UV) = E(X)E(Y)$.

9. D. 提示: 两段长度 x, y 满足 $x + y = 1$, x 与 y 是线性关系, 相关系数等于 -1.

10. D. 提示: 利用数学期望的定义和性质以及方差的简化公式来分析计算.

11. D. 提示: 将 $E[X(X + Y - 2)]$ 化简为 $D(X) - [E(X)]^2 + E(XY) - 2E(X)$.

12. C. 提示: 将 $D(XY)$ 化简为 $\{D(X) + [E(X)]^2\}\{D(Y) + [E(Y)]^2\} - 1$.

13. B. 提示: 运用独立同分布中心极限定理公式分析可知 $\sum\limits_{i=1}^{100} X_i$ 近似服从 $N(50, 25)$.

14. B. 提示: 运用切比雪夫大数定律公式分析可知 $\dfrac{1}{n}\sum\limits_{i=1}^{n} X_i^2$ 依概率收敛于 $E(X_i^2)$.

15. A. 提示: 求出 $E\left(\dfrac{1}{n}\sum\limits_{i=1}^{n} X_i^2\right)$, 运用公式 $P(|X - E(X)| \geqslant \varepsilon) \leqslant \dfrac{D(X)}{\varepsilon^2}$.

16. C. 提示: 求出 $|X - E(X)| = \begin{cases} 1, & X = 0, \\ X - 1, & X = 1, 2, 3 \cdots. \end{cases}$

17. B. 提示: 求出 $E(X) = \dfrac{1}{2}$, 再求 $[X - E(X)]^3$ 的数学期望.

18. C. 提示: 运用公式 $D(X + Y) = D(X) + D(Y) + 2\mathrm{Cov}(X, Y)$ 将 $D(aX + bY)$ 化简为 $1 + 2ab\rho \leqslant 1 + |\rho|$.

19. 0. 提示: 满足 $P(X^2 \neq Y^2) = 0$ 的所有点对的概率求出来均为 0.

20. $-\dfrac{2}{3}$. 提示: 求出 $E(X) = \dfrac{2}{3}$, $E(Y) = 1$, $E(Y^2) = \dfrac{5}{3}$, $E(XY) = \dfrac{2}{3}$.

21. $\dfrac{3}{4}$. 提示: 运用分布函数的定义及条件概率公式求出 Y 的分布函数.

$$F_Y(y) = P(Y \leqslant y) = P(X = 1)P(Y \leqslant y \mid X = 1) + P(X = 2)P(Y \leqslant y \mid X = 2).$$

22. λ. 提示: X 与 Y 相互独立, 那么 X^2 与 Y 相互独立. 将 $E(XZ) = E(X^2)E(Y)$ 化简.

23. 不存在. 提示: Y 的密度函数为 $f_Y(y) = \begin{cases} \dfrac{1}{(1+y)^2}, & y > 0, \\ 0, & y \leqslant 0. \end{cases}$

24. 0. 提示: 运用连续型随机变量数学期望的计算公式分别求出 $E(X) = E(Y) = E(XY) = 0$, 代入协方差的简化公式.

25. 50. 提示: 利用随机变量 X 的函数的数学期望公式计算.

✍ 习 题 5.1

1. 总体是所有观看该电视类节目的观众, 个体是每一个观看该电视类节目的观众, 样本是被随机调查的 1000 人, 样本容量为 1000.

2. D.

3. 3.59, 2.881.

4. $P(X_1 = x_1, X_2 = x_2, \cdots, X_n = x_n) = \dfrac{\lambda^{\sum\limits_{i=1}^{n} x_i} e^{-n\lambda}}{\prod\limits_{i=1}^{n} x_i!}, x_i = 0, 1, 2, \cdots, i = 1, 2, \cdots, n.$

5. $f(x_1, x_2, \cdots, x_n) = \begin{cases} \lambda^n e^{-\lambda \sum\limits_{i=1}^{n} x_i}, & x_1, x_2, \cdots, x_n > 0, \\ 0, & \text{其他}. \end{cases}$

6. $F_{150}(x) = \begin{cases} 0, & x < 1, \\ 0.1, & 1 \leqslant x < 2, \\ 0.46, & 2 \leqslant x < 3, \\ 0.78, & 3 \leqslant x < 4, \\ 0.9, & 4 \leqslant x < 5, \\ 1, & x \geqslant 5. \end{cases}$ 提示: 根据题目给出的数据, 分别计算出日出售台数小于或等于

1, 2, 3, 4, 5 的累积天数, 最后根据经验分布函数的定义写出 $F_{150}(x)$ 即可.

7. $\overline{X} \approx 11.75$, $S^2 \approx 32.7889$. 提示: 给定数据为分组数据 (k 组), 需要先计算每组的组中值 $x_i = \dfrac{\text{区间下限} + \text{区间上限}}{2}(i = 1, 2, \cdots, k)$, 然后利用 x_i 和每组的频数 f_i 计算样本均值 $\overline{X} \approx \dfrac{1}{n} \sum\limits_{i=1}^{k} f_i \cdot x_i$

和样本方差 $S^2 \approx \dfrac{1}{n-1} \sum\limits_{i=1}^{k} f_i \cdot (x_i - \overline{X})^2$.

8. $E(\overline{X}) = np$, $D(\overline{X}) = p(1-p)$, $E(S^2) = np(1-p)$. 提示: 利用样本均值和样本方差的定义、数学期望和方差的性质可得 $E(\overline{X}) = E(X), D(\overline{X}) = \dfrac{D(X)}{n}, E(S^2) = D(X)$.

✍ 习 题 5.2

1. $u_{0.1} = 1.28$, $u_{0.2} = 0.84$, $\chi^2_{0.95}(8) = 2.7326$, $\chi^2_{0.05}(8) = 15.5073$, $t_{0.01}(10) = 2.7638$, $t_{0.025}(10) = 2.2281$, $F_{0.05}(10, 5) = 4.74$, $F_{0.975}(3, 7) = 0.0684$.

2. (1) 18.307. 提示: 查 χ^2 分布表可得.

(2) 1.8946. 提示: 根据 t 分布密度函数的对称性, 有 $P(T > b) = \dfrac{1 - P(|T| \leqslant b)}{2}$, 再查 t 分布表可得.

(3) 3.07. 提示: $P(F > c) = 1 - P(F \leqslant c)$ 再查 F 分布表可得.

3. (1) $t(2)$,自由度为 2.

(2) $F(2,1)$,自由度为 $(2,1)$.

(3) $\chi^2(2)$,自由度为 2.

4. 略. 提示: 利用 F 分布的定义即可证明.

5. 略. 提示: 结合 t 分布和 F 分布的定义即可证明.

6. $a = \dfrac{1}{90}, b = \dfrac{1}{261}$,自由度为 2. 提示: 利用正态分布的性质有 $X_1 - 3X_2 \sim N(0, 90)$ 和 $2X_3 - 5X_4 \sim N(0, 261)$,进一步地标准化后再利用 χ^2 分布的定义即可得.

7. $F(1,1)$. 提示: 利用正态分布的性质有 $X_1 - X_2 \sim N(0, 2\sigma^2)$ 和 $X_1 + X_2 \sim N(0, 2\sigma^2)$,进一步地标准化后再利用 F 分布的定义即可.

8. $\dfrac{\sqrt{6}}{2}$. 提示: 利用 $X_1 + X_2 \sim N(0, 8)$ 和 $\dfrac{X_3^2}{4} + \dfrac{X_4^2}{4} + \dfrac{X_5^2}{4} \sim \chi^2(3)$,再利用 t 分布的定义即可得.

9. 0.05. 提示: 因为 $\dfrac{X-5}{\sqrt{15}} \sim N(0,1)$, $Y \sim \chi^2(5)$,故结合 t 分布的定义将所求概率 $P(X - 5 > 3.5\sqrt{Y})$ 转化为 $P\left(\dfrac{\frac{X-5}{\sqrt{15}}}{\sqrt{\frac{Y}{5}}} > \dfrac{\frac{3.5\sqrt{Y}}{\sqrt{15}}}{\sqrt{\frac{Y}{5}}} \right)$,最后再查 t 分布表可得.

✍ 习 题 5.3

1. (1) $E(\overline{X}^2) = D(\overline{X}) + [E(\overline{X})]^2 = \dfrac{1}{n}$.

(2) $\dfrac{2}{n-1}$. 提示: 利用定理 5.3.1(3) 的结论及 χ^2 分布的方差,有 $D\left(\dfrac{(n-1)S^2}{\sigma^2} \right) = 2(n-1)$,然后再结合方差的性质,得 $D\left(\dfrac{(n-1)S^2}{\sigma^2} \right) = \dfrac{(n-1)^2}{\sigma^4} D(S^2) = 2(n-1)$,最后解出 $D(S^2)$ 即可.

2. (1) $N\left(20, \dfrac{16}{9} \right)$.

(2) 0.2144.

(3) 0.9332.

3. (1) 0.6301.

(2) 0.4013.

4. (1) 0.999. 提示: 利用 $\dfrac{(n-1)S^2}{\sigma^2} \sim \chi^2(n-1)$ 及 χ^2 分布表.

(2) $E(S^2) = 4, D(S^2) = \dfrac{32}{35}$. 提示: 利用 χ^2 分布的数学期望及方差.

(3) 0.995. 提示: 利用 $\overline{X} \sim N\left(\mu, \dfrac{\sigma^2}{n} \right)$ 及 $\dfrac{(n-1)S^2}{\sigma^2} \sim \chi^2(n-1)$,再结合 t 分布的定义和 t 分布表可得.

5. (1) $E(\overline{X}) = 1.8, D(\overline{X}) \approx 0.0204$.

(2) 0.2241.

(3) 0.0808. 提示: 利用 $\overline{X} \sim N\left(\mu, \dfrac{\sigma^2}{n} \right)$ 及正态分布的性质.

6. $n \approx 139$. 提示: 利用 $\dfrac{\overline{X} - \mu}{\frac{\sigma}{\sqrt{n}}} \sim N(0,1)$,然后再根据条件列方程 $P(|\overline{X} - \mu| < 0.1) = 0.95$,最后结合正态分布的性质及正态分布表即可获得.

7. 0.05. 提示: 利用定理 5.3.3 的结论, 再通过查 F 分布表或使用统计软件来获得.

8. 0.6826. 提示: 利用定理 5.3.2(1) 的结论, 再结合正态分布的性质及正态分布表即可获得.

✍ 总 习 题 5

1. $t(9)$. 提示: $\dfrac{X_1 + \cdots + X_9}{9} \sim N(0,1)$, $\left(\dfrac{Y_1}{3}\right)^2 + \cdots + \left(\dfrac{Y_9}{3}\right)^2 \sim \chi^2(9)$, 再结合 t 分布的定义即可得.

2. $a = \dfrac{1}{20}$, $b = \dfrac{1}{100}$, 2. 提示: 由正态分布的性质, 有 $\dfrac{X_1 - 2X_2}{\sqrt{20}} \sim N(0,1)$, $\dfrac{3X_3 - 4X_4}{\sqrt{10}} \sim N(0,1)$, 再由 χ^2 分布的定义可得.

3. 16. 提示: 因为 $\overline{X}_n \sim N\left(a, \dfrac{0.2^2}{n}\right)$, 所以 $P\left(|\overline{X}_n - a| < 0.1\right) = P\left(\dfrac{|\overline{X}_n - a|}{\dfrac{0.2}{\sqrt{n}}} < \dfrac{\sqrt{n}}{2}\right) \geqslant 0.95$, 查标准正态分布表并进一步解出 n.

4. $F, (10, 5)$. 提示: $\left(\dfrac{X_1}{0.2}\right)^2 + \cdots + \left(\dfrac{X_{10}}{0.2}\right)^2 \sim \chi^2(10)$, $\left(\dfrac{X_{11}}{0.2}\right)^2 + \cdots + \left(\dfrac{X_{15}}{0.2}\right)^2 \sim \chi^2(5)$, 再由 F 分布的定义即可得.

5. σ^2. 提示: 利用样本方差的期望等于总体的方差及期望的性质.

6. 2. 提示: 利用样本方差的期望等于总体的方差 $E(S^2) = D(X)$, 且 $D(X) = E(X^2) - [E(X)]^2$, 计算积分即可.

7. $\sigma^2 + \mu^2$. 提示: 利用期望的性质及简单随机样本的独立同分布性.

8. B. 提示: 正态总体的抽样分布定理.

9. D. 提示: 正态总体的抽样分布定理, $X_1^2 \sim \chi^2(1)$, $\displaystyle\sum_{i=2}^{n} X_i^2 \sim \chi^2(n-1)$ 及 F 分布的定义.

10. D. 提示: 简单随机样本的独立同分布性及期望和方差的性质.

11. B. 提示: 正态分布的性质及 t 分布的定义.

12. C. 提示: $\dfrac{X_1 - X_2}{\sqrt{2}\sigma} \sim N(0,1)$, $\left(\dfrac{X_3}{\sigma}\right)^2 \sim \chi^2(1)$ 及 t 分布的定义.

13. B. 提示: 利用样本方差的期望等于总体的方差 $E(S^2) = D(X)$ 及二项分布的方差.

14. B. 提示: 正态分布的性质及常用统计量的抽样分布.

15. B. 提示: 正态总体的常用统计量的抽样分布及 t 分布的定义.

16. D. 提示: 双正态总体的样本方差比的抽样分布.

17. C. 提示: 简单随机样本的独立同分布性及泊松定理.

18. C. 提示: 令 $I_i(x) = \begin{cases} 1, & X_i \leqslant x, \\ 0, & X_i > x. \end{cases}$, 则 $I_i(x) \sim b(1, F(x))$. 由经验分布函数的定义, $F_n(x) = \dfrac{1}{n}\displaystyle\sum_{i=1}^{n} I_i(x)$, 最后利用方差的性质计算可得.

19. 35. 提示: 由正态总体的样本均值的抽样分布, 有 $\overline{X} \sim N\left(3.4, \dfrac{6^2}{n}\right)$. 要求 $P(1.4 < \overline{X} < 5.4) \geqslant 0.95$, 即 $2\varPhi\left(\dfrac{\sqrt{n}}{3}\right) - 1 \geqslant 0.95$, 查附表及分布函数的单调性即可得.

20. $2(n-1)\sigma^2$. 提示: 令 $\overline{X}_1 = \dfrac{1}{n}\displaystyle\sum_{i=1}^{n} X_i$, $\overline{X}_2 = \dfrac{1}{n}\displaystyle\sum_{i=1}^{n} X_{n+i}$, 则 $\overline{X} = \dfrac{1}{2}(\overline{X}_1 + \overline{X}_2)$. $E(Y) =$

$$E\left\{\sum_{i=1}^{n}\left[(X_i - \overline{X}_1) + (X_{n+i} - \overline{X}_2)\right]^2\right\} \quad = \quad E\left[\sum_{i=1}^{n}(X_i - \overline{X}_1)^2\right] \quad + \quad E\left[\sum_{i=1}^{n}(X_{n+i} - \overline{X}_2)^2\right] \quad +$$

$2E\left\{\sum_{i=1}^{n}\left[(X_i - \overline{X}_1)(X_{n+i} - \overline{X}_2)\right]\right\}$, 进一步展开第三项, 再由样本方差和样本均值的期望及独立性可得.

21. (1) $\dfrac{n-1}{n}$. 提示: 方差的性质.

(2) $-\dfrac{1}{n}$. 提示: 协方差的定义、期望的性质.

(3) 0.5. 提示: $Y_1 + Y_n = X_1 + X_n - 2\overline{X}$, 由样本均值的抽样分布及正态分布的性质可得.

22. 证明略. 提示: 设 $X \sim N(\mu, \sigma^2)$, 则由正态分布的性质, 有 $Y_1 \sim N\left(\mu, \dfrac{\sigma^2}{6}\right)$, $Y_2 \sim N\left(\mu, \dfrac{\sigma^2}{3}\right)$,

则 $\dfrac{Y_1 - Y_2}{\dfrac{\sigma}{\sqrt{2}}} \sim N(0, 1)$. 由正态总体的样本方差的性质, 有 $\dfrac{2S^2}{\sigma^2} \sim \chi^2(2)$. 最后由 t 分布的定义可得.

✍ 习 题 6.1

1. D. 提示: 利用无偏性得 $E(a_1 X_1 + a_2 X_2 + a_3 X_3) = \mu$, 其中 $a_1 + a_2 + a_3 = 1$.

2. -1. 提示: $a - 3 + 5 = 1$.

3. 0.4, 0.4. 提示: 由于只有一个样本 $x_1 = 2.5$, $\overline{x} = 2.5$, $L(\theta) = \prod_{i=1}^{1} \theta e^{-\theta x_i} = \theta e^{-2.5\theta}$.

4. (1) 矩估计 $\hat{\alpha} = \dfrac{\overline{X}}{1 - \overline{X}}$.

(2) 最大似然估计 $\hat{\alpha} = -\dfrac{n}{\sum\limits_{i=1}^{n} \ln X_i}$.

提示: $E(X) = \dfrac{\alpha}{1+\alpha}$, $L(\alpha) = \alpha^n \prod_{i=1}^{n} x_i^{\alpha-1}$.

5. (1) 矩估计 $\hat{\alpha} = \dfrac{1}{3}$. (2) 最大似然估计 $\hat{\alpha} = \dfrac{1}{2}$. 提示: $\overline{x} = 1$, $L(\theta) = \left(\dfrac{1-\theta}{2}\right)^2 \left(\dfrac{1+\theta}{4}\right)^6$.

6. (1) $\hat{\mu}_M = \hat{\mu}_{MLE} = \dfrac{1}{4}(X_1 + X_2 + X_3 + X_4)$. (2) 是. 提示: 判断 $\dfrac{1}{4}(X_1 + X_2 + X_3 + X_4)$ 是否为 μ 的无偏估计.

7. (1) 矩估计 $\hat{\theta} = \dfrac{3}{2} - \overline{X}$. (2) 最大似然估计 $\hat{\theta} = \dfrac{N}{n}$. 提示: 样本值中 $x_i < 1$ 的概率为 θ, $x_i \geqslant 1$ 的概率为 $1 - \theta$. 似然函数为 $L(\theta) = \theta^N (1-\theta)^{n-N}$.

8. (1) 矩估计 $\hat{\lambda} = \dfrac{1}{770}$. (2) 最大似然估计 $\hat{\lambda} = \dfrac{1}{770}$. 提示: $\overline{x} = 770$, $L(\theta) = \lambda^{10} e^{-7700\lambda}$.

9. (1) 矩估计 $\hat{\mu} = 10.1$, $\hat{\sigma}^2 = 0.06$. (2) 最大似然估计 $\hat{\mu} = 10.1$, $\hat{\sigma}^2 = 0.06$. 提示: 本题需要利用 10 个尺寸数据分别求出 $\overline{x} = 10.1$, $s^2 = 0.06$, $L(\mu, \sigma^2) = \left(\dfrac{1}{\sqrt{2\pi}\sigma}\right)^{10} e^{-\sum\limits_{i=1}^{10} \frac{(x_i - \mu)^2}{2\sigma^2}}$, 利用例 8 的结论将 10 个尺寸数据代入公式 $\hat{\mu} = \overline{X}$, $\hat{\sigma}^2 = \dfrac{1}{n}\sum_{i=1}^{n}(X_i - \overline{X})^2$ 即可.

10. 略. 提示: 本题的关键是求出样本最大值的密度函数. 而样本最大值小于或等于某个值 x 的概率是样本中每个随机变量都小于或等于 x 的概率的乘积, 结合密度函数的定义, 即可求出密度函数为: $f_{\max\{X_1, \cdots, X_n\}} = \dfrac{n}{b} \cdot \left(\dfrac{x}{b}\right)^{n-1}, 0 \leqslant x \leqslant b.$

✍习　题　6.2

1. $29, t, 0.05$. 提示: 运用公式 $\left(\overline{X} - t_{\alpha/2}(n-1) \cdot \dfrac{S}{\sqrt{n}}, \overline{X} + t_{\alpha/2}(n-1) \cdot \dfrac{S}{\sqrt{n}}\right)$.

2. $49, 0.05, 0.95$. 提示: 运用公式 $\left(\dfrac{(n-1)S^2}{\chi^2_{\alpha/2}(n-1)}, \dfrac{(n-1)S^2}{\chi^2_{1-\alpha/2}(n-1)}\right)$.

3. $(9.7218, 11.2782)$. 提示: $\alpha = 0.05, t_{0.025}(35) = 2.0301$, 运用公式 $\left(\overline{X} - t_{\alpha/2}(n-1) \cdot \dfrac{S}{\sqrt{n}}, \overline{X} + t_{\alpha/2}(n-1) \cdot \dfrac{S}{\sqrt{n}}\right)$.

4. $(9.8414, 10.1186)$. 提示: $\alpha = 0.05, u_{0.025} = 1.96$, 运用公式 $\left(\overline{X} - u_{\alpha/2} \cdot \dfrac{\sigma}{\sqrt{n}}, \overline{X} + u_{\alpha/2} \cdot \dfrac{\sigma}{\sqrt{n}}\right)$.

5. $(7.7921, 8.2079)$. 提示: $n = 200, \overline{x} = 8, s = 1.5, \alpha = 0.05$ $t_{0.025}(199) \approx u_{0.025}$, 运用公式 $\left(\overline{X} - t_{\alpha/2}(n-1) \cdot \dfrac{S}{\sqrt{n}}, \overline{X} + t_{\alpha/2}(n-1) \cdot \dfrac{S}{\sqrt{n}}\right)$.

6. (1) $\left(\overline{X} - u_{\alpha/2} \cdot \dfrac{\sigma}{\sqrt{n}}, \overline{X} + u_{\alpha/2} \cdot \dfrac{\sigma}{\sqrt{n}}\right)$. (2) $(0.5, 1.5)$. 提示: 区间长度不超过 1, 则 $2u_{\alpha/2} \cdot \dfrac{\sigma}{\sqrt{n}} \leqslant 1$.

7. $(2.4259, 7.6451)$. 提示: $n = 35, s^2 = 4, \alpha = 0.02, \chi^2_{0.01}(34) = 56.0609, \chi^2_{0.99}(34) = 17.7891$, 运用公式 $\left(\dfrac{(n-1)S^2}{\chi^2_{\alpha/2}(n-1)}, \dfrac{(n-1)S^2}{\chi^2_{1-\alpha/2}(n-1)}\right)$.

✍习　题　6.3

1. $(-2.1667, 0.1667)$. 提示: $\alpha = 0.1, u_{0.05} = 1.65$, 运用公式: $\left(\overline{X} - \overline{Y} - u_{\alpha/2} \cdot \sqrt{\dfrac{\sigma_1^2}{n_1} + \dfrac{\sigma_2^2}{n_2}}, \overline{X} - \overline{Y} + u_{\alpha/2} \cdot \sqrt{\dfrac{\sigma_1^2}{n_1} + \dfrac{\sigma_2^2}{n_2}}\right)$.

2. $(1.0907, 2.9093)$. 提示: $\alpha = 0.02, t_{0.01}(40) = 2.4233$, 运用公式 $s_W^2 = \dfrac{(n_1-1)s_1^2 + (n_2-1)s_2^2}{n_1 + n_2 - 2}$ 和 $\left(\overline{X}_1 - \overline{X}_2 - t_{\alpha/2}(n_1 + n_2 - 2) \cdot \sqrt{\dfrac{S_W^2}{n_1} + \dfrac{S_W^2}{n_2}}, \overline{X}_1 - \overline{X}_2 + t_{\alpha/2}(n_1 + n_2 - 2) \cdot \sqrt{\dfrac{S_W^2}{n_1} + \dfrac{S_W^2}{n_2}}\right)$.

3. $(-2.2931, 12.2931)$. 提示: $\alpha = 0.01, t_{0.005}(59) \approx u_{0.005} = 2.58$, 运用公式 (6.3.2).

4. $(0.2894, 1.0444)$. 提示: $F_{0.05}(30, 25) = 1.92, \dfrac{1}{F_{0.95}(30, 25)} = F_{0.05}(25, 30) = 1.88$, 运用公式 $\left(\dfrac{1}{F_{\alpha/2}(n_1-1, n_2-1)} \cdot \dfrac{S_1^2}{S_1^2}, \dfrac{1}{F_{1-\alpha/2}(n_1-1, n_2-1)} \cdot \dfrac{S_1^2}{S_1^2}\right)$.

5. $(0.5122, 3.5004)$. 提示: $F_{0.025}(16, 20) = 2.55, \dfrac{1}{F_{0.975}(16, 20)} = F_{0.025}(20, 16) = 2.68$, 运用公式 (6.3.3).

✍总　习　题　6

1. $(4.804, 5.196)$. 提示: $\alpha = 0.05, u_{0.025} = 1.96$, 运用公式 $\left(\overline{X} - u_{\alpha/2} \cdot \dfrac{\sigma}{\sqrt{n}}, \overline{X} + u_{\alpha/2} \cdot \dfrac{\sigma}{\sqrt{n}}\right)$.

2. $(4.412, 5.588)$. 提示: $\alpha = 0.05, u_{0.025} = 1.96$, 运用公式 $\left(\overline{X} - u_{\alpha/2} \cdot \dfrac{\sigma}{\sqrt{n}}, \overline{X} + u_{\alpha/2} \cdot \dfrac{\sigma}{\sqrt{n}} \right)$.

3. $(39.51, 40.49)$. 提示: $\alpha = 0.05, u_{0.025} = 1.96$, 运用公式 $\left(\overline{X} - u_{\alpha/2} \cdot \dfrac{\sigma}{\sqrt{n}}, \overline{X} + u_{\alpha/2} \cdot \dfrac{\sigma}{\sqrt{n}} \right)$.

4. $\dfrac{2}{5n}$. 提示: $E\left(c \sum\limits_{i=1}^{n} X_i^2 \right) = \dfrac{5cn\theta^2}{2}$, $E\left(c \sum\limits_{i=1}^{n} X_i^2 \right) = \theta^2$.

5. $(8.2, 10.8)$. 提示: 运用公式 $\left(\overline{X} - t_{\alpha/2}(n-1) \cdot \dfrac{S}{\sqrt{n}}, \overline{X} + t_{\alpha/2}(n-1) \cdot \dfrac{S}{\sqrt{n}} \right)$, 上限为 10.8, 求出 $t_{\alpha/2}(n-1) \cdot \dfrac{s}{\sqrt{n}} = 1.3$.

6. C. 提示: $\alpha = 0.1$. 运用公式 $\left(\overline{X} - t_{\alpha/2}(n-1) \cdot \dfrac{S}{\sqrt{n}}, \overline{X} + t_{\alpha/2}(n-1) \cdot \dfrac{S}{\sqrt{n}} \right)$.

7. C. 提示: 本例需要综合考虑二维正态分布的特点和无偏性的定义来分析.

8. A. 提示: $X_1 - X_2 \sim N(0, 2\sigma^2)$, $E(|X_1 - X_2|) = \dfrac{2\sigma}{\sqrt{\pi}}$.

9. $a_1 = 0, a_2 = a_3 = \dfrac{1}{n}, D(T) = \dfrac{\theta(1-\theta)}{n}$. 提示: N_i 服从二项分布, $E(T) = \theta$.

10. (1) $\hat{\theta} = 2\overline{X} - 1$. (2) $\hat{\theta} = \min\{X_1, X_2, \cdots, X_n\}$. 提示: 求解似然函数 $L(\theta) = \dfrac{1}{(1-\theta)^n}$ 的最值时, 采用函数的单调性求解.

11. $a = \dfrac{10}{9}$. 提示: 结合无偏性 $E(aT) = \theta$, 计算最大值函数 T 的分布.

12. (1) $\hat{\sigma} = \dfrac{\sqrt{2\pi Z}}{2}$. (2) $\hat{\sigma} = \sqrt{\dfrac{1}{n} \sum\limits_{i=1}^{n} Z_i^2}$. 提示: 求出 Z_i 的密度函数.

13. $\hat{\sigma} = \dfrac{1}{n} \sum\limits_{i=1}^{n} |X_i|$, $E(\hat{\sigma}) = \sigma$, $D(\hat{\sigma}) = \dfrac{\sigma^2}{n}$. 提示: 似然函数为: $L(\sigma) = \dfrac{1}{(2\sigma)^n} \mathrm{e}^{-\frac{1}{\sigma} \sum\limits_{i=1}^{n} |x_i|}$.

14. $A = \sqrt{\dfrac{2}{\pi}}, \hat{\sigma}^2 = \dfrac{1}{n} \sum\limits_{i=1}^{n} (X_i - \mu)^2$. 提示: 本题借助归一性和泊松积分可求得 A, 然后建立似然函数, 求其对数似然函数的最大值点.

15. $\hat{\theta} = \dfrac{\sum\limits_{i=1}^{n} X_i + \frac{1}{2} \sum\limits_{j=1}^{m} Y_j}{m+n}$, $D(\hat{\theta}) = \dfrac{\theta^2}{m+n}$. 提示: X_i 服从参数为 $\dfrac{1}{\theta}$ 的指数分布.

16. (1) $b = \mathrm{e}^{\mu + \frac{1}{2}}$.

(2) $(-1.5556, 0.4044)$. (3) $(\mathrm{e}^{-1.0556}, \mathrm{e}^{0.9044})$.

提示: $Y = \ln X \Rightarrow X = \mathrm{e}^X$, $E(X) = E(\mathrm{e}^Y)$ 可用随机变量函数的数学期望公式来求, 然后将 X 的样本转化成 Y 的样本, 对 $Y \sim N(\mu, 1)$ 中的 μ 求置信区间, 最后再从 μ 的置信区间求解出 b 的置信区间.

✍ 习　题　7.1

1. 略.

2. 略.

3. 略.

4. $0.0082, 0.0548$. 提示: 犯第一类错误的概率为

$$\alpha = P(\overline{X} \geqslant 0.6 \,|\, H_0) = P\left(\dfrac{\overline{X} - 0}{\sqrt{\frac{1}{16}}} \geqslant \dfrac{0.6 - 0}{\sqrt{\frac{1}{16}}} \right) = 1 - \Phi(2.4);$$

犯第二类错误的概率为

$$\beta = P(\overline{X} < 0.6 \mid H_1) = P\left(\frac{\overline{X} - 1}{\sqrt{\frac{1}{16}}} < \frac{0.6 - 1}{\sqrt{\frac{1}{16}}}\right) = 1 - \Phi(1.6).$$

✐习 题 7.2

1. 可以认为该天包装机的工作正常.

提示: $H_0 : \mu = 100 \longleftrightarrow H_1 : \mu \neq 100$, 这是 σ^2 已知时关于 μ 的双侧检验问题, 用 U 检验.

2. 疾病患者平均脉搏次数与正常人有差异.

提示: $H_0 : \mu = 72 \longleftrightarrow H_1 : \mu \neq 72$, 这是 σ^2 未知时关于 μ 的双侧检验问题, 用 t 检验.

3. 不能认为木材小头的平均直径不低于 12 cm.

提示: $H_0 : \mu \geqslant 12 \longleftrightarrow H_1 : \mu < 12$, 这是 σ^2 未知时关于 μ 的单侧 (左侧) 检验问题, 用 t 检验.

4. 可以认为铁钉平均长度大于 1.25 cm.

提示: $H_0 : \mu \leqslant 1.25 \longleftrightarrow H_1 : \mu > 1.25$, 这是 σ^2 未知时关于 μ 的单侧 (右侧) 检验问题, 用 t 检验.

5. 接受 H_0. 提示: 这是关于 σ 的单侧 (左侧) 检验问题, 用 χ^2 检验.

6. 可以认为校长的看法是对的.

提示: $H_0 : \mu \geqslant 8 \longleftrightarrow H_1 : \mu < 8$, 这是 σ^2 未知时关于 μ 的单侧 (左侧) 检验问题, 但本题中样本量较大, 可认为样本均值服从正态分布, 所以用 U 检验.

7. (1) 不能认为元件的平均寿命大于 225 h.

提示: $H_0 : \mu \leqslant 225 \longleftrightarrow H_1 : \mu > 225$, 这是 σ^2 未知时关于 μ 的单侧 (右侧) 检验问题, 用 t 检验得到接受 H_0.

(2) 可以认为元件寿命的方差为 85^2 h^2.

提示: $H_0 : \sigma^2 = 85^2 \longleftrightarrow H_1 : \sigma^2 \neq 85^2$, 这是关于 σ^2 的双侧检验问题, 用 χ^2 检验得到接受 H_0.

✐习 题 7.3

1. 可以认为此种血清无效.

提示: 接受血清的存活年限为 $X \sim N(\mu_1, \sigma^2)$, 未接受血清的存活年限为 $Y \sim N(\mu_2, \sigma^2)$, 其中 σ^2 未知, $H_0 : \mu_1 - \mu_2 \leqslant 0 \longleftrightarrow H_1 : \mu_1 - \mu_2 > 0$, 这是两个正态总体方差相等但未知情形下的关于均值差的单侧 (右侧) 检验, 用 t 检验.

2. 不可以认为男女生的物理成绩不相上下.

提示: 男生物理成绩为 $X \sim N(\mu_1, \sigma^2)$, 女生物理成绩为 $Y \sim N(\mu_2, \sigma^2)$, 其中 σ^2 未知, $H_0 : \mu_1 - \mu_2 = 0 \longleftrightarrow H_1 : \mu_1 - \mu_2 \neq 0$, 这是两个正态总体方差相等但未知情形下的关于均值差的双侧检验, 用 t 检验得拒绝 H_0.

3. 乙车床生产的滚球直径的方差比甲车床的小.

提示: 甲车床生产的滚珠直径为 $X \sim N(\mu_1, \sigma_1^2)$, 乙车床生产的滚珠直径为 $Y \sim N(\mu_2, \sigma_2^2)$, $H_0 : \sigma_1^2 \leqslant \sigma_2^2 \longleftrightarrow H_1 : \sigma_1^2 > \sigma_2^2$, 这是两个正态总体方差比的单侧 (右侧) 检验, 用 F 检验得拒绝 H_0.

4. $W = \{U \leqslant u_{1-\alpha}\}$, 其中 $U = \dfrac{\overline{X} - 2\overline{Y}}{\sqrt{\dfrac{\sigma_1^2}{n_1} + \dfrac{4\sigma_2^2}{n_2}}}$.

提示: $\overline{X} - 2\overline{Y} \sim N\left(\mu_1 - 2\mu_2, \dfrac{\sigma_1^2}{n_1} + \dfrac{4\sigma_2^2}{n_2}\right)$, 且 σ_1^2, σ_2^2 已知, 选取检验统计量 $U = \dfrac{\overline{X} - 2\overline{Y}}{\sqrt{\dfrac{\sigma_1^2}{n_1} + \dfrac{4\sigma_1^2}{n_2}}} \sim N(0,1)$

用 U 检验.

5. 该地区正常男女所含红细胞的平均值有差异.

提示: 男女所含红细胞数分别记为 X 和 Y, 且 $X \sim N(\mu_1, \sigma_1^2)$, $Y \sim N(\mu_2, \sigma_2^2)$. 首先检验 H_{00}: $\sigma_1^2 = \sigma_2^2 \longleftrightarrow H_{01}: \sigma_1^2 \neq \sigma_2^2$, 用 F 检验得出接受 H_{00}, 即方差相等; 在 $\sigma_1^2 = \sigma_2^2$ 的条件下, 进一步检验 $H_{10}: \mu_1 - \mu_2 = 0 \longleftrightarrow H_{11}: \mu_1 - \mu_2 \neq 0$, 可用 t 检验. 由于本题样本量很大, 所以分位数 $t_{0.025}(226) \approx 1.96$.

✍ 总 习 题 7

1. $\dfrac{\overline{X}\sqrt{n(n-1)}}{\sqrt{Q^2}}$. 提示: $T = \dfrac{\overline{X} - \mu_0}{\frac{S}{\sqrt{n}}}$, 其中 $\mu_0 = 0$, $S^2 = \dfrac{Q^2}{n-1}$.

2. D. 提示: 在 $\alpha = 0.05$ 下接受 H_0, 则检验统计量 $|U| \leqslant u_{\alpha/2} = u_{0.025}$, 从而 $|U| \leqslant u_{0.005}$.

3. B. 提示: 犯第二类错误的概率为

$$P(\overline{X} < 11 | H_1) = P\left(\frac{\overline{X} - 11.5}{\frac{2}{\sqrt{16}}} < \frac{11 - 11.5}{\frac{2}{\sqrt{16}}}\right) = \Phi(-1) = 1 - \Phi(1).$$

4. D. 提示: 这是关于 μ 的单侧 (右侧) 检验问题, 拒绝域为 $W = \left\{\dfrac{\overline{X} - \mu_0}{\frac{\sigma}{\sqrt{n}}} \geqslant u_\alpha\right\}$, 其中 $\mu_0 = 1, \sigma = \sqrt{2}$.

✍ 习 题 8.1

1. 因为 $F = 6.5357 > F_{0.05}(2, 8) = 4.46$, 故拒绝 H_0, 认为三种工艺的合格品率有显著差异.

方差分析表

来源	平方和	自由度	均方和	统计量
因子	$S_A = 0.0183$	$f_A = 2$	$\text{MS}_A = 0.0915$	$F = \dfrac{\text{MS}_A}{\text{MS}_e} = 6.5357$
误差	$S_e = 0.0112$	$f_e = 8$	$\text{MS}_e = 0.0014$	
总和	$S_T = 0.01303$	$f_T = 10$		

2. 因为 $F = 3.3214 < F_{0.05}(2, 11) = 3.98$, 故接受 H_0, 认为三种榨油方法对出油率无显著影响.

方差分析表

来源	平方和	自由度	均方和	统计量
因子	$S_A = 0.0371$	$f_A = 2$	$\text{MS}_A = 0.0186$	$F = \dfrac{\text{MS}_A}{\text{MS}_e} = 3.3214$
误差	$S_e = 0.0613$	$f_e = 11$	$\text{MS}_e = 0.0056$	
总和	$S_T = 0.0984$	$f_T = 13$		

✍ 习 题 8.2

1. (1) β 的最小二乘估计 $\hat{\beta} = \dfrac{\sum\limits_{i=1}^{n} x_i y_i}{\sum\limits_{i=1}^{n} x_i^2}$, σ^2 的最小二乘估计 $\hat{\sigma}^2 = \dfrac{1}{n}\sum\limits_{i=1}^{n}(y_i - \hat{\beta}x_i)^2$.

(2) 因变量均值的估计 $\hat{y}_0 = \hat{\beta} x_0$, 其方差为 $\mathrm{Var}(\hat{y}_0) = x_0^2 \, \mathrm{Var}(\hat{\beta}) = \dfrac{x_0^2 \sigma^2}{\displaystyle\sum_{i=1}^{n} x_i^2}$.

2. (1) 略.

(2) $\dfrac{34.0000}{\sqrt{112 \times 11.5305}} \approx 0.946.$

(3) $\hat{y} = 21.1429 + 0.3036x.$

(4) $F = \dfrac{10.2857}{\dfrac{1}{1.2245}} \approx 42.00 > F_{0.05}(1,5) \approx 6.61,$ 拒绝原假设, 回归方程显著.

3. β_0 和 β_1 的最大似然估计与最小二乘估计相同.

主要参考文献

[1] 克拉美. 统计学数学方法. 魏宗舒, 译. 上海: 上海科学技术出版社, 1966.

[2] 同济大学数学系. 概率论与数理统计. 北京: 人民邮电出版社, 2016.

[3] 吴赣昌. 概率论与数理统计: 农林类. 2 版. 北京: 中国人民大学出版社, 2012.

[4] 费勒. 概率论及其应用: 上册. 北京: 科学出版社, 1964.

[5] 孙荣桓. 应用数理统计. 3 版. 北京: 科学出版社, 2014.

[6] 李贤平. 概率论与数理统计. 上海: 复旦大学出版社, 2003.

[7] 杨振明. 概率论. 北京: 科学出版社, 1999.

[8] 格涅坚科. 概率论教程. 丁寿田, 译. 北京: 人民教育出版社, 1956.

[9] 比克尔, 道克苏. 数理统计. 李泽慧, 王嘉澜, 林亨, 等, 译. 兰州: 兰州大学出版社, 1991.

[10] 汪仁官. 概率论引论. 北京: 北京大学出版社, 1994.

[11] 缪柏其,张伟平. 概率论与数理统计. 北京: 高等教育出版社, 2022.

[12] 茆诗松. 贝叶斯统计. 北京: 中国统计出版社, 1999.

[13] 茆诗松,王静龙. 数理统计. 上海: 华东师范大学出版社, 1990.

[14] 赵选民, 徐伟, 师义民, 等. 数理统计. 2 版. 北京: 科学出版社, 2002.

[15] 陈希孺. 概率论与数理统计. 北京: 科学出版社, 2000.

[16] 黄敢基,韦琳娜. 概率论与数理统计. 北京: 北京大学出版社, 2023.

附　表

表 1 泊松分布函数表

$$P(X \leq k) = \sum_{i=0}^{k} \frac{\lambda^i}{i!} e^{-\lambda}$$

λ \ k	0	1	2	3	4	5	6	7	8
0.1	0.905	0.995	1.000						
0.2	0.819	0.982	0.999	1.000					
0.3	0.741	0.963	0.996	1.000					
0.4	0.670	0.938	0.992	0.999	1.000				
0.5	0.607	0.910	0.986	0.998	1.000				
0.6	0.549	0.878	0.977	0.997	1.000				
0.7	0.497	0.844	0.966	0.994	0.999	1.000			
0.8	0.449	0.809	0.953	0.991	0.999	1.000			
0.9	0.407	0.772	0.937	0.987	0.998	1.000			
1.0	0.368	0.736	0.920	0.981	0.996	0.999	1.000		
1.1	0.333	0.699	0.900	0.974	0.995	0.999	1.000		
1.2	0.301	0.663	0.879	0.966	0.992	0.998	1.000		
1.3	0.273	0.627	0.857	0.957	0.989	0.998	1.000		
1.4	0.247	0.592	0.833	0.946	0.986	0.997	0.999	1.000	
1.5	0.223	0.558	0.809	0.934	0.981	0.996	0.999	1.000	
1.6	0.202	0.525	0.783	0.921	0.976	0.994	0.999	1.000	
1.7	0.183	0.493	0.757	0.907	0.970	0.992	0.998	1.000	
1.8	0.165	0.463	0.731	0.891	0.964	0.990	0.997	0.999	1.000
1.9	0.150	0.434	0.704	0.875	0.956	0.987	0.997	0.999	1.000
2.0	0.135	0.406	0.677	0.857	0.947	0.983	0.995	0.999	1.000

λ \ k	0	1	2	3	4	5	6	7	8	9	10	11	12
2.1	0.122	0.380	0.650	0.839	0.938	0.980	0.994	0.999	1.000				
2.2	0.111	0.355	0.623	0.819	0.928	0.975	0.993	0.998	1.000				
2.3	0.100	0.331	0.596	0.799	0.916	0.970	0.991	0.997	0.999	1.000			
2.4	0.091	0.308	0.570	0.779	0.904	0.964	0.988	0.997	0.999	1.000			
2.5	0.082	0.287	0.544	0.758	0.891	0.958	0.986	0.996	0.999	1.000			
2.6	0.074	0.267	0.518	0.736	0.877	0.951	0.983	0.995	0.999	1.000			
2.7	0.067	0.249	0.494	0.714	0.863	0.943	0.979	0.993	0.998	0.999	1.000		
2.8	0.061	0.231	0.469	0.692	0.848	0.935	0.976	0.992	0.998	0.999	1.000		
2.9	0.055	0.215	0.446	0.670	0.832	0.926	0.971	0.990	0.997	0.999	1.000		
3.0	0.050	0.199	0.423	0.647	0.815	0.916	0.966	0.988	0.996	0.999	1.000		
3.1	0.045	0.185	0.401	0.625	0.798	0.906	0.961	0.986	0.995	0.999	1.000		
3.2	0.041	0.171	0.380	0.603	0.781	0.895	0.955	0.983	0.994	0.998	1.000		
3.3	0.037	0.159	0.359	0.580	0.763	0.883	0.949	0.980	0.993	0.998	0.999	1.000	
3.4	0.033	0.147	0.340	0.558	0.744	0.871	0.942	0.977	0.992	0.997	0.999	1.000	
3.5	0.030	0.136	0.321	0.537	0.725	0.858	0.935	0.973	0.990	0.997	0.999	1.000	
3.6	0.027	0.126	0.303	0.515	0.706	0.844	0.927	0.969	0.988	0.996	0.999	1.000	
3.7	0.025	0.116	0.285	0.494	0.687	0.830	0.918	0.965	0.986	0.995	0.998	1.000	
3.8	0.022	0.107	0.269	0.473	0.668	0.816	0.909	0.960	0.984	0.994	0.998	0.999	1.000
3.9	0.020	0.099	0.253	0.453	0.648	0.801	0.899	0.955	0.981	0.993	0.998	0.999	1.000
4.0	0.018	0.092	0.238	0.433	0.629	0.785	0.889	0.949	0.979	0.992	0.997	0.999	1.000

续表

λ	k=0	1	2	3	4	5	6	7	8	9	10	11	12	13	14
5	0.007	0.040	0.125	0.265	0.440	0.616	0.762	0.867	0.932	0.968	0.986	0.995	0.998	0.999	1.000
6	0.002	0.017	0.062	0.151	0.285	0.446	0.606	0.744	0.847	0.916	0.957	0.980	0.991	0.996	0.999
7	0.001	0.007	0.030	0.082	0.173	0.301	0.450	0.599	0.729	0.830	0.901	0.947	0.973	0.987	0.994
8	0.000	0.003	0.014	0.042	0.100	0.191	0.313	0.453	0.593	0.717	0.816	0.888	0.936	0.966	0.983
9	0.000	0.001	0.006	0.021	0.055	0.116	0.207	0.324	0.456	0.587	0.706	0.803	0.876	0.926	0.959
10	0.000	0.000	0.003	0.010	0.029	0.067	0.130	0.220	0.333	0.458	0.583	0.697	0.792	0.864	0.917
11	0.000	0.000	0.001	0.005	0.015	0.038	0.079	0.143	0.232	0.341	0.460	0.579	0.689	0.781	0.854
12	0.000	0.000	0.001	0.002	0.008	0.020	0.046	0.090	0.155	0.242	0.347	0.462	0.576	0.682	0.772
13	0.000	0.000	0.000	0.001	0.004	0.011	0.026	0.054	0.100	0.166	0.252	0.353	0.463	0.573	0.675
14	0.000	0.000	0.000	0.000	0.002	0.006	0.014	0.032	0.062	0.109	0.176	0.260	0.358	0.464	0.570
15	0.000	0.000	0.000	0.000	0.001	0.003	0.008	0.018	0.0037	0.070	0.118	0.185	0.268	0.363	0.466

λ	k=15	16	17	18	19	20	21	22	23	24	25	26	27	28	29
6	1.000														
7	0.998	0.999	1.000												
8	0.992	0.996	0.998	0.999	1.000										
9	0.978	0.989	0.995	0.998	0.999	1.000									
10	0.951	0.973	0.986	0.993	0.997	0.998	0.999	1.000							
11	0.907	0.944	0.968	0.982	0.991	0.995	0.998	0.999	1.000						
12	0.844	0.899	0.937	0.963	0.979	0.988	0.994	0.997	0.999	0.999	1.000				
13	0.764	0.835	0.890	0.930	0.957	0.975	0.986	0.992	0.996	0.998	0.999	1.000			
14	0.669	0.756	0.827	0.883	0.923	0.952	0.971	0.983	0.991	0.995	0.997	0.999	0.999	1.000	
15	0.568	0.664	0.749	0.819	0.875	0.917	0.947	0.967	0.981	0.989	0.994	0.997	0.998	0.999	1.000

表 2　标准正态分布函数表

$$\Phi(u) = \frac{1}{\sqrt{2\pi}} \int_{-\infty}^{u} e^{-t^2/2} dt$$

u	0.00	0.01	0.02	0.03	0.04	0.05	0.06	0.07	0.08	0.09
0.0	0.500	0.5040	0.5080	0.5120	0.5160	0.5199	0.5239	0.5279	0.5319	0.5359
0.1	0.5398	0.5438	0.5478	0.5517	0.5557	0.5596	0.5636	0.5675	0.5714	0.5753
0.2	0.5793	0.5832	0.5871	0.5910	0.5948	0.5987	0.6026	0.6064	0.6103	0.6141
0.3	0.6179	0.6217	0.6255	0.6293	0.6331	0.6368	0.6406	0.6443	0.6480	0.6517
0.4	0.6554	0.6591	0.6628	0.6664	0.6700	0.6736	0.6772	0.6808	0.6844	0.6879
0.5	0.6915	0.6950	0.6985	0.7019	0.7054	0.7088	0.7123	0.7157	0.7190	0.7224
0.6	0.7257	0.7291	0.7324	0.7357	0.7389	0.7422	0.7454	0.7486	0.7517	0.7549
0.7	0.7580	0.7611	0.7642	0.7673	0.7704	0.7734	0.7764	0.7794	0.7823	0.7852
0.8	0.7881	0.7910	0.7939	0.7967	0.7995	0.8023	0.8051	0.8078	0.8106	0.8133
0.9	0.8159	0.8186	0.8212	0.8238	0.8264	0.8289	0.8315	0.8340	0.8365	0.8389
1.0	0.8413	0.8438	0.8461	0.8485	0.8508	0.8531	0.8554	0.8577	0.8599	0.8621
1.1	0.8643	0.8665	0.8686	0.8708	0.8729	0.8749	0.8770	0.8790	0.8810	0.8830
1.2	0.8849	0.8869	0.8888	0.8907	0.8925	0.8944	0.8962	0.8980	0.8997	0.9015
1.3	0.9032	0.9049	0.9066	0.9082	0.9099	0.9115	0.9131	0.9147	0.9162	0.9177
1.4	0.9192	0.9207	0.9222	0.9236	0.9251	0.9265	0.9279	0.9292	0.9306	0.9319
1.5	0.9332	0.9345	0.9357	0.9370	0.9382	0.9394	0.9406	0.9418	0.9429	0.9441
1.6	0.9452	0.9463	0.9474	0.9484	0.9495	0.9505	0.9515	0.9525	0.9535	0.9545
1.7	0.9554	0.9564	0.9573	0.9582	0.9591	0.9599	0.9608	0.9616	0.9625	0.9633
1.8	0.9641	0.9649	0.9656	0.9664	0.9671	0.9678	0.9686	0.9693	0.9699	0.9706
1.9	0.9713	0.9719	0.9726	0.9732	0.9738	0.9744	0.9750	0.9756	0.9761	0.9767
2.0	0.9772	0.9778	0.9783	0.9788	0.9793	0.9798	0.9803	0.9808	0.9812	0.9817
2.1	0.9821	0.9826	0.9830	0.9834	0.9838	0.9842	0.9846	0.9850	0.9854	0.9857
2.2	0.9861	0.9864	0.9868	0.9871	0.9875	0.9878	0.9881	0.9884	0.9887	0.9890
2.3	0.9893	0.9896	0.9898	0.9901	0.9904	0.9906	0.9909	0.9911	0.9913	0.9916
2.4	0.9918	0.9920	0.9922	0.9925	0.9927	0.9929	0.9931	0.9932	0.9934	0.9936
2.5	0.9938	0.9940	0.9941	0.9943	0.9945	0.9946	0.9948	0.9949	0.9951	0.9952
2.6	0.9953	0.9955	0.9956	0.9957	0.9959	0.9960	0.9961	0.9962	0.9963	0.9964

续表

u	0.00	0.01	0.02	0.03	0.04	0.05	0.06	0.07	0.08	0.09
2.7	0.9965	0.9966	0.9967	0.9968	0.9969	0.9970	0.9971	0.9972	0.9973	0.9974
2.8	0.9974	0.9975	0.9976	0.9977	0.9977	0.9978	0.9979	0.9979	0.9980	0.9981
2.9	0.9981	0.9982	0.9982	0.9983	0.9984	0.9984	0.9985	0.9985	0.9986	0.9986

u	0.0	0.1	0.2	0.3	0.4	0.5	0.6	0.7	0.8	0.9
3	$0.9^2 8650$	$0.9^3 0324$	$0.9^3 3129$	$0.9^3 5166$	$0.9^3 6631$	$0.9^3 7674$	$0.9^3 8409$	$0.9^3 8922$	$0.9^4 2765$	$0.9^4 5190$
4	$0.9^4 6833$	$0.9^4 7934$	$0.9^4 8665$	$0.9^5 1460$	$0.9^5 4587$	$0.9^5 6602$	$0.9^5 7888$	$0.9^5 8699$	$0.9^6 2067$	$0.9^6 5208$
5	$0.9^6 7133$	$0.9^6 8302$	$0.9^7 0036$	$0.9^7 4210$	$0.9^7 6668$	$0.9^7 8101$	$0.9^7 8928$	$0.9^8 4010$	$0.9^8 6684$	$0.9^8 8182$
6	$0.9^9 0134$									

注：$0.9^2 8650$ 表示 0.998650，其他同．

表 3　t 分布表

$$P(t(n) \geq t_\alpha(n)) = \alpha$$

n	0.25	0.20	0.10	0.05	0.025	0.01	0.005	0.001
1	1.0000	1.3764	3.0777	6.3138	12.7062	31.8205	63.6567	318.3088
2	0.8165	1.0607	1.8856	2.9200	4.3027	6.9646	9.9248	22.3271
3	0.7649	0.9785	1.6377	2.3534	3.1824	4.5407	5.8409	10.2145
4	0.7407	0.9410	1.5332	2.1318	2.7764	3.7469	4.6041	7.1732
5	0.7267	0.9195	1.4759	2.0150	2.5706	3.3649	4.0321	5.8934
6	0.7176	0.9057	1.4398	1.9432	2.4469	3.1427	3.7074	5.2076
7	0.7111	0.8960	1.4149	1.8946	2.3646	2.9980	3.4995	4.7853
8	0.7064	0.8889	1.3968	1.8595	2.3060	2.8965	3.3554	4.5008
9	0.7027	0.8834	1.3830	1.8331	2.2622	2.8214	3.2498	4.2968
10	0.6998	0.8791	1.3722	1.8125	2.2281	2.7638	3.1693	4.1437
11	0.6974	0.8755	1.3634	1.7959	2.2010	2.7181	3.1058	4.0247
12	0.6955	0.8726	1.3562	1.7823	2.1788	2.6810	3.0545	3.9296
13	0.6938	0.8702	1.3502	1.7709	2.1604	2.6503	3.0123	3.8520
14	0.6924	0.8681	1.3450	1.7613	2.1448	2.6245	2.9768	3.7874
15	0.6912	0.8662	1.3406	1.7531	2.1314	2.6025	2.9467	3.7328
16	0.6901	0.8647	1.3368	1.7459	2.1199	2.5835	2.9208	3.6862
17	0.6892	0.8633	1.3334	1.7396	2.1098	2.5669	2.8982	3.6458
18	0.6884	0.8620	1.3304	1.7341	2.1009	2.5524	2.8784	3.6105
19	0.6876	0.8610	1.3277	1.7291	2.0930	2.5395	2.8609	3.5794
20	0.6870	0.8600	1.3253	1.7247	2.0860	2.5280	2.8453	3.5518
21	0.6864	0.8591	1.3232	1.7207	2.0796	2.5176	2.8314	3.5272
22	0.6858	0.8583	1.3212	1.7171	2.0739	2.5083	2.8188	3.5050
23	0.6853	0.8575	1.3195	1.7139	2.0687	2.4999	2.8073	3.4850
24	0.6848	0.8569	1.3178	1.7109	2.0639	2.4922	2.7969	3.4668
25	0.6844	0.8562	1.3163	1.7081	2.0595	2.4851	2.7874	3.4502
26	0.6840	0.8557	1.3150	1.7056	2.0555	2.4786	2.7787	3.4350
27	0.6837	0.8551	1.3137	1.7033	2.0518	2.4727	2.7707	3.4210
28	0.6834	0.8546	1.3125	1.7011	2.0484	2.4671	2.7633	3.4082
29	0.6830	0.8542	1.3114	1.6991	2.0452	2.4620	2.7564	3.3962
30	0.6828	0.8538	1.3104	1.6973	2.0423	2.4573	2.7500	3.3852
31	0.6825	0.8534	1.3095	1.6955	2.0395	2.4528	2.7440	3.3749

续表

n	α							
	0.25	0.20	0.10	0.05	0.025	0.01	0.005	0.001
32	0.6822	0.8530	1.3086	1.6939	2.0369	2.4487	2.7385	3.3653
33	0.6820	0.8526	1.3077	1.6924	2.0345	2.4448	2.7333	3.3563
34	0.6818	0.8523	1.3070	1.6909	2.0322	2.4411	2.7284	3.3479
35	0.6816	0.8520	1.3062	1.6896	2.0301	2.4377	2.7238	3.3400
36	0.6814	0.8517	1.3055	1.6883	2.0281	2.4345	2.7195	3.3326
37	0.6812	0.8514	1.3049	1.6871	2.0262	2.4314	2.7154	3.3256
38	0.6810	0.8512	1.3042	1.6860	2.0244	2.4286	2.7116	3.3190
39	0.6808	0.8509	1.3036	1.6849	2.0227	2.4258	2.7079	3.3128
40	0.6807	0.8507	1.3031	1.6839	2.0211	2.4233	2.7045	3.3069

表 4　χ² 分布的上侧分位数表

$$P(\chi^2(n) \geq \chi^2_\alpha(n)) = \alpha$$

n	0.995	0.99	0.975	0.95	0.9	0.1	0.05	0.025	0.01	0.005
1	0.0000	0.0002	0.0010	0.0039	0.0158	2.7055	3.8415	5.0239	6.6349	7.8794
2	0.0100	0.0201	0.0506	0.1026	0.2107	4.6052	5.9915	7.3778	9.2013	10.5966
3	0.0717	0.1148	0.2158	0.3518	0.5844	6.2514	7.8147	9.3484	11.3449	12.8382
4	0.2070	0.2971	0.4844	0.7107	1.0636	7.7794	9.4877	11.1433	13.2767	14.8603
5	0.4117	0.5543	0.8312	1.1455	1.6103	9.2364	11.0705	12.8325	15.0863	16.7496
6	0.6757	0.8721	1.2373	1.6354	2.2041	10.6446	12.5916	14.4494	16.8119	18.5476
7	0.9893	1.2390	1.6899	2.1673	2.8331	12.0170	14.0671	16.0128	18.4753	20.2777
8	1.3444	1.6465	2.1797	2.7326	3.4895	13.3616	15.5073	17.5345	20.0902	21.9550
9	1.7349	2.0879	2.7004	3.3251	4.1682	14.6837	16.9190	19.0228	21.6660	23.5894
10	2.1559	2.5582	3.2470	3.9403	4.8652	15.9872	18.3070	20.4832	23.2093	25.1882
11	2.6032	3.0535	3.8157	4.5748	5.5778	17.2750	19.6751	21.9200	24.7250	26.7568
12	3.0738	3.5706	4.4038	5.2260	6.3038	18.5493	21.0261	23.3367	26.2170	28.2995
13	3.5650	4.1069	5.0088	5.8919	7.0415	19.8119	22.3620	24.7356	27.6882	29.8195
14	4.0747	4.6604	5.6287	6.5706	7.7895	21.0641	23.6848	26.1189	29.1412	31.3193
15	4.6009	5.2293	6.2621	7.2609	8.5468	22.3071	24.9958	27.4884	30.5779	32.8013
16	5.1422	5.8122	6.9077	7.9616	9.3122	23.5418	26.2962	28.8454	31.9999	34.2672
17	5.6972	6.4078	7.5642	8.6718	10.0852	24.7690	27.5871	30.1910	33.4087	35.7185
18	6.2648	7.0149	8.2307	9.3905	10.8649	25.9894	28.8693	31.5264	34.8053	37.1565
19	6.8440	7.6327	8.9065	10.1170	11.6509	27.2036	30.1435	32.8523	36.1909	38.5823
20	7.4338	8.2604	9.5908	10.8508	12.4426	28.4120	31.4104	34.1696	37.5662	39.9968
21	8.0337	8.8972	10.2829	11.5913	13.2396	29.6151	32.6706	35.4789	38.9322	41.4011
22	8.6427	9.5425	10.9823	12.3380	14.0415	30.8133	33.9244	36.7807	40.2894	42.7957
23	9.2604	10.1957	11.6886	13.0905	14.8480	32.0069	35.1725	38.0756	41.6384	44.1813
24	9.8862	10.8564	12.4012	13.8484	15.6587	33.1962	36.4150	39.3641	42.9798	45.5585
25	10.5197	11.5240	13.1197	14.6114	16.4734	34.3816	37.6525	40.6465	44.3141	46.9279
26	11.1602	12.1981	13.8439	15.3792	17.2919	35.5632	38.8851	41.9232	45.6417	48.2899
27	11.8076	12.8785	14.5734	16.1514	18.1139	36.7412	40.1133	43.1945	46.9629	49.6449
28	12.4613	13.5647	15.3079	16.9279	18.9392	37.9159	41.3371	44.4608	48.2782	50.9934
29	13.1211	14.2565	16.0471	17.7084	19.7677	39.0875	42.5570	45.7223	49.5879	52.3356
30	13.7867	14.9535	16.7908	18.4927	20.5992	40.2560	43.7730	46.9790	50.8922	53.6720
31	14.4578	15.6555	17.5387	19.2806	21.4336	41.4217	44.9853	48.2319	52.1914	55.0027

续表

n	α									
	0.995	0.99	0.975	0.95	0.9	0.1	0.05	0.025	0.01	0.005
32	15.1340	16.3622	18.2908	20.0719	22.2706	42.5847	46.1943	49.4804	53.4858	56.3281
33	15.8153	17.0735	19.0467	20.8665	23.1102	43.7452	47.3999	50.7251	54.7755	57.6484
34	16.5013	17.7891	19.8063	21.6643	23.9523	44.9032	48.6024	51.9660	56.0609	58.9639
35	17.1918	18.5089	20.5694	22.4650	24.7967	46.0588	49.8018	53.2033	57.3421	60.2748
36	17.8867	19.2327	21.3359	23.2686	25.6433	47.2122	50.9985	54.4373	58.6192	61.5812
37	18.5858	19.9602	22.1056	24.0749	26.4921	48.3634	52.1923	55.6680	59.8925	62.8833
38	19.2889	20.6914	22.8785	24.8839	27.3430	49.5126	53.3835	56.8955	61.1621	64.1814
39	19.9959	21.4262	23.6543	25.6954	28.1958	50.6598	54.5722	58.1201	62.4281	65.4756
40	20.7065	22.1643	24.4330	26.5093	29.0505	51.8051	55.7585	59.3417	63.6907	66.7660

表 5　F 分布的上侧分位数表 ($\alpha = 0.10$)

$$P(F(n_1, n_2) \geq F_\alpha(n_1, n_2)) = \alpha$$

n_2 \ n_1	1	2	3	4	5	6	7	8	9	10	12	14	16	18	20	25	30	60	120	$+\infty$
1	39.86	49.50	53.59	55.83	57.24	58.20	58.91	59.44	59.86	60.19	60.71	61.07	61.35	61.57	61.74	62.05	62.26	62.79	63.06	63.31
2	8.53	9.00	9.16	9.24	9.29	9.33	9.35	9.37	9.38	9.39	9.41	9.42	9.43	9.44	9.44	9.45	9.46	9.47	9.48	9.49
3	5.54	5.46	5.39	5.34	5.31	5.28	5.27	5.25	5.24	5.23	5.22	5.20	5.20	5.19	5.18	5.17	5.17	5.15	5.14	5.13
4	4.54	4.32	4.19	4.11	4.05	4.01	3.98	3.95	3.94	3.92	3.90	3.88	3.86	3.85	3.84	3.83	3.82	3.79	3.78	3.76
5	4.06	3.78	3.62	3.52	3.45	3.40	3.37	3.34	3.32	3.30	3.27	3.25	3.23	3.22	3.21	3.19	3.17	3.14	3.12	3.11
6	3.78	3.46	3.29	3.18	3.11	3.05	3.01	2.98	2.96	2.94	2.90	2.88	2.86	2.85	2.84	2.81	2.80	2.76	2.74	2.72
7	3.59	3.26	3.07	2.96	2.88	2.83	2.78	2.75	2.72	2.70	2.67	2.64	2.62	2.61	2.59	2.57	2.56	2.51	2.49	2.47
8	3.46	3.11	2.92	2.81	2.73	2.67	2.62	2.59	2.56	2.54	2.50	2.48	2.45	2.44	2.42	2.40	2.38	2.34	2.32	2.29
9	3.36	3.01	2.81	2.69	2.61	2.55	2.51	2.47	2.44	2.42	2.38	2.35	2.33	2.31	2.30	2.27	2.25	2.21	2.18	2.16
10	3.29	2.92	2.73	2.61	2.52	2.46	2.41	2.38	2.35	2.32	2.28	2.26	2.23	2.22	2.20	2.17	2.16	2.11	2.08	2.06
12	3.18	2.81	2.61	2.48	2.39	2.33	2.28	2.24	2.21	2.19	2.15	2.12	2.09	2.08	2.06	2.03	2.01	1.96	1.93	1.91
14	3.10	2.73	2.52	2.39	2.31	2.24	2.19	2.15	2.12	2.10	2.05	2.02	2.00	1.98	1.96	1.93	1.91	1.86	1.83	1.80
16	3.05	2.67	2.46	2.33	2.24	2.18	2.13	2.09	2.06	2.03	1.99	1.95	1.93	1.91	1.89	1.86	1.84	1.78	1.75	1.72
18	3.01	2.62	2.42	2.29	2.20	2.13	2.08	2.04	2.00	1.98	1.93	1.90	1.87	1.85	1.84	1.80	1.78	1.72	1.69	1.66
20	2.97	2.59	2.38	2.25	2.16	2.09	2.04	2.00	1.96	1.94	1.89	1.86	1.83	1.81	1.79	1.76	1.74	1.68	1.64	1.61
25	2.92	2.53	2.32	2.18	2.09	2.02	1.97	1.93	1.89	1.87	1.82	1.79	1.76	1.74	1.72	1.68	1.66	1.59	1.56	1.52
30	2.88	2.49	2.28	2.14	2.05	1.98	1.93	1.88	1.85	1.82	1.77	1.74	1.71	1.69	1.67	1.63	1.61	1.54	1.50	1.46
60	2.79	2.39	2.18	2.04	1.95	1.87	1.82	1.77	1.74	1.71	1.66	1.62	1.59	1.56	1.54	1.50	1.48	1.40	1.35	1.30
120	2.75	2.35	2.13	1.99	1.90	1.82	1.77	1.72	1.68	1.65	1.60	1.56	1.53	1.50	1.48	1.44	1.41	1.32	1.26	1.20
$+\infty$	2.71	2.31	2.09	1.95	1.85	1.78	1.72	1.67	1.63	1.60	1.55	1.51	1.47	1.45	1.42	1.38	1.35	1.25	1.18	1.06

表 6　F 分布的上侧分位数表 ($\alpha = 0.05$)

$$P\big(F(n_1, n_2) \geqslant F_\alpha(n_1, n_2)\big) = \alpha$$

n_2 \ n_1	1	2	3	4	5	6	7	8	9	10	12	14	16	18	20	25	30	60	120	$+\infty$
1	161.45	199.50	215.71	224.58	230.16	233.99	236.77	238.88	240.54	241.88	243.91	245.36	246.46	247.32	248.01	249.26	250.10	252.20	253.25	254.25
2	18.51	19.00	19.16	19.25	19.30	19.33	19.35	19.37	19.38	19.40	19.41	19.42	19.43	19.44	19.45	19.46	19.46	19.48	19.49	19.50
3	10.13	9.55	9.28	9.12	9.01	8.94	8.89	8.85	8.81	8.79	8.74	8.71	8.69	8.67	8.66	8.63	8.62	8.57	8.55	8.53
4	7.71	6.94	6.59	6.39	6.26	6.16	6.09	6.04	6.00	5.96	5.91	5.87	5.84	5.82	5.80	5.77	5.75	5.69	5.66	5.63
5	6.61	5.79	5.41	5.19	5.05	4.95	4.88	4.82	4.77	4.74	4.68	4.64	4.60	4.58	4.56	4.52	4.50	4.43	4.40	4.37
6	5.99	5.14	4.76	4.53	4.39	4.28	4.21	4.15	4.10	4.06	4.00	3.96	3.92	3.90	3.87	3.83	3.81	3.74	3.70	3.67
7	5.59	4.74	4.35	4.12	3.97	3.87	3.79	3.73	3.68	3.64	3.57	3.53	3.49	3.47	3.44	3.40	3.38	3.30	3.27	3.23
8	5.32	4.46	4.07	3.84	3.69	3.58	3.50	3.44	3.39	3.35	3.28	3.24	3.20	3.17	3.15	3.11	3.08	3.01	2.97	2.93
9	5.12	4.26	3.86	3.63	3.48	3.37	3.29	3.23	3.18	3.14	3.07	3.03	2.99	2.96	2.94	2.89	2.86	2.79	2.75	2.71
10	4.96	4.10	3.71	3.48	3.33	3.22	3.14	3.07	3.02	2.98	2.91	2.86	2.83	2.80	2.77	2.73	2.70	2.62	2.58	2.54
12	4.75	3.89	3.49	3.26	3.11	3.00	2.91	2.85	2.80	2.75	2.69	2.64	2.60	2.57	2.54	2.50	2.47	2.38	2.34	2.30
14	4.60	3.74	3.34	3.11	2.96	2.85	2.76	2.70	2.65	2.60	2.53	2.48	2.44	2.41	2.39	2.34	2.31	2.22	2.18	2.13
16	4.49	3.63	3.24	3.01	2.85	2.74	2.66	2.59	2.54	2.49	2.42	2.37	2.33	2.30	2.28	2.23	2.19	2.11	2.06	2.01
18	4.41	3.55	3.16	2.93	2.77	2.66	2.58	2.51	2.46	2.41	2.34	2.29	2.25	2.22	2.19	2.14	2.11	2.02	1.97	1.92
20	4.35	3.49	3.10	2.87	2.71	2.60	2.51	2.45	2.39	2.35	2.28	2.22	2.18	2.15	2.12	2.07	2.04	1.95	1.90	1.85
25	4.24	3.39	2.99	2.76	2.60	2.49	2.40	2.34	2.28	2.24	2.16	2.11	2.07	2.04	2.01	1.96	1.92	1.82	1.77	1.71
30	4.17	3.32	2.92	2.69	2.53	2.42	2.33	2.27	2.21	2.16	2.09	2.04	1.99	1.96	1.93	1.88	1.84	1.74	1.68	1.63
60	4.00	3.15	2.76	2.53	2.37	2.25	2.17	2.10	2.04	1.99	1.92	1.86	1.82	1.78	1.75	1.69	1.65	1.53	1.47	1.39
120	3.92	3.07	2.68	2.45	2.29	2.18	2.09	2.02	1.96	1.91	1.83	1.78	1.73	1.69	1.66	1.60	1.55	1.43	1.35	1.26
$+\infty$	3.85	3.00	2.61	2.38	2.22	2.10	2.01	1.94	1.88	1.84	1.76	1.70	1.65	1.61	1.58	1.51	1.46	1.32	1.23	1.08

表 7　F 分布的上侧分位数表 ($\alpha = 0.025$)

$$P(F(n_1, n_2) \geqslant F_\alpha(n_1, n_2)) = \alpha$$

n_2 \ n_1	1	2	3	4	5	6	7	8	9	10	12	14	16	18	20	25	30	60	120	$+\infty$
1	647.79	799.50	864.16	899.58	921.85	937.11	948.22	956.66	963.28	968.63	976.71	982.53	986.92	990.35	993.10	998.08	1001.41	1009.80	1014.02	1018.00
2	38.51	39.00	39.17	39.25	39.30	39.33	39.36	39.37	39.39	39.40	39.41	39.43	39.44	39.44	39.45	39.46	39.46	39.48	39.49	39.50
3	17.44	16.04	15.44	15.10	14.88	14.73	14.62	14.54	14.47	14.42	14.34	14.28	14.23	14.20	14.17	14.12	14.08	13.99	13.95	13.90
4	12.22	10.65	9.98	9.60	9.36	9.20	9.07	8.98	8.90	8.84	8.75	8.68	8.63	8.59	8.56	8.50	8.46	8.36	8.31	8.26
5	10.01	8.43	7.76	7.39	7.15	6.98	6.85	6.76	6.68	6.62	6.52	6.46	6.40	6.36	6.33	6.27	6.23	6.12	6.07	6.02
6	8.81	7.26	6.60	6.23	5.99	5.82	5.70	5.60	5.52	5.46	5.37	5.30	5.24	5.20	5.17	5.11	5.07	4.96	4.90	4.85
7	8.07	6.54	5.89	5.52	5.29	5.12	4.99	4.90	4.82	4.76	4.67	4.60	4.54	4.50	4.47	4.40	4.36	4.25	4.20	4.15
8	7.57	6.06	5.42	5.05	4.82	4.65	4.53	4.43	4.36	4.30	4.20	4.13	4.08	4.03	4.00	3.94	3.89	3.78	3.73	3.67
9	7.21	5.71	5.08	4.72	4.48	4.32	4.20	4.10	4.03	3.96	3.87	3.80	3.74	3.70	3.67	3.60	3.56	3.45	3.39	3.34
10	6.94	5.46	4.83	4.47	4.24	4.07	3.95	3.85	3.78	3.72	3.62	3.55	3.50	3.45	3.42	3.35	3.31	3.20	3.14	3.08
12	6.55	5.10	4.47	4.12	3.89	3.73	3.61	3.51	3.44	3.37	3.28	3.21	3.15	3.11	3.07	3.01	2.96	2.85	2.79	2.73
14	6.30	4.86	4.24	3.89	3.66	3.50	3.38	3.29	3.21	3.15	3.05	2.98	2.92	2.88	2.84	2.78	2.73	2.61	2.55	2.49
16	6.12	4.69	4.08	3.73	3.50	3.34	3.22	3.12	3.05	2.99	2.89	2.82	2.76	2.72	2.68	2.61	2.57	2.45	2.38	2.32
18	5.98	4.56	3.95	3.61	3.38	3.22	3.10	3.01	2.93	2.87	2.77	2.70	2.64	2.60	2.56	2.49	2.44	2.32	2.26	2.19
20	5.87	4.46	3.86	3.51	3.29	3.13	3.01	2.91	2.84	2.77	2.68	2.60	2.55	2.50	2.46	2.40	2.35	2.22	2.16	2.09
25	5.69	4.29	3.69	3.35	3.13	2.97	2.85	2.75	2.68	2.61	2.51	2.44	2.38	2.34	2.30	2.23	2.18	2.05	1.98	1.91
30	5.57	4.18	3.59	3.25	3.03	2.87	2.75	2.65	2.57	2.51	2.41	2.34	2.28	2.23	2.20	2.12	2.07	1.94	1.87	1.79
60	5.29	3.93	3.34	3.01	2.79	2.63	2.51	2.41	2.33	2.27	2.17	2.09	2.03	1.98	1.94	1.87	1.82	1.67	1.58	1.49
120	5.15	3.80	3.23	2.89	2.67	2.52	2.39	2.30	2.22	2.16	2.05	1.98	1.92	1.87	1.82	1.75	1.69	1.53	1.43	1.32
$+\infty$	5.03	3.70	3.12	2.79	2.57	2.41	2.29	2.20	2.12	2.05	1.95	1.87	1.81	1.76	1.72	1.63	1.57	1.40	1.28	1.09

表 8　F 分布的上侧分位数表 ($\alpha = 0.01$)

$$P(F(n_1, n_2) \geqslant F_\alpha(n_1, n_2)) = \alpha$$

n_2 \ n_1	1	2	3	4	5	6	7	8	9	10	12	14	16	18	20	25	30	60	120	$+\infty$
1	4052.18	4999.50	5403.35	5624.58	5763.65	5858.99	5928.36	5981.07	6022.47	6055.85	6106.32	6142.67	6170.10	6191.53	6208.73	6239.83	6260.65	6313.03	6339.39	6364.27
2	98.50	99.00	99.17	99.25	99.30	99.33	99.36	99.37	99.39	99.40	99.42	99.43	99.44	99.44	99.45	99.46	99.47	99.48	99.49	99.50
3	34.12	30.82	29.46	28.71	28.24	27.91	27.67	27.49	27.35	27.23	27.05	26.92	26.83	26.75	26.69	26.58	26.50	26.32	26.22	26.13
4	21.20	18.00	16.69	15.98	15.52	15.21	14.98	14.80	14.66	14.55	14.37	14.25	14.15	14.08	14.02	13.91	13.84	13.65	13.56	13.47
5	16.26	13.27	12.06	11.39	10.97	10.67	10.46	10.29	10.16	10.05	9.89	9.77	9.68	9.61	9.55	9.45	9.38	9.20	9.11	9.03
6	13.75	10.92	9.78	9.15	8.75	8.47	8.26	8.10	7.98	7.87	7.72	7.60	7.52	7.45	7.40	7.30	7.23	7.06	6.97	6.89
7	12.25	9.55	8.45	7.85	7.46	7.19	6.99	6.84	6.72	6.62	6.47	6.36	6.28	6.21	6.16	6.06	5.99	5.82	5.74	5.65
8	11.26	8.65	7.59	7.01	6.63	6.37	6.18	6.03	5.91	5.81	5.67	5.56	5.48	5.41	5.36	5.26	5.20	5.03	4.95	4.86
9	10.56	8.02	6.99	6.42	6.06	5.80	5.61	5.47	5.35	5.26	5.11	5.01	4.92	4.86	4.81	4.71	4.65	4.48	4.40	4.32
10	10.04	7.56	6.55	5.99	5.64	5.39	5.20	5.06	4.94	4.85	4.71	4.60	4.52	4.46	4.41	4.31	4.25	4.08	4.00	3.91
12	9.33	6.93	5.95	5.41	5.06	4.82	4.64	4.50	4.39	4.30	4.16	4.05	3.97	3.91	3.86	3.76	3.70	3.54	3.45	3.37
14	8.86	6.51	5.56	5.04	4.69	4.46	4.28	4.14	4.03	3.94	3.80	3.70	3.62	3.56	3.51	3.41	3.35	3.18	3.09	3.01
16	8.53	6.23	5.29	4.77	4.44	4.20	4.03	3.89	3.78	3.69	3.55	3.45	3.37	3.31	3.26	3.16	3.10	2.93	2.84	2.76
18	8.29	6.01	5.09	4.58	4.25	4.01	3.84	3.71	3.60	3.51	3.37	3.27	3.19	3.13	3.08	2.98	2.92	2.75	2.66	2.57
20	8.10	5.85	4.94	4.43	4.10	3.87	3.70	3.56	3.46	3.37	3.23	3.13	3.05	2.99	2.94	2.84	2.78	2.61	2.52	2.43
25	7.77	5.57	4.68	4.18	3.85	3.63	3.46	3.32	3.22	3.13	2.99	2.89	2.81	2.75	2.70	2.60	2.54	2.36	2.27	2.18
30	7.56	5.39	4.51	4.02	3.70	3.47	3.30	3.17	3.07	2.98	2.84	2.74	2.66	2.60	2.55	2.45	2.39	2.21	2.11	2.01
60	7.08	4.98	4.13	3.65	3.34	3.12	2.95	2.82	2.72	2.63	2.50	2.39	2.31	2.25	2.20	2.10	2.03	1.84	1.73	1.61
120	6.85	4.79	3.95	3.48	3.17	2.96	2.79	2.66	2.56	2.47	2.34	2.23	2.15	2.09	2.03	1.93	1.86	1.66	1.53	1.39
$+\infty$	6.65	4.62	3.79	3.33	3.03	2.81	2.65	2.52	2.42	2.33	2.19	2.09	2.01	1.94	1.89	1.78	1.71	1.48	1.34	1.11

表 9　检验相关系数的临界值表

$$P\{|r| \geqslant r_\alpha\} = \alpha$$

$n-2$ $\diagdown$ α	0.05	0.01	$n-2$ $\diagdown$ α	0.05	0.01	$n-2$ $\diagdown$ α	0.05	0.01
1	0.997	1.000	16	0.468	0.590	35	0.325	0.418
2	0.950	0.990	17	0.456	0.575	40	0.304	0.393
3	0.878	0.959	18	0.444	0.561	45	0.288	0.372
4	0.811	0.917	19	0.433	0.549	50	0.273	0.354
5	0.754	0.874	20	0.423	0.537	60	0.250	0.325
6	0.707	0.834	21	0.413	0.526	70	0.232	0.302
7	0.666	0.798	22	0.404	0.515	80	0.217	0.283
8	0.632	0.765	23	0.396	0.505	90	0.205	0.267
9	0.602	0.735	24	0.388	0.496	100	0.195	0.254
10	0.576	0.708	25	0.381	0.487	125	0.174	0.228
11	0.553	0.684	26	0.374	0.478	150	0.159	0.208
12	0.532	0.661	27	0.367	0.470	200	0.138	0.181
13	0.514	0.641	28	0.361	0.463	300	0.113	0.143
14	0.497	0.623	29	0.355	0.456	400	0.095	0.123
15	0.482	0.606	30	0.349	0.449	1000	0.062	0.081